高职高专计算机类专业“十二五”规划教材

局域网组建、管理与维护

陈学平　主编

左晓萍　副主编

化学工业出版社

·北京·

本书按照局域网组建的实际工作步骤，详细介绍了局域网组网与维护管理技术。具体内容包括：网络组成与网络协议、网络组建的硬件、网络的组建方案、局域网的组建、对等网主从式网络的组建、网络服务器的组建、接入 Internet 服务、虚拟网络的组建、网络维护等知识。本书内容丰富，注重实践性和可操作性，对于每个知识点都有相应的上机操作和演示，每章都有大量的实训内容，便于读者快速上手。

本书可作为高职高专、成人大学、电视大学等大专院校计算机相关专业的教材，也可作为网络管理和维护人员的参考书以及培训班教材。

图书在版编目（CIP）数据

局域网组建、管理与维护 / 陈学平主编. —北京：化学工业出版社，2011.2（**2019.9 重印**）

高职高专计算机类专业“十二五”规划教材

ISBN 978-7-122-10281-2

Ⅰ. 局… Ⅱ. 陈… Ⅲ. 局部网络-高等学校：技术学院-教材 Ⅳ. TP393.1

中国版本图书馆 CIP 数据核字（2010）第 262884 号

责任编辑：王听讲　　文字编辑：冯国庆

责任校对：战河红　　装帧设计：刘丽华

出版发行：化学工业出版社（北京市东城区青年湖南街 13 号　邮政编码 100011）

印　　装：三河市延风印装有限公司

787mm×1092mm　1/16　印张 16　字数 432 千字　　2019 年 9 月北京第 1 版第 2 次印刷

购书咨询：010-64518888　　售后服务：010-64518899

网　　址：http: // www. cip. com. cn

凡购买本书，如有缺损质量问题，本社销售中心负责调换。

定　　价：30.00 元

前　言

当前计算机的趋势已经向网络化、系统化、协同化发展，可以说没有连入网络的计算机则不能称为真正的计算机。对普通用户来说，网络时刻影响着我们的学习、工作和生活，自己动手解决网络组建方案已经成为普通用户迫切的需求。

本书按照局域网组建的步骤进行编写，从网络组建、管理几个方面讲解网络的组建和维护知识。本书结构由基础知识到实际应用，并深入介绍了一些较为复杂的内容，因此，读者在阅读完本书后，将能够独立地完成普通网络的构建工作，并实现普通的网络应用。本书既有简单的原理介绍，也有详细的上机操作步骤，各章都安排了大量的实训内容，具有较强的实用性和可操作性。

本书包括以下主要内容。

第 1 章首先介绍了网络基础理论，然后着重介绍了局域网组网基础、局域网的拓扑结构、网络协议等知识，为后面的章节做好必要的知识准备，并让读者对网络的工作原理有简单的了解。

第 2 章介绍了网络连接硬件，包括网卡、网线、路由器、交换机等网络硬件设备，并给出了简单的网络组建配置命令。

第 3 章介绍了局域网的组建方案，虽然说大家都较为熟悉局域网，但是对于局域网的组建方案一般读者还是不太明白，所以在本章对局域网的组建方案进行了详细介绍。

第 4 章介绍局域网的应用，主要介绍了对等网的组建，同时介绍了家庭网、宿舍网的组建，并以一个小型办公网为例介绍了无线路由器的设置，同时给出无线宽带路由器设置的高级技巧。

第 5 章介绍了主从式网络的组建，对于有一定网络安全需求的公司和单位来说，如果只是一个单纯的对等式局域网将不能满足安全需要，则可以组建主从式网络即 C/S（客户机与服务器网络），这样，用户要想共享资源，需要加入到域中才能访问，同时，不同用户有不同的访问权限。

第 6 章介绍了无线局域网的组建技巧，在一个小型的办公或家庭环境中，使用有限网络的情况不多，一般都是通过一个宽带路由器共享上网，所以，本章介绍了宽带路由器的设置，无线局域网的组建硬件和软件知识以及无线局域网的种类等。

第 7 章介绍了局域网接入广域网的技术，其中，详细地介绍了网络地址的规划，IP 地址的相关知识，也介绍了单机上网和局域网共享上网的知识。

第 8 章主要介绍了服务器基础——WWW 服务器、FTP 服务器、DHCP 服务器、DNS 服务器，并给出了较详细的配置实例，还特别介绍了 SERV-U 这个 FTP 软件的一些特殊技术，并通过综合训练，可以满足中小型局域网的信息资源共享的需求。

第 9 章介绍了虚拟计算机网络的组建，其中包括 VLAN 虚拟局域网、VPN 虚拟专网的组建技巧等，还包括 Windows XP 和 Windows 2003 中的 VPN 的组建技巧，同时介绍了如何让出差在外的人员能够与本单位总部进行联系，以实现资源共享和远程办公。

第 10 章介绍了局域网的组策略及简单维护知识，使读者能够简单检测局域网的故障，能够对系统进行备份和还原。

课时参考安排表

总教学时数	68	理论教学时数	17
实训课时数	51	作业批改次数	7

本课程教学计划

序　号	章节主要内容	学时	作业	教具及场地要求
1	第 1 章　局域网组网概述	3	√	多媒体机房
2	第 2 章　局域网组建所需要的硬件	8	√	多媒体机房
3	第 3 章　局域网组网方案	5		多媒体机房
4	第 4 章　对等网的组建	8	√	多媒体机房
5	第 5 章　主从式网络的组建	8	√	多媒体机房
6	第 6 章　无线局域网的组建	5	√	多媒体机房
7	第 7 章　Internet 技术及应用	8		多媒体机房
8	第 8 章　信息服务管理和网络服务器配置	10	√	多媒体机房
9	第 9 章　虚拟计算机网络组建	8		多媒体机房
10	第 10 章　网络管理及维护	5	√	多媒体机房

本书由重庆电子工程职业学院陈学平主编，并编写了第 1 章、第 3 章～第 5 章、第 7 章、第 9 章；大连职业技术学院的王明昊编写了第 2 章；重庆电子工程职业学院张二元编写了第 6 章；重庆行知技师学院左晓萍担任副主编，并编写了第 8 章；郑州科技学院汪东芳编写了第 10 章。

我们将为使用本书的教师免费提供 Word 电子教案，需要者可以到化学工业出版社教学资源网站 http://www.cipedu.com.cn 免费下载使用。

由于编者水平有限，加之编写时间仓促，书中难免存在不足之处，敬请读者批评指正。

陈学平

2010 年 10 月

目　　录

第 1 章　局域网组网概述

教学目标

了解架设局域网的方法，了解局域网的拓扑结构，了解计算机网络的组成及分类，了解局域网的组成，掌握局域网的结构，掌握通信协议的安装方法，掌握网络硬件设备及软件程序的安装方法，了解传输介质的种类，了解 TCP/IP 协议及体系结构。

教学要求

知 识 要 点	能 力 要 求	相 关 知 识
计算机网络组成及局域网的组成	（1）了解计算机网络的组成及分类 （2）了解局域网的概念 （3）掌握局域网的拓扑结构	计算机概念、计算机网络发展、局域网的概念、局域网的组成、局域网的结构
通信协议的安装	（1）理解通信协议的概念 （2）能正确安装通信协议	通信协议的安装
TCP/IP 体系结构	掌握 TCP/IP 协议结构	TCP/IP 的体系结构
传输介质	（1）了解传输介质的种类 （2）知道双绞线的种类 （3）了解光纤的种类	传输介质、光纤、双绞线、568A/568B

重点难点

- 局域网的组成
- 局域网的体系结构
- 局域网的通信协议
- TCP/IP 结构体系

20 世纪 60 年代，随着计算机与通信技术的结合，世界上出现了第一个计算机网络。如今，计算机网络技术已经随处可见。本章将介绍计算机网络的组成、结构、通信协议、网络组件等基本知识，首先介绍计算机网络的概念，然后介绍一些局域网的简单知识和概念，再介绍局域网的硬件和软件协议，这些知识虽然不是直接的组网介绍，但是对于其中的知识，也应该了解和掌握，如局域网的拓扑结构，局域网的通信协议，因为这些在后面网络组建和网络规划中是相当重要的。

1.1　计算机网络的基本概念

1.1.1　计算机网络的定义

目前，对于“计算机网络”还没有十分严格的定义，一般来说，凡是将多个独立自主的计算机系统通过通信设备和通信线路连接起来，在网络软件的支持下能够实现数据资源共享的集合，都称为计算机网络。计算机网络中的设备可以是微机、小型机、大型机、终端机、打印机、集线器、调制解调器等。

计算机网络是当代计算机技术与通信技术相结合的产物。对于上述计算机网络就是“通过通信线路连接起来的自治的计算机的集合”，可以从以下 3 方面理解。

① 必须有两台以上的具有独立能力的计算机、以达到共享资源为目的而连接起来。这里要

求两台计算机有一定的物理位置，并且能够独立自主的工作，而无需其他系统的帮助。

② 两台计算机或者两台以上的计算机连接，共享资源，必须有一条物理通路，这条通路是由物理介质来实现。物理介质可以是铜线、双绞线、光纤或者红外线、微波、激光等。

③ 计算机系统之间的信息交换，必须有约定的规则，这就是通信协议。

1.1.2 计算机网络的发展

计算机网络诞生于20世纪50年代中期；60～70年代是广域网从无到有并得到大发展的年代；80年代局域网取得了长足的进步，已日趋成熟；进入90年代，一方面广域网和局域网紧密结合使得企业网络迅速发展，另一方面建造了覆盖全球的信息网络Internet；现在21世纪已经进入了网络信息社会。

计算机网络的发展经历了一个从简单到复杂，又到简单（指入网容易、使用简单、网络应用大众化）的过程。计算机网络的发展经过了四代。

1．第一代计算机网络——面向终端的计算机网络

面向终端的计算机网络是具有通信功能的主机系统，即所谓的联机系统。这是计算机网络发展的第一阶段，被称为第一代计算机网络。

1954年，收发器（Transceiver）终端出现，实现了将穿孔卡片上的数据从电话线上发送到远地的计算机。用户可在远地的电传打字机上键入自己的程序，计算机计算出来的结果从计算机传送到远地的电传打字机上打印出来。计算机网络的概念也就这样产生了。

20世纪60年代初，美国建成了全国性航空飞机订票系统，用一台中央计算机连接2000多个遍布全国各地的终端，用户通过终端进行操作。这些应用系统的建立，构成了计算机网络的雏形。

在第一代计算机网络中，计算机是网络的中心和控制者，终端围绕中心计算机分布在各处，而计算机的任务是进行成批处理。

面向终端的计算机网络采用了多路复用器（MUX）、线路集中器、前端控制器等通信控制设备连接多个终端，使若干个昂贵的通信线路分布在同一远程地点的相近用户分时共享使用。面向终端的计算机网络如图1-1所示。

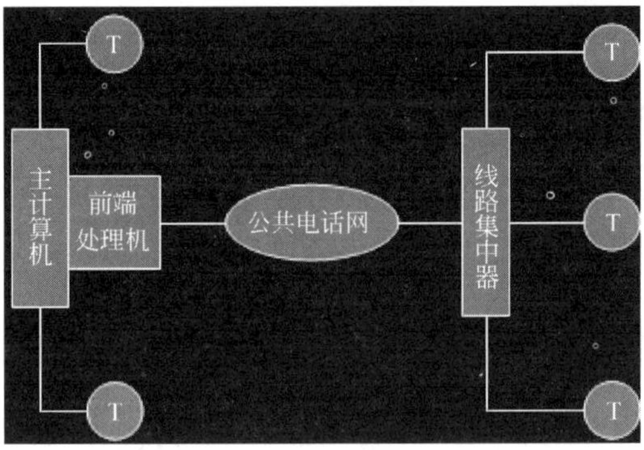

图1-1 面向终端的计算机网络

2．第二代计算机网络——共享资源的计算机网络

多台主计算机通过通信线路连接起来，相互共享资源。这样就形成了共享资源为目的的第二代计算机网络。

第二代计算机网络的典型代表是ARPA网络（ARPAnet）。ARPA网络的建成标志着现代计算机网络的诞生。ARPA网络的试验成功使计算机网络的概念发生了根本性的变化，很多有关计算机网络的基本概念都与APRA网的研究成果有关，如分组交换、网络协议、资源共享等。以资源共享为目的的计算机网络如图1-2所示。

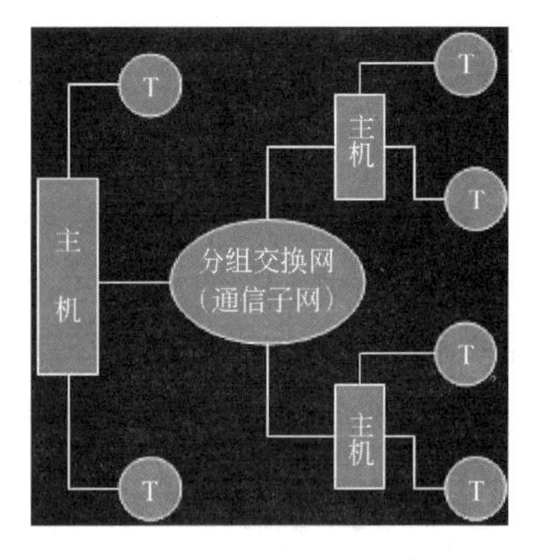

图1-2 以资源共享为目的的计算机网络

3．第三代计算机网络——标准化的计算机网络

20世纪70年代以后，局域网得到了迅速发展。美国XEROX、DEC和INTEL三公司推出了以CSMA/CD介质访问技术为基础的以太网（ETHERNET）

产品。其他大公司也纷纷推出自己的产品。但各家网络产品在技术、结构等方面存在着很大差异，没有统一的标准，因而给用户带来了很大的不便。

1974 年 IBM 公司宣布了网络标准按分层方法研制的系统网络体系结构 SNA。网络体系结构的出现，使得一个公司所生产的各种网络产品都能够很容易地互连成网，而不同公司生产的产品，由于网络体系结构不同，则很难相互连通。

1984 年，国际标准化组织（ISO）正式颁布了一个使各种计算机互连成网的标准框架——开放系统互连参考模型（Open System Interconnection Reference Model，简称 OSI/RM 或 OSI）。20 世纪 80 年代中期，ISO 等机构以 OSI 模型为参考，开发制定了一系列协议标准，形成了一个庞大的 OSI 基本协议集。OSI 标准确保了各厂家生产的计算机和网络产品之间的互联，推动了网络技术的应用和发展。这就是所谓的第三代计算机网络。

4．第四代计算机网络——国际化的计算机网络

第四代计算机网络是 20 世纪 90 年代后发展起来的，随着数字通信的出现，多媒体技术也日渐发展，现代的计算机网络可以实现话音、数据、图像等信息的传送。美国已经启动了两个项目：一个是下一代 Internet，即 NGI；另一个是 Internet2，以迎接网络时代面临的挑战。

Internet 最初起源于 ARPAnet。由 ARPAnet 研究而产生的一项非常重要的成果就是 TCP/IP 协议（Transmission Control Protocol/Internet Protocol，传输控制协议/互联协议），使得连接到网上的所有计算机能够相互交流信息。1986 年建立的美国国家科学基金会网络 NSFNET 是 Internet 的一个里程碑。Internet 网络如图 1-3 所示。

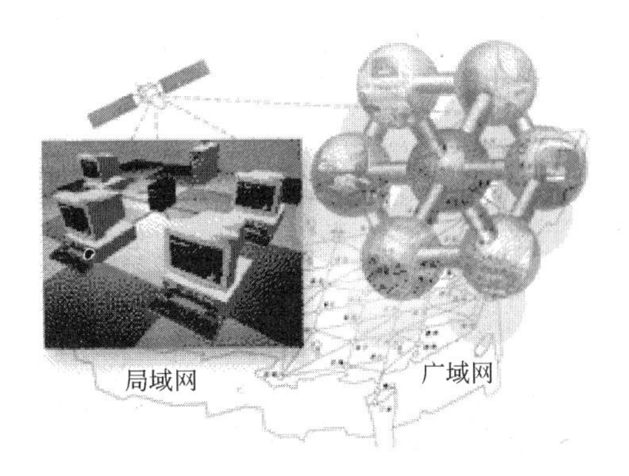

图 1-3 Internet 网络

5．第五代计算机网络——下一代计算机网络

（1）下一代计算机网络应用的技术

① 软交换技术。从广义上讲，软交换是指一种体系结构。利用该体系结构建立下一代网络框架，主要包含软交换设备、信令网关、媒体网关、应用服务器、综合接入设备等。从狭义上讲，软交换是指软交换设备，其定位是在控制层。它的核心思想是硬件软件化，通过软件的方式来实现原来交换机的控制、接续和业务处理等功能。各实体之间通过标准的协议进行连接和通信，以便于在下一代网络中更快地实现有关协议及更方便地提供服务。

软交换技术作为业务/控制与传送/接入分离思想的体现，是下一代网络体系架构中的关键技术之一，通过使用软交换技术，把服务控制功能和网络资源控制功能与传送功能完全分开。根据新的网络功能模型分层，计算机网络将分为接入与传输层、媒体层、控制层、业务/应用层（也叫网络服务层）四层，从而可对各种功能作不同程度的集成。

通过软交换技术能把网络的功能层分离开，并通过各种接口规约（规程公约的简称），使业务提供者可以非常灵活地将业务传送和控制规约结合，实现业务融合与业务转移，非常适用于不同网络并存互通的需要，也适用于从话音网向数据网和多业务多媒体网演进。引入软交换技术的切入点随运营商的侧重点而异，通常从经济效果比较突出的长途局和汇接局开始，然后再进入端局和接入网。

② IPv6 技术。未来的计算机网络是基于 IPv6 技术的网络。现有的 IPv4 技术在地址空间方面有很大的局限性，已成为网络发展的最大障碍。此外，IPv4 在服务质量、传送速度、安全性、支持移动性与多播等方面也有局限性，这些局限性妨碍网络的发展，使许多服务与应用难以开展。

因此，在 IPv6 的设计过程中除了要根本解决地址短缺的问题外，还要考虑在 IPv4 中解决许多不好的问题，例如提高网络吞吐量、改善服务质量、提高安全性、支持即插即用和移动性，更好地实现多播功能等。IPv6 将使网络上升到一个新台阶，并将在发展过程中不断地完善。

③ 光交换与智能光网络技术。尽管波分复用光纤通信系统有巨大的传输容量，但它只提供了原始带宽，还需要有灵活的光网络结点以实现更加有效与更加灵活的组网能力。当前组网技术正从具有上下光路复用（Optical Add/Drop Multiplexer，OADM）和光交叉连接（Optical Cross Connect，OCC）功能的光联网向由光交换机构成的智能光网络发展；从环形网向网状网发展；从光-电-光交换向全光交换发展。即在光联网中引入自动波长配置功能，也就是自动交换光网络（Automatic Switched Optical Network，ASON），使静态的光联网走向动态地光联网。其主要特点是：允许将网络资源动态地分配给路由；缩短业务层升级扩容的时间；显著增大业务层结点的业务量负荷，快速的业务提供和拓展；降低运营维护管理费用；具备光层的快速反应和业务恢复能力；也减少了人为出错的机会；还可以引入新的业务类型，例如按带宽需求分配业务，波长批发和出租，动态路由分配，光层虚拟专用网等；还具有可扩展的信令能力，提高了用户的自助性；提高了网络的可扩展性和可靠性等。总之，智能光网络将成为今后光通信网的发展方向和市场机遇。

④ 宽带接入技术。计算机网络必须要有宽带接入技术的支持，各种宽带服务与应用才有可能开展。因为只有接入网的带宽瓶颈问题被解决，核心网和城域网的容量潜力才能真正发挥。尽管当前宽带接入技术有很多种，但只要是不和光纤或光结合的技术，就很难在下一代网络中应用。目前光纤到户（Fiber To The Home，FTTH）的成本已下降至每户 100～200 美元，即将为多数用户接受。这里涉及两个新技术：一个是基于以太网的无源光网络（Ethernet Passive Optical Network，EPON）的光纤到户技术；另一个是自由空间光系统（Free Space Optical，FSO）。

EPON 是把全部数据都装在以太网帧内传送的网络。EPON 的基本作法是在 G.983 的基础上，设法保留物理层 PON（Passive Optical Network），而用以太网代替 ATM（Asynchronous Transfer Mode）作为数据链路层，构成一个可以提供更大带宽、更低成本和更多更好业务能力的结合体。现今 95％的局域网都是以太网，故将以太网技术用于对 IP 数据最佳的接入网是非常合乎逻辑的。由 EPON 支持的光纤到户，现正在异军突起，它能支持千兆比特的数据并且不久的将来成本会降到与数字用户线路（Digital Subscriber Line，DSL）和光纤同轴电缆混合网（Hybrid Fiber Cable，HFC）相同的水平。

FSO 技术是通过大气而不是光纤传送光信号，它是光纤通信与无线电通信的结合。FSO 技术能提供接近光纤通信的速率，例如可达到 1Gbps，它既在无线接入带宽上有了明显的突破，又不需要在稀有资源无线电频率上有很大的投资，因为不要许可证。FSO 和光纤线路比较，系统不仅安装简便，时间少很多，而且成本也低很多，大概是光纤到大楼成本（100000～300000 美元）的 1/3～1/10。FSO 现已在企业和居民区得到应用。但是和固定无线接入一样，易受环境因素干扰。

⑤ 3G 以上的移动通信系统技术。3G 系统比现用的 2G 和 2.5G 系统传输容量更大，灵活性更高，它以多媒体业务为基础，已形成很多的标准，并将引入新的商业模式。3G 以上包括后 3G，4G，乃至 5G 系统，它们将更是以宽带多媒体业务为基础，使用更高更宽的频带，传输容量会更上一层楼。它们可在不同的网络间无缝连接，提供满意的服务；同时网络可以自行组织，终端可以重新配置和随身携带，是一个包括卫星通信在内的端到端的 IP 系统，可与其他技术共享一个 IP 核心网。它们都是构成下一代移动互联网的基础设施。

此外 3G 必将与 IPv6 相结合。欧盟认为，IPv6 是发展 3G 的必要工具。制定 3G 标准的 3GPP

组织早在2000年5月已经决定以IPv6为基础构筑下一代移动通信网，使IPv6成为3G必须遵循的标准。现在IPv6在新的操作系统如Windows server 2008中得到了应用。

（2）下一代计算机网络研究的热点

① 下一代的Web研究。下一代的Web研究涉及4个重要方向：语义互联网、Web服务、Web数据管理和网格。语义互联网是对当前Web的一种扩展，其目标是通过使用本体和标准化语言，如XML、RDF（Resource Description Framework）和DAML（DARPA Agent Markup Language），使Web资源的内容能被机器理解，为用户提供智能索引，基于语义内容检索和知识管理等服务。Web服务的目标是基于现有的Web标准，如XML、SOAP（Simple Object Access Protocol）、WSDL（Web Services Description Language）和UDDI（Universal Description， Discovery and Integration），为用户提供开发配置、交互和管理全球分布的电子资源的开放平台。Web数据管理是建立在广义数据库理解的基础上，在Web环境下，实现对信息方便而准确的查询与发布，以及对复杂信息的有效组织与集成。从技术上讲，Web数据管理融合了WWW技术、数据库技术、信息检索技术、移动计算技术、多媒体技术以及数据挖掘技术，是一门综合性很强的新兴研究领域。网格计算初期主要集中在高性能科学计算领域，提升计算能力，并不关心资源的语义，故不能有效地管理知识，但目前网格已从计算网络发展成为面向服务的网格，语义就成为提供有效服务的主要依据。

② 网络计算。网络已经渗透到人们工作和生活中的每个角落，Internet将遍布世界的大型和小型网络连接在一起，使它日益成为企事业单位和个人日常活动不可缺少的工具。Internet上汇集了大量的数据资源、软件资源和计算资源，各种数字化设备和控制系统共同构成了生产、传播和使用知识的重要载体。信息处理也已步入网络计算（Network Computing）的时代。

目前，网络计算还处于发展阶段。网络计算有四种典型的形式：企业计算、网格计算（Grid Computing）、对等计算（P2P，Peer-to-Peer Computing）和普适计算（Ubiquitous Computing）。其中P2P与分布式已成为当今计算机网络发展的两大主流，通过分布式，将分布在世界各地的计算机联系起来；通过P2P又使通过分布式联系起来的计算机可以方便地相互访问，这样就充分利用了所有的计算资源。并且网络计算的主要实现技术也已从底层的套接字（Socket）、远程过程调用（Remote Procedure Call，RPC），发展到如今的中间件（Middleware）技术。

③ 业务综合化。所谓业务综合化，是指计算机网络不仅可以提供数据通信和数据处理业务，而且还可提供声音、图形、图像等通信和处理业务。业务综合化要求网络支持所有的不同类型和不同速率的业务，如话音、传真等窄带业务；广播电视、高清晰度电视等分配型宽带业务；可视电话、交互式电视、视频会议等交互型宽带业务；高速数据传输等突发型宽带业务等。为了满足这些要求，计算机网络需要有很高的速度和很宽的频带。例如，一幅640×480中分辨度的彩色图像的数据量为7.37Mbps/帧。即便每秒传输一帧这样的图像，则网络传输率要大于7.37Mbps方可，假如要求实现图像的动态实时传输，网络传输速率还应增加十倍。业务综合化带来多媒体网络。一般认为凡能实现多媒体通信和多媒体资源共享的计算机网络，都可称为多媒体计算机网。它可以是局域网、城域网或广域网。多媒体通信是指在一次通信过程中所交换的信息媒体不止一种，而是多种信息媒体的综合体。所以，多媒体通信技术是指对多媒体信息进行表示、存储、检索和传输的技术。它可以使计算机的交互性、通信的分布性、电视的真实性融为一体。

④ 移动通信。便携式智能终端（Personal Communication System，PCS）可以使用无线技术，在任何地方以各种速率与网络保持联络。用户利用PCS进行个人通信，可在任何地方接收到发给自己的呼叫。PCS系统可以支持语音、数据和报文等各种业务。PCS网络和无线技术将大大改进人们的移动通信水平，成为未来信息高速公路的重要组成部分。

随着增加频谱、采用数字调制、改进编码技术和建立微小区和宏小区等措施，在未来十年内，无线系统的容量将增加 1000 倍以上。而且系统的容量通过动态信道分配技术将得到进一步的增长。利用自适应无线技术，将由电子信息组成的无线电波信号发送到接收方，并将其他的干扰波束清除，从而可降低干扰，提高系统的容量和质量。

第一代无线业务分为两类：一类是蜂窝/PCS 广域网，提供语音业务，工作在窄带，服务区被分为宏小区；第二类是无线局域网，工作于更宽的带宽，提供本地的数据业务。新一代的无线业务将包括新的移动通信系统和宽带信道速率（64kbps～2Mbps）在微小区之间进行的固定无线接入业务。

⑤ 网络安全与管理。当前网络与信息的安全受到严重的威胁，一方面是由于 Internet 的开放性和安全性不足；另一方面是由于众多的攻击手段的出现，诸如病毒、陷门、隐通道、拒绝服务、侦听、欺骗、口令攻击、路由攻击、中继攻击、会话窃取攻击等。以破坏系统为目标的系统犯罪，以窃取、篡改信息、传播非法信息为目标的信息犯罪，对国家的政治、军事、经济、文化都会造成严重的损害。为了保证网络系统的安全，需要完整的安全保障体系和完善的网络管理机制，使其具有保护功能、检测手段、攻击的反应以及事故恢复功能。

计算机网络从 20 世纪 60 年代末、70 年代初的实验性网络研究，经过 70 年代中后期的集中式、闭关网络应用，到 80 年代中后期的局部开放应用，一直发展到 90 年代的开放式大规模推广，其速度发展之快，影响之大，是任何学科不能与之相匹致的。计算机网络的应用从科研、教育到工业，如今已渗透到社会的各个领域，它对于其他学科的发展具有使能和支撑作用。目前，关于下一代计算机网络（Next Generation Network，NGN）的研究已全面展开，计算机网络正面临着新一轮的理论研究和技术开发的热潮，计算机网络继续朝着开放、集成、高性能和智能化方向的发展将是不可逆转的大趋势

目前，计算机网络是一大热门课题，应用需求极为广泛。 人们提出了“网络就是计算机”的概念，计算机网络伴随着计算机已成为人们工作、学习、生活中不可缺少的一部分。

1.1.3 计算机网络的组成

计算机网络一般由计算机系统、数据通信系统、网络软件及网络协议组成。

1. 计算机系统

计算机系统主要完成数据信息的收集、存储、处理和输出任务，并提供各种网络资源。计算机系统根据在网络中的用途可分为两类：主计算机和终端。

（1）主计算机（Host）

主计算机负责数据处理和网络控制，并构成网络的主要资源。主计算机又称主机，它主要由大型机、中小型机和高档微机组成，网络软件和网络的应用服务程序主要安装在主机中，在局域网中主机称为服务器（Server）。

服务器是整个网络系统的核心，它为网络用户提供服务并管理整个网络。根据服务器担负网络功能的不同可以分为文件服务器、通信服务器、备份服务器、打印服务器、应用程序服务器、邮件服务器等。

（2）终端（Terminal）

终端是网络中数量大、分布广的设备，是用户进行网络操作、实现人机对话的工具。一台典型的终端看起来很像一台 PC 机，有显示器、键盘和一个串行接口。与 PC 机不同的是终端没有 CPU 和主存储器。在局域网中，以 PC 机代替了终端，既能作为终端使用，又可作为独立的计算机使用，被称为工作站（Workstation）。

工作站是指连接到网络上的计算机。它不同于服务器，服务器可以为整个网络提供服务并管理整个网络，而工作站只是一个接入网络的设备，它的接入和离开对网络系统不会产生影响。在

不同的网络中，工作站又被称为“结点”或“客户机”。

2. 数据通信系统

数据通信系统主要由通信控制处理机、传输介质和网络连接设备等组成。

（1）通信控制处理机

通信控制处理机主要负责主机与网络的信息传输控制，它的主要功能是：线路传输控制、差错检测与恢复、代码转换以及数据帧的装配与拆装等。在以交互式应用为主的微机局域网中，一般不需要配备通信控制处理机，但需要安装网络适配器，用来担任通信部分的功能。

（2）传输介质

传输介质是传输数据信号的物理通道，将网络中各种设备连接起来。常用的有线传输介质有双绞线、同轴电缆、光纤线；无线传输介质有无线电微波信号、激光等。

（3）网络互连设备

网络互连设备是用来实现网络中各计算机之间的连接、网与网之间的互联、数据信号的变换以及路由选择等功能，主要包括中继器（Repeater）、集线器（HUB）、调制解调器（Modem）、网桥（Bridge）、路由器（Router）、网关（Gateway）和交换机（Switch）等。

3. 网络软件及网络协议

网络软件一方面授权用户对网络资源的访问，帮助用户方便、安全地使用网络；另一方面管理和调度网络资源，提供网络通信和用户所需的各种网络服务。网络软件一般包括网络操作系统、网络协议、通信软件以及管理和服务软件等。

（1）网络操作系统（NOS）

网络操作系统是网络系统管理和通信控制软件的集合，它负责整个网络的软、硬件资源的管理以及网络通信和任务的调度，并提供用户与网络之间的接口。

目前，计算机网络操作系统有：UNIX、Windows NT、Windows 2000 Server、Netware 和 Linux。UNIX 是唯一跨微机、小型机、大型机的网络操作系统。

（2）网络协议

网络协议是实现计算机之间、网络之间相互识别并正确进行通信的一组标准和规则，它是计算机网络工作的基础。两台计算机通信时，必须使用相同的通信协议。

在 Internet 上传送的每个消息至少通过三层协议：网络协议（Network Protocol），它负责将消息从一个地方传送到另一个地方；传输协议（Transport Protocol），它管理被传送内容的完整性；应用程序协议（Application Protocol），作为对通过网络应用程序发出的一个请求的应答，它将传输转换成人类能识别的东西。

一个网络协议主要由语法、语义、同步三部分组成。语法即数据与控制信息的结构或格式；语义即需要发出何种控制信息，完成何种动作以及作出何种应答；同步即事件实现顺序的详细说明。

1.1.4 通信子网和资源子网

为了简化计算机网络的分析与设计，有利于网络的硬件和软件配置，按照计算机网络的系统功能，一个网络可分为资源子网和通信子网两大部分，如图 1-4 所示。

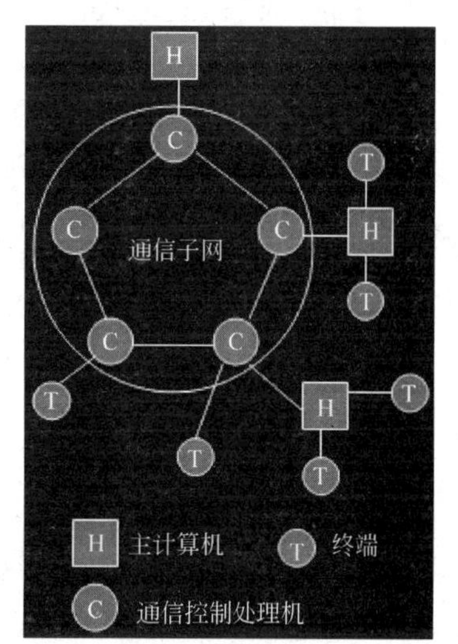

图 1-4 资源子网和通信子网

资源子网主要负责全网的信息处理，为网络用户提供网络服务和资源共享功能。它主要包括网络中所有的主计算机、I/O 设备、终端，各种网络协议、网络软件和数据库等。

通信子网主要负责全网的数据通信，为网络用户提供数据传输、转接、加工和变换等通信处理工作。它主要包括通信线路（即传输介质）、网络连接设备（如网络接口设备、通信控制处理机、网桥、路由器、交换机、网关、调制解调器、卫星地面接收站等）、网络通信协议和通信控制软件等。

在局域网中，资源子网主要是由网络的服务器和工作站组成；通信子网主要是由传输介质、集线器、交换机和网卡等组成。一个典型的局域网如图1-5所示。

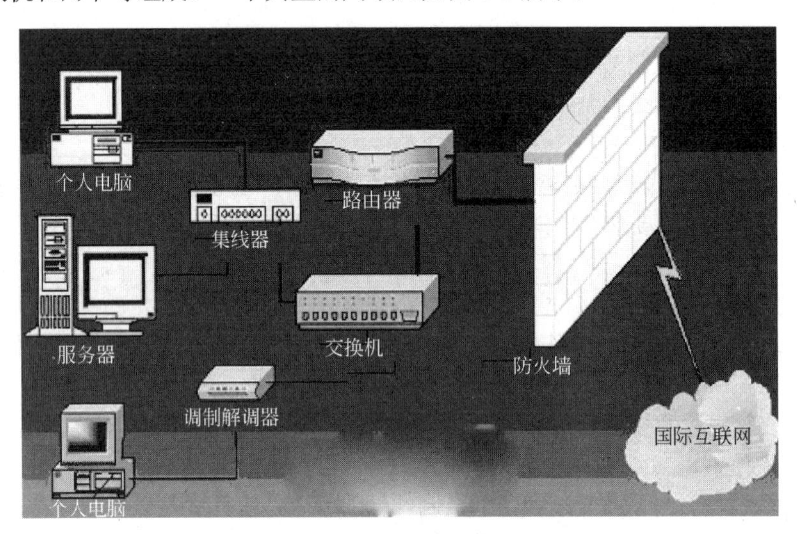

图1-5 一个典型的局域网示意图

1.2 网络的分类

按计算机联网的区域大小，可以把网络分为局域网（Local Area Network，LAN）、城域网（Metropolitan Area Network，MAN）、广域网（Wide Area Network，WAN）和国际互联网（Internet）。

1．局域网

顾名思义，局域网就是局部区域的网络，通常是指覆盖范围在10公里以内的网络。

将数公里范围内的几台到数百台计算机通过通信线缆连接起来而形成的计算机系统称为局域网LAN（Local Area Network）。通常在学校、企业、大型建筑物中使用。局域网的特点是传输速度快、可靠性高。如校园网。

2．城域网

城域网：覆盖范围通常为一座城市，从几公里到几十千米，传输速度为64kbit/s～9.6Gbit/s。城域网主要指大型企业、ISP、电信部门、有线电视台和市政府构建的专用网络和公用网络。

3．广域网

通过网络连接设备（如网关、网桥等）将局域网再延伸出去更大的范围，比如整个城市甚至整个国家，这样的网络称为广域网（Wide Area Network，WAN）。

4．Internet

Internet是由这些无数的LAN和WAN共同组成的国际互联网。从广义上讲，Internet是遍布全球的联络各个计算机平台的总网络，是成千上万信息资源的总称；从本质上讲，Internet是一个使世界上不同类型的计算机能交换各类数据的通信媒介。

1.3 局域网概述

局域网 LAN（Local Area Network）是一种在有限的地理范围内将大量 PC 机及各种设备互联一起实现数据传输和资源共享的计算机网络。社会对信息资源的广泛需求及计算机技术的广泛普及，促进了局域网技术的迅猛发展。在当今的计算机网络技术中，局域网技术已经占据了十分重要的地位。

1.3.1 局域网的特点

局域网是指为一个单位所拥有，且地理范围和站点数目有限的网络。它的特点如下。

1．主要联网对象是微机

LAN 中的计算机可以是微型计算机、小型计算机或大型计算机以及其他数据设备。但由于微机价格便宜、使用普遍而成为 LAN 的主要联网对象。

2．网络覆盖范围小

LAN 的地理范围可以小到一个房间，一栋大楼，一个机关、学校，或者大到几公里的区域内。一般认为 LAN 的覆盖范围在 0.1～10 千米之间。

3．传输速率高

LAN 相对于 WAN（广域网）而言，传输速率较高，其传输速率一般在“Mbps”数量级，高速 LAN 可达数百“Mbps”数量级或更高。

4．误码率低

由于 LAN 通信距离短，信道干扰小，数据设备传输质量高，因此误码率较低。一般 LAN 的误码率在百万分之一以下。

1.3.2 局域网的应用

局域网有广泛的应用环境，比如：可以应用在以下方面。

1．网络资源共享

LAN 内的硬件资源和软件资源都可以进行有效的共享。昂贵的硬件资源如打印机、高级绘图仪等，连入 LAN 便可以共享使用，既方便了用户，又提高了资源的使用率。软件资源包括各种数据资料（如数据库）、文件信息和各种应用软件。网络中的各工作站在使用服务器端的软件资源时都可像试用本机资源一样使用这些软件资源。

2．信息发布

LAN 中的用户可以通过 WEB 服务器，在 WEB 页面上以图、文、声并茂的多媒体方式，向全 LAN 发布各种信息。

3．电子邮件

E-mail 是 LAN 中必不可少的重要功能，是快捷方便、经济有效的一种通信方式，极大地方便了网络用户之间的通信联系。

4．办公自动化

LAN 的用户可以通过办公自动化系统查看办公信息。各单位可以根据具体的工作方式自行定义办公流程，规范工作程序，提高办公效率。从而实现无纸化、现代化办公。

1.4 局域网的组成及常见结构

1.4.1 局域网的组成及特点

局域网作为计算机网络中的一个重要成员，和其他计算机网络一样，也是由服务器、工作站、外围设备和网络协议四部分组成。下面以小型局域网为例，对这四个组成部分分别进行介绍。

1. 小型局域网中的服务器

小型局域网中的服务器一般提供文件和打印两种服务，而且在大多数情况下，将文件和打印服务集中到一台计算机上进行。所有工作站通过外围与服务器连接在一起，并且共享服务器上的软、硬件资源，如共享服务器的文件、光驱和打印机等。

目前的中小型网络一般使用性能较高的PC作为服务器，这里所提到的性能较高也是相对的，也就是说，当要将一个部门和家庭的多台计算机联网时，服务器一般由其中一台配置较高的 PC来担任。

2. 小型局域网中的工作站

工作站有时也称为“用户机”或“客户机”。小型局域网中的工作站实际上是一台普通的PC，当它与文件服务器连接并登录服务器后，可到文件服务器上存取文件，得到所需文件后可在工作站上直接运行。从功能上看，工作站比单独的一台 PC 具有更大的操作范围，它除了可对本身的文件和设备进行存取、调用和管理外，还可存取服务器上的文件，并可将自己的打印作业通过网络服务器打印输出。从网络构成的角度来讲，只要是一台PC，都可以作为一台工作站接入网络。

一个局域网中一般可以连接几百台至几千台的工作站，但是在许多情况下一台文件服务器可连接的工作站台数是有限的。

3. 小型局域网中的外围设备

在小型局域网中，因为连接范围小，所需外围设备单一，一般需要网卡、集线器（HUB）、交换机（Switch），在将局域网接入Internet时，还需要调制解调器。同时，有时还会用到路由器、网桥等。

4. 小型局域网的通信协议

组建网络时，必须选择通信协议，协议（Protocol）是网络设备间通信时所遵守的约定的规则。通信协议有三种：NetBEUI协议、TCP/IP协议、IPX/SPX协议。

1.4.2 局域网的常见结构

局域网网络系统结构是指网络服务器与工作站之间协同工作时的相互关系。在局域网发展过程中有专用服务器结构、主从式结构、对等式网络结构。

1. 专用服务器结构（工作站/文件服务器结构）

在专用服务器结构中，必须有一台 PC 作为专用文件服务器，所有的工作站之间不能直接通信，必须以服务器作为中介，工作站端所有的文件读取和数据传送，全部由服务器控制。其中NetWare网络操作系统是专用服务器结构的代表。

专用服务器结构具有如下特点：

① 数据的保密性好；

② 可以为工作站设置权限；

③ 工作站的软、硬件资源不能共享；

④ 网络的安装与维护困难。

2．主从式结构（客户机/服务器结构）

随着局域网的发展，人们迫切需要服务器能够完成一部分数据处理功能，由此提出了主从式网络结构，它是目前最为流行的一种计算机网络体系结构。

在主从式网络体系结构中，客户机（Client）可以是一台 PC 或者一台工作站，一般使用 DOS、Windows98/ME/2000/XP，在服务器（Server）端可以是一台 Windows2000/2003 Server 服务器。目前流行的网络操作系统，如 Windows2000/2003 Server、Netware4.0/5.0、Linux、Unix 等均支持客户机/服务器结构。

客户机/服务器结构的特点：

① 可以有效提高工作站的效率；

② 可以减轻服务器的工作量；

③ 数据安全性比不上专用服务器。

3．对等式网络结构

所谓对等式（Peer-Based）结构的特点是网络中必须要一台专用文件服务器，每一台接入网络的计算机既是服务器，也是工作站，拥有绝对的自主权。同时，不同的计算机之间可以实现互防，进行文件的交换和共享其他计算机上的打印机、光驱等硬件设备。

对等网结构有两种：星形结构对等网和总线型对等网。许多人对对等网存在认识上的误区，认为对等网只能是总线型结构。其实，对等网与其他结构网络的区别主要是看网络中有没有专用的服务器。不过，星形结构的对等网对 HUB 的功能有特殊的要求。可用于对等网的操作系统主要有 DOS、Windows 2000/XP/2003 等。

对等网具有以下的特点：

① 组建和维护容易；

② 不需要专用的服务器；

③ 可实现低价格组网；

④ 使用简单；

⑤ 数据的保密性差；

⑥ 文件的存放分散。

1.5 局域网络的拓扑结构

网络拓扑结构是指用传输媒体互连各种设备的物理布局。将参与局域网工作的各种设备用媒体互连在一起有多种方法，实际上只有几种方式能适合局域网的工作。

如果一个网络只连接几台设备，最简单的方法是将它们都直接相连在一起，这种连接称为点对点连接。用这种方式形成的网络称为全互连网络，如图 1-6 所示。

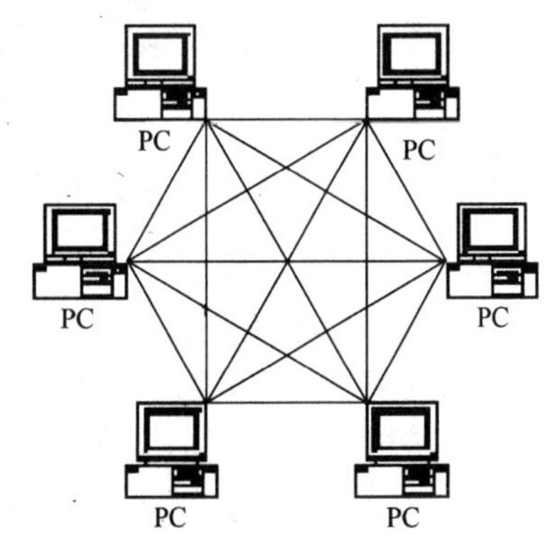

图 1-6　全互连网络

图 1-6 中有 6 个设备，在全互连情况下，需要 15 条传输线路。如果要连的设备有 n 个，所需线路将达到 n(n–1)/2 条!显而易见，这种方式只有在涉及地理范围不大、设备数很少的条件下才有使用的可能。即使属于这种环境，在 LAN 技术中也不使用。我们所说的拓扑结构，是因为当需要通过互连设备（如路由器）互连多个 LAN 时，将有可能遇到这种广域网（WAN）的互连技术。目前大多数网络使用的拓扑结构有以下 3 种。

1．星形拓扑结构

星形结构是最古老的一种连接方式，大家每天都使用的电话都属于这种结构，如图 1-7 所示为电话网的星形结构，如图 1-8 所示为目前使用最普遍的以太网（Ethernet）星形结构，处于中心位置的网络设备称为集线器，英文名为 HUB。

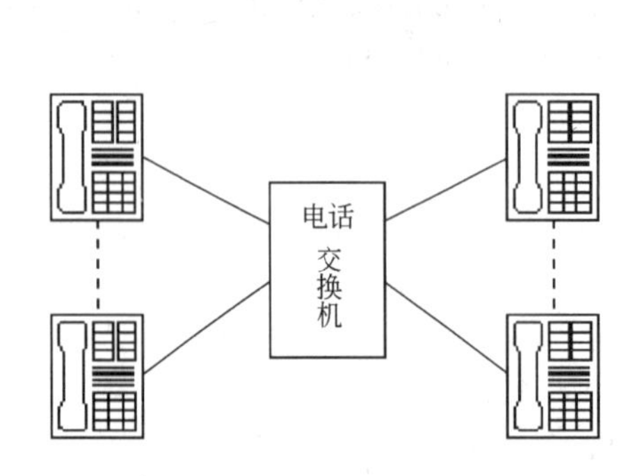

图 1-7 电话网的星形结构

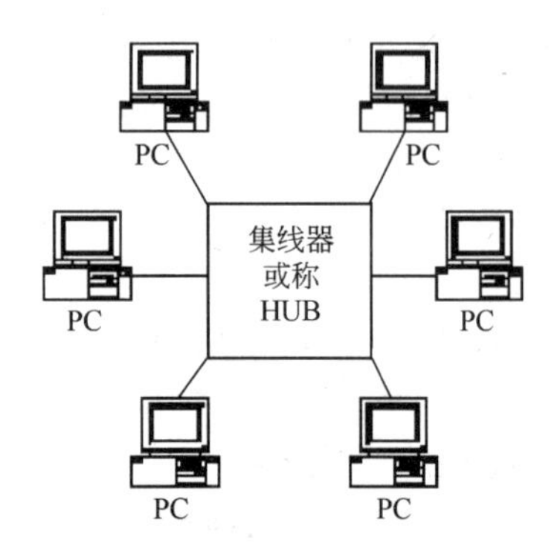

图 1-8 以 HUB 为中心的结构

这种结构便于集中控制，因为端用户之间的通信必须经过中心站。由于这一特点，也带来了易于维护和安全等优点。端用户设备因为故障而停机时也不会影响其他端用户间的通信，但这种结构非常不利的一点是，中心系统必须具有极高的可靠性，因为中心系统一旦损坏，整个系统便趋于瘫痪。对此中心系统通常采用双机热备份，以提高系统的可靠性。

这种网络拓扑结构的一种扩充便是星形树，如图 1-9 所示。每个 HUB 与端用户的连接仍为星形，HUB 的级联而形成树。然而，应当指出，HUB 级联的个数是有限制的，并随厂商的不同而变化。

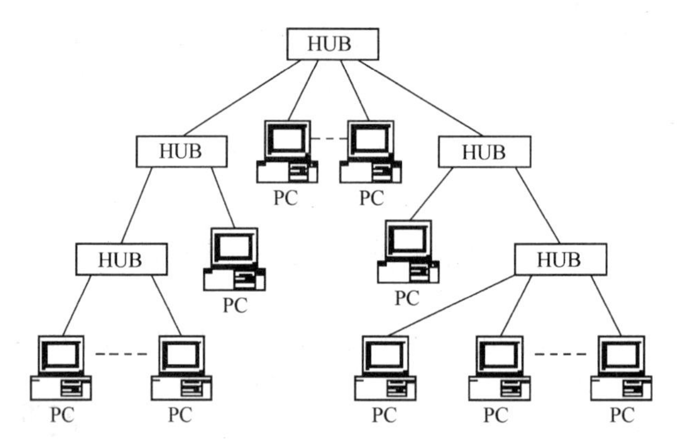

图 1-9 星形树

值得注意的是，以 HUB 构成的网络结构，虽然呈星形布局，但它使用的访问媒体的机制却仍是共享媒体的总线方式。

2．环形网络拓扑结构

环形结构在局域网中使用较多。这种结构中的传输媒体从一个端用户到另一个端用户，直到将所有端用户连成环形，如图 1-10 所示。这种结构显而易见消除了端用户通信时对中心系统的依赖性。

环形结构的特点是，每个端用户都与两个相临的端用户相连，因而存在着点到点链路，但总是以单向方式操作。于是，便有上游端用户和下游端用户之称。例如图 1-10 中，用户 n 是用户

n+1 的上游端用户，n+1 是 n 的下游端用户。如果 n+1 端需将数据发送到 n 端，则几乎要绕环一周才能到达 n 端。

环上传输的任何报文都必须穿过所有端点，因此，如果环的某一点断开，环上所有端间的通信便会终止。为克服这种网络拓扑结构的脆弱，每个端点除了与一个环相连外，还连接到备用环上，当主环出现故障时，自动转到备用环上。

3. 总线型拓扑结构

总线型结构是使用同一媒体或电缆连接所有端用户的一种方式，也就是说，连接端用户的物理媒体由所有设备共享，如图 1-11 所示。使用这种结构必须解决的一个问题是确保端用户使用媒体发送数据时不能出现冲突。在点到点链路配置时，这是相当简单的。如果这条链路是半双工操作，只需使用很简单的机制便可保证两个端用户轮流工作。在一点到多点方式中，对线路的访问依靠控制端的探询来确定。然而，在 LAN 环境下，由于所有数据站都是平等的，因此不能采取上述机制。对此，研究了一种在总线共享型网络使用的媒体访问方法：带有碰撞检测的载波侦听多路访问，英文缩写成 CSMA/CD。

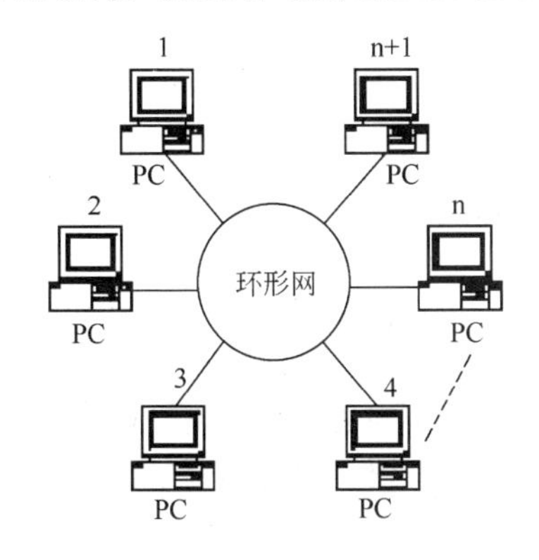

图 1-10 环形结构

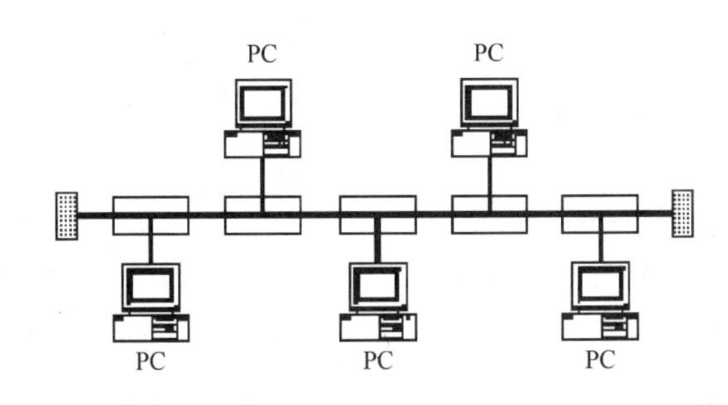

图 1-11 总线型结构

这种结构具有费用低、数据端用户入网灵活、站点或某个端用户失效不影响其他站点或端用户通信的优点。缺点是一次仅能使一个端用户发送数据，其他端用户必须等待到获得发送权。媒体访问获取机制较复杂。尽管有上述一些缺点，但由于布线要求简单，扩充容易，端用户失效、增删不影响全网工作，所以是网络技术中使用最普遍的一种。

1.6 网络硬件组成与选择

1.6.1 网络适配器

1. 什么是网络适配器

网络适配器又称网卡或网络接口卡 NIC（Network Interface Card）。它是使计算机联网的设备。平常所说的网卡就是将 PC 机和 LAN 连接的网络适配器。网卡（NIC） 插在计算机主板插槽中，负责将用户要传递的数据转换为网络上其他设备能够识别的格式，通过网络介质传输。它的主要技术参数为带宽、总线方式、电气接口方式等。网卡实物如图 1-12 所示。

2. 网络适配器的基本功能

① 读入由其他网络设备（路由器、交换机或其他 NIC）传输过来的数据包，经过拆包，将其变成客户机或服务器可以识别的数据，通过主板上的总线将数据传输到所需 PC 设备中（CPU、内存或硬盘）。

② 将 PC 设备发送的数据，打包后输送至其他网络设备中。

1.6.2 网络传输介质

信息的传输是从一台计算机传输给另一台计算机，或从一个结点传输到另一个结点，它们都是通过通信介质实现的，常用的通信介质有如下几种。

1. 同轴电缆

同轴电缆可分为两类：粗缆和细缆，这种电缆在实际应用中很广，比如有线电视网就是使用同轴电缆。不论是粗缆还是细缆，其中央都是一根铜线，外面包有绝缘层。同轴电缆由内部导体环绕绝缘层以及绝缘层外的金属屏蔽网和最外层的护套组成，如图 1-13 所示。

图 1-12 网卡实物

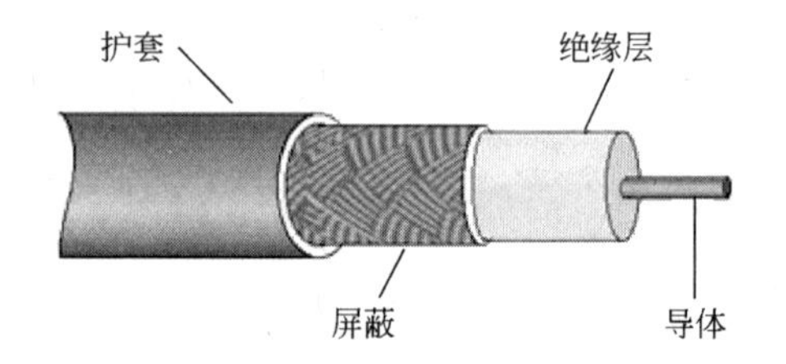

图 1-13 同轴电缆

2. 双绞线

双绞线（Twisted Pairwire，TP）是布线工程中最常用的一种传输介质。双绞线是由相互按一定扭矩绞合在一起的类似于电话线的传输媒体，每根线加绝缘层并由色标来标记，如图 1-14 所示。如图 1-15 所示为双绞线实物图。成对线的扭绞旨在使电磁辐射和外部电磁干扰减到最小。目前，双绞线可分为非屏蔽双绞线（Unshilded Twisted Pair，UTP）和屏蔽双绞线（Shielded Twisted Pair，STP）。平时一般接触比较多的是 UTP 线。

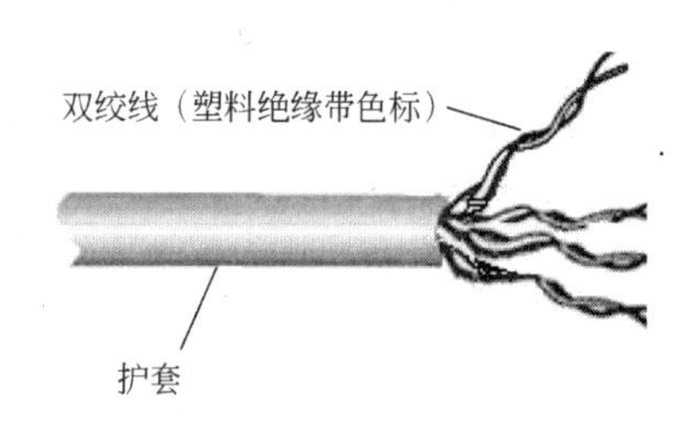

图 1-14 双绞线示意图

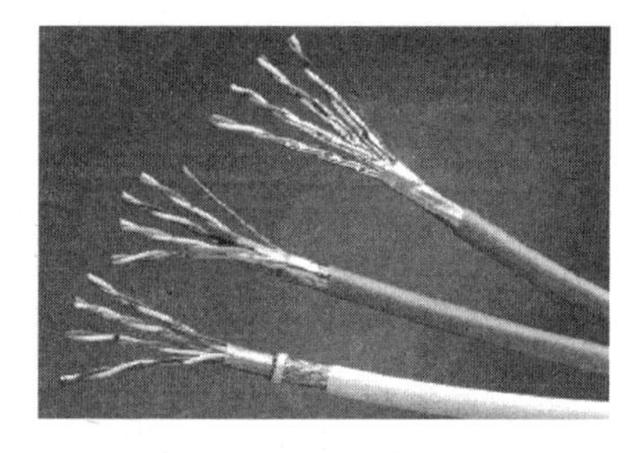

图 1-15 双绞线实物图

3. RJ-45 连接器

RJ-45 连接器也称为水晶头，双绞线的两端必须都安装 RJ-45 插头，以便插在网卡、集线器（HUB）或交换机（Switch）RJ-45 接口上。水晶头也有档次之分，一般比较好的是如 AMP 这样的产品。水晶头的接触探针是镀铜的，容易生锈，造成接触不良，网络不通。还有就是塑料扣位不紧（通常是变形所致），也很容易造成接触不良，使网络中断。

制作网线所需要的 RJ-45 水晶接头前端有 8 个凹槽，简称“8P”（Position，位置）。凹槽内的金属接点共有 8 个，简称“8C”（Contact，触点），因此业界水晶头有“8P8C”的别称。从侧面观察 RJ-45，可见到平行排列的金属片，一共有 8 片。每片金属片前端都有一个突出的透明框，从外表来看就是一个金属接点。

按金属片的形状来区分，RJ-45 的 8 个接脚虽然一样，不过它们名称不同。首先将接头分清楚：按照“公凸母凹”的原则，压接在电缆两端、大小约 $1cm^2$ 的透明长框称作 RJ-45“公”接头，简称为 RJ-45 接头：而位于网卡或集线器上的 8 个接触金属脚的凹槽，则称为 RJ-45“母”接头，简称为 RJ-45 插槽。

RJ-45 接头的一侧带有一条具有弹性的卡栓，用来固定在 RJ-45 插槽上。翻过来相对的一面，则可看到 8 个金属接脚。将接脚前端朝向自己，最左边就是第“1”脚，然后往右依次为“2”、“3”…到第“8”脚。

双绞线和其他网络设备（例如网卡）连接必须是 RJ-45 接头（也叫水晶头）。水晶头虽小，但在网络的连接中非常重要，许多网络故障中就有相当一部分是因为水晶头质量不好而造成。

如图 1-16（a）所示是单个的水晶头图示，如图 1-16（b）所示为一段做好网线的水晶头。

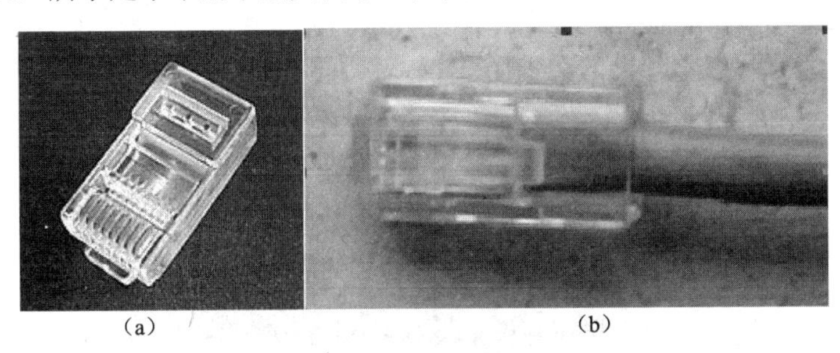

图 1-16　水晶头

双绞线（10BASE-T）以太网技术规范可归结为“5-4-3-2-1 规则”，原则说明如下：

① 允许 5 个网段，每网段最大长度 100 米；

② 在同一信道上允许连接 4 个中继器或集线器；

③ 在其中的 3 个网段上可以增加节点；

④ 在另外 2 个网段上，除做中继器链路外，不能接任何节点；

⑤ 上述将组建 1 个大型的冲突域，最大站点数 1024，网络直径达 2500 米。

4．光缆

光缆不仅是目前可用的媒体，而且是今后若干年后将会继续使用的媒体，其主要原因是这种媒体具有很大的带宽。光缆是由许多细如发丝的塑胶或玻璃纤维外加绝缘护套组成的，光束在玻璃纤维内传输，防磁防电，传输稳定，质量高，适于高速网络和骨干网。光纤与电导体构成的传输媒体最基本的差别是，它的传输信息是光束，而非电气信号。因此，光纤传输的信号不受电磁的干扰。光缆示意图如图 1-17 所示。

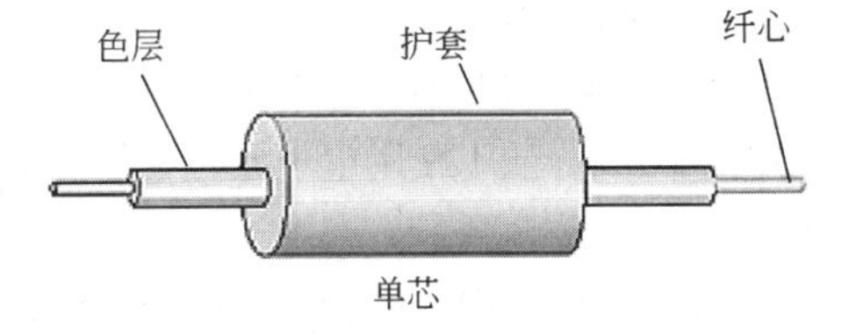

图 1-17　光缆示意图

光纤连接器（Fiber Connector）是实现光纤活动连接的重要组成部分。它与光纤适配器（Fiber Adapter）一起实现了光纤的活动连接。

① 光纤光缆连接器，如图 1-18 所示。

② 束状多芯光缆扇出连接器和尾纤，如图 1-19 所示。

图 1-18　光纤光缆连接器

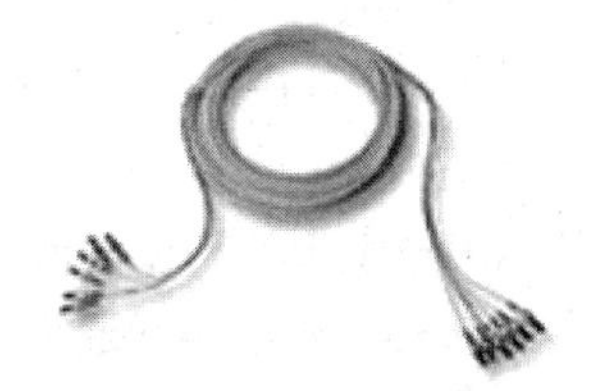

图 1-19　束状多芯光缆扇出连接器和尾纤

③ 光纤带光缆扇出尾纤，如图 1-20 所示。

④ MT-RJ 光纤连接器，如图 1-21 所示。

图 1-20 光纤带光缆扇出尾纤

图 1-21 MT-RJ 光纤连接器

⑤ PC 和 APC 光纤连接器，如图 1-22 所示。

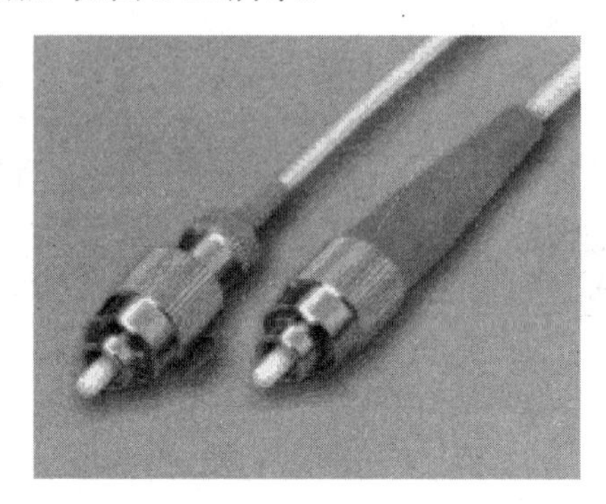

图 1-22 PC/APC 光纤连接器

表 1-1 是同轴电缆、双绞线、光缆的性能比较。

表 1-1 同轴电缆、双绞线、光缆的性能比较

传输媒介	价格	电磁干扰	频带宽度	单段最大长度
UTP	最便宜	高	低	100 米
STP	一般	低	中等	100 米
同轴电缆	一般	低	高	185 米/500 米
光缆	最高	没有	极高	几十千米

5. 无线介质

上述通信介质有一个共同的缺点，那便是都需要一根线缆连接电脑，这在很多场合下是不方便的。无线介质不使用电子或光学导体。大多数情况下地球的大气便是数据的物理性通路。从理论上讲，无线介质最好应用于难以布线的场合或远程通信。无线介质有三种主要类型：无线电、微波及红外线。现在的无线网络连接已经非常普及了，在各大商场、咖啡厅、各个家庭中都非常普及，但是在学校还是光缆和双绞线联网。

1.6.3 网络连接设备

1. 中继器（物理层连接设备）

中继器（Repeater）是在局域网环境下用来延长网络距离的最简单、最廉价的互连设备，工作在物理层，作用是对传输介质上传输的信号接收后经过放大和整形再发送到其传输介质上，经过中继器连接的两段电缆上的工作站就像是在一条加长的电缆上工作一样。

中继器只能连接相同数据传输速率的 LAN。中继器在执行信号放大功能时不需要任何算法，只将来自一侧的信号转发到另一侧（双口中继器）或将来自一侧的信号转发到其他多个端口。中继器只有当网络负载很轻和网络延时要求不高的条件下才能使用。

2．集线器（物理层连接设备）

集线器（HUB）可以说是一种特殊的中继器，区别在于集线器能够提供多端口服务，每个端口连接一条传输介质，也称为多端口中继器。集线器将多个节点汇接到一起，起到中枢或多路交汇点的作用，是为优化网络布线结构、简化网络管理为目标而设计的。

如图 1-23 所示是集线器的实物图。

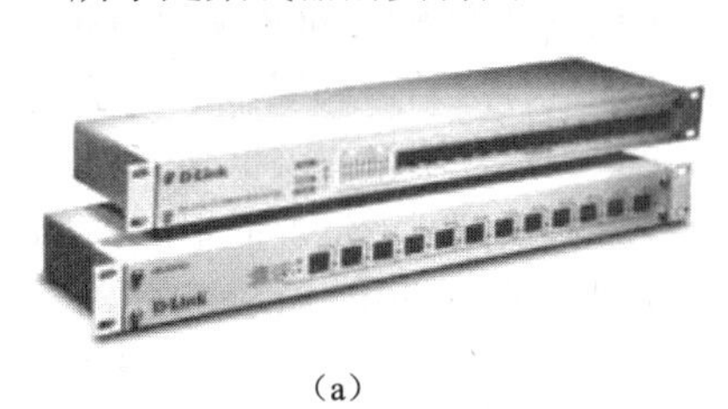

（a）

（b）

图 1-23　集线器实物图

3．网桥（数据链路层连接设备）

网桥（Bridge）也叫桥接器，是连接两个局域网的一种存储/转发设备，工作在数据链路层，它能将一个较大的 LAN 分割为多个子网，或将两个以上的 LAN 互连为一个逻辑 LAN，使 LAN 上的所有用户都可以访问服务器。

4．网关（数据链路层连接设备）

网关（Gateway）实现了不同的体系结构和环境之间的通信，数据被网关重新转换后，可以从一个网络环境进入另一个不同的网络环境，使各种网络环境能够相互理解、交流对方的数据。网关的功能就是把信息重新进行包装以适应目标网络环境的要求。即网关能够改变信息数据的格式，使之符合接收端的数据要求。

5．路由器（网络层连接设备）

路由器（Router）是在网络层提供多个独立的子网间连接服务的一种存储/转发设备。用路由器连接的网络可以使用在数据链路层和物理层协议完全不同的网络中。路由器提供的服务比网桥更为完善。路由器可根据传输费用、转接时延、网络拥塞或信源和终点间的距离来选择最佳路径。

在实际应用中，路由器通常作为局域网与广域网连接的设备。

6．交换机（数据链路层连接设备）

交换机（Switch）是在集线器的基础上发展起来的，它的功能和特点：

① 具有与 HUB 同样的功能；

② 具有存储转发、分组交换能力；

③ 具有子网和虚网管理能力；

④ 各用户终端独占带宽；

⑤ 交换机可以堆叠。

如图 1-24（a）所示是千兆以太网的主干交换机，如图 1-24（b）所示是一款普通交换机。

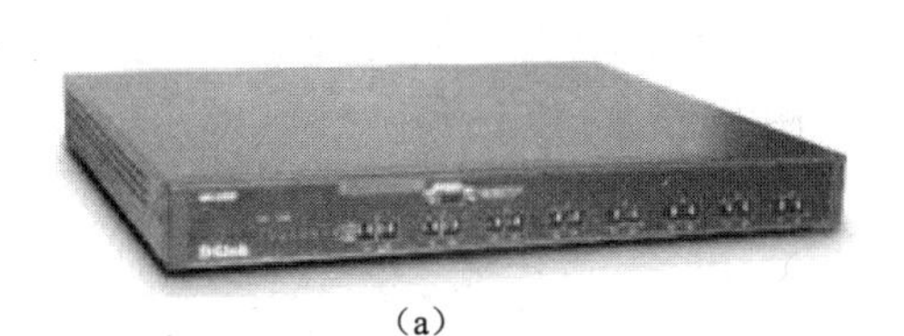

（a）

（b）

图 1-24　交换机实物图

1.7 计算机网络协议

1.7.1 网络协议

就像人们说话用某种语言一样，在网络上的各台计算机之间也有一种语言，这就是网络协议，不同的计算机之间必须使用相同的网络协议才能进行通信。网络协议示意图如图 1-25 所示。当然，网络协议也有很多种，具体选择哪一种协议则要看情况而定。Internet 上的计算机使用的是 TCP/IP 协议。

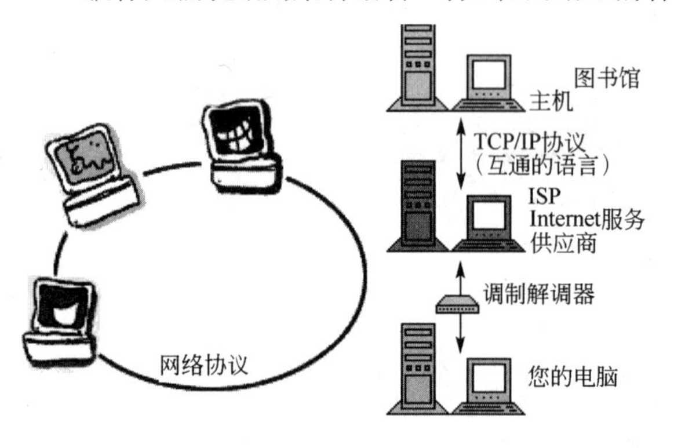

图 1-25 网络协议示意图

网络协议是指为进行计算机网络中的数据交换而建立的规则、标准或约定的集合。协议总是指某一层协议，准确地说，它是对同等实体之间的通信制定的有关通信规则约定的集合。

网络协议的三个要素如下。

① 语义（Semantics）：涉及用于协调与差错处理的控制信息。

② 语法（Syntax）：涉及数据及控制信息的格式、编码及信号电平等。

③ 定时（Timing）：涉及速度匹配和排序等。

1.7.2 网络体系结构

计算机网络系统是一个十分复杂的系统。将一个复杂系统分解为若干个容易处理的子系统，然后"分而治之"，这种结构化设计方法是工程设计中常见的手段。

网络的体系结构（Architecture）就是计算机网络各层次及其协议的集合。层次结构一般以垂直分层模型来表示，如图 1-26 所示。

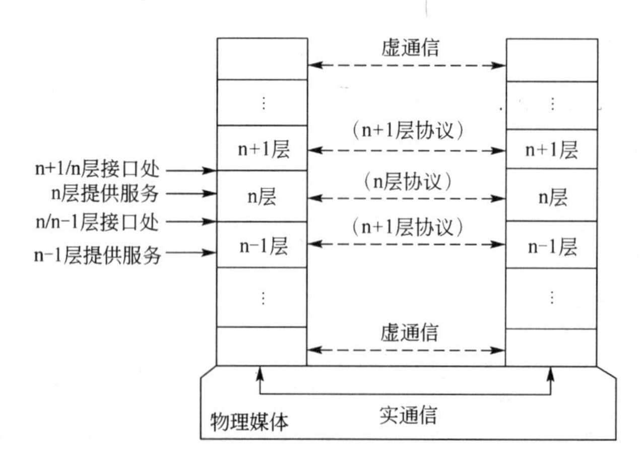

图 1-26 计算机网络的层次模型

网络的体系结构的特点是：

① 以功能作为划分层次的基础；

② 第 n 层的实体在实现自身定义的功能时，只能使用第 n–1 层提供的服务；

③ 第 n 层在向第 n+1 层提供的服务时，此服务不仅包含第 n 层本身的功能，还包含由下层服务提供的功能；

④ 仅在相邻层间有接口，且所提供服务的具体实现细节对上一层完全屏蔽。

1.7.3 ISO/OSI 参考模型

OSI（Open System Interconnection，开放系统互连）基本参考模型是由国际标准化组织(ISO)制定的标准化开放式计算机网络层次结构模型，称为 ISO/OSI 参考模型。“开放”这个词表示能使任何两个遵守参考模型和有关标准的系统进行互连。

OSI 包括了体系结构、服务定义和协议规范三级抽象。

OSI 参考模型采用分层结构，如图 1-27 所示。

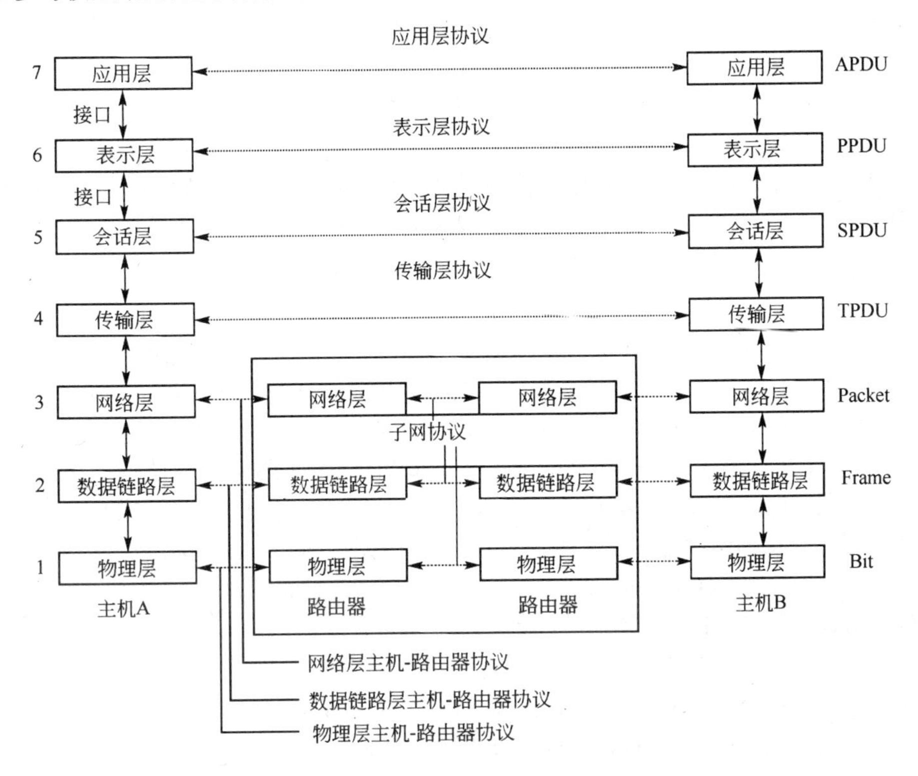

图 1-27 OSI 参考模型

1．OSI 分层结构的优点

① 简化相关的网络操作；

② 提供即插即用的兼容性和不同厂商之间集成的标准接口；

③ 使工程师们能专注于设计和优化不同的网络互连设备的互操作性；

④ 防止一个区域的网络变化影响另一个区域的网络，因此，每一个区域的网络都能单独快速地升级；

⑤ 把复杂的网络连接问题分解成小的简单的问题，易于学习和操作。

2．各层功能的简要介绍

在 OSI 参考模型中，从下至上，每一层都完成不同的、目标明确的功能。

（1）物理层（Physical Layer）

物理层规定了激活、维持、关闭通信端点之间的机械特性、电气特性、功能特性及过程特性。

该层为上层协议提供了一个传输数据的物理媒体。

在这一层，数据的单位称为比特（bit）。

属于物理层定义的典型规范代表包括：EIA/TIA RS-232、EIA/TIA RS-449、RJ-45 等。

（2）数据链路层（Data Link Layer）

数据链路层在不可靠的物理介质上提供可靠的传输。该层的作用包括：物理地址寻址、数据的成帧、流量控制、数据的检错、重发等。

在这一层，数据的单位称为帧（Frame）。

数据链路层协议的代表包括：SDLC、HDLC、PPP、STP、帧中继等。

（3）网络层（Network Layer）

网络层负责对子网间的数据包进行路由选择。此外，网络层还可以实现拥塞控制、网际互联等功能。

在这一层，数据的单位称为数据包（Packet）。

网络层协议的代表包括：IP、IPX、RIP、OSPF 等。

（4）传输层（Transport Layer）

传输层是第一个端到端，即主机到主机的层次。传输层负责将上层数据分段并提供端到端的、可靠的或不可靠的传输。此外，传输层还要处理端到端的差错控制和流量控制问题。

在这一层，数据的单位称为数据段（Segment）。

传输层协议的代表包括：TCP、UDP、SPX 等。

（5）会话层（Session Layer）

会话层管理主机之间的会话进程，即负责建立、管理、终止进程之间的会话。

会话层还利用在数据中插入校验点来实现数据的同步。

会话层协议的代表包括：NetBIOS、ZIP（AppleTalk 区域信息协议）等。

（6）表示层（Presentation Layer）

表示层对上层数据或信息进行变换以保证一个主机应用层信息可以被另一个主机的应用程序理解。表示层的数据转换，包括数据的加密、压缩、格式转换等。

表示层协议的代表包括：ASCII、ASN.1、JPEG、MPEG 等。

（7）应用层（Application Layer）

应用层为操作系统或网络应用程序提供访问网络服务的接口。

应用层协议的代表包括：Telnet、FTP、HTTP、SNMP 等。

1.7.4 IEEE802 标准

为研究局域网技术和制定相应的标准，美国电气电子工程师协会（IEEE）于 1980 年 2 月成立了一个专门的 IEEE 802 委员会，下属若干分委会，分别研究 LAN 的不同发展领域，所以以太网的标准全是以 802.X 的形式出现的，最初的五个标准如下。

① 802.1：LAN 的总体结构、系统构成、管理和互连。

② 802.2：由于物理介质的不断变化，IEEE802 委员会把 OSI 的数据链路层分为两个子层。

a. 介质存取控制（MAC）：与物理介质有关，负责对共享介质的存取。通常的协议有 802.3 和 802.5 等。

b. 逻辑链路控制（LLC）：负责处理差错检测、流量控制、分帧及 MAC 子层的编址等，常用的协议有 802.2，提供了对上层（网络层）协议的鉴别。

③ 802.3：载波监听多路访问/冲突检测（CSMA/CD），其工作原理和 LAN 完全相同，只是在帧结构上略有差别。

④ 802.4：Toking Passing 令牌总线网。

⑤ 802.5：Token 令牌环。

随着网络技术的发展和完善，IEEE 802 标准也在不断增加，IEEE 802.5 描述令牌环（Token Ring）式介质访问控制协议及相应物理层规范。

IEEE 802.6 描述市域网（MAN）的介质访问控制协议及相应物理层规范。

IEEE 802.7 描述宽带技术进展。

IEEE 802.8 描述光纤技术进展。

IEEE 802.9 描述语音和数据综合局域网技术。

IEEE 802.10 描述局域网安全与解密问题。

IEEE 802.11 描述无线局域网技术。

IEEE 802.12 描述用于高速局域网的介质访问方法及相应的物理层规范。

本章小结

本章介绍了有关局域网的基本知识，对计算机网络的起因和发展提出了一个比较清晰的概念，并且详细地介绍了各种网络结构的划分以及各自的特点，由浅入深地阐述了各种网络的组成；另外还介绍了网络通信协议，了解各种网络通信协议是掌握网络技术的关键。只有充分理解本章的内容，才能在后面各章学习中有一个整体的认识，从某种意义上来说，本章是以后各章的理论基础，无论是组建宿舍网、企业网或者其他形式的局域网都应该把握这些理论知识，来解决更多的实际问题。

本章主要介绍了以下知识点。

1．计算机网络的定义

计算机网络是将分散在不同地点且具有独立功能的多个计算机系统，利用通信设备和线路相互连接起来，在网络协议和软件的支持下进行数据通信，实现资源共享和透明服务的计算机系统的集合。

2．计算机网络的功能和分类

网络的主要功能是通信和资源共享，即完成用户之间的信息交换和硬件、软件及信息资源的共享。网络按覆盖范围可分为局域网、城域网、广域网和国际互联网。

3．计算机网络的组成

计算机网络的组成包括三个部分：计算机系统、数据通信系统、网络软件与协议。如果按网络又可分为通信子网和资源子网。通信子网主要完成网络的数据通信，资源子网主要负责网络的信息处理，为网络用户提供资源共享和网络服务。

4．计算机网络的结构

将计算机网络结构抽象为由节点和线段组成的网络拓扑结构可以简化对网络的分析与设计。常见的网络拓扑结构有六种：总线型、星形、环形、树形、网状型和混合型。局域网中常用前四种。

5．计算机网络体系结构

通常把网络协议和网络分层功能及相邻层接口协议规范的集合称为计算机网络体系结构。根据 ISO/OSI 参考模型，把网络体系结构分为七层：物理层、数据链路层、网络层、传输层、会话层、表示层和应用层。

6．局域网

本章还主要介绍了局域网，即 LAN。介绍了定义、特点、应用以及根据拓扑结构的分类。同时还介绍了IEEE802标准是目前的ISO国际标准，它定义了局域网的协议体系。

由于局域网不需要路由选择，因此它并不需要网络层，而只需要最低的两层：物理层和数据链路层。电气和电子工程师协会（IEEE）已经定义了3个差异很大的局域网标准。它们是802.3带冲突检测的载波侦听多路访问（CSMA/CD）（以太网），802.4令牌总线，以及802.5令牌环。随着时代的发展，还陆续制定了高速局域网、光纤局域网等标准。

思考与练习

1. 简述计算机网络的定义、分类和主要功能。
2. 按照网络的逻辑功能可将计算机网络分为哪几部分？各部分的主要功能是什么？
3. 常见的网络拓扑结构有哪几种？试画出它们的网络拓扑结构图并说明各自的特点。
4. 通信的三个基本要素是什么？试说明数据通信的基本过程。
5. 常见的传输介质有哪几种？
6. 什么叫网络协议和网络体系结构？常用的网络体系结构有哪几种？
7. OSI参考模型是怎样分层的？各层的主要功能是什么？
8. 什么是局域网？局域网的主要特点有哪些？
9. 局域网的硬件系统一般由哪些部分组成？各部分的主要功能是什么？
10. 什么是网卡？它的主要功能是什么？试画出网卡的逻辑框图？
11. 何谓MAC地址？MAC地址是物理地址吗？以太网的MAC地址格式是什么？
12. 在局域网中服务器的作用是什么？通常有那几类服务器？
13. 局域网通常使用的传输介质是什么？
14. IEEE802委员会针对哪一类局域网制定了哪些标准？
15. 目前局域网常用的介质访问控制方法有哪几种？它们的特点是什么？都用于什么网络？
16. 简要叙述CSMA/CD的工作原理。
17. 局域网的基本组成部分有哪些？
18. 局域网将数据链路层分为哪两个子层？请说明各子层的主要功能。
19. 请叙述以太网的主要技术特性。
20. 从以太网问世到现在，共有哪几种以太网技术？说明它们的异同之处。
21. 以太网技术成功的原因何在？为什么它的应用最广泛？
22. 何为交换式局域网？它与共享式局域网的根本区别是什么？
23. 交换式局域网的特点是什么？目前有哪两类交换技术？
24. 请叙述局域网交换机的工作原理以及它与ATM交换的区别。
25. 什么是VLAN?它有什么优越性？划分VLAN的方法有几种？
26. 说明FDDI的含义及其特点？
27. 什么是千兆以太网？它还是以太网吗？从技术角度看它与以太网有什么异同之处？
28. 目前已公布的千兆以太网标准有哪些？请叙述标准的主要内容。

第 2 章　局域网组建所需要的硬件

教学目标

了解局域网的相关知识，组建局域网所需的硬件设备等；掌握局域网的组网方式，不同的网络组建设备的连接方法；能够对局域网组建时需要的设备如交换机、路由器进行配置。

教学要求

知识要点	能力要求	关联知识
网线及信息模块的制作	（1）能制作并测试网线 （2）能制作传统与新型的信息模块并测试	网线的种类、双绞线的制作方法、信息模块的概念、信息模块的制作方法、网线的测试方法等
网卡安装、驱动安装	（1）能安装网卡 （2）能安装网卡驱动	网卡的概念、种类与选购；网卡驱动的安装方法
集线器与二层交换机的选购	（1）能掌握集线器的选购方法 （2）能掌握交换机的选购方法 （3）能区别集线器与交换机	集线器的概念、交换机的概念；选购集线器和交换机的方法
交换机的连接与配置	（1）能掌握交换机的基本组成 （2）能完成交换机的连接 （3）能完成交换机的配置	交换机的硬件组成、交换机的连接方式、交换机的基本配置命令
路由器的连接与配置	（1）能掌握路由器的基本组成 （2）能完成路由器的连接 （3）能完成路由器的配置	路由器的硬件组成、路由器的连接方式、路由器的基本配置命令

重点难点

- 翻转双绞线的制作方法
- 信息模块的制作与测试
- 网卡的安装
- 集线器与交换机的区别
- 交换机的基本配置
- 路由器的基本配置

局域网（Local Area Network，LAN），是指在某一区域内由多台计算机互连成的计算机组。“某一区域”指的是同一办公室、同一建筑物、同一公司和同一学校等，一般是方圆几千米以内。局域网可以实现文件管理、应用软件共享、打印机共享、扫描仪共享、工作组内的日程安排、电子邮件和传真通信服务等功能。局域网是封闭型的，可以由办公室内的两台计算机组成，也可以由一个公司内的上千台计算机、交换机、路由器、服务器等设备组成。

局域网中的硬件组成以及连接方法是局域网组建过程中非常重要的环节。局域网中硬件设备的使用是否得当决定着局域网组建的成败。

2.1　网线及信息模块的制作

人们在组建网络的时候用到的硬件有很多，如 PC、集线器、交换机等。但是要想用这些硬件设备来组建成一个局域网，那么连接各种硬件设备的网线和信息模块也是必备的，在这一节中，要学习连接各种设备的网线和信息模块的制作方法。

2.1.1 网线制作

在组建局域网的时候我们最常使用的是网线就是双绞线。在局域网的组建过程中，需要用到很多的网络设备，如网卡、集线器、交换机、路由器等。各种不同的设备在进行连接的时候用到的网线虽然都是双绞线，但是却对双绞线内部的线序有着不同的要求。为了保持最佳的兼容性，普遍采用 T568A 和 T568B 标准来制作网线。

注意：在整个网络布线中应该只采用一种网线标准。如果标准不统一，几个人共同工作时则会乱套；更严重的是施工过程中一旦出现线缆差错，在成捆的线缆中是很难查找和剔除的。

1．三种不同线序的网线

（1）直通线（Straight-through）

有时也叫正线，遵从 T568B 标准。直通线的特点是双绞线的两端线序一样。一般用来连接两个不同性质的接口。一般用于：PC to Switch/Hub，Router to Switch/Hub。直通线的做法就是使两端的线序相同，要么两头都是 568A 标准，要么两头都是 568B 标准，如图 2-1 所示。

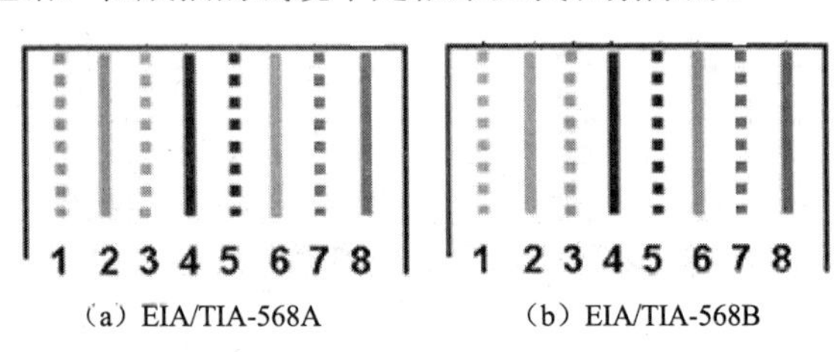

（a）EIA/TIA-568A （b）EIA/TIA-568B

图 2-1 568A 标准和 568B 标准

568A 标准的线序是：白绿，绿，白橙，蓝，白蓝，橙，白棕，棕
568B 标准的线序是：白橙，橙，白绿，蓝，白蓝，绿，白棕，棕

（2）交叉线（Cross-over）

有时也叫反线，遵从 T568A 标准。交叉线的特点是双绞线两端的线序不一样。一般用来连接两个性质相同的端口。比如：交换机连接交换机，交换机连接集线器，集线器连接集线器，主机连接主机，主机连接路由器。做法就是两端不同，一头做成 568A，一头做成 568B。

（3）全反线（Rolled）

不用于以太网的连接，主要用于主机的串口和路由器（或交换机）的 Console 口连接的 Console 线。做法就是一端的顺序是 1～8，另一端则是 8～1 的顺序。

2．网线的具体制作

（1）需要准备的工具及设备

制作网线首要的工具就是网钳，还有剥线器、测线仪等。在制作网线的时候除了原材料网线外，还需要的一个材料就是水晶头。这些设备和工具如图 2-2 所示。

图 2-2 网钳、剥线器、测线仪、水晶头

（2）制作网线

网线的线序有三种，但在制作网线的时候方法是一样的。

① 剪断：利用压线钳的剪线刀口剪取适当长的网线。

② 剥皮：用压线钳的剪线刀口将线头剪齐，再将线头放入剥线器与网线的粗细一样的刀口中，让线头角及挡板露出，稍微握紧剥线器慢慢旋转，让刀口划开双绞线的保护胶皮，拔下胶皮（注意：剥成与大拇指一样长即可）。

注意：网线钳挡位离剥线刀口长度通常恰好为水晶头长度，这样可以有效避免剥线过长或过短。剥线过长一方面不美观；另一方面因网线不能被水晶头卡住，容易松动。剥线过短，因有包皮存在，太厚，不能完全插到水晶头底部，造成水晶头插针不能与网线芯线完好接触，当然也不能制作成功。

③ 排序：剥除外包皮后即可见到双绞线网线的 4 对 8 条芯线，并且可以看到每对的颜色都不同。每对缠绕的两根芯线是由一种染有相应颜色的芯线加上一条只染有少许相应颜色的白色相间芯线组成。四条全色芯线的颜色为：棕色、橙色、绿色、蓝色。每对线都是相互缠绕在一起的，制作网线时必须将 4 个线对的 8 条细导线一一拆开，理顺，捋直，然后按照规定的线序排列整齐。若是直通线，则线序两端都是 T568A 或者 T568B；若是交叉线，则双绞线一端是 T568A，一端是 T568B；若是全反线，则一端是 1～8，另一端是 8～1。

排列水晶头 8 根针脚：将水晶头有塑料弹簧片的一面向下，有针脚的一方向上，使有针脚的一端指向远离自己的方向，有方形孔的一端对着自己，此时，最左边的是第 1 脚，最右边的是第 8 脚，其余依次顺序排列。

④ 剪齐：把线尽量抻直（不要缠绕）、压平（不要重叠）、挤紧理顺（朝一个方向紧靠），然后用压线钳把线头剪平齐。这样，在双绞线插入水晶头后，每条线都能良好接触水晶头中的插针，避免接触不良。如果以前剥的皮过长，可以在这里将过长的细线剪短，保留的去掉外层绝缘皮的部分约为 14mm，这个长度正好能将各细导线插入到各自的线槽。如果该段留得过长，一来会由于线对不再互绞而增加串扰；二来会由于水晶头不能压住护套而可能导致电缆从水晶头中脱出，造成线路的接触不良甚至中断。

⑤ 插入：以拇指和中指捏住水晶头，使有塑料弹簧片的一侧向下，针脚一方朝向远离自己的方向，并用食指抵住；另一手捏住双绞线外面的胶皮，缓缓用力将 8 条导线同时沿 RJ-45 头内的 8 个线槽插入，一直插到线槽的顶端。

⑥ 压制：确认所有导线都到位，并透过水晶头检查一遍线序无误后，即可以用压线钳制 RJ-45 头。将 RJ-45 头从无牙的一侧推入压线钳夹槽后，用力握紧线钳（如果您的力气不够大，可以使用双手一起压），将突出在外面的针脚全部压入水晶头内。

⑦ 检测：在把水晶头的两端都做好后即可用网线测试仪进行测试，如果测试仪上 8 个指示灯都依次为绿色闪过，证明网线制作成功。如果出现任何一个灯为红灯或黄灯，都证明存在断路或者接触不良现象，此时最好先对两端水晶头再用网线钳压一次，再测，如果故障依旧，再检查一下两端芯线的排列顺序是否一样，如果不一样，则剪掉一端重新按另一端芯线的排列顺序制作水晶头。如果芯线顺序一样，但测试仪在重启后仍显示红色灯或黄色灯，则表明其中肯定存在对应芯线接触不好。此时别无他法，只好先剪掉一端按另一端芯线顺序重做一个水晶头，再测，如果故障消失，则不必重做另一端水晶头，否则还得把原来的另一端水晶头也剪掉重做。直到测试全为绿色指示灯闪过为止。制作方法不同测试仪上的指示灯亮的顺序也不同，如果是直通线，测试仪上的灯两端都是 1～8 依次的亮；如果做的是交叉线则测试仪一端的闪亮顺序应该是 3、6、1、4、5、2、7、8；如果做的是全反线，测线仪一端是依次亮，另一端亮的顺序是 8～1。

2.1.2 信息模块的制作

信息模块在企业网络中是普遍应用的，它属于一个中间连接器，可以安装在墙面或桌面上，需要使用时只需用一条直通双绞线即可与信息模块那端所连接的设备连接，非常灵活；另一方面，也美化了整个网络布线环境。

1．主要制作材料及工具介绍

在信息模块制作中，除了信息模块本身外，还需一些其他材料及制作工具。信息模块现在有两种：一种是传统的需要手工打线的，打线时需要专门的打线工具，制作起来比较麻烦；另一种是新型的，无需手工打线，无需任何模块打线工具，只需把相应双绞芯线卡入相应位置，然后用手轻轻一压即可，使用起来非常方便、快捷。这两种信息模块分别如图 2-3 中的左、右图所示。新型的信息模块外观有些像水晶头，非常小。别看它们个头很小，价格却不菲，正品都在 20 元左右一个。

在两种信息模块中都会用色标标注 8 个卡线槽或者插入孔所插入芯线颜色，两种信息模块的色标及卡线槽或插线孔可分别参照图 2-3 中的左图和图 2-4。传统信息模块的卡线槽可以参见图 2-5。

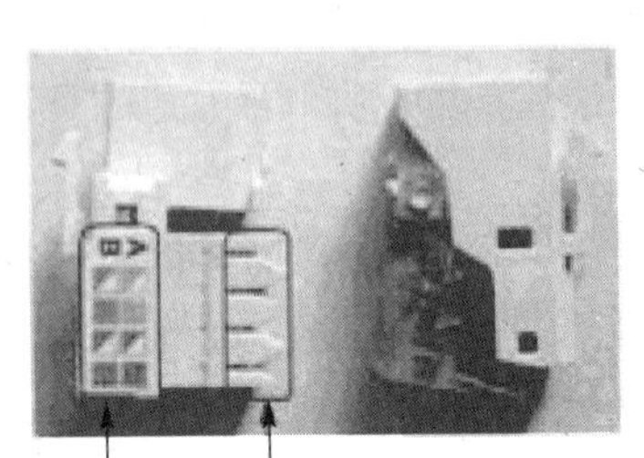

图 2-3 两种网线模块

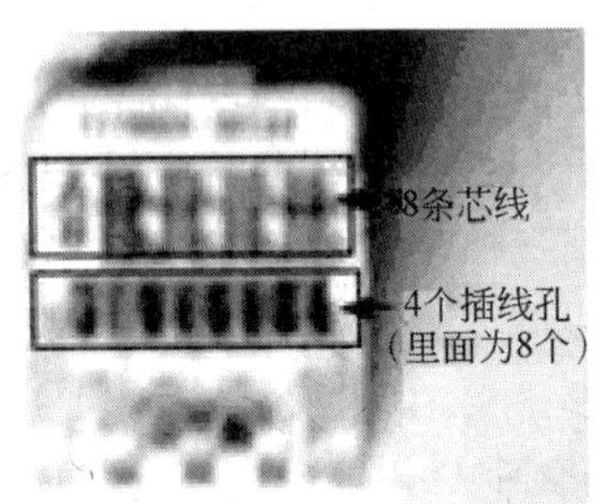

图 2-4 信息模块色标

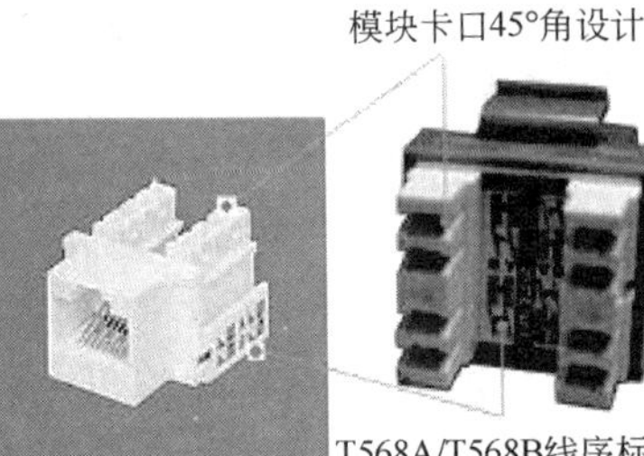

图 2-5 传统信息模块的卡线槽

注意：从信息模块的色标标注来看，好像所有芯线对都是与卡线槽或插孔按相同顺序排列的，并没有任何错开，其实这只是一种表象。实际上在信息模块的水晶头接口引脚芯线仍是按 T568A 或者 T568B 的顺序排列的，这两种脚的芯线序列并不是全部芯线对都是顺序排列的，而是有所错开的，如其中的 3 脚与 4 脚、5 脚与 6 脚之间。究其原因是因为在卡线槽或者插线孔与接口之间经过了一块电路板，在色标上采用顺序排列可以更方便用户使用。

因为信息模块是安装在墙面或桌面上的，所以还有一些配套的组件，主要是面板与底盒。面板是用来固定信息模块的，有“单口”与“双口”之分，正面分别如图 2-6 中的左、右图所示，反面分别如图 2-7 中的左、右图所示。

图 2-6 信息模块板正面

图 2-7 信息模块板反面

从图 2-6 中可以看出，“单口”面板中只能安装一个信息模块，提供一个 RJ-45 网络接口，“双口”的可以安装两个信息模块，提供两个 RJ-45 网络接口。在面板的反面要认识 3 个关键部位即可，在图 2-7 中分别用①、②、③表示。

① 模块扣位：用于放置制作好的信息模块，通过两边的扣位固定，不过也有方向性，具体将在模块制作过程中介绍。

② 遮罩板连接扣位：遮罩板用于遮掩面板中用来与底盒固定的螺钉孔位，遮罩板与面板就

是通过图 2-7 中②所示的 4 个扣位组合的。具体的使用方法将在后面的模块制作中介绍。

③ 与底盒之间的螺钉固定孔：对应面板正面的 2 个孔。通过这 2 个孔用螺钉与底盒的两个螺钉固定柱固定在一起。

最后介绍两款信息模块打线工具，分别如图 2-8 和图 2-9 所示。如图 2-9 所示的是一款简易的模块打线工具，已标注了 3 个主要部位。下面进行简单介绍。

① 卡线缺口：通过它卡住相应芯线，然后打入信息模块卡线槽中。

② 压线刀片：通过它可把一些未完全卡入到卡线槽底部的芯线压入底部。

③ 线勾：对于一些需要重新打线的芯线，可用它把已卡入的芯线勾出来。

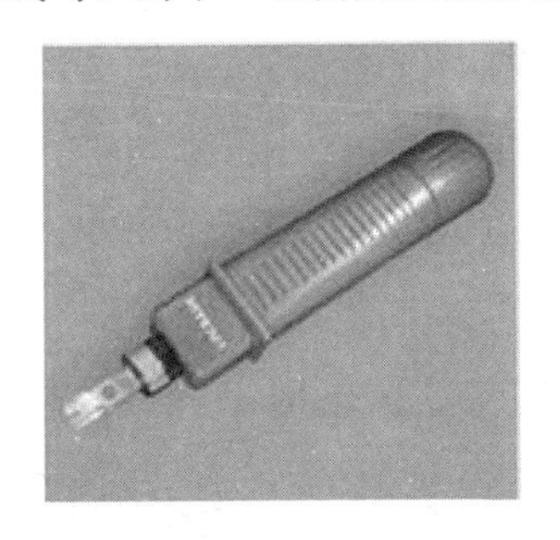

图 2-8 信息模块打线工具

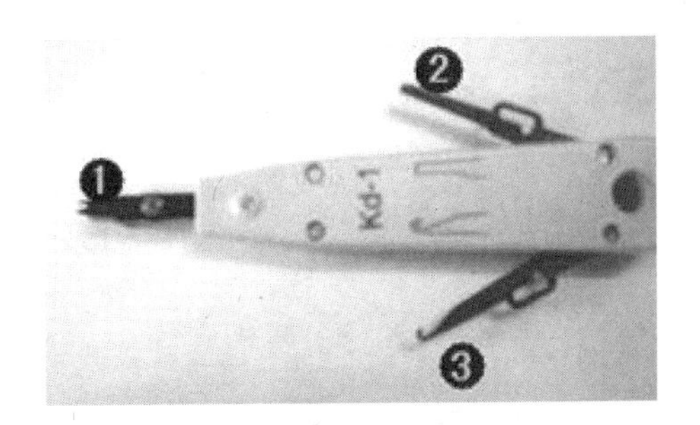

图 2-9 一款简易打线工具

2．制作步骤

介绍完信息模块所需的组件、工具后，下面介绍信息模块的具体制作步骤。

（1）传统手工打线模块

① 先通过综合布线把网线固定在墙面线槽中，将制作模块一端的网线从底盒“穿线孔”中穿出。在引出端用专用剥线工具（在前面已有介绍）剥除一段 3cm 左右的网线外包皮，注意不要损伤内部的 8 条芯线。

② 把剥除了外包皮的网线放入信息模块中间的空位置，如图 2-10 所示。

③ 对照所采用的接入标准和模块上所标注的色标把 8 条芯线依次初步卡入模块的卡线槽中，如图 2-11 所示。在此步只需卡稳即可，不要求卡到底。

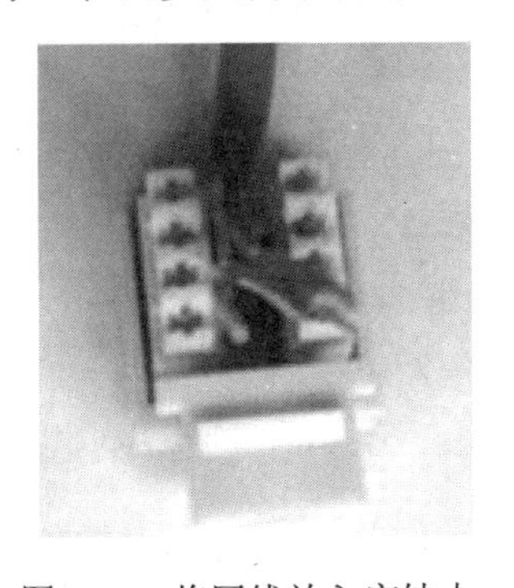

图 2-10 将网线放入空缺中

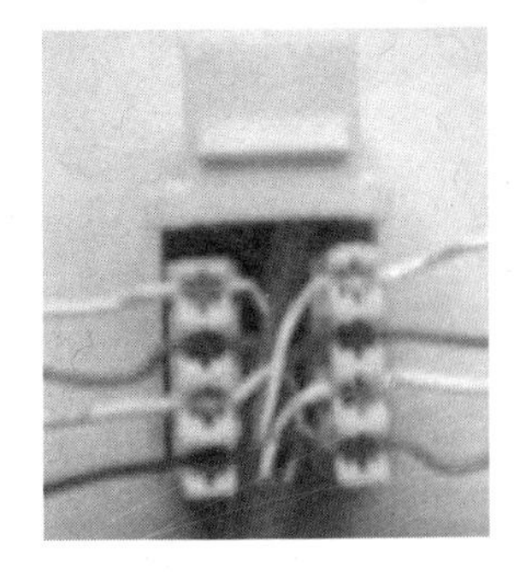

图 2-11 将 8 条线放入对应的卡线槽中

④ 用打线工具把已卡入卡线槽中的芯线打入卡线槽的底部，以使芯线与卡线槽接触良好、稳固。操作方法如图 2-12 所示，对准相应芯线，往下压，当卡到底时会有“咔”的声响。注意打线工具的卡线缺口旋转位置。

⑤ 全部打完线后再对照模块上的色标检查一次，对于打错位置的芯线用打线工具的线勾勾出，重新打线。勾线的方法如图 2-13 所示。对于还未打到底的芯线，可用打线工具的压线刀口重

新压一次。压线方法如图 2-14 所示。

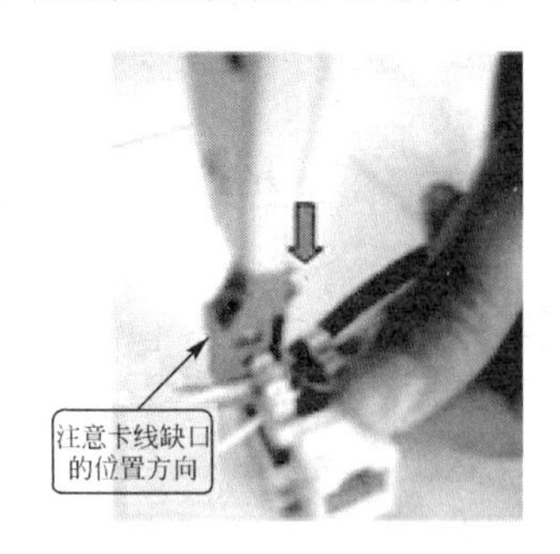

图 2-12 用工具将线打到卡线槽底部

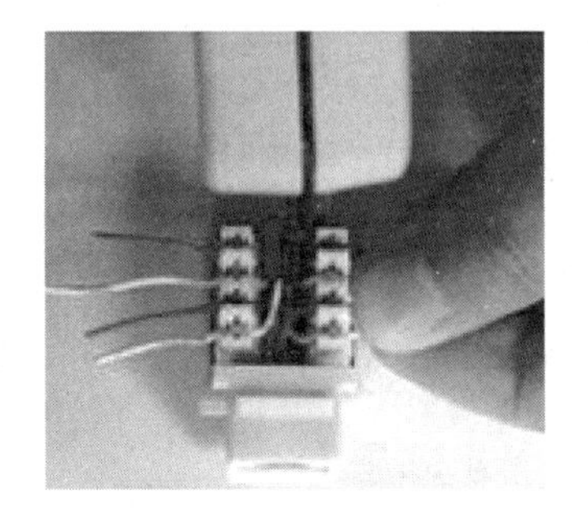

图 2-13 打错的线用线勾勾出来

⑥ 打线全部完工后，用网线钳的剪线刀口或者其他剪线工具剪除在模块卡线槽两侧多余的芯线（一般仅留 0.5cm 左右的长度），如图 2-15 所示。

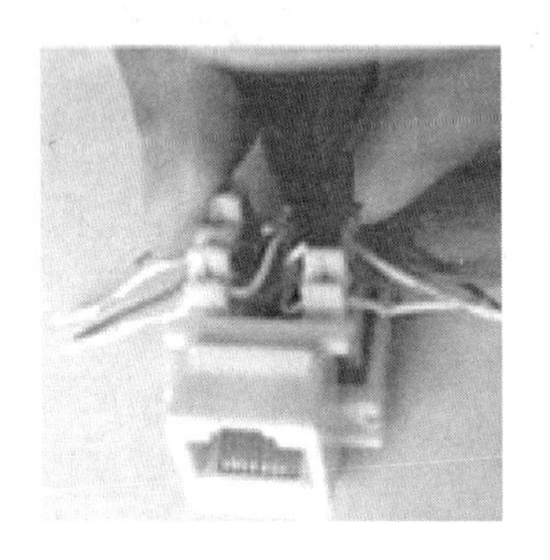

图 2-14 未打好的线用工具重新压到底

图 2-15 用剪线工具剪去多余的芯线

⑦ 把打好线的模块按如图 2-16 所示的方法（注意模块与扣位所对应的方向）卡入模块面板的模块扣位中，扣好后按如图 2-17 所示的方法查看一下面板的网络接口位是否正确。可用水晶头试插一下，能正确插入的即为正确。正确安装了信息模块的面板如图 2-18 所示。

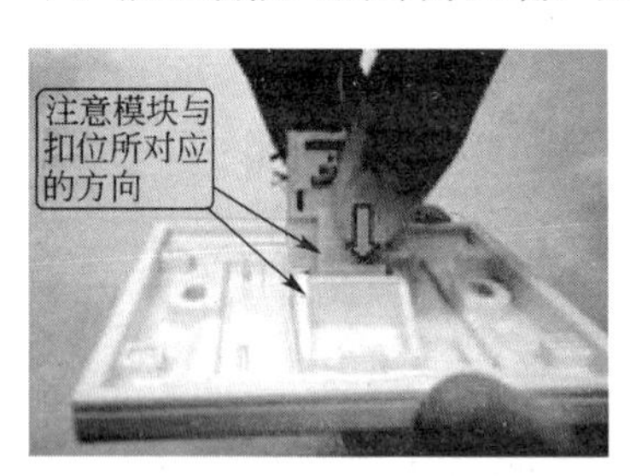

图 2-16 把制作好的模块扣入面板模块扣位中

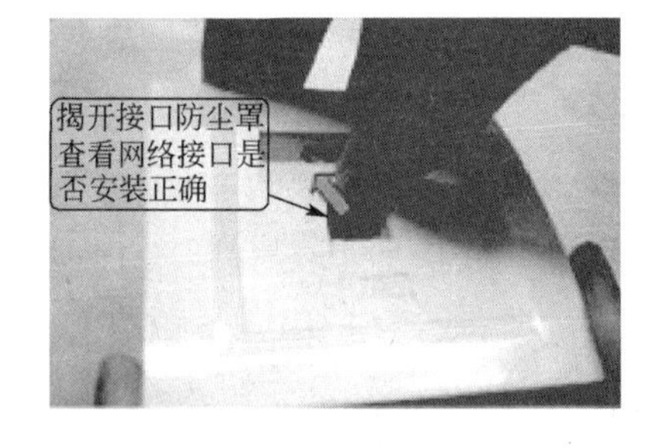

图 2-17 查看网络接口安装是否正确

⑧ 按如图 2-19 所示的方法，在面板与遮罩板之间的缺口位置用手掰开遮罩板。然后把面板与底盒合起来，对准孔位，在螺钉固定孔位中用底盒所带的螺钉把两者固定起来，如图 2-20 所示。

⑨ 最后再盖上面板的遮罩板（主要是为了起到美观的作用，使得看不到固定用的螺钉），即完成一个模块的全部制作过程。最终制作完成的信息模块如图 2-21 所示。

以上介绍的是传统模块的制作方法。对于新型的无需手工打线的模块，整个模块制作过程就进行简单许多。下面进行简单介绍。

（2）新型的无需手工打线的模块

① 剥一段约为 2cm 的网线，打开模块的上盖，对照模块上 4 个插线孔的色标（每个孔插入

一对互绕的芯线）把 4 对芯线依次插入插线孔中，然后用镊子之类的细小工具把各条芯线正确地放入模块中的卡线槽位置（分上、下两排错开排列），如图 2-22 所示。

图 2-18　正确安装了模块后的面板

图 2-19　在缺口位掰开遮罩板

图 2-20　把面板与底盒固定起来

图 2-21　盖上遮罩板

② 确认各条芯线正确插入，并插到底后，把模块的上盖合上，并紧扣在下面部分的扣位上。这样一个模块即制作完成。制作好的模块如图 2-23 所示。

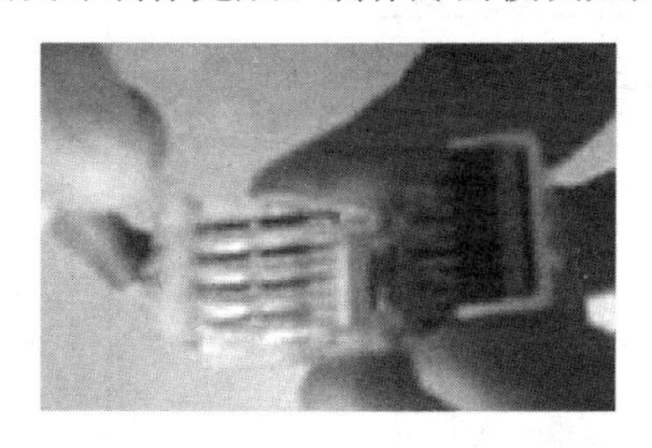

图 2-22　将 8 条芯线从穿孔中穿入

图 2-23　制作好的模块

③ 按如图 2-24 所示的方法把模块插入面板的模块扣位中，注意图中所示的方向。扣入面板后的模块如图 2-25 所示。

图 2-24　把模块扣入面板的扣位中

图 2-25　扣入面板的网线模块

④ 随后的过程与上面的传统模块制作方法一样，也是把扣入模块的面板与底盒用螺钉固定起来，最终效果参见图 2-21。

2.2 网卡的安装

2.2.1 网卡硬件的安装

目前，大多数装有 Windows 95/98 的计算机都支持即插即用（PNP），而且市场上几乎所有的网卡都使用软件来自动设置中断号（IRQ）及内存的 I/O 地址。用户在购买网卡时，随网卡应该附有一张 3 寸软盘，里面包含该网卡的驱动程序。

在确认机箱电源处于关闭的状态下，将网卡插入机箱的某个空闲的扩展槽中，然后把机箱盖合上，再把网线插入网卡的 RJ-45 接口中。

2.2.2 网卡驱动程序的快速安装（quick install）

打开机箱电源，系统启动，屏幕上会出现类似如下的提示："发现了新的硬件"，这是因为系统的即插即用功能起作用了。然后，把随网卡自带的驱动盘（软盘）插入机器的软驱中。当屏幕上出现提示"请选择网卡驱动程序的位置"时，指定驱动程序的位置为软驱（A:），然后用鼠标点击【确定】。系统会自动到软驱中去寻找相应的文件，并把它们拷贝到硬盘中特定的目录下。然后，屏幕提示需要重新启动机器（这样，新安装的网卡才能起作用），单击【确定】。

如果计算机没有自动检测出新网卡，该如何手工安装它呢？在【控制面板】窗口中，鼠标双击【网络】图标，进入【网络】设置窗口，如图 2-26 和图 2-27 所示。

图 2-26 控制面板

现在来添加网卡：单击图 2-27 中的"添加"按钮，这时会出现如图 2-28 所示的窗口。选择【适配器】选项，然后单击右边的"添加"按钮，出现如图 2-29 所示窗口（一般情况下，当购买网卡时，服务商都会提供一张网卡的驱动磁盘），插入网卡的驱动磁盘，单击【从磁盘安装】按钮。

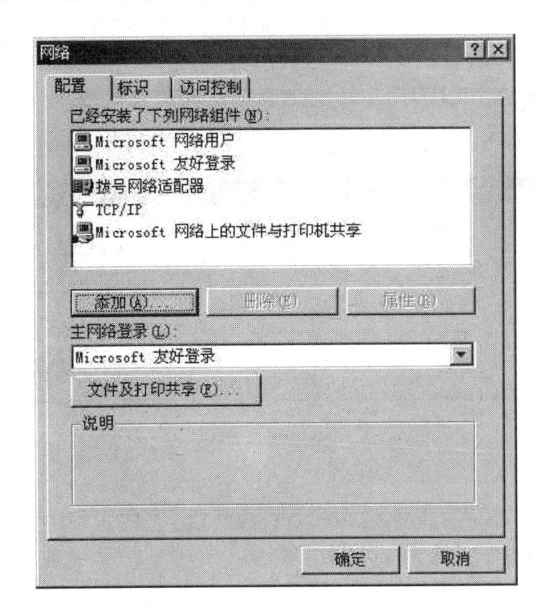

图 2-27　添加新硬件向导

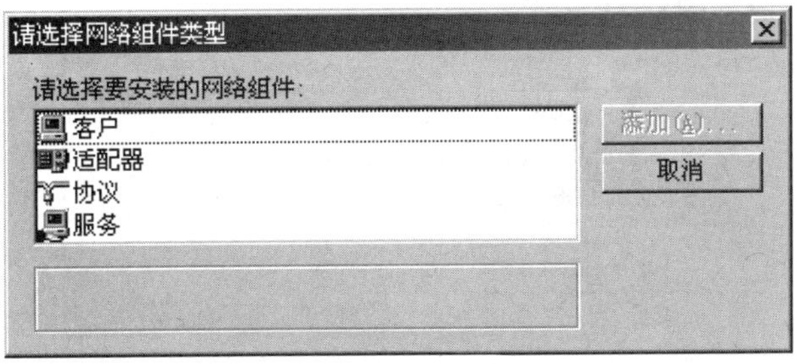

图 2-28　选择组件类型（一）

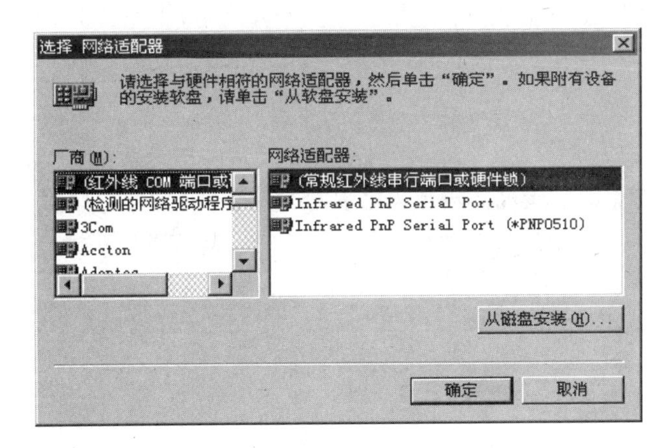

图 2-29　选择网卡的类型（一）

在图 2-30 中的下拉选框中直接输入“A: \”，或者单击右边的【浏览】按钮，然后选择 A 盘。单击【确定】按钮，最后在网络配置窗口中就会出现所安装的网络适配器，如图 2-31 所示。

如果这时在网络窗口中，除了增加了网络适配器选项之外，没有出现 TCP/IP 协议选项，那必须再添加 TCP/IP 协议选项，因为整个 Internet 网络所使用的协议为 TCP/IP。单击【添加】按钮，然后从图 2-28 中选择协议选项，并单击右边的【添加】按钮，出现如图 2-32 所示窗口，在窗口左边的厂商选择 Microsoft 选项，在对应的右边协议窗口中选择 TCP/IP 协议然后单击【确定】按钮。如果这时计算机出现插入光盘的提示，只要按照要求把光盘放入光驱，然后选择相应的目录，单击【确定】，进行安装即可。

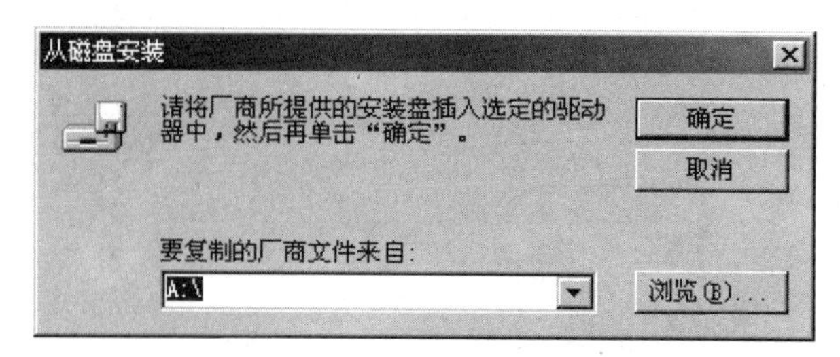

图 2-30　选择组件类型（二）

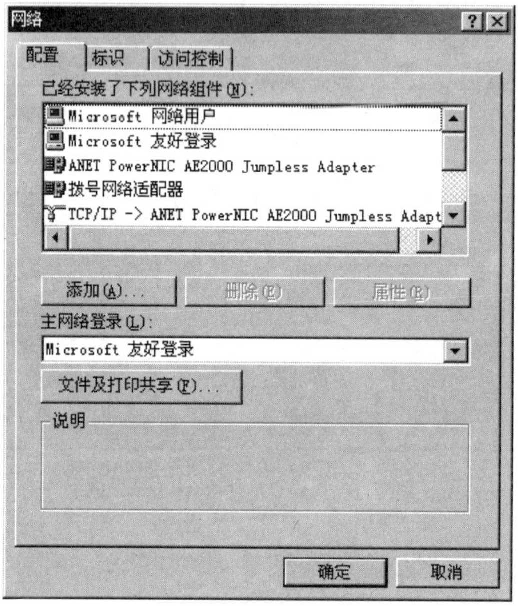

图 2-31　选择网卡的类型（二）

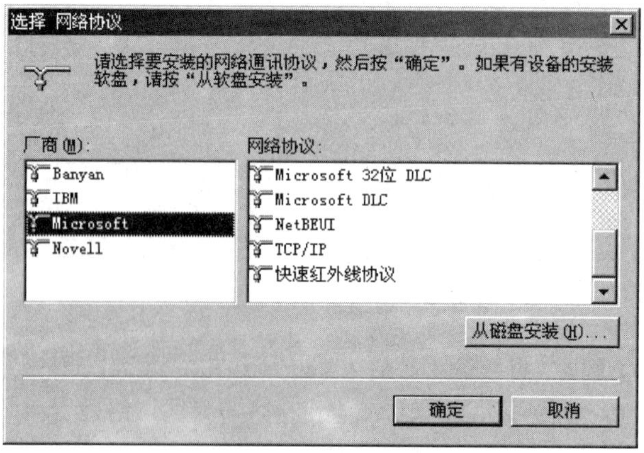

图 2-32　选择网络协议

2.3 集线器与二层交换机的选购

2.3.1 集线器的选购

集线器（HUB）是对网络进行集中管理的重要工具，像树的主干一样，它是各分支的汇集点。HUB 是一个共享设备，其实质是一个中继器，而中继器的主要功能是对接收到的信号进行再生放大，以扩大网络的传输距离。在网络中，集线器主要用于共享网络的建设，是解决从服务器直接到桌面的最佳、最经济的方案。在交换式网络中，HUB 直接与交换机相连，将交换机端口的数据送到桌面。使用 HUB 组网灵活，它处于网络的一个星形结点，对结点相连的工作站进行集中管理，不让出问题的工作站影响到整个网络的正常运行。由于 HUB 在网络中的重要作用，所以对于它的选型也是非常重要的。下面，对此做一番剖析。

1. 以带宽为选择标准

根据带宽的不同，目前市面上用于局域网（一般是指小型局域网）的 HUB 可分为 10MB、100MB 和 10/100MB 自适应三种。在规模较大的网络中，还使用 1000MB 和 100/1000MB 自适应两种。集线器带宽的选择，主要决定于三个因素。① 上联设备带宽：如果上联设备支持 IEEE802.3U（允许 100M），自然可购买 100M 集线器，否则只能选择 10M 的。② 站点数：由于连接在集线器上的所有站点均争用同一个上行总线，处于同一冲突域内，所以站点数目太多，造成冲突过于频繁。③ 应用需求：由于现在 10M 非智能型 HUB 的价格已经接近于一款网卡的价格，并且 10M 的网络对传输介质及布线的要求也不高，所以许多喜欢“DIY”的网友完全可以自己动手，组建自己的家庭局域网或办公局域网。在前些年组建的网络中，10M 网络几乎成为网络的标准配置，有相当数量的 10M 的 HUB 作为分散式布线中为用户提供长距离信息传输的中继，或作为小型办公室的网络核心。但这种应用在今天已不再是主流，尤其是随着 100M 网络的日益普及，10M 网络及其设备将会越来越少。

虽然纯 100M 的 HUB 给桌面提供了 100M 的传输速度，但当网络升级到 100M 后，原来众多的 10M 设备将无法再使用，所以只有在近期开始组建的网络，才会无任何顾虑地考虑 100M 的 HUB。很多网络设备生产商正是瞄准了 10M 与 100M 之间的转换的这个时机，纷纷推出了兼容 10M 的 10/100M 自适应 HUB。10/100M 自适应 HUB 在工作中的端口速度可根据工作站网卡的实际速度进行调整：当工作站网卡的速度为 10M 时，与之相连的端口的速度也将自动调整为 10M；当工作站网卡的速度为 100M 时，对应端口的速度也将自动调整到 100M。10/100M 自适应 HUB 也叫做“双速 HUB”。从技术角度来看，双速 HUB 有内置交换模块与无交换模块两类，前者一般作为小型局域网的主干设备，后者一般处在中型网络中应用。在实际应用中，有些用户为减少交换机的负载，提高网络的速度，在选用与交换机相连的 HUB 时，也选择具有交换模块的双速 HUB，因此内置交换模块的双速 HUB 将是从 10M 升级到 100M 时的最佳选择。

2. 是否满足拓展需求

每一个单独的 HUB 根据端口数目的多少一般分为 8 口、16 口和 24 口几种。当一个集线器提供的端口不够时，一般有以下两种拓展用户数目的方法。

（1）堆叠

堆叠是解决单个集线器端口不足时的一种方法，但是因为堆叠在一起的多个集线器还是工作在同一环境下，所以堆叠的层数也不能太多。然而，市面上许多集线器以其堆叠层数比其他品牌的多而作为自己的卖点。如果遇到这种情况，要分类对待：一方面可堆叠层数越多，一般说明集线器的稳定性越高；另一方面，可堆叠层数越多，每个用户实际可享有的带宽则越小。

（2）级联

级联是在网络中增加用户数的另一种方法，但是此项功能的使用一般是有条件的，即 HUB 必须提供可级联的端口，此端口上常标有“Uplink”或“MDI”字样，用此端口与其他的 HUB 进行级联。如果没有提供专门的端口，当要进行级联时，连接两个集线器的双绞线在制作时必须要进行错线。

3．是否支持网管功能

根据对 HUB 管理方式的不同可分为 Damp HUB（亚集线器）和 Intelligent HUB（智能集线器）两种。Intelligent HUB（智能集线器）改进了普通 HUB 的缺点，增加了网络的交换功能，具有网络管理和自动检测网络端口速度的能力（类似于交换机）。而 Damp HUB（亚集线器）只起到简单的信号放大和再生的作用，无法对网络性能进行优化。早期使用的共享式 HUB 一般为非智能型的，而现在流行的 100M HUB 和 10/100M 自适应 HUB 多为智能型的。非智能型的 HUB 不能用于对等网络，而且所组成的网络中必须要有一台服务器。但需要指出的是，尽管同样是对网管模块的管理（SNMP）提供支持，但不同厂商的模块是不同混合使用的。同时，同一厂商的不同产品的模块也是不同的。目前，提供 SNMP 功能的 HUB 其价格还是很高的，一般家庭用户不适合选用。如果使用的环境要求不是很高，非智能集线器完全可以满足需要。

4．以外形尺寸为依据

集线器的选购一般是在综合布线结束，骨干设备已经定型之后。如果系统比较简单，没有楼宇级别的综合布线，LAN 内的用户比较少，SOHO 系列的 HUB 就比较适合，它们一般都有 8 个 10 BaseTX 口，如 D-Link DE809 8*10BaseTX，3COM 3C16700 8*10BaseT，Intel SH 10T5AU 5*BaseT。为了能够利用多年以前铺设的介质（如粗缆、细缆），有些集线器留出了 BNC、AUI 口，如 3COM 3C16701 8*10M RJ45+1*10M BNC。如果已完成整个智能大厦的布线，准备将网络设备置于机柜中，则需要选购几何尺寸符合机架标准的集线器，它们的外观也许不如 SOHO 系列的集线器美观，但它符合 19"的工业规范，可以将其轻松地安装在机柜中，现在该类集线器以 12ports 和 24ports 的设备为主流（3COM 3C16406 12*10BaseTX， D-Link 1824，3COM 3C16610 12*10/100BaseTX， Intel EE110 12W 12*100BaseTX，Intel EE220 12W 12*10/100BaseTX，3COM 3C16611 24*10/100BaseTX， Intel EE110 24W 24*100BaseTX， Intel EE220 24W 24*100Base TX），从以上产品读者不难发现，它们多为美国产品，中国台湾厂商目前还遵循 8～16 口规范，两者工业标准相同，兼容性上不会存在问题。读者可依据自己站点数的不同选择不同口数的集线器。

5．根据配置形式的不同来分

根据配置形式的不同，HUB 可分为独立型 HUB、模块化 HUB 以及可堆叠式 HUB 三大类。

（1）独立型 HUB

独立型 HUB 是最早使用的设备，它具有低价格、容易查找故障、网络管理方便等优点，在小型的局域网中广泛使用。但这类 HUB 的工作性能比较一般，尤其是在速度上缺乏优势。

（2）模块化 HUB

模块化 HUB 一般带有机架和多个卡槽，每个卡槽中可安装一块卡，每块卡的功能相当于一个独立型的 HUB，多块卡通过安装在机架上的通信底板进行互联并进行相互间的通信。现在常使用的模块化 HUB 一般具有 4～14 个插槽。模块化 HUB 在较大的网络中便于实施对用户的集中管理，所以在大型网络中得到了广泛应用。

（3）可堆叠式 HUB

可堆叠式 HUB 是利用高速总线将单个独立型 HUB“堆叠”或短距离连接的设备，其功能相当于一个模块化 HUB。一般情况下，当有多个 HUB 堆叠时，其中存在一个可管理 HUB，利用可管理 HUB 可对可堆叠式 HUB 进行管理。可堆叠式 HUB 可以非常方便地实现对网络的扩充，是新建网络时最为理想的选择。

6．注意接口类型

选用 HUB 时，还要注意信号输入口的接口类型，与双绞线连接时需要具有 RJ-45 接口；如果与细缆相连，需要具有 BNC 接口；与粗缆相连需要有 AUI 接口；当局域网长距离连接时，还需要具有与光纤连接的光纤接口。早期的 10M HUB 一般具有 RJ-45、BNC 和 AUI 三种接口。100M HUB 和 10/100M HUB 一般只有 RJ-45 接口，有些还具有光纤接口。

7．考虑品牌和价格

像网卡一样，目前市面上的 HUB 基本上由美国产品和我国台湾的产品所占据。近来大陆几家公司相继推出了集线器产品。但直到目前为止，高档 HUB 主要还是由美国产品占据，如 3COM、INTEL 等，它们在设计上比较独特，一般几个甚至是每个端口配置一个处理器，当然，价格比较高。我国台湾的 D-LINK 和 ACCTON 的产品占据了中低端市场上的主要份额，而大陆的一些公司如联想、实达也分别推出了自己的产品。中低档产品一般均采用单处理器技术，其外围电路的设计思想也大同小异。各个品牌在质量上差距已经不大。相对而言，大陆产品的价格要便宜很多。

2.3.2 二层交换机的选购

网络建设第一重要的是需求，第二是需求，第三还是需求。可以说，用户需求直接决定了设备的采购。在确定需求后，从一个平面的角度做出合理的设备选购。

那么应该如何来选择自己所需要的二层交换机呢？

1．背板带宽

背板带宽是指交换机接口处理器或接口卡和数据总线间所能吞吐的最大数据量。如何选择合适的背板带宽呢？一台交换机如果可能实现全双工无阻塞交换，那么它的背板带宽值应该大于端口总数×最大端口带宽×2。如果大于，证明这台交换机具有发挥最大数据交换的条件。

2．吞吐率

背板带宽也不能完全反映出实际交换机的工作能力，还要看交换机的吞吐率这一重要指标。在选择交换机时一般要把背板带宽和吞吐率综合考虑。

3．端口速率

除了背板带宽、吞吐率等，端口速率也是衡量交换机的一项重要指标。现在的端口速度有：10M、10/100M、1000M、10/100/1000M。相应的接口物理特性也不尽相同。

具体选择交换机时要特别注意，高速端口的端口代价值也越高。如无近期明确需求，用户接入交换机时应当选择 10/100M 端口，而对于主干交换机则可根据布线容易程度选择 1000M GBIC 端口或 10/100/1000M RJ-45 端口。

4．端口密度

端口密度是对端口数量的一种衡量标准，它是表示一台交换机最多能包含的端口数量。端口密度越大的交换机，其单端口成本可能越小。

5．交换方式

交换方式有三种：Cut-through、Store and forward、Fragment free。其实这三种交换方式主要是表现交换机的抗干扰能力，是在速度和抗干扰性之间取得平衡。

如果工作环境较为恶劣，电磁干扰很强，这应当选择 Store and forward 的交换机。如果工作环境远离发射台等强辐射源，则完全可以选择 Cut-through 交换机。

如果无法准确确认工作环境，而对速度要求不十分苛刻，就可以选择 Fragment free 交换机。

一些高级交换机可以通过设置来互相转换这三种工作模式。

6．堆叠能力

交换机之间的连接有两种方式，即级联和堆叠。不同类型的交换机只能级联，而只有同类的交换机才能堆叠到一起，这一点要特别注意。堆叠方式有两种：一种是星形堆叠；另一种是菊花形堆叠。可根据具体需要而定。

7．VLAN 支持

VLAN 已成为现在中高档交换机的标准配置，但不同厂商的设备对 VLAN 的支持能力不同，支持 VLAN 的数量也不同。

选择支持 VLAN 的交换机时，不只是要看它最多能支持多少个 VLAN，支持哪几种 VLAN，还必须注意该交换机支持 TRUNK 的协议是 ISL 或 802.1Q。

8．MAC 地址数量

像路由器有路由表一样，每台交换机都有一个 MAC 地址表。所谓 MAC 地址数量，是指交换机的 MAC 地址表中可以最多存储的 MAC 地址数量。存储的 MAC 地址数量越多，那么数据转发的速度和效率也就越高，抗 MAC 地址溢出供给能力也就越强。

9．网管能力

对于一个中大型网络，网管支持能力是至关重要的。然而，现在的各个交换机生产厂商提供的网管方式都各不相同，而且互不兼容，所以选择交换机时要特别注意现在正在使用什么网管软件，或将来即将采用什么网管软件。

10．QoS 支持能力

现在的 LAN 网络已经不像以前只是传输数据，而是将语音、视频的应用都加入其中，这也造成一个隐患，交换机从购买日起，其交换能力就是确定了的，而视频等应用对带宽的需求是无限的，更何况网络中还有必须保护的业务需要传输，这时 QoS 就显得尤为重要了。它可以给重要业务保留带宽，并在能力允许的范围内合理配备各种应用需要的带宽。

2.4 交换机连接与配置

作为局域网的主要连接设备，以太网交换机成为应用普及最快的网络设备之一。学会连接与配置交换机是人们在学校应该必须掌握的知识之一。

2.4.1 交换机的连接

交换机的连接分为两个步骤：一是物理连接，也就是设备、线路的连接；二是软件连接，也就是通过管理软件来实现对交换机的配置。

1．物理连接

确保交换机随机附带的所有组件都已齐全，这些组件包括控制台电缆、电源线、以太网电缆以及交换机文档，如图 2-33 所示。

因为笔记本电脑的便携性能，所以配置交换机通常是采用笔记本电脑进行，在实在无笔记本的情况下，当然也可以采用台式机，但移动起来麻烦些。交换机的本地配置方式是通过计算机的串口与交换机的“Console”端口以直接连接的方式进行通信的，它的连接图如图 2-34 所示。

可进行网络管理的交换机上一般都有一个“Console”端口，它是专门用于对交换机进行配置和管理的。通过 Console 端口连接并配置交换机，是配置和管理交换机必须经过的步骤。虽然除此之外还有其他若干种配置和管理交换机的方式（如 Web 方式、Telnet 方式等），但是，这些方式必须通过 Console 端口进行基本配置后才能进行。通过 Console 端口连接并配置交换机是最常用、最基本也是网络管理员必须掌握的管理和配置方式。

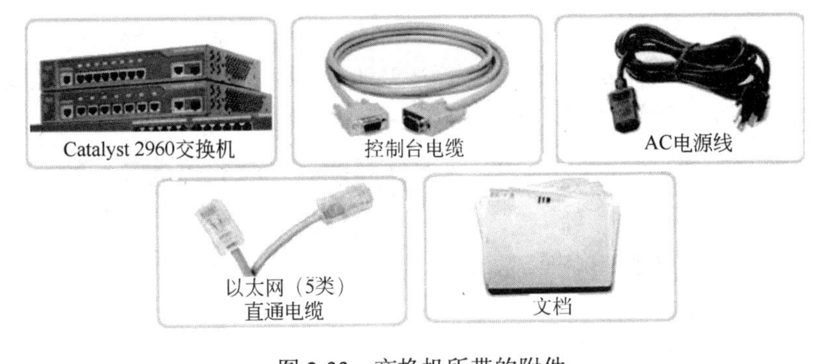

图 2-33 交换机所带的附件

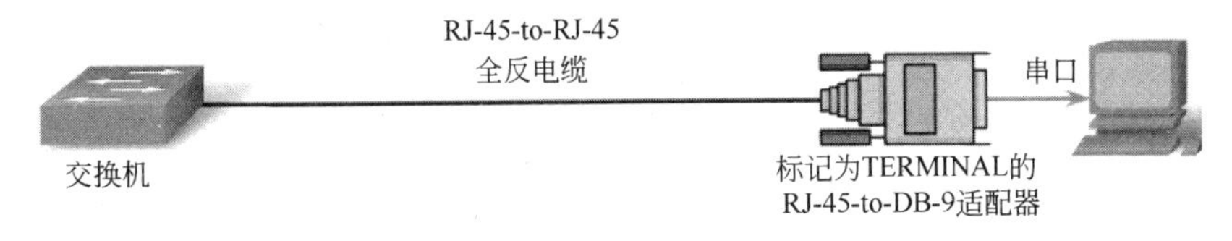

图 2-34 交换机的连接图

不同类型的交换机 Console 端口所处的位置并不相同，有的位于前面板（如 Catalyst 3200 和 Catalyst 4006），而有的则位于后面板（如 Catalyst 1900 和 Catalyst 2900XL）。通常是模块化交换机大多位于前面板，而固定配置交换机则大多位于后面板。不过，不用担心无法找到 Console 端口，在该端口的上方或侧方都会有类似“Console”字样的标识。

除位置不同之外，Console 端口的类型也有所不同，绝大多数（如 Catalyst 1900 和 Catalyst 4006）都采用 RJ-45 端口，但也有少数采用 DB-9 串口端口（如 Catalyst 3200）或 DB-25 串口端口（如 Catalyst 2900）。

2. 软件配置

物理连接完成后就要打开计算机和交换机电源进行软件配置，下面以思科的一款网管型交换机“Catalyst 2900”来讲述，步骤如下。

第 1 步：打开与交换机相连的计算机电源，运行计算机。

第 2 步：检查是否安装有【超级终端】(Hyper Terminal) 组件。如果在【附件】中没有发现该组件，可通过“添加/删除程序”的方式添加该 Windows 组件。

【超级终端】安装好后即可与交换机进行通信，在使用超级终端建立与交换机的通信之前，必须先对超级终端进行必要的设置。

Catalyst 1900 交换机在配置前的所有缺省配置为：所有端口无端口名；所有端口的优先级为 Normal 方式，所有 10/100M 以太网端口设为 Auto 方式，所有 10/100M 以太网端口设为半双工方式，未配置虚拟子网。

第 1 步：单击【开始】按钮，在【程序】菜单的【附件】选项中单击【超级终端】，将会启动超级终端配置程序。

第 2 步：双击【Hypertrm】图标，弹出对话框。这个对话框是用来对立一个新的超级终端连接项。

第 3 步：在【名称】文本框中键入需新建的超级终端连接项名称，这主要是为了便于识别，没有什么特殊要求，在这里键入【Cisco】，如果想为这个连接项选择一个自己喜欢的图标，也可以超级终端图标中选择一个，然后单击【确定】按钮。

第 4 步：在【连接时使用】下拉列表框中选择与交换机相连的计算机的串口，单击【确定】

按钮。

第 5 步：在【波特率】下拉列表框中选择【9600】，因为这是串口的最高通信速率，其他各选项一律采用默认值，单击【确定】按钮，如图 2-35 所示。

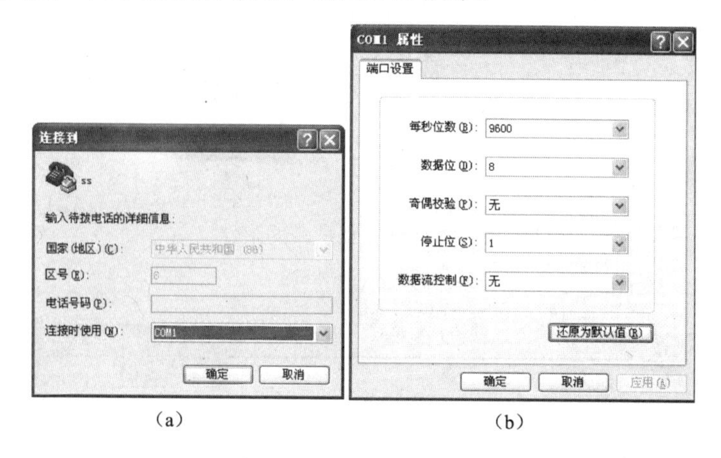

（a）　　　　（b）

图 2-35　启动超级终端

然后正式进入交换机的配置界面，下面的工作即可正式配置交换机。

2.4.2　Cisco 交换机基本命令

通常交换机可以通过两种方法进行配置：一种是本地配置；另一种是远程网络配置，但是远程配置也是要在本地配置基础之上的，所以以下主要讲述交换机的本地配置。

1．配置模式

Cisco IOS 设计为模式化操作系统。模式化表示的操作系统具有多种工作模式，每种模式有各自的工作领域。对于这些模式，CLI 采用了层次结构。

主要的模式有（按照从上到下的顺序排列）：

① 用户执行模式；

② 特权执行模式；

③ 全局配置模式；

④ 接口其他特定配置模式。

每种模式用于完成特定任务，并具有可在该模式下使用的特定命令集。例如，要配置某个接口，用户必须进入接口配置模式。在接口配置模式下输入的所有配置仅应用到该接口。

某些命令可供所有用户使用，还有些命令仅在用户进入提供该命令的模式后才可执行。每种模式都具有独特的提示符，且只有适用于相应模式的命令才能执行。

（1）用户执行模式

用户执行：只允许用户访问有限量的基本监视命令。用户执行模式是在从 CLI 登录到 Cisco 交换机后所进入的默认模式。用户执行模式由“>”提示符标识。

（2）特权执行模式

特权执行：允许用户访问所有设备命令，如用于配置和管理的命令，特权执行模式可采用口令加以保护，使得只有获得授权的用户才能访问设备。特权执行模式由“#”提示符标识。

要从用户执行模式切换到特权执行模式，请输入 enable 命令。要从特权执行模式切换到用户执行模式，请输入 disable 命令。在实际网络中，交换机将提示输入口令。请输入正确的口令。默认情况下未配置口令。图 2-36 显示了用于在用户执行模式和特权执行模式之间来回切换的 Cisco IOS 命令。

Cisco IOS CLI 命令语法	
从用户执行模式切换到特权执行模式。	switch>**enable**
如果已为特权执行模式设置了口令，则系统将提示您现在输入口令。	Password:**password**
# 提示符表示已处于特权执行模式。	switch#
从特权执行模式切换到用户执行模式。	switch#**disable**
> 提示符表示已处于用户执行模式。	switch>

图 2-36 用户执行模式和特权执行模式

（3）全局配置模式

在图 2-37 中，交换机先从特权执行模式开始。要配置全局交换机参数（例如用于交换机管理的交换机主机名或交换机 IP 地址），应使用全局配置模式。要访问全局配置模式，请在特权执行模式下输入 configure terminal 命令。提示符将更改为（config）#。

Cisco IOS CLI 命令语法	
从特权执行模式切换到全局配置模式。	switch#**configure terminal**
(config)# 提示符表示交换机已处于全局配置模式。	switch(config)#
从全局配置模式切换到快速以太网接口 0/1 的接口配置模式。	switch(config)#**interface fastethernet 0/1**
(config-if)# 提示符表示交换机已处于接口配置模式。	switch(config-if)#
从接口配置模式切换到全局配置模式。	switch(config-if)#**exit**
(config)# 提示符表示交换机已处于全局配置模式。	switch(config)#
从全局配置模式切换到特权执行模式。	switch(config)#**exit**
# 提示符表示交换机已处于特权执行模式。	switch#

图 2-37 切换配置模式

（4）接口配置模式

配置特定于接口的参数是常见的任务。要从全局配置模式下访问接口配置模式，请输入 interface <interface name> 命令。提示符将更改为（config-if）#。要退出接口配置模式，请使用 exit 命令。提示符恢复为（config）#，提醒您已处于全局配置模式。要退出全局配置模式，请再次使用 exit 命令。提示符切换为#，表示已进入特权执行模式。

2．基本 IOS 命令结构

每个 IOS 命令都具有特定的格式或语法，并在相应的提示符下执行。常规命令语法为命令后接相应的关键字和参数。某些命令包含一个关键字和参数子集，此子集可提供额外功能。如图 2-38 所示为命令的三个部分。

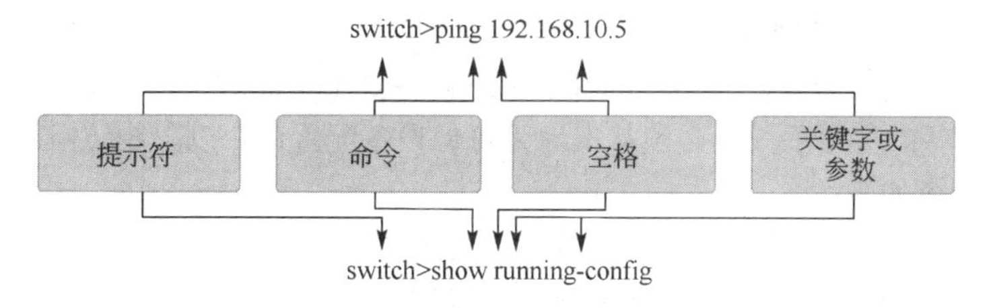

图 2-38 IOS 命令的基本结构

命令是在命令行中输入的初始字词，不区分大小写。命令后接一个或多个关键字和参数。

关键字用于向命令解释程序描述特定参数。例如：show 命令用于显示设备相关的信息。它有多个关键字，这些关键字可以用于定义要显示的特定输出。例如：

Switch#show running-config

Show 命令后接 running-config 关键字。该关键字指定要将运行配置作为输出结果显示。

一条命令可能需要一个或多个参数。参数一般不是预定义的词，这一点与关键字不同。参数是由用户定义的值或变量。例如，要使用 description 命令为接口应用描述，可输入类似下列的命令行：

Switch(config-if)#description MainHQ Office Switch

命令为：description。参数为：MainHQ Office Switch。该参数由用户定义。对于此命令，参数可以是长度不超出 80 个字符的任意文本字符串。

3．配置设备名称

CLI 提示符中会使用主机名。如果未明确配置主机名，则交换机的出厂默认主机名为“Switch”。想象一下，如果网际网络中的多个交换机都采用默认名称“Switch”，将会在网络配置和维护时造成多大的混乱。

配置主机名。

从特权执行模式中输入 configure terminal 命令访问全局配置模式：

Switch#configure terminal

命令执行后，提示符会变为：

Switch(config)#

在全局配置模式下，输入主机名：

Switch(config)#hostname AtlantaHQ

命令执行后，提示符会变为：

AtlantaHQ(config)#

如图 2-39 所示。

```
switch >
switch >enable
switch #
switch #configure terminal
switch (config)#hostname AtlantaHQ
AtlantaHQ(config)#
```

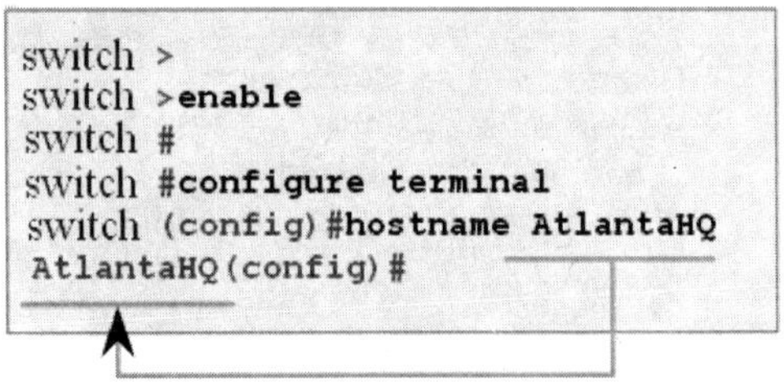

图 2-39 配置交换机的名字

请注意，该主机名出现在提示符中。要退出全局配置模式，请使用 exit 命令。

每次添加或修改设备时，请确保更新相关文档。请在文档中通过地点、用途和地址来标识设备。

注意：要消除命令的影响，请在该命令前面添加 no 关键字。

例如，要删除某设备的名称，请使用：

AtlantaHQ(config)# no hostname

Switch(config)#

可以看到，no hostname 命令使该路由器恢复到其默认主机名“Switch”。

4．限制设备访问——配置口令

使用机柜和上锁的机架限制人员实际接触网络设备是不错的做法，但口令仍是防范未经授权的人员访问网络设备的主要手段。必须从本地为每台设备配置口令以限制访问。

在此介绍的口令如下：

① 控制台口令——用于限制人员通过控制台连接访问设备；

② 使能口令——用于限制人员访问特权执行模式；

③ 使能加密口令——经加密，用于限制人员访问特权执行模式；

④ VTY 口令——用于限制人员通过 Telnet 访问设备。

（1）控制台口令

Cisco IOS 设备的控制台端口具有特别权限。作为最低限度的安全措施，必须为所有网络设备的控制台端口配置强口令。这可降低未经授权的人员将电缆插入实际设备来访问设备的风险。可在全局配置模式下使用下列命令来为控制台线路设置口令：

Switch(config)#line console 0

Switch(config-line)#password 密码

Switch(config-line)#login

命令 line console 0 用于从全局配置模式进入控制台线路配置模式。零（0）用于代表路由器的第一个（而且在大多数情况下是唯一的一个）控制台接口。第二个命令 password 用于为一条线路指定口令。Login 命令用于将路由器配置为在用户登录时要求身份验证。当启用了登录且设置了口令后，设备将提示用户输入口令。一旦这三个命令执行完成后，每次用户尝试访问控制台端口时，都会出现要求输入口令的提示。

（2）使能口令和使能加密口令

为提供更好的安全性，请使用 enable password 命令或 enable secret 命令。这几个口令都可用于在用户访问特权执行模式（使能模式）前进行身份验证。

尽可能使用 enable secret 命令，而不要使用较老版本的 enable password 命令。enable secret 命令可提供更强的安全性，因为使用此命令设置的口令会被加密。Enable password 命令仅在尚未使用 enable secret 命令设置口令时才能使用。

如果设备使用的 Cisco IOS 软件版本较旧，无法识别 enable secret 命令，则可使用 enable password 命令。以下命令用于设置口令：

Switch(config)#enable password 密码

Switch(config)#enable secret 密码

注意：如果使能口令或使能加密口令均未设置，则 IOS 将不允许用户通过 Telnet 会话访问特权执行模式。若未设置使能口令，Telnet 会话将作出如下响应：

Switch>enable

% No password set

Switch>

（3）VTY Password

VTY 线路使用户可通过 Telnet 访问路由器。许多 Cisco 设备默认支持五条 VTY 线路，这些线路编号为 0～4。所有可用的 VTY 线路均需要设置口令。可为所有连接设置同一个口令。然而，理想的做法是为其中的一条线路设置不同的口令，这样可以为管理员提供一条保留通道，当其他连接均被使用时，管理员可以通过此保留通道访问设备以进行管理工作。下列命令用于为 VTY 线路设置口令：

Switch(config)#line vty 0 4

Switch(config-line)#password 密码

Switch(config-line)#login

默认情况下，IOS 自动为 VTY 线路执行了 login 命令。这可防止设备在用户通过 Telnet 访问设备时不事先要求其进行身份验证。如果用户错误地使用了 no login 命令，则会取消身份验证要求，这样未经授权的人员就可通过 Telnet 连接到该线路。这是一项重大的安全风险。

（4）加密显示口令

还有一个很有用的命令，可在显示配置文件时防止将口令显示为明文。此命令是 service password-encryption。

它可在用户配置口令后使口令加密显示。Service password-encryption 命令对所有未加密的口令进行弱加密。当通过介质发送口令时，此加密手段不适用，它仅适用于配置文件中的口令。此命令的用途在于防止未经授权的人员查看配置文件中的口令。

如果在尚未执行 service password-encryption 命令时执行 show running-config 或 show startup-config 命令，则可在配置输出中看到未加密的口令。然后可执行 service password-encryption

命令，执行完成后，口令即被加密。口令一旦加密，即使取消加密服务，也不会消除加密效果。

5. 管理配置文件

（1）配置文件

网络管理员通过创建配置来定义所需的 Cisco 设备功能。配置文件的典型大小为几百到几千字节。

每台 Cisco 网络设备都包含两个配置文件，配置文件还可以存储在远程服务器上进行备份：

运行配置文件（running-config）——用于设备的当前工作过程中；

启动配置文件（startup-config）——用作备份配置，在设备启动时加载。

① 启动配置文件。启动配置文件（startup-config）用于在系统启动过程中配置设备。启动配置文件（即 startup-config 文件）存储在非易失性 RAM（NVRAM）中。因为 NVRAM 具有非易失性，所以当 Cisco 设备关闭后，文件仍保持完好。每次路由器启动或重新加载时，都会将 startup-config 文件加载到内存中。该配置文件一旦加载到内存中，就被视为运行配置（即 running-config）。

② 运行配置文件。此配置文件一旦加载到内存中，即被用于操作网络设备。当网络管理员配置设备时，运行配置文件即被修改。修改运行配置文件会立即影响 Cisco 设备的运行。修改之后，管理员可以选择将更改保存到 startup-config 文件中，下次重启设备时将会使用修改后的配置。

因为运行配置文件存储在内存中，所以当关闭设备电源或重新启动设备时，该配置文件会丢失。如果在设备关闭前，没有把对 running-config 文件的更改保存到 startup-config 文件中，那些更改也将会丢失。

（2）管理配置文件

当对交换机进行配置后，也就对运行配置文件进行了修改。而修改运行配置文件会立即影响设备的运行。所以在更改配置后，还要对配置文件进行管理。

① 使更改后的配置成为新的启动配置。请记住，因为运行配置文件存储在内存中，所以它仅临时在 Cisco 设备运行（保持通电）期间活动。如果路由器断电或重新启动，所有未保存的配置更改都会丢失。通过将运行配置保存到 NVRAM 内的启动配置文件中，可将配置更改存入新的启动配置。

在提交更改前，请使用适当的 show 命令验证设备的运行情况。可使用 show running-config 命令查看运行配置文件。当验证表明更改正确后，请在特权执行模式提示符后使用 copy running-config startup-config 命令。命令示例如下：

```
Switch#copy running-config startup-config
```

命令一旦执行完成，运行配置文件就会取代启动配置文件。

② 使设备恢复为其原始配置。如果更改运行配置未能实现预期的效果，可能有必要将设备恢复到之前的配置。假设尚未使用更改覆盖启动配置，则可使用启动配置来取代运行配置。这最好通过重新启动设备来完成，要重新启动，请在特权执行模式提示符后使用 reload 命令，示例如下：

```
Switch#reload
```

当开始重新加载时，IOS 会检测到用户对运行配置的更改尚未保存到启动配置中。因此，它将显示一则提示消息，询问用户是否保存所作的更改。要放弃更改，请输入 n 或 no。

此时将出现另一则消息，提示用户确认重新加载。要确认，请按 Enter 键。按其他任何键都将中止该过程。

③ 删除所有配置。如果将不理想的更改保存到启动配置中，可能有必要清除所有配置。这

需要删除启动配置并重新启动设备。启动配置通过 erase startup-config 命令来删除。

要删除启动配置文件，请在特权执行模式提示符后使用 erase NVRAM：startup-config 或 erase startup-config 命令：

Switch#erase startup-config

提交命令后，交换机将提示您确认：

Erasing the nvram filesystem will remove all configuration files!Continue?[confirm]

Confirm 是默认回答。要确认并删除启动配置文件，请按 Enter 键。按其他任何键都将中止该过程。

注意：使用删除命令时要小心。此命令可用于删除设备上的任何文件。错误使用此命令可删除 IOS 自身或其他重要文件。

6．访问命令历史记录

Cisco CLI 提供已输入命令的历史记录。这种功能称为命令历史记录，它对于重复调用较长或较复杂的命令或输入项特别有用。默认情况下，命令历史记录功能启用，系统会在其历史记录缓冲区中记录最新输入的 10 条命令。可以使用 show history 命令来查看最新输入的执行命令，如图 2-40 所示。

```
switch#show history
  enable
  show history
  enable
  config
  t
  confi
  t
  show history
switch#
```

图 2-40 查看命令历史

7．配置登录标语

Cisco IOS 命令集中包含一项功能，用于配置登录到交换机的任何人看到的消息。这些消息称为登录标语和当日消息（MOTD）标语。

在全局配置模式下使用 banner login 命令可定义要在用户名和口令登录提示符之前显示的自定义标语。应将标语文本括在引号中，也可以使用其他定界符，但定界符不能与 MOTD 字符串中出现的任何字符相同。例如：

S1#configure terminal

S1(config)#banner login "Authorized Personnel Only!"

在本例中，显示 S1 交换机配置了登录标语 Authorized Personnel Only!

要移除登录标语，请在全局配置模式下输入此命令的 no 格式，例如：

S1(config)#no banner login

所有连接的终端在登录时都会显示 MOTD 标语。在需要向所有网络用户发送消息时（例如系统即将停机），MOTD 标语尤其有用。如果配置了 MOTD 标语，该标语将在登录标语之前显示。

在全局配置模式下使用 banner motd 命令可定义 MOTD 标语。应将标语文本括在引号中。例如：

S1#configure terminal

S1(config)#banner motd "Device maintenance will be occurring on Friday!"

本例中显示 S1 交换机已配置为显示 MOTD 标语 Device maintenance will be occurring on Friday!。

要移除 MOTD 标语，请在全局配置模式下输入此命令的 no 格式，例如 S1(config)#no banner motd。

8. VLAN 的创建

这里，主要介绍在交换机中如何进行 VLAN 的配置。

无论 VLAN 是静态创建还是动态创建的，VLAN 的最大数量都取决于交换机和 IOS 的类型。默认情况下，VLAN1 是管理 VLAN。创建 VLAN 后，VLAN 会分配到一个编号和名称。VLAN 编号是交换机上可用范围内的任意编号，但不能使用 VLAN1。某些交换机支持约 1000 个 VLAN，有些则支持 4000 多个。为了便于网络管理，最好对 VLAN 进行命名。

（1）在全局配置模式下使用以下命令创建 VLAN

Switch(config)#vlan vlan_number

Switch(config-vlan)#name vlan_name

Switch(config-vlan)#exit

指定作为 VLAN 成员的端口。默认情况下，所有端口最初都是 VLAN1 的成员。 次指定一个端口或一个端口范围。

（2）使用以下命令将各个端口指定给 VLAN

Switch(config)#interface fa#/#

Switch(config-if)#switchport access vlan vlan_number

Switch(config-if)# exit

（3）使用以下命令将一个范围内的端口指定给 VLAN

Switch(config)#interface range fa#/start_of_range - end_of_range

Switch(config-if)#switchport access vlan vlan_number

Switch(config-if)# exit

具体配置如图 2-41 所示。

```
Switch(config)#configure terminal
Switch(config)#vlan 27
Switch(config-vlan)#name accounting
Switch(config-vlan)#exit
Switch(config)#interface fa0/13
Switch(config-if)#switchport access vlan 27
Switch(config-if)#exit
Switch(config)#vlan 28
Switch(config-vlan)#name engineering
Switch(config-vlan)#exit
Switch(config)#interface fa0/6-12
Switch(config-if)#switchport access vlan 28
Switch(config-if)#end
Switch#show vlan
```

图 2-41 VLAN 的创建

（4）检验、维护和排查

要检验、维护和排查 VLAN 故障，必须要掌握 Cisco IOS 提供的重要 show 命令。以下命令可用于检验和维护 VLAN：

Show vlan

显示交换机上所有 VLAN 的编号以及名称的详细列表，并会显示与每个 VLAN 关联的端口。当 STP 是根据 VLAN 进行配置时，还会显示 STP 统计信息。

Show vlan brief

显示摘要列表，其中仅提供活动 VLAN 以及各个与 VLAN 关联的端口。

Show vlan id id_number

根据 ID 号显示具体与 VLAN 的相关信息：

Show vlan name vlan_name

根据名称显示具体 VLAN 的相关信息。

（5）删除 VLAN

Switch(config)#no vlan vlan_number

要取消端口与特定 VLAN 的关联：

Switch(config)#interface fa#/#

Switch(config-if)#no switchport access vlan vlan_number

9. 配置 VTP

VTP 是一种客户端/服务器消息协议，它能够在单个 VTP 域中增加、删除和重命名 VLAN。同一管理区域内的所有交换机都是域的一部分。每个域都有其唯一的名称。VTP 交换机仅与相同域中的其他交换机共享 VTP 消息。

VTP 有三种模式：服务器模式、客户端模式和透明模式。默认情况下，所有交换机都使用服务器模式。建议一个网络中至少将两台交换机配置为服务器，以便提供备份和冗余功能。

默认情况下交换机配置为服务器模式。如果服务器模式下的交换机发出的更新中包含的修订版号比当前更高，则所有交换机都将修改其数据库以与新交换机匹配。

当向现有 VTP 域添加新交换机时，执行以下步骤。

步骤 1：离线配置 VTP（第 1 版）。

Switch(config)#vtp domain domain_name

Switch(config)#vtp mode {sever|client|taansparent}

Switch(config)#vtp password 密码

Switch#copy running-config startup-config

步骤 2：检验 VTP 配置。

Switch#show vtp status

步骤 3：重新启动交换机。

Switch#reload

Switch#show vtp password

Switch#show vtp counters

2.5 路由器连接与配置

路由器是网络的核心。路由器其实也是计算机，它的组成结构类似于任何其他计算机（包括 PC）。路由器的作用就是将各个网络彼此连接起来。因此，要学会如何进行路由器的连接以及对路由器的配置。

2.5.1 路由器的端口与连接

路由器可连接多个网络，这意味着它具有多个接口，每个接口都属于不同的 IP 网络。路由器连接的每个网络通常需要单独的接口。这些接口用于连接局域网（LAN）和广域网（WAN）。

1．路由器的端口

（1）管理端口

路由器包含用于管理路由器的物理接口。这些接口也称为管理端口。与以太网接口和串行接口不同，管理端口不用于转发数据包。最常见的管理端口是控制台端口（Console 口）。控制台端口用于连接终端（多数情况是运行终端模拟器软件的 PC），从而在无需通过网络访问路由器的情况下配置路由器。对路由器进行初始配置时，必须使用控制台端口。

另一种管理端口是辅助端口。并非所有路由器都有辅助端口。有时，辅助端口的使用方式与控制台端口类似，此外，此端口也可用于连接调制解调器。如图 2-42 显示了路由器上的控制台端口和 AUX（辅助）端口。

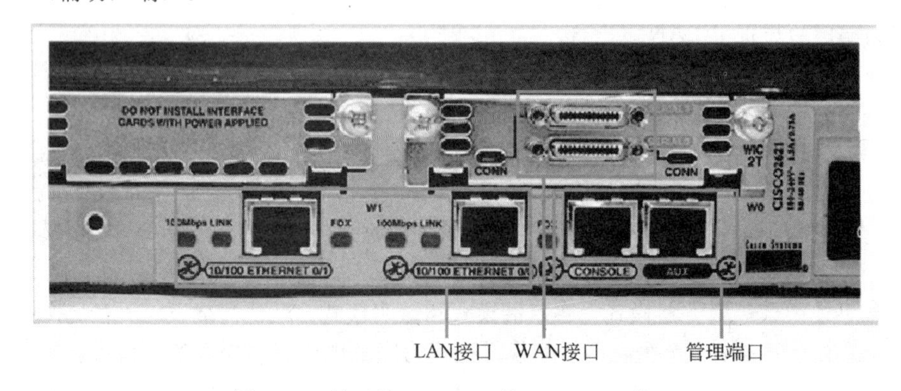

图 2-42 管理端口、LAN 接口、WAN 接口

（2）LAN 接口

顾名思义，LAN 接口用于将路由器连接到 LAN，如同 PC 的以太网网卡用于将 PC 连接到以太网 LAN 一样。类似于 PC 以太网网卡，路由器的以太网接口也有第二层 MAC 地址，且其加入以太网 LAN 的方式与该 LAN 中任何其他主机都相同。例如，路由器的以太网接口会参与该 LAN 的 ARP 过程。路由器会为对应接口提供 ARP 缓存、在需要时发送 ARP 请求，以及根据要求以 ARP 回复作为响应。

路由器的以太网接口通常使用支持非屏蔽双绞线（UTP）网线的 RJ-45 接口。当路由器与交换机连接时，使用直通电缆。当两台路由器直接通过以太网接口连接或 PC 网卡与路由器的以太网接口连接时，使用交叉电缆。

（3）WAN 接口

WAN 接口用于连接路由器与外部网络，这些网络通常分布在距离较为遥远的地方。WAN 接口的第二层封装可以是不同的类型，如 PPP、帧中继和 HDLC（高级数据链路控制）。与 LAN 接口一样，每个 WAN 接口都有自己的 IP 地址和子网掩码，这些可将接口标识为特定网络的成员。

注意：MAC 地址用在 LAN 接口（如以太网接口）上，而不用在 WAN 接口上。但是，WAN 接口使用自己的第二层地址（视技术而定）。

2．路由器的连接

控制台端口是一个管理端口，通过该端口能够对路由器进行带外访问。该端口用于设置路由器的初始配置并对其进行监控。

使用反转电缆和一个 RJ-45 转 DB-9 适配器将 PC 连接到控制台端口。在这里使用 Windows 操作系统提供的 HyperTerminal（超级终端），如图 2-43 所示。

步骤 1：检查路由器并找到标有 Console（控制台）的 RJ-45 连接器。

步骤 2：检查 PC1 并找到 9 针插头型连接器串行端口。该端口可能标记有 COM1 或 COM2，也可能没有标记。

步骤 3：准备控制台电缆。一些控制台电缆的一端内置有 RJ-45 转 DB-9 适配器。而某些电缆则没有。找出带有内置适配器的控制台电缆，或选用一端连接有单独的 RJ-45 转 DB-9 适配器的控制台电缆。

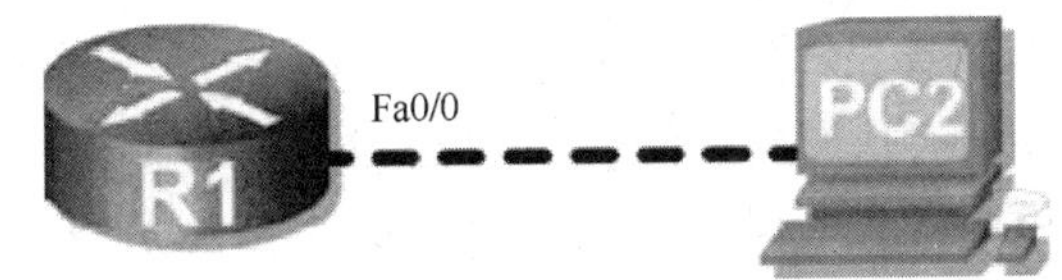

图 2-43　路由器与计算机的连接

步骤 4：将控制台电缆连接到路由器和 PC。首先，将控制台电缆连接到路由器控制台端口，此端口是一个 RJ-45 连接器。然后，将控制台电缆的 DB-9 端连接到 PC1 的串行端口。

步骤 5：测试路由器连接。首先，打开终端仿真软件配置应用程序所需的软件参数。如果终端窗口打开，按 Enter 键，路由器此时应该会有响应。如果得到响应，则连接成功。如果连接不成功，则需排除故障。例如，检查路由器是否通电。检查到 PC 串行端口和路由器控制台端口的连接。

2.5.2　Cisco 路由器的配置模式

在这里主要介绍 Cisco 的 CLI 命令模式。Cisco IOS 支持两种级别的命令行界面权限：用户执行模式和特权执行模式。

路由器或其他 IOS 设备通电后，其访问级别默认为用户权限。将这种情况称为设备处于用户执行模式下。用户模式以命令行提示符 Router>指示。

在用户执行模式下可执行的命令仅限于获取设备操作信息的命令，以及用于故障排查的 ping 或 traceroute。

要输入可更改设备运作的命令，则需特权级别的访问权限。在命令提示符下输入 enable 并按 Enter 键即可进入特权执行模式。命令行提示符也会发生改变以反映模式的变化。特权模式的提示符是 Router#。要禁用特权模式并让设备返回用户模式，可在命令提示符下输入 disable 或 exit。如图 2-44 所示。

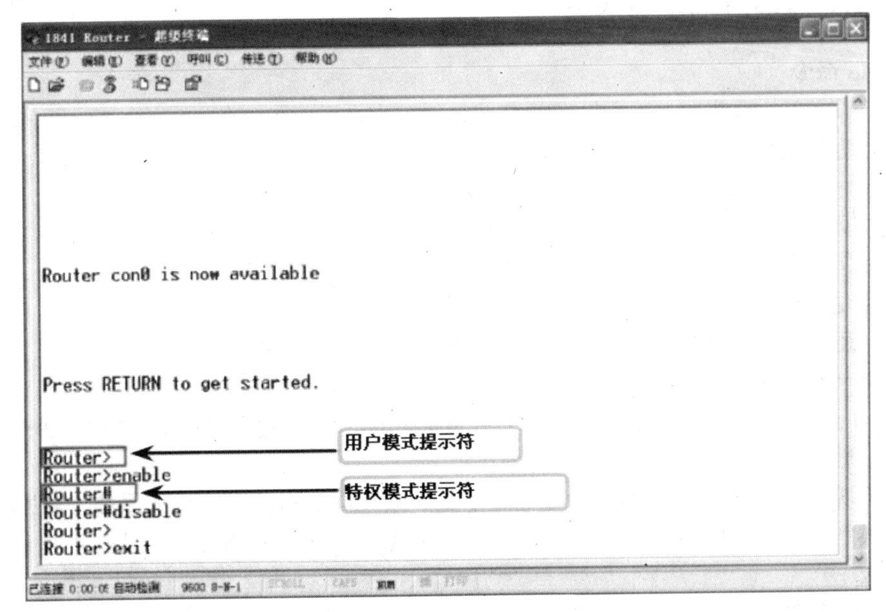

图 2-44　路由器的两种 CLI 模式

配置 Cisco IOS 设备时，首先需要进入特权执行模式。在特权执行模式下，能够访问设置设备所需的各种配置模式。

要运行配置命令，必须先进入允许运行这些命令的模式。在大多数情况下，命令都是从终端运行并保存到运行配置文件。为访问这些命令，用户必须进入全局配置模式。要进入全局配置模式，键入命令：configure terminal 或 config t。

显示命令行提示符 Router(config)# 时，代表已进入全局配置模式。记住，在此模式下输入的任何命令都会立即生效，并有可能改变设备的运行方式。如果要配置路由器的接口则要输入 Router(config)#interface fastethernetX/X 命令，如图 2-45 所示。

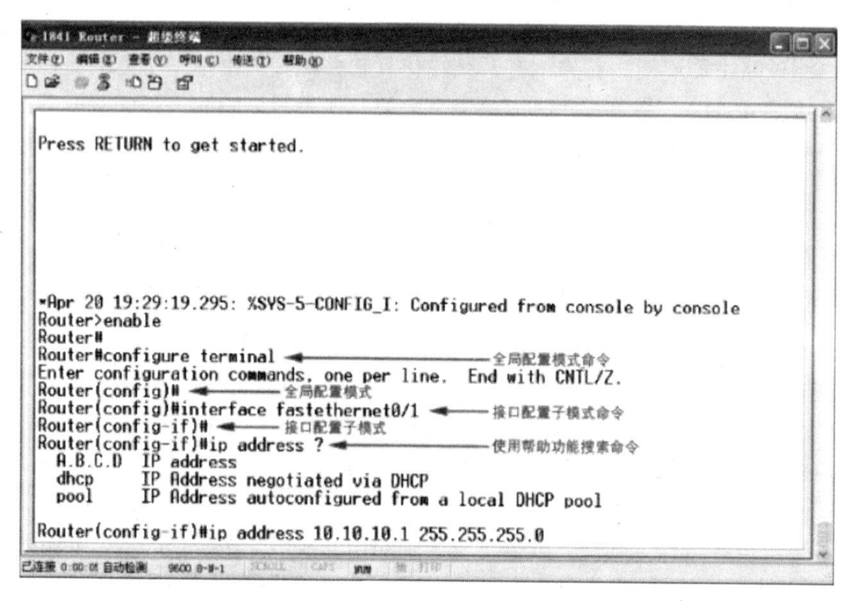

图 2-45 路由器的具体配置模式

2.5.3 Cisco 路由器的常用命令

1. help 命令

在配置设备时，这些对上下文敏感的帮助功能尤为有用。在命令提示符下输入“help”或“?”即会显示帮助系统的简短说明：

Router# help

对上下文敏感的帮助可提供有关如何完成命令的建议。如果用户知道命令的开头几个字符，但不知道命令的精确写法，则可以尽可能多地输入记得的命令字符，然后输入“?”。注意，命令字符与“?”之间没有空格。

此外，还可随时请求帮助，以确定完成命令所需的其他参数。请求这种帮助时，需输入命令部分，再加一个空格，然后输入“?”。例如，在命令提示符下输入 configure，然后紧接着输入一个空格和问号，屏幕上便会显示一系列可用的 configure 命令变体。选择其中一种变体，将命令字符串补充完整。

如果出现 <cr>，则表示当前的命令已经完整。按 Enter 键将命令送入系统。如果输入“?”后系统未找到任何匹配的内容，则帮助列表会显示为空。这表示该命令字符串不是系统支持的命令。

2. show 命令

Cisco IOS CLI 允许用户查看有关设备配置和运行的相关信息。要获得此类信息，需使用 show

命令。

Show 命令被网络技术人员广泛采用。这些命令可用来查看配置文件、设备接口以及过程处理的状态，并可用来校验设备运行状态。几乎路由器的每个过程或功能的状态都可使用 show 命令显示出来。比较常用的 show 命令有：

Show running-config

Show interfaces

Show arp

Show ip route

Show users

Show version

除了以上的命令之外，show 命令还可以用来查看配置文件。启动配置文件存储在设备的 NVRAM 中。设备通电时，此文件即会加载到工作内存中，然后开始运行。要查看启动配置文件的内容，使用命令：

Router# show startup-config

运行配置保存在设备 RAM 中，是当前处于活动状态的命令的集合。设备通电时，运行配置即为所存储的启动配置。要查看当前的运行配置，使用命令：

Router# show running-config

请记住，如果使用 CLI 更改了运行配置，则必须将更改复制到启动配置文件中，否则这些更改将在设备断电时丢失。要将对运行配置所作的更改复制到已保存的启动配置文件中，使用命令：

Router# copy run start

3．hostname 命令

执行配置任务时，应首先为设备指定一个唯一的名称，这可通过在全局配置模式中输入以下命令来完成：

Router(config)# hostname[名称]

4．加密命令

使能口令和使能加密口令用于限制对特权执行模式的访问，从而避免路由器配置被非授权用户修改。以下命令用于设置口令：

Router(config)# enable password 口令

Router(config)# enable secret 口令

Enable password 与 enable secret 的区别在于 enable password 命令在默认情况下不加密。如果在设置使能口令后又设置了使能加密口令，则使能加密口令会覆盖使能口令。

要设置控制台连接访问的口令，首先进入全局配置模式。进入后，使用以下命令：

Router(config)# line console 0

Router(config-line)# password 口令

Router(config-line)# login

这样便可防止未授权用户从控制台端口访问用户模式。

一旦设备接入网络，即可通过网络连接访问该设备。通过网络访问设备时，将这种访问视为一种虚拟终端连接。必须在虚拟端口上配置口令。

Router(config)# line vty 0 4

Router(config-line)# password 口令

Router(config-line)# login

要检查口令设置是否正确，可使用 show running-config 命令。这些口令以明文的方式保存在运行配置内。可以对路由器中存储的所有口令设置加密，这样未授权用户就没那么容易得知确切口令。命令 service password-encryption 可确保口令得到加密。

5．配置接口

无论配置路由器的哪个接口，都需要进入全局配置模式。配置以太网接口的过程与配置串行接口的过程非常相似。主要区别之一在于：如果路由器是作为 DCE 设备运作，则必须在串行接口上设置时钟频率。

（1）配置串行接口

例如，在全局配置模式下，配置路由器的串行接口 Serial 0。

```
Router (config)#interface serial 0/0
Router (config-if)#ip address 172.17.0.2 255.255.0.0
Router (config-if)#clock rate 64000
Router (config-if)#no shutdown
Router (config-if)#exit
Router (config)#exit
```

注意：只能在电缆的 DCE 接口端所连接的路由器串行接口上输入时钟频率。如有疑问，可在两个路由器串行接口中同时输入 clock rate 命令。在连接 DTE 端的路由器上，该命令会被忽略。命令 no shutdown 会打开接口。命令 shutdown 会关闭接口。

（2）配置以太网接口

例如，在全局配置模式下，配置路由器的以太网接口。

```
Router (config)#interface FastEthernet 0/0
Router (config-if)#ip address 172.16.0.1 255.255.0.0
Router (config-if)#no shutdown
Router (config-if)#exit
Router (config)#exit
```

注意：Ethernet 接口不区分 DTE 和 DCE，所以没有必要输入 clock rate 命令。

6．路由的配置

路由器根据数据包中指定的目的 IP 地址将数据包从一个网络转发到另一个网络。它会检查路由表，以确定应将该数据包转发到哪个位置。

（1）默认路由

在转发数据包的过程中，如果路由表中没有给出如何到达指定网络的路由，则可使用为路由器配置的默认路由。默认路由用来告知路由器在这种情况下应如何转发数据包。只有当路由器不清楚应将数据包发往何处时，才会使用默认路由。

默认路由通常指向通往 Internet 的路径中的下一跳路由器。默认路由的配置需要使用下一跳路由器的 IP 地址，或者本路由器用来转发到未知目的网络流量的接口。要在 Cisco ISR 上配置默认路由，必须处于全局配置模式：

```
Router(config)# ip route 0.0.0.0 0.0.0.0 <下一跳 IP 地址>
或
Router(config)#ip route 0.0.0.0 0.0.0.0 <接口> <端口号>
```

（2）静态路由

静态路由如图 2-46 所示。

要在 Cisco 路由器上配置静态路由，需执行以下步骤。

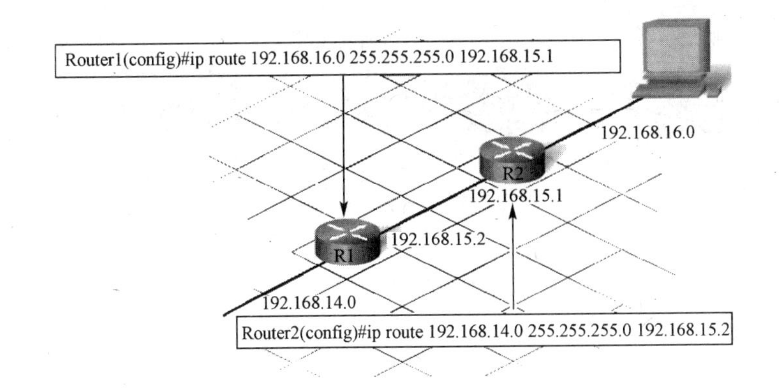

图 2-46 静态路由

① 在 Router> 提示符后键入 enable，进入特权模式。请注意，“>”符号变为“#”表示已经进入特权模式。

Router1>enable

Router1#

② 进入全局配置模式。

Router1#config terminal

Router1(config)#

③ 用 ip route IOS 命令配置静态路由，需遵循以下格式：

Ip route [目的网络] [子网掩码] [网关地址]

例如，为使 Router1 到达网络 192.168.16.0 上的主机，管理员在全局模式下，使用以下 IOS 命令在 Router1 上配置静态路由：

Router1(config) #ip route 192.168.16.0 255.255.255.0 192.168.15.1

为了在网络 192.168.16.0 上启用主机之间的双向通信，管理员在 Router2 上也配置一个静态路由。

由于这些静态路由是手动配置的，因此网络管理员必须添加和删除静态路由来反映网络拓扑中的变动情况。在变动较少的小型网络中，静态路由几乎不需要维护工作。但在大型网络中，可能需要花费大量的管理时间手动维护路由表。因此，大型网络一般采用动态路由。

（3）动态路由

静态路由适用于环境简单、路由变化不大的网络环境。但是在实际的网络中多数的路由可能会迅速发生变化。例如，电缆和硬件故障可能导致无法通过指定接口到达目的地。因此，路由器需要一种快速自动更新路由的方法，这就是动态路由。不同的更新路由的方法对应着不同的路由协议。在这里以 RIP 路由协议为例来介绍动态路由的配置：

Router(config)#router rip

Router (config-router)#version 2

Router(config-router)#network [网络编号]

2.5.4 路由器的配置实例

通过前面的学习了解到了路由器的基本配置命令。在这节中，给出一个实际的路由器配置例子，供大家参考学习。在这个实验中，将创建一个与如图 2-47 所示的拓扑图类似的网络。首先根据拓扑图布线。然后执行网络连通所需的初始路由器配置。使用表 2-1 中提供的 IP 地址为网络设备分配地址。网络配置完成后检查路由表，验证网络是否能够正常工作。

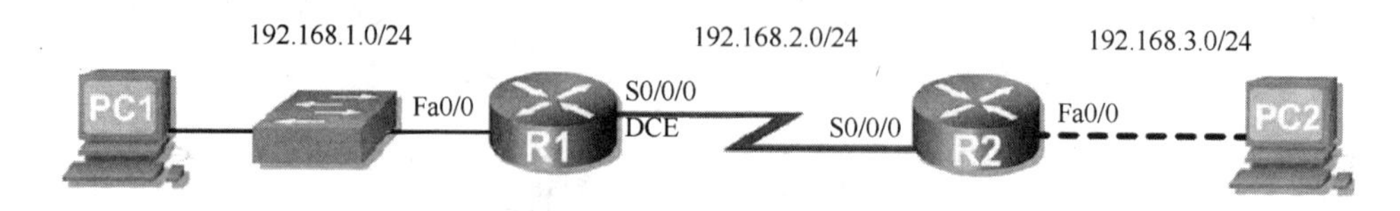

图 2-47 实验的拓扑图

表 2-1 IP 地址

设 备	接 口	IP 地址	子 网 掩 码	默 认 网 关
R1	Fa0/0	192.168.1.1	255.255.255.0	
	S0/0/0	192.168.2.1	255.255.255.0	
R2	Fa0/0	192.168.2.1	255.255.255.0	
	S0/0/0	192.168.2.2	255.255.255.0	
PC1		192.168.1.10	255.255.255.0	192.168.1.1
PC2		192.168.2.10	255.255.255.0	192.168.2.1

任务 1：网络布线

构建一个类似拓扑如图 2-47 所示的网络。本例中使用的设备是 1841 路由器。也可以在实验中使用任何路由器，只要它具备拓扑图中所要求的接口即可。

任务 2：对路由器 R1 进行基本配置

步骤 1：建立与路由器 R1 的 HyperTerminal 会话。

步骤 2：进入特权执行模式。

```
Router>enable
Router#
```

步骤 3：进入全局配置模式。

```
Router#configure terminal
Enter configuration commands, one per line. End with CNTL/Z.
Router(config)#
```

步骤 4：将路由器名称配置为 R1。

在提示符下输入命令 hostname R1。

```
Router(config)#hostname R1
R1(config)#
```

步骤 5：配置执行模式口令。

使用 enable secret password 命令配置执行模式口令。使用 class 替换 password。

```
R1(config)#enable secret class
R1(config)#
```

步骤 6：配置当天消息标语。

使用 banner motd 命令配置当天消息标语。

```
R1(config)#banner motd &
Enter TEXT message. End with the character '&'.
********************************
!!!AUTHORIZED ACCESS ONLY!!!
********************************
&
```

R1(config)#

步骤 7：在路由器上配置控制台口令。

使用 cisco 作为口令。配置完成后，退出线路配置模式。

R1(config)#line console 0

R1(config-line)#password cisco

R1(config-line)#login

R1(config-line)#exit

R1(config)#

步骤 8：为虚拟终端线路配置口令。

使用 cisco 作为口令。配置完成后，退出线路配置模式。

R1(config)#line vty 0 4

R1(config-line)#password cisco

R1(config-line)#login

R1(config-line)#exit

R1(config)#

步骤 9：配置 FastEthernet0/0 接口。

使用 IP 地址 192.168.1.1/24 配置 FastEthernet0/0 接口。

R1(config)#interface fastethernet 0/0

R1(config-if)#ip address 192.168.1.1 255.255.255.0

R1(config-if)#no shutdown

%LINK-5-CHANGED: Interface FastEthernet0/0, changed state to up

%LINEPROTO-5-UPDOWN: Line protocol on Interface FastEthernet0/0, changed state to up

R1(config-if)#

步骤 10：配置 Serial0/0/0 接口。

使用 IP 地址 192.168.2.1/24 配置 Serial 0/0/0 接口。将时钟频率设置为 64000。

注意：clock rate 命令的用途在第 2 章："静态路由"中介绍。

R1(config-if)#interface serial 0/0/0

R1(config-if)#ip address 192.168.2.1 255.255.255.0

R1(config-if)#clock rate 64000

R1(config-if)#no shutdown

R1(config-if)#

注意：配置并激活 R2 上的串行接口后，此接口才会激活。

步骤 11：返回特权执行模式。

使用 end 命令返回特权执行模式。

R1(config-if)#end

R1#

步骤 12：保存 R1 配置。

使用 copy running-config startup-config 命令保存 R1 配置。

R1#copy running-config startup-config

Building configuration...

[OK]
R1#
任务 3：对路由器 R2 进行基本配置。
步骤 1：对 R2 重复任务 2 中的步骤 1 到步骤 9。
步骤 2：配置 Serial 0/0/0 接口。
使用 IP 地址 192.168.2.2/24 配置 Serial 0/0/0 接口。

```
R2(config)#interface serial 0/0/0
R2(config-if)#ip address 192.168.2.2 255.255.255.0
R2(config-if)#no shutdown
%LINK-5-CHANGED: Interface Serial0/0/0, changed state to up
%LINEPROTO-5-UPDOWN: Line protocol on Interface Serial0/0/0, changed state
to up
R2(config-if)#
```

步骤 3：配置 FastEthernet0/0 接口。
使用 IP 地址 192.168.2.1/24 配置 FastEthernet0/0 接口。

```
R2(config-if)#interface fastethernet 0/0
R2(config-if)#ip address 192.168.2.1 255.255.255.0
R2(config-if)#no shutdown
%LINK-5-CHANGED: Interface FastEthernet0/0, changed state to up
%LINEPROTO-5-UPDOWN: Line protocol on Interface FastEthernet0/0, changed
state to up
R2(config-if)#
```

步骤 4：返回特权执行模式。
使用 end 命令返回特权执行模式。

```
R2(config-if)#end
R2#
```

步骤 5：保存 R2 配置。
使用 copy running-config startup-config 命令保存 R2 配置。

```
R2#copy running-config startup-config
Building configuration...
[OK]
R2#
```

任务 4：配置主机 PC 上的 IP 地址。
步骤 1：配置主机 PC1。
使用 IP 地址 192.168.1.10/24 和默认网关 192.168.1.1 配置连接到 R1 的主机 PC1。
步骤 2：配置主机 PC2。
使用 IP 地址 192.168.2.10/24 和默认网关 192.168.2.1 配置连接到 R2 的主机 PC2。
任务 5：检验并测试配置。
步骤 1：使用 showiproute 命令检验路由表中是否包含以下路由。
如果在每台路由器的输出中没有发现如下所示的两条路由，那么请继续执行步骤 2。

```
R1#show ip route
```

C 192.168.1.0/24 is directly connected, FastEthernet0/0

C 192.168.2.0/24 is directly connected, Serial0/0/0

步骤 2：检验接口配置。

另一个常见的问题是没有正确配置或激活路由器接口。使用 show ip interface brief 命令快速检验每台路由器接口的配置。

R1#show ip interface brief

R2#show ip interface brief

如果两个接口的状态都是 up 和 up，则路由表中将包含两条路由。使用 show ip route 命令再次进行检验。

步骤 3：测试连通性。

从每台主机 ping 其默认网关，以此来测试连通性。

步骤 4：测试路由器 R1 和 R2 之间的连通性。

在路由器 R1 上，使用 ping192.168.2.2 命令 pingR2。

在路由器 R2 上，使用 ping192.168.2.1 命令 pingR1。

2.5.5 路由器模拟器简介

在学习路由器的配置过程中，使用真实的路由器固然是好的，但是可能在实际学习过程中，没有那么多的设备供人们使用，这时可以考虑使用模拟器，它是一个能模拟路由器和交换机实际配置的仿真软件，通过它可以完成绝大多数路由器和交换机的配置实验。下面主要介绍两种比较常见的模拟器。

1．Boson NetSim

Boson NetSim 是 ITExamPrep.com 推荐的路由器模拟软件，可以模拟路由器和部分交换机，而且是它最先提出自定义网络拓扑的功能，大多数人都使用 Boson 来练手 CCNA 和 CCNP 的实验考试试题。

与真实实验相比，使用 Boson NetSim 省去了制作网线连接设备，频繁变换 CONSOLE 线，不停地往返于设备之间的环节。同时，Boson NetSim 的命令也和最新的 Cisco 的 IOS 保持一致，它可以模拟出 Cisco 的部分中端交换机和路由器。如图 2-48 和图 2-49 所示。

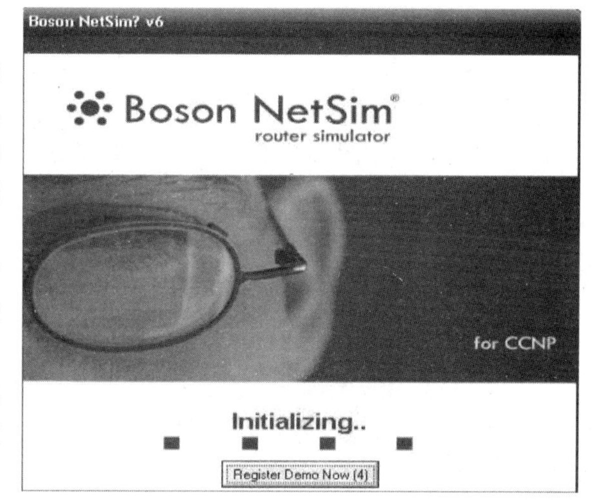

图 2-48 Boson 启动界面

2．Packet Tracer

Packet Tracer 是由 Cisco 公司发布的一个辅助学习工具，为学习思科网络课程的初学者去设计、配置、排除网络故障提供了网络模拟环境。用户可以在软件的图形用户界面上直接使用拖拽的方法建立网络拓扑，并可提供数据包在网络中行进的详细处理过程，观察网络实时运行情况。可以学习 IOS 的配置、锻炼故障排查能力。目前最新的版本是 Packet Tracer 5.2，如图 2-50 所示。

以上介绍了两款主要的路由器配置模拟器，这是人们在做路由器练习的时候最常使用到的模拟器。除了这两个模拟器之外还有一些用 FLASH 制作的比较小的模拟器，大家可以到网络中下载。

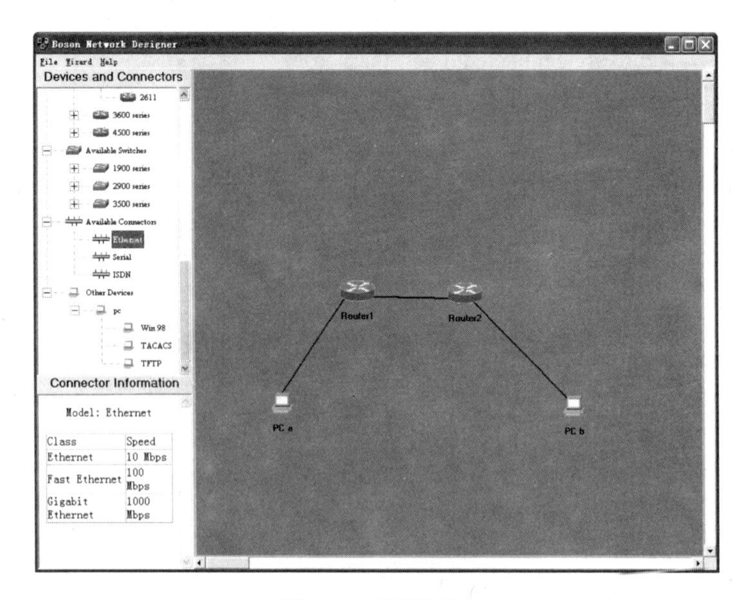

图 2-49 配置界面

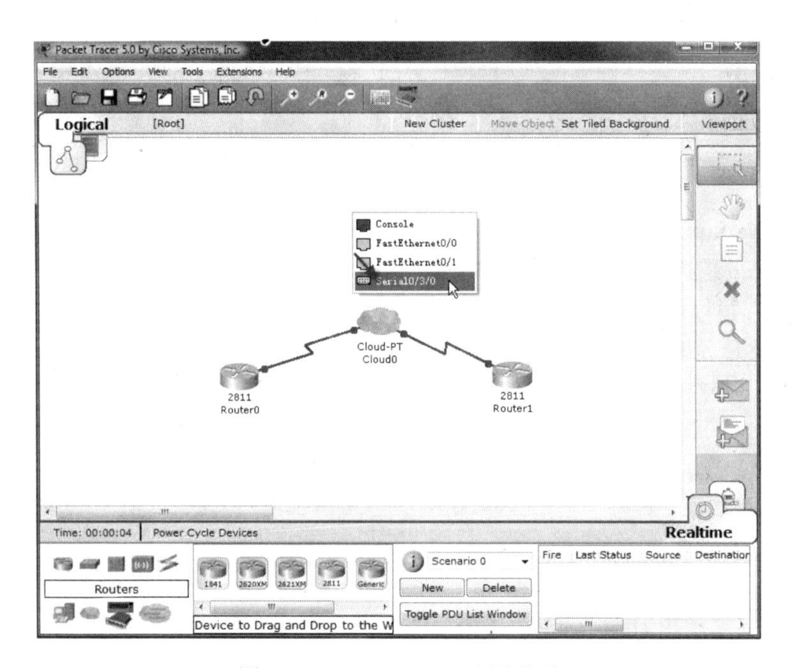

图 2-50 Packet Tracer 配置界面

2.6 本 章 实 训

实训 1 制作网线及信息模块

1．实训目的

制作组网所用的直通线、交叉线、反转线和信息模块。

2．实训环境

硬件：普通微机、网线、信息模块、网钳、测线仪。

3．实验内容

（1）制作直通、交叉、反转网线

参照 2.1.1 中网线制作的详解，制作三种网线：直通线、交叉线和反转线。制作完成后要用测线仪测试。

（2）制作信息模块

参照 2.1.2 中信息模块制作的详解，使用打模块的工具完成传统模块和新型模块的制作。

实训 2　网卡及驱动安装

1．实训目的

熟练完成网卡及驱动的安装。

2．实训环境

① 硬件：普通微机、网线、信息模块、网钳、测线仪。

② 软件：Windows XP 系统平台、网卡驱动。

3．实验内容

（1）网卡的安装

参照 2.2.1 中的详解安装网卡。

（2）安装网卡驱动

参照 2.2.2 中的详解，给计算机安装网卡驱动。

实训 3　交换机的连接与配置

1．实训目的

完成交换机的连接，并使用计算机对连接好的交换机进行配置。

2．实训环境

① 硬件：普通微机、网线、交换机。

② 软件：Windows XP 系统平台、超级终端。

3．实验内容

（1）交换机的连接

参照 2.4.1 中的详解，使用网线对交换机进行物理连接，然后通过计算机的超级终端对交换机进行初始配置。

（2）交换机基本配置

参照 2.4.2 中的详解，先熟悉交换机的集中配置模式，然后使用各种基本命令完成对交换机的名字、接口、口令、标识以及 VLAN 的配置。

实训 4　路由器连接与配置

1．实训目的

完成路由器的连接，并使用计算机对连接好的路由器进行配置。

2．实训环境

① 硬件：普通微机、网线、路由器。

② 软件：Windows XP 系统平台、超级终端。

3．实验内容

（1）路由器的连接

参照 2.5.1 中的详解，使用网线对路由器进行物理连接，并熟知路由器的各种端口以及路由器的各种配置模式。然后通过计算机的超级终端对路由器进行初始配置。

（2）交换机基本配置

参照 2.5.2 中的详解，先熟悉路由器的集中配置模式和基本配置命令，然后使用各种基本命令完成对路由器的名字、接口、口令、标识等的配置并完成静态路由器和动态路由的配置。

本 章 小 结

在本章中学习了局域网组建过程中所需要的各种硬件设备的相关知识，这些设备的连接方法、配置过程不仅仅是了解知道就能掌握的，还需要同学们在学习之后通过大量的动手实践来掌握这些局域网中各种网络硬件设备的使用方法。

思考与练习

1．填空题

（1）在制作网线的时候，为了保持最佳的兼容性，普遍采用________和________标准来制作网线。

（2）在网络中，集线器主要用于________网络的建设，是解决从服务器直接到桌面的最佳、最经济的方案。

（3）一台交换机如果可能实现全双工无阻塞交换，那么它的背板带宽值应该大于________。如果大于，证明这台交换机具有发挥最大数据交换的条件。

（4）Cisco IOS 支持两种级别的命令行界面权限：________模式和________模式。

2．选择题

（1）网络中什么时候使用直通线？________

A．通过控制台端口连接路由器　　B．连接两台交换机

C．连接主机与交换机　　D．连接两台路由器

（2）打开路由器使用哪条命令？________

A．router(config-if)#enable　　B．router(config-if)# no down

C．router(config-if)# interface up　　D．router(config-if)#no shutdown

（3）对于采用集线器连接的以太网，其网络逻辑拓扑结构为________。

A．树形结构　　B．环形结构　　C．总线结构　　D．星形结构

（4）哪条命令用于显示路由器上配置的所有接口的统计信息？________。

A．list interface　　B．show interface　　C．show processes　　D．show statistics

3．简答题

（1）管理员配置了一台新路由器并将其命名为 SAN，管理员需要设置口令才能与路由器建立控制台会话。要将控制台口令设置为 cisco，管理员应该怎么做？写出需要的命令行。

（2）如图 2-51 所示，配置路由器使连接到交换机的两台主机相互通信，应该做什么样的配置？

（3）动手制作一条交叉线，并使用测试设备测试做好的交叉线是否可用。

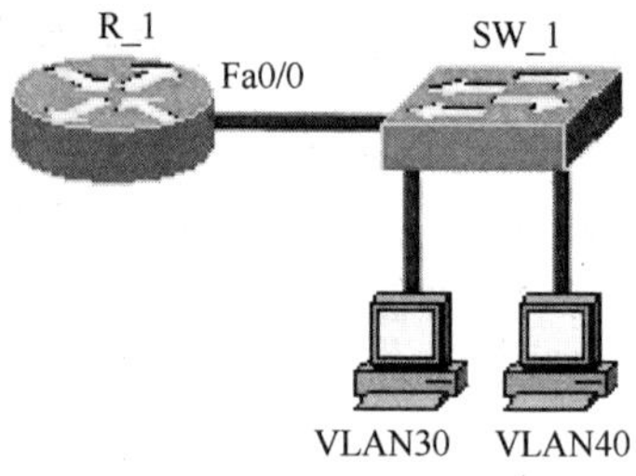

R_1　Fa0/0　SW_1

VLAN30　VLAN40

图 2-51　简答题 2 图

第 3 章　局域网组网方案

教学目标

了解局域网的组建方案的类型，掌握小型局域网的组建方案，掌握中型局域网的组建方案，掌握大型局域网的组建方案。

教学要求

知识要点	能力要求	关联知识
小型局域网组建方案简介	（1）了解小型局域网的组网方案 （2）掌握小型局域网的组建方案	总线型以太网、星形以太网、快速星形以太网
中型局域网组建方案简介	（1）了解中型局域网的组网方案 （2）掌握中小型局域网的组建方案	集中式中型企业局域网、分布式中型企业局域网、可靠式中型企业局域网
大型局域网组建方案简介	（1）了解大型局域网的组网方案 （2）掌握大型局域网的组建方案	校园网、医院网、社区局域网

重点难点

- 无线网卡、无线 AP、无线路由器及天线的性能特点与适用范围
- 无线网络的组网方式
- 无线网卡的安装操作
- 非独立性无线网络的组建
- 无线网络的安全设置

引例

通过前面的学习，掌握了局域网的一些基础知识，从本章开始，将逐步讲解如何组建一个局域网，让读者了解小型、中型、大型等几种典型局域网组建的基本方案和组建步骤，并将在后面的章节有选择性地对小型局域网的组建进行讲解。

3.1　小型局域网组建方案简介

小型局域网是人们最常见到的局域网，小型局域网的用户人数一般在 100 人和 100 人以下，在小规模企业中常见。由于它规模较小，组建起来也相对方便。它的出现，主要是为了方便企业内部的数据交换和数据访问，以及打印机等硬件设备的共享。这样不但可以为小型企业节省资金和空间，也可以大大提高员工的工作效率。

在组建小型局域网时，只需选择一台配置较好的计算机作为服务器，其他主机用集线器或者交换机连接到服务器即可。这样组建起来的局域网，不但可以保证网络的带宽，也可以为局域网接入 Internet 提供有效的升级空间，如图 3-1 所示的是一个小型局域网的组建原理图。

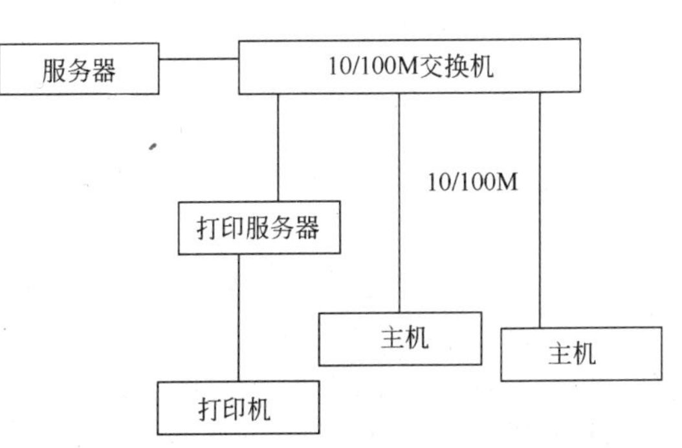

图 3-1　小型局域网的组建原理图

下面，就向读者分类讲解几类小型局域网的组建方案。

3.1.1 组建廉价、低速的总线型以太网

总线型拓扑网络结构示意图如图3-2所示。

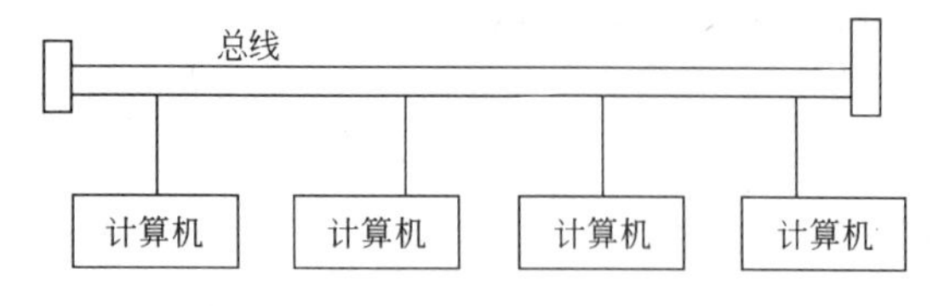

图3-2 总线型拓扑网络结构示意图

总线型拓扑结构使用单根传输线作为通信介质（也就是总线），所有节点都通过相应的硬件接口直接连接到总线上。它采用类似广播的方式来进行通信，任何一个节点发送的信号都可以沿总线传输并被其他节点接收，无需路由选择。由于多个节点都连接到一条公用总线上，因而一般采用分布式控制策略来分配信道，使其在一段时间内只能有一个节点传送信息。

在总线上可以连接网络服务器来提供网络通信及资源共享服务，同时也可以连接打印机等提供网络打印服务。总线型以太网具有以下几个方面的特征。

① 这种网络因为各节点是共用总线带宽的，所以在传输速度上会随着接入网络的用户的增多而下降。

② 网络用户扩展较灵活：要扩展用户时只需要添加一个接线器即可，但所能连接的用户数量有限。

③ 维护较容易：单个节点失效不影响整个网络的正常通信。但是如果总线一断，则整个网络或者相应主干网络就断了。

3.1.2 组建廉价、低速的星形以太网

星形拓扑结构是通过点到点的链路以及连接到中央节点以下的各个节点构成的（图3-3）。采用集中控制方式，每个节点都有一条唯一的链路和中央节点相连，各个节点间的通信都必须经过中央节点并由其控制。因此中央节点构造较为复杂，承担网络通信的几乎所有处理任务，其他节点的通信处理相对来说负担很小。

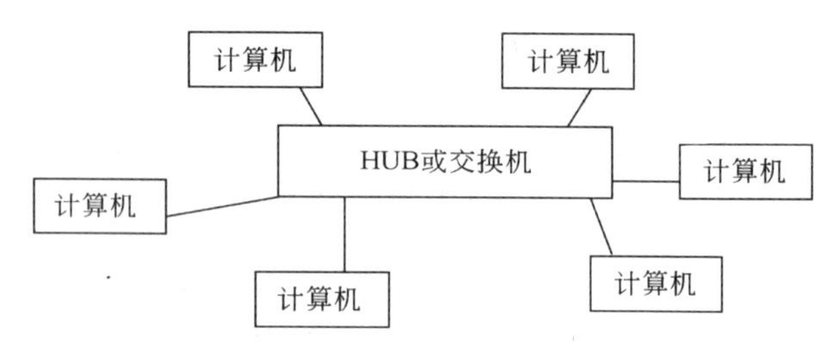

图3-3 廉价、低速的星形以太网结构示意图

中央节点一般使用集线器（HUB）或交换机，其他外围节点可以是服务器或工作站。当服务器或工作站有信息发送时候，将向中央节点申请，中央节点响应该工作站，并将该服务器或工作站与其申请通信的服务器或工作站建立会话，进行两点间的无限制信息传输。

3.1.3 组建快速星形以太网

快速星形以太网结构是目前在局域网中应用得最为普遍的一种，在企业网络中几乎都是采用这一方式。星形网络几乎是 Ethernet（以太网）网络专用，它是因网络中的各工作站节点设备通过一个网络集中设备（如集线器或者交换机）连接在一起，各节点呈星状分布而得名。

这类网络目前用得最多的传输介质是双绞线，如常见的五类线双绞线、超五类双绞线、六类双绞线、七类双绞线等。其结构示意图如图3-4所示。

这种拓扑结构网络的基本特点主要有如下几点。

（1）容易实现

它所采用的传输介质一般都是采用通用的双绞线，这种传输介质相对来说比较便宜，这种拓

扑结构主要应用于 IEEE 802.2、IEEE 802.3 标准以太局域网中。

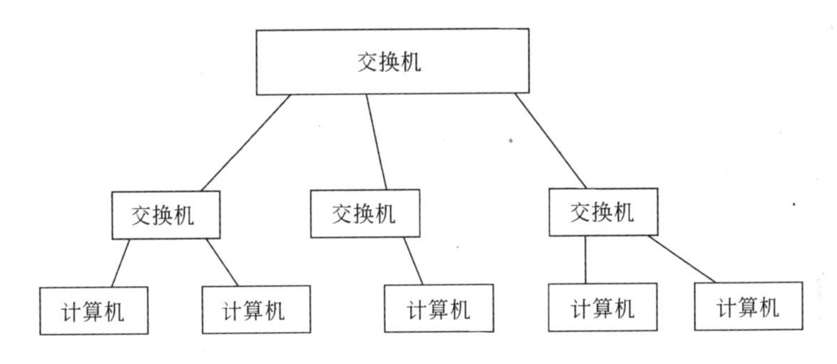

图 3-4 快速星形网络拓扑结构示意图

（2）节点扩展、移动方便

节点扩展时只需要从集线器或交换机等集中设备中拉一条线即可，而要移动一个节点只需要把相应节点设备移到新节点即可，而不会像环形网络那样复杂。

（3）维护容易

一个节点出现故障不会影响其他节点的连接，可任意拆走故障节点。

采用广播信息传送方式：任何一个节点发送的信息在整个网络所有节点都可收到。

网络传输数据快：这一点从目前最新的 1000M 到 10G 以太网接入速度可以看出。

3.2 中型局域网组建方案简介

中型局域网通常指用户人数在 100～500 人之间的局域网，这种网络在企业、政府、科研及教育等单位比较常见。根据中小企业的规模、网络系统的复杂程度、网络应用的程度，用户对于网络的需求也各不相同，从简单的文件共享、办公自动化，到复杂的电子商务、ERP 等。

如图 3-5 所示是一种典型的中小型企业局域网的应用方案，双接口千兆模块中一个接口可连接服务器，另一个接口可以与其他交换机建立千兆连接，充分满足中小企业对带宽的需求。用户接入则可通过级联 10/100M 交换机来增加端口数量。该方案的特点是性价比高、即插即用、无需配置。

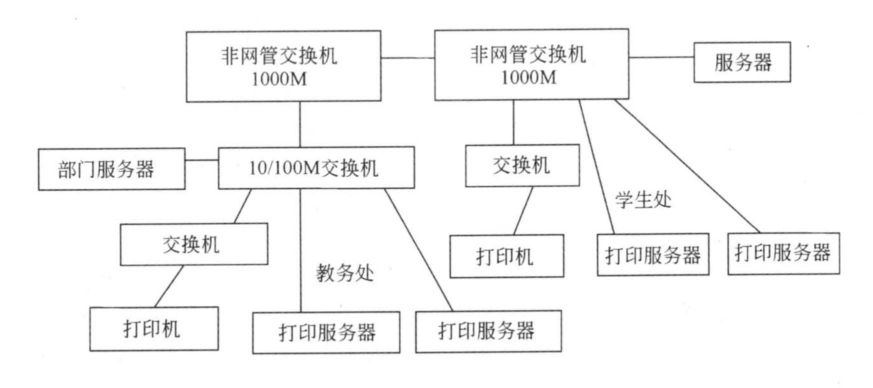

图 3-5 中小型企业局域网

3.2.1 组建集中式中型企业局域网

大多数中小企业都采用集中式办公的方式，即所有部门和人员都在同一座建筑内办公。由于规模有限，这种网络的连接距离通常小于 100 米，因此可以全部采用 5 类双绞线进行布线。

集中式网络通常包括网络中心和楼层设备间两层结构。网络中心交换机可采用千兆交换技术构成高速骨干，用以连接服务器以及楼层接入设备。中心交换机应具有大容量的信息交换存储能力，采用模块化机箱式设计，可以支持多种速率和介质，端口密度高且扩展灵活。

楼层接入交换机应具有千兆以上连接端口，能够通过堆叠或增加模块来提高接入端口密度，还应支持 SNMP 等网管协议，以便通过网络对所有设备的状况进行监控和管理。如图 3-6 所示是一个典型的集中式中型企业局域网应用范例。该企业在一座 5 层高的大楼中，1～4 层共有 290 个信息点。网络中心与各楼层之间全部采用 5 类双绞线建立 1000Base-T 高速链路，接入层采用 10/100M 交换机。网络中心可采用高端口密度的千兆主干交换机，各楼层采用千兆支干交换机。服务器加装 100/1000Base-T 网卡，确保达到千兆速率，并可以实现 10M、100M 和 1000M 自适应，实现网络平滑升级。

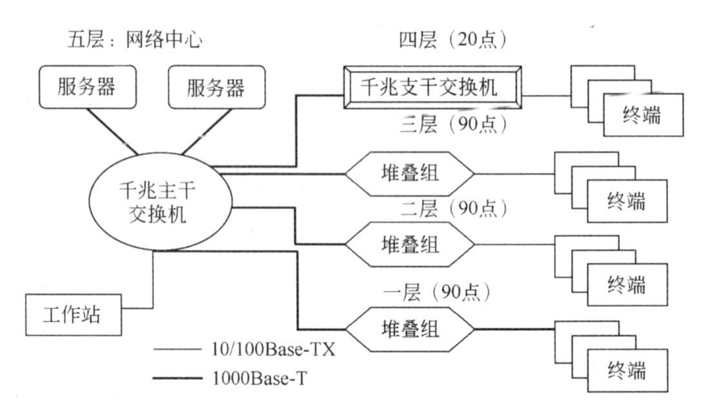

图 3-6 集中式中型企业局域网

由于采用堆叠组扩展性强，可以根据企业的发展来增加新模块和堆叠交换机的数量，且随着端口数量和堆叠数量的增加，其性价比优势就越发明显，因此，极适合于发展速度慢中小企业。还可采用千兆铜缆技术，性价比高且升级无需更改布线系统。

3.2.2 组建分布式中型企业局域网

分布式办公是指企业在一个园区内具有多处办公地点，楼宇间网络的连接距离通常大于 100 米，需采用光纤进行布线。

分布式网络通常具有网络中心及楼宇接入节点两个层次，如果楼宇规模较大，还可能出现第三个层次——楼层设备间。

如图 3-7 所示的是一个典型的分布式中型企业局域网应用范例。

该企业各部门分别位于园区内不同的建筑中，由于各建筑与网络中心之间的距离小于 550 米，故采用基于多模光纤传输的 1000Base-SX 建立千兆主干。中心交换机 DES-6000 需安装 2 个 2 口 100/1000Base-T 千兆铜缆模块 DES-6008 以连接 3 台服务器，另需选配 2 个 2 口 1000Base-SX 模块 DES-6006 以连接 4 座建筑，并选配 3 个 16 口 10/100Base-TX 模块实现本建筑内的接入。

该方案采用光纤网络扩大网络覆盖范围，如果连接超过 550 米，则可选用单模 1000Base-LX 长波千兆光纤技术实现 5 公里内的连接，相应模块是 DES-6007 和 DES-361GL。

楼宇接入交换机采用 DES-3624 堆叠组。除销售一部采用 4 台堆叠外，其余均采用 3 台堆叠。每组堆叠的 DES-3624i 选配 1 个 1 口 1000Base-SX 模块 DES-361G 连接网络中心。

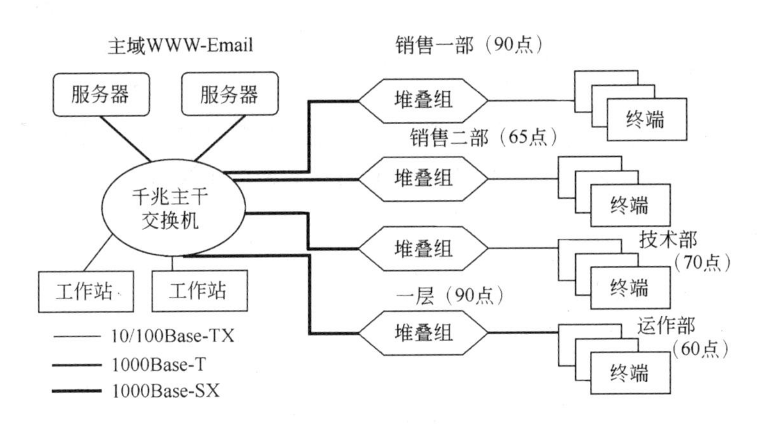

图 3-7　分布式中型企业局域网

3.2.3 组建可靠式中型企业局域网

实时性较强的网络应用环境，如金融、证券、电子商务等中小企业，对网络连接可靠性和性能要求很高。通常应采用生成树、端口聚合，中心交换机还可采用双电源的方式来提高可靠性。

如图 3-8 所示是一个典型的可靠式中型企业局域网应用范例。其中，IEEE802.1d 生成树协议可以检查网络连接。当主线路发生故障时，便可以自动接通备份链路，确保网络正常工作。端口聚合可以将多条线路聚合为一组干路，还可以提高网络带宽，更重要的是，端口聚合可以实现负载均衡，从而大大提高了网络的可靠性。

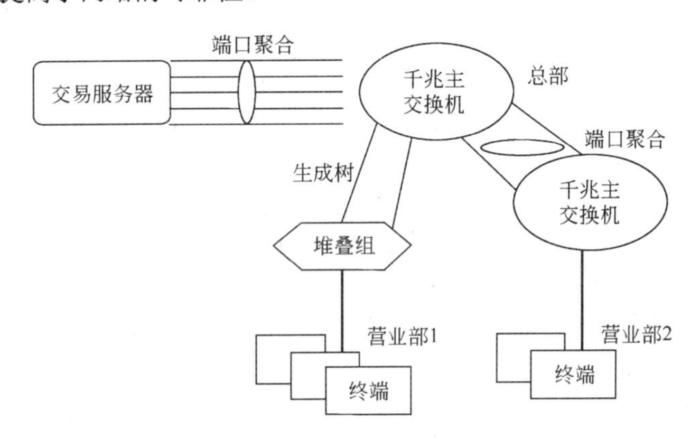

图 3-8　可靠式中型企业局域网

这组干路虽然物理上是相互独立的，但逻辑上是同一条链路。端口聚合可以提高网络带宽，4 条 100M 链路聚合成的干路在全双工工作模式下可达 800M 带宽。更重要的是，端口聚合可以实现负载均衡，并且当其中 1 条或几条链路失效时，其余线路正常工作，从而大大提高了网络的可靠性。

服务器可采用具有 4 个端口支持端口聚合的 DFE-570TX 网卡，也可起到同样作用。中心交换机 DES-6000 还可采用双电源冗余的方式来提高可靠性。

3.3 大型局域网组建方案简介

大型局域网一般适用于网络用户数在 1000 人以上的区域，如校园、医院、数码社区等。下面，向读者介绍一些典型大型局域网的几种组建方案。

3.3.1 组建校园网

校园网是最常见的大型局域网，这里以××大学校园的局域网组建方案进行说明。××大学校园网的网络结构主要由主干网、楼内局域网、拨号网、网络布线系统和楼内网络布线系统等几部分组成，下面将一一介绍。

1．主干网

主干网采用 TCP/IP 协议，拓扑结构采用星形结构，主干光缆为 20 芯（10 芯多模，10 芯单模）。其特点：可靠性、安全性比较高，易于网络升级，其路由协议采用 OSPF 协议。

总体方案为运行网络和试验网络并行：

运行网络——FDDI 交换机+FDDI 路由器；

试验网络——ATM 网络，规模为 FDDI 交换机 2 台、FDDI 路由器 11 台，互联 50 个楼内约 100 个局域网，连接家庭计算机约 2100 台，局域网计算机约 5400 台。

2．楼内局域网

根据楼内入网计算机的规模和经费投入情况采用不同方案，简单来说主要有下列四种方法。

① 简单以太网：10Base-2 细缆段，如水电系、力学系局域网等。

② 交换式以太网：多个以太网利用以太网交换式 HUB 互联，如××大学机械馆局域网等。

③ 高速交换式以太网：楼内资源丰富、入网计算机在 150 台以上采用快速以太网。

④ HUB 或交换机互联若干个以太网段：如图书馆局域网、校机关局域网、计算中心局域网等。

3．拨号网

在校园网的拨号网络结构中，对硬件有所选择。首先，选择远程访问服务器，例如这里选择思科（CISCO）公司的 Access Builder 4000 CISCO 2511 路由器，它支持的用户数目为 2～100 个。

此拨号网络结构的入网方式需要在路由器上设置 PPP（点对点协议）/SLIP（IP 服务列表协议）。其必需的硬件为 Modem 池及电话线若干。

其特点为：运行网络采用先进成熟的交换 FDDI 技术，试验网络采用最先进的 ATM 技术，合理解决应用实际需求与投资风险的矛盾。

FDDI 交换机提供高达 22 个独立的 100M FDDI 端口，可实现主干网吞吐能力根据需求灵活扩展。FDDI 交换机热备份连接进一步提高了主干网的可靠性。高性能 FDDI 路由器提高了网络系统的安全性和控制管理能力。FDDI 路由器的多种类型接口便于连接不同规模的局域网。

4．网络布线系统

在校园内，考虑到住宿楼与办公楼上网的需求各有不同，楼群的分布各有区别，其布线系统也因之改变。

在此，选择的布线方案如下：楼群之间采用光缆作为传输介质。在校园网的主干网络中，选择 20 芯混合型光缆——其中 10 芯为多路信号模拟光缆，另外 10 芯为单路信号模拟光缆，这样可以保证足够的带宽和网络的稳定性。

在校园网的分支网络中，我们选择的光缆一般为 8 芯混合型光缆——其中 4 芯为多路模拟信号光缆，另外 4 芯为单路模拟信号光缆。

5．楼内网络布线系统

楼内采用暗线布线系统，新建局域网一律采用 5 类非屏蔽双绞线，逐步改造原有的局域网布线——同轴电缆。

3.3.2 组建医院网

医院的局域网是一个信息点较为密集的千兆局域网络系统，它所连接的上千个信息点为在整个企业内办公的各部门提供了一个快速、方便的信息交流平台。不仅如此，通过专线与 Internet

的连接，各个部门可以直接与互联网用户进行交流、查询资料等。

通过建立公共服务器，医院也可以直接对外发布信息或者发送电子邮件。高速交换技术的采用、灵活的网络互联方案设计能为医院网络用户提供快速、方便、灵活的通信平台。医院的局域网，物理跨度不大，通过千兆交换机在主干网络上提供1000M的独享带宽，通过下级交换机与各部门的工作站和服务器连接，并为之提供100M的独享带宽。利用与中心交换机连接的CISCO系列路由器，所有用户均可以直接访问 Internet。

下面具体讲解医院局域网的组建方案。

1. 医院网络规划的原则

医院网络规划应该注意以下几点：

① 网络应具备先进性；

② 网络主干上应具备100M传输能力；

③ 应具备较强的扩展和升级能力，能够方便地进行用户扩展和网络升级。

2. 网络主干

目前，网络方案层出不穷，各有所长。选择合理的方案对整个网络系统的性能、成本起着决定性的作用。网络主干是决定信息交换速度的关键，在实际应用中应尽量采用高带宽、高速网，如今比较成熟的技术有 FDDI、百兆以太网、千兆以太网、ATM 等。考虑到投资规模以及网络的通用性、可升级性和可扩展性，参考其他组建方案，这里筛选出如下一种目前较为合适的网络解决方案——那就是100M快速交换式以太网。

采用100M快速交换机网络，能够满足大多数医院目前和以后较长一段时间的要求，而且具有很高的性能价格比，是目前网络中的优选方案。

网络以机房为中心，覆盖医院大楼各科室，在中心机房内放置一台100M中心交换机，对于数据吞吐量较大的服务器，独占一个百兆端口，经光纤接入服务器100M网卡。

另外在大楼相关科室处放置一台 10/100M 的部门交换机，部门交换机通过光纤接入中心交换机的 10M 端口上，构成主干网——100M 快速网络，各单位的工作站可通过10M共享式 HUB 连至部门交换机的10M端口上。每台集线器可连接多台工作站，若日后系统需要扩展，则可在工作站与交换机之间级联集线器，若有远程工作站可通过 Modem 连接，形成强大的扩展功能，足以满足将来很长一段时期的需要。

如图3-9所示为此医院局域网组建方案。

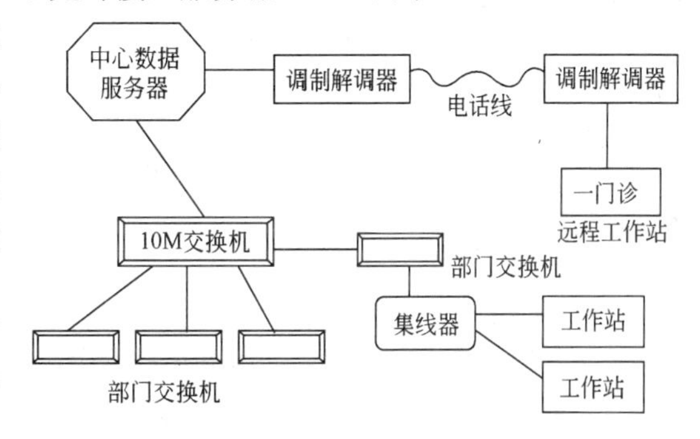

图3-9 医院局域网组建方案

3.3.3 组建社区局域网

随着生活水平的提高，越来越多的人喜欢居住于数码化社区，主要原因就在于网络沟通的方便性。下面从社区的居民数分类，来分别看几种社区局域网的方案。

1. 中型数码社区局域网组建方案

400～800户居民的数码社区，网络规模较大，需要网络提供高密度的千兆交换接口，并具备较好的网络服务能力和控制能力，适用于大楼网或园区网。

如图3-10所示的是一个400～800人居民社区局域网的组建方案。

400～800 人居民的数码社区局域网的网络分为两个层次。千兆核心采用 3Com 企业核心交换机 Switch 4007，采用光纤作为千兆传输媒介。

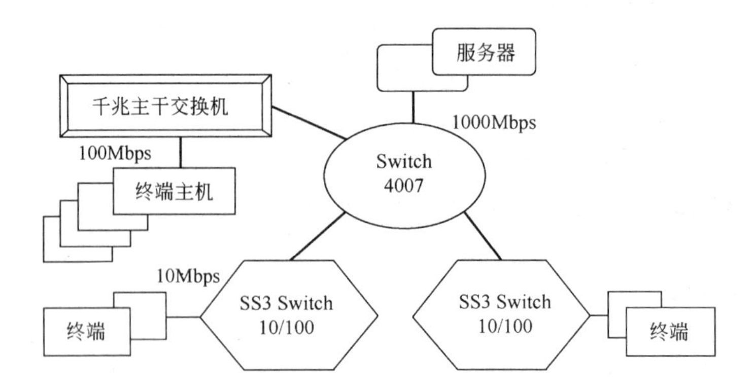

图 3-10 400～800 人居民社区局域网的组建方案

网络边缘交换，如果用户需要多层的质量服务和网络控制可采用 Super Stack 3 Switch 4400 智能堆叠系统；如果用户需要无阻塞的高性能主干接入可采用 Super Stack 3 Switch 4300 独立交换系统；如果用户密度不大，网络应用无特殊要求，可采用 Super Stack 3 Switch 3300 堆叠系统。

服务器入网采用 3Com 千兆服务器网卡。

该方案的优势有：高骨干密度、高性能、高可靠性和多功能。

2．大型数码社区局域网组建方案

对于 1000 户居民以上的数码社区，属于超大规模大楼网络或园区网络，网络规模庞大，网络结构复杂，除了一般网络具备的网络核心层和网络边缘接入层以外，在这两个层次之间增加了骨干接入汇聚层，网络呈多层结构。

如图 3-11 所示的是一个 1000 户居民社区局域网的组建方案。1000 户居民以上社区局域网的网络分为三个层次。千兆核心层采用两台或多台 3Com 企业核心交换机 Switch 4007 形成冗余的千兆骨干集群系统。

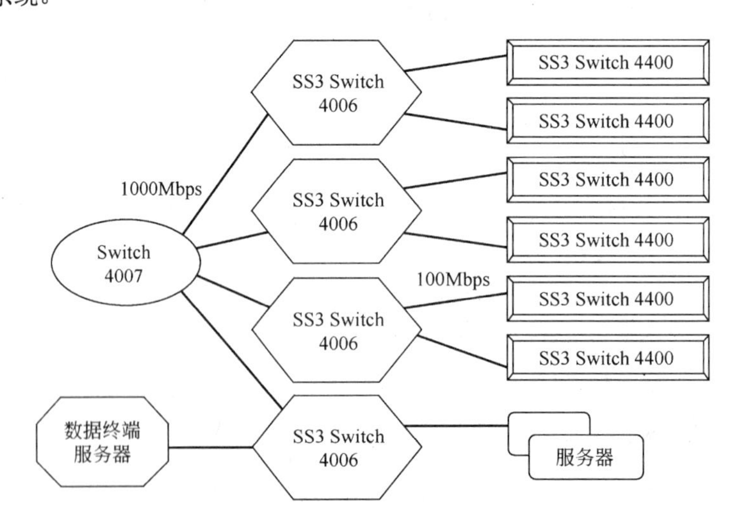

图 3-11 1000 户居民社区局域网的组建方案

网络汇聚层采用 Super Stack 3 Switch 4900 交换机，网络边缘可根据具体网络应用需求采用 Super Stack 3 Switch 4400 堆叠系统/4300 独立交换系统/3300 堆叠系统。服务器入网采用 3Com 千兆服务器网卡。

该方案的优势有：分布式、高性能、高可靠性、多功能和最优性能价格比。

此外，如果用户的网络应用种类较多，网络逻辑管理和控制较为复杂，在需要更高的网络智能化能力的情况下可采用如图 3-11 所示的方案。

1000 户居民以上社区局域网的网络也可以分为三个层次。千兆核心层采用两台或多台 3Com 企业核心交换机 Switch 4007 形成冗余的千兆骨干集群系统。网络汇聚层则采用 Switch4005 交换机，网络边缘采用 Super Stack 3 Switch 4400 智能堆叠系统。服务器入网采用 3Com 千兆服务器网卡。

该方案的优势是：分布式、高性能、高可靠性、智能化和最优性能价格比。

3.4 本章实训

实训 选择组网方案并绘制拓扑图

1. 实训目的

运用所学知识，选择适当的组网方案，然后绘制拓扑图，熟悉组网方案的选择和应用。

2. 实训环境

① 硬件：计算机一台。

② 软件：VISIO 软件。

3. 实验内容

（1）选择网络组建方案

根据实际情况，也可以假设在某一个局域网环境内，有多少台计算机，现有的网络环境是怎样的，需要达到什么网络应用功能，然后选择组网方案。

（2）绘制网络拓扑图

选择组网方案后，进行网络规划，包括 IP 规划、布线规划、设备选择、操作系统的选择、应用软件的安装和添加，服务器的配置及应用，网络安全的管理等都需进行一下规划，然后用 VISIO 软件绘制网络拓扑方案。

本章小结

本章主要介绍了小型局域网、中型局域网和大型局域网的组建方案，首先举出了几个企业网的典型例子，然后一步步地讲解企业网建设过程中的常用技术，如在局域网中使用何种网络拓扑结构，组建各种类型的局域网分别需要怎样的硬件，介绍企业网中常见技巧，最后给读者剖析了校园网、医院网和数码社区网的组建方案。

思考与练习

1. 判断题

（1）组建小型局域网为了节省资金最好使用交换机，而不使用路由器。（ ）

（2）小型局域网不能使用总线型拓扑结构。（ ）

（3）大型企业局域网组建方案的特点是性能高、价格低、即插即用、无需配置。（ ）

（4）可靠式中型企业局域网是实时性较强的网络应用环境。（ ）

（5）校园网一般均采用星形拓扑结构。（ ）

（6）社区局域网可以采用小型局域网的组建方案，也可以采用中型局域网的组建方案，但这时不能保证网络流量的通畅性。（ ）

（7）典型局域网的组建方案按拓扑结构可分为小型、中型和大型局域网。（　　）

2．简答题

（1）组建小型局域网时，总线型拓扑结构有哪些优点？

（2）廉价、低速星形以太网有哪些特点？

（3）廉价、低速星形以太网有哪些缺点？

（4）快速星形以太网有哪些特点？

（5）中型企业局域网组建方案可以分为哪几种？

（6）根据实训内容回答如何用VISIO软件绘制网络拓扑图。

第 4 章　对等网的组建

教学目标

了解局域网的类型及局域网组建的方法，掌握对等网的组建方法，掌握宿舍网、家庭网、小型办公网的组建方法。

教学要求

知识要点	能力要求	关联知识
对等网的组建	能制作并测试网线 网络硬件的连接 计算机网络属性的设置 组建对等式局域网	网线的种类、双绞线的制作方法、本地连接属性设置、工作组的设置等
家庭网的组建	（1）了解家庭网的组建方案 （2）掌握家庭网的组建步骤	家庭网的概述、双绞线连接、宽带路由器连接、TCP/IP 属性设置
宿舍网的组建	（1）了解宿舍网的组建方案 （2）掌握宿舍网的组建步骤	宿舍网的概述、总线网络、星形网络、宽带路由器连接、TCP/IP 属性设置
路由器办公网的组建	（1）掌握小型办公局域网的组建方案 （2）能够进行办公局域网的共享上网的设置 （3）能够对用户进行一定的限制	PPPOE 拨号连接、路由器、路由器的高级设置

重点难点

- 双绞线的制作方法
- 对等网的组建步骤
- 家庭网的组建方案的选择
- 宿舍网的组建方案的选择
- 宽带路由器小型办公网的组建

默认情况下计算机安装完操作系统后是隶属于工作组的。从很多书里可以看到对工作组特点的描述，例如工作组属于分散管理，适合小型网络等。基于工作组组建的局域网络就是对等网，只要设置了共享，如果没有设置访问密码，则可以进行共享访问，只是这种访问方式没有什么安全性。但是对于安全性要求不高的场合还是可以采用这种组网方式的。

4.1　对等网络的组建

4.1.1　计算机操作系统的安装

各种操作系统的安装方式都非常简单，安装要点如下。

① 用确认无病毒的启动光盘安装 Windows 2003/XP，最好采用 ntfs 文件系统格式化系统盘。

② 安装过程不再赘述，但注意，如果用户安装的是 Windows 2003 版本，请不要选择 IIS 组件，如果用户需要使用 IIS 组件，请在系统安装完毕以后再进行安装。

③ 安装过程中为您的管理员账户设置一个安全的口令。口令设置要求：

a．口令应该不少于 8 个字符；

b．不包含字典里的单词、不包括姓氏的汉语拼音；

c．同时包含多种类型的字符，如大写字母（A，B，C，…，Z）；小写字母（a，b，c，…，z）；数字（0，1，2，…，9）；标点符号（@，#，!，$，%，&，…）。

④ 配置网络参数，设置 TCP/IP 协议属性。

⑤ 基本系统安装完毕后应立即安装防病毒软件并立即升级最新病毒定义库。

⑥ Windows update，在 Windows 的站点升级 Windows 系统补丁，该站点会自动扫描计算机需要安装的安全补丁和更新选项，这一项需要的时间稍长一些，用户只需更新 Windows 关键的补丁即可。

⑦ 升级完所有的关键更新以后，可以选择安装防火墙软件，这完全根据用户自己的需求，不安装也不会影响正常的使用。有的时候会出现因为防火墙规则不正确导致不能收发邮件的问题，可以手动添加一条防火墙规则，因为不同版本的防火墙软件的设置方法不一样，因此不在这里详细给出，用户只需对相应的邮件客户端软件的主程序设置规则即可，即允许双向进出，大多数防火墙软件会根据计算机上的应用软件创建相应的规则。

⑧ 同时可以考虑在安装完基本系统以后 rename 管理员账户名，就是在【管理工具】/【计算机管理】/【本地用户和组】/【用户】下面重命名 administrator，更改为自己熟悉和喜欢的名字，因为 administrator 是系统默认的管理员账户，更改有助于防止口令蠕虫轻易地进入系统。

⑨ 在 DOS 下安装 Windows 2003/XP：如果是一个全新的操作系统，因为没有一个操作系统存在，并不能升级安装，则可以在 DOS 下安装，在 DOS 下安装时，先用 Windows 启动盘引导至DOS下，注意不能像安装Windows 98一样，直接敲入setup.exe，需要运行i386目录下的winnt.exe才能完成安装。

4.1.2 网络连接线的制作及连接方法

为了组建对等计算机网络，需要用网络连接线来连接计算机，网络连接线的制作工具有压接工具、测试工具等。

1．压接工具

（1）斜口钳

斜口钳是剪网线用的，如果手边没有，可以选用大一点、锋利一点的剪刀。

（2）剥线钳

剥线钳用来剥除双绞线外皮，也可以用斜口钳代替，只是使用时要特别小心，不要损伤了里面的芯线，如图 4-1 所示。

图 4-1 剥线钳

（3）压线钳

压线钳最基本的功能是将 RJ-45 接头和双绞线咬合夹紧。它还可以压接 RJ-45、RJ-11 及其他类似接头，有的还可以用来剪线或剥线。制作双绞线时，这是必备的工具。压线钳如图 4-2 所示。

2．测试工具

常用的测试工具有万用表、电缆扫描仪（Cable Scanner）、电缆测试仪（Cable Tester）三种。

图 4-2　压线钳

（1）万用表

万用表是测试双绞线是否正常的基本工具，可以测量单个导线（一条芯线的两端）是否连通，即这端接头的第几只脚对应到另一端的第几只脚的，但不能测出信号衰减情况。

（2）电缆扫描仪

该设备除了可检测导线的连通状况外，还可以得知信号衰减率，并直接以图形方式显示双绞线两端接脚的对应状况等，但价格较高。

（3）电缆测试仪

电缆测试仪是比较便宜的专用网络测试器，通常测试仪一组有两个：其中一个为信号发射器；另一个为信号接收器，双方各有 8 个 LED 灯以及至少一个 RJ-45 插槽，它可以通过信号灯的亮与灭来判断双绞线是否正常连通。

3．双绞线的连接

首先将双绞线内四对 8 根线的顺序按照橙白、橙、绿白、蓝、蓝白、绿、棕白、棕色来进行排列，并按照线序将线定义为 1, 2, 3, 4, 5, 6, 7, 8。

（1）计算机与 HUB 或交换机相连接

计算机与 HUB 和交换机相连接，双绞线两端不用错线，线序的一端为橙白、橙、绿白、蓝、蓝白、绿、棕白、棕色；另一端为橙白、橙、绿白、蓝、蓝白、绿、棕白、棕色，即线序是：1, 2, 3, 4, 5, 6, 7, 8 对 1, 2, 3, 4, 5, 6, 7, 8，如图 4-3 所示。

（2）计算机与计算机相连接

计算机与计算机相连接，双绞线两端必须错线，线序的一端为橙白、橙、绿白、蓝、蓝白、绿、棕白、棕色；另一端为绿白、绿、橙白、蓝、蓝白、橙、棕白、棕色，即线序是：1, 2, 3, 4, 5, 6, 7, 8 对 3, 6, 1, 4, 5, 2, 7, 8。如图 4-4 所示。

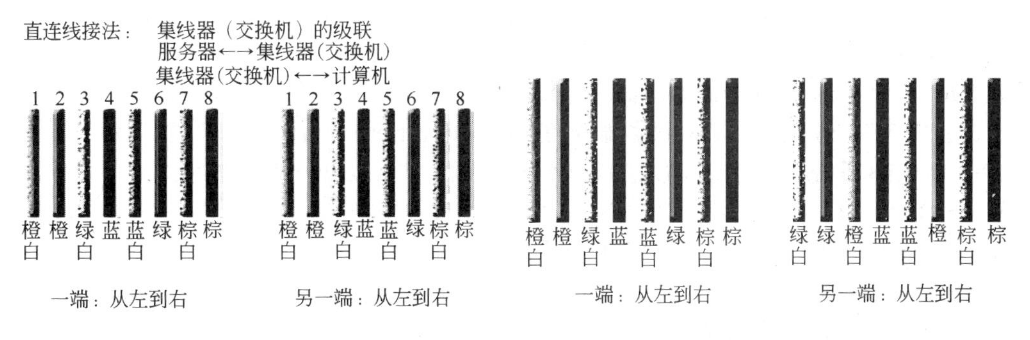

图 4-3　直接连接　　　　图 4-4　交插连接

（3）HUB 与 HUB 连接（或者交换机与交换机连接）

HUB 与 HUB 相连接，在 HUB 上如果标有【Uplink】、【MDI】、【Out to HUB】等字样，则不需要错线，线序是：1, 2, 3, 4, 5, 6, 7, 8 对 1, 2, 3, 4, 5, 6, 7, 8。如果没有直通端口或者级联端口，双

绞线两端必须错线，线序的一端为橙白、橙、绿白、蓝、蓝白、绿、棕白、棕色；另一端为绿白、绿、橙白、棕白、棕色、橙、蓝、蓝白，即线序是：1, 2, 3, 4, 5, 6, 7, 8 对 3, 6, 1, 4, 5, 2, 7, 8。

4．制作双绞线

采用最普遍的 EIA/TIA 568B 标准来制作。

制作步骤：可以参见第 2 章 2.1.1 网线制作部分的介绍，此处不再重复。

4.1.3 对等网络中计算机网络属性的配置

要组建计算机网络需要安装网卡，网卡的软硬件安装方法如前所述，假设网卡的软硬件已经安装好，即可以对计算机的网络属性进行设置。

局域网中一般使用 NetBEUI、IPX/SPX、TCP/IP 三种协议。

1．NetBEUI 协议

（1）NetBEUI 协议的特点

NetBEUI 协议是 IBM 公司在 1995 年开发完成的，它是一种体积小、效率高、速度快的通信协议，也是微软钟爱的一种协议，在微软的系统产品 Windows 98/NT 中，NetBEUI 协议已经成为固有的默认协议。

NetBEUI 协议是专门为几台至百余台 PC 组成的单网段部门级小型局域网设计的，不具备跨网段工作及路由能力，如果在一台计算机上安装多网卡，或要采用路由器等设备进行两个局域网的互联时，将不能使用 NetBEUI 协议。否则，与不同网卡相连的计算机将不能通信。

NetBEUI 协议占用内存小，在网络中基本不需要任何配置。

（2）NetBEUI 协议的安装

① 安装微软的 Windows 98/NT/2000/2003 时，一般会自动安装 NetBEUI 协议。

② 如果没有安装，可以按照下面方法进行安装。

选择【开始】/【设置】/【控制面板】，在出现的【控制面板】窗口中双击【网络】图标，单击【网络】对话框中的【添加】按钮，出现【选择网络组建类型】对话框，选择【协议】项，在出现的对话框中先选择【厂商】列表中的【Microsoft】项，再选择【网络协议】列表中的【NetBEUI】项。

2．IPX/SPX 及其兼容协议

IPX/SPX 协议称为网际包交换/顺序交换，是 NOVELL 公司的通信协议集。较为庞大，具有很强的路由能力。当用户接入 NetWare 服务器时，IPX/SPX 及其兼容协议是必需的。

在 Windows NT 中提供了两个 IPX/SPX 兼容协议：【NWLink IPX/SPX 兼容协议】和【NWLink NetBIOS】，两者统称为【NWLink 通信协议】。【NWLink IPX/SPX 兼容协议】是作为客户端的通信协议，以实现客户机对 NetWare 服务器的访问，离开了 NetWare 服务器，此协议将失去作用。【NWLink NetBIOS】通信协议则可以在 NetWare 服务器、Windows 2000/XP/2003 之间通信。

IPX/SPX 及其兼容协议的安装方法与 NetBEUI 协议的安装方法相同。

3．TCP/IP 协议

TCP/IP 协议是传输控制协议/互联网协议，是目前最常用的通信协议。TCP/IP 协议最早出现在 UNIX 系统中，现在所有的操作系统都支持 TCP/IP 协议。

（1）TCP/IP 协议的特点

TCP/IP 协议具有很强的灵活性，支持任意规模的网络，TCP/IP 协议在使用时需要进行复杂的设置，每个接入网络的计算机都需要一个【IP 地址】、一个【子网掩码】、一个【网关】、一个【主机名】。只有当计算机作为客户机，而服务器又配置了 DHCP 服务，动态分配 IP 地址时，才不用去手工指定【IP 地址】等。

（2）Windows 2000/ XP/ 2003 中的 TCP/IP 协议

Windows 2000/XP/2003 用户可以使用 TCP/IP 协议组建对等网，如果只安装 TCP/IP 协议，工作站可以通过服务器的代理服务（Proxy Server）来访问因特网，但是，工作站不能登录 Windows 2000 域服务器，此时需要在工作站中安装 NetBEUI 小型协议。

（3）TCP/IP 协议的配置

TCP/IP 协议的安装方法与 NetBEUI 协议的安装方法相同，只是在选择【通信协议】下方的列表时，选择 TCP/IP 协议即可。

4.1.4 资源共享

① 单击【网上邻居】，选择【属性】，单击【文件及打印共享】，弹出一个对话框，将【允许其他用户访问我的文件】及【允许其他计算机使用我的打印机】前面的两个框勾选。

② 打开【资源管理器】或者【我的电脑】，右键单击 A 盘、C 盘、D 盘等，选择【共享】，这样共享的磁盘将会有一只手托起磁盘“ ”。还可以打开各个磁盘将需要的文件夹进行【共享】，方法与共享磁盘一样。

③ 右键单击【网上邻居】，选择【打开】，双击【整个网络】，将出现各个共享的计算机名称，如 user1 等，打开各个计算机，进入共享文件夹即可。

关于网络属性的配置及资源共享的详细内容可参见实训部分。

4.2 Windows 2003/XP 局域网的组建及应用

1．Windows 2003 简介

作为网络操作系统或服务器操作系统，高性能、高可靠性和高安全性是其必备要素，尤其是日趋复杂的企业应用和 Internet 应用，对其提出了更高的要求。微软的企业级操作系统中，如果说 Windows 2000 全面继承了 NT 技术，那么 Windows Server 2003 则是依据.Net 架构对 NT 技术作了重要发展和实质性改进，凝聚了微软多年来的技术积累，并部分实现了.Net 战略，或者说构筑了.Net 战略中最基础的一环。

在相同硬件配置下，Windows Server 2003 的启动速度和程序运行速度比 Windows Server 2003 要快许多，在低档硬件配置下和运行像 Photoshop 这样的大型软件时表现得更明显。这无疑是 Windows Server 2003 核心得到改进、各种设备的管理得到优化的结果，同时也表明 Windows Server 2003 作为服务器操作系统有十分突出的内存管理、磁盘管理和线程管理性能。作为新一代的网络操作系统，Windows Server 2003 有自己独有的设备管理模式，所以硬件驱动程序应安装 For Win2003，而且最好是经微软认证获得数字签名，这样才能保证 Windows Server 2003 的稳定和安全。Windows Server 2003 已内置了大多数主流硬件的驱动程序，尽管性能平平，但比起硬件厂商提供的驱动程序来说，它们的稳定性和兼容性是最好的。

2．安装准备

① 准备好 Windows Server 2003 Standard Edition 简体中文标准版安装光盘。

② 可能的情况下，在运行安装程序前用磁盘扫描程序扫描所有硬盘，检查硬盘错误并进行修复，否则安装程序运行时如检查到有硬盘错误即会很麻烦。

③ 用纸张记录安装文件的产品密匙（安装序列号）。

④ 如果未安装过 Windows 2003 系统，而现在正使用 Windows XP/2000 系统，建议用驱动程序备份工具（如驱动精灵）将 Windows XP/2000 系统下的所有驱动程序备份到硬盘上（如 F:Drive）。备份的 Windows XP/2000 系统驱动程序可以在 Windows 2003 系统下使用。

⑤ 如果想在安装过程中格式化 C 盘或 D 盘（建议安装过程中格式化用于安装 2003 系统的分区），请备份 C 盘或 D 盘中有用的数据。

⑥ 导出电子邮件账户和通信簿：将【C:Documents and Settings Administrator（或你的用户名）】中的【收藏夹】目录复制到其他盘，以备份收藏夹；可能的情况下将其他应用程序的设置导出。

⑦ 系统要求——对基于×86 的计算机：建议最少使用 128MB 的 RAM，最大支持 32GB。硬盘可用空间，在基于×86 的计算机上，该空间为 1.25～2GB，因此，在 C 盘应该留下较大的硬盘空间，给 C 盘留下 8～10GB 的硬盘空间已经足够了。

3．选择安装方式

① 从光盘安装：从 CD-ROM（12 倍速或更高）或 DVD 驱动器安装。

② 从硬盘安装：将安装文件复制到硬盘进行安装。

③ 从网络安装：这一般是共享光盘时，从其他计算机的光驱上通过网络进行安装。

4．Windows Server 2003 安装组件选择

Windows Server 2003 安装组件可以在安装过程中选择添加，也可以在安装完成后，通过【控制面板】窗口中的【添加/删除安装程序】，再选择【添加/删除 Windows 组件】，选择【IIS 信息服务】组件和【网络服务】组件，将需要安装的项目进行勾选。

5．升级或安装的确定

在运行 Windows Server 2003 安装程序之前，需要决定是升级还是执行全新安装。升级就是将 Windows NT 的某个版本替换为 Windows Server 2003。全新安装与升级不同，意味着清除以前的操作系统，或将 Windows Server 2003 安装在以前没有操作系统的磁盘或磁盘分区上。

（1）升级

选择升级有多种原因。升级可简化配置，并且现有的用户、设置、组、权利和权限都能够保留下来。此外不需要重新安装文件和应用程序。但升级也要对硬盘做出很大的更改，所以建议运行安装程序之前备份硬盘数据。在安装了 Windows Server 2003 后，还可能让计算机在某些时候运行其他的操作系统。但这样设置计算机，会由于文件系统的问题带来很大的复杂性。

如果执行升级，安装程序会自动将 Windows Server 2003 安装在当前操作系统所在的文件夹内。可以从 Windows NT 3.51-2000 Server 版本升级到 Windows Server 2003。

（2）全新安装

如果打算执行一次全新安装及要安装到的磁盘分区包含想保留的应用程序，必须先对这些应用程序进行备份，在安装完 Windows Server 2003 之后，再重新安装它们。如果想在以前包含 Windows Server 2003 的分区上安装 Windows Server 2003，并在【我的文档】中保存一些文档，而且想保留它们，请先将 Documents and Settings 文件夹（一般位于根目录下）中的文档进行备份，在安装完成之后，再将这些文档复制到 Documents and Settings 文件夹内。

6．是否使用多重启动

计算机可以被设置为每次重新启动时，都可以在两个或多个操作系统之间选择。例如，可以将服务器设置为大部分时间运行 Windows Server 2003，但有时也运行 Windows XP。要实现多重启动，需要选择特定的文件系统。在重新启动的过程中，启动选项将会保持一定的时间，以便在两种系统之间做出选择。在重新启动的过程中，如果没有做出选择，那么将运行默认的操作系统。

如果将计算机安装为包含 Windows 2003 在内的多重启动操作系统，那么必须将 Windows 2003 放在计算机的一个单独分区上。这就确保了 Windows 2003 不会覆盖其他操作系统需要的关键文件。

将计算机设置为在启动时可以在两个以上的操作系统间选择的原因：允许用户使用只在特定的操作系统上才能运行的应用程序。但是这样设置计算机也有一定的缺点：每个操作系统都占用大量的磁盘空间，尤其是文件系统的兼容性变得复杂。此外，动态磁盘格式并不在多个操作系统上起作用。只有单独运行 Windows 2003，操作系统才能使用动态磁盘格式访问硬盘。

如果正在考虑安装包含多个操作系统的计算机，要确保始终可以有一种方式启动计算机（不论驱动程序或磁盘是否有问题），那么首先要考虑的是 Windows 2003 可用的各种故障恢复功能。其中的一个功能是安全模式，在这种模式下，Windows 2003 使用默认设置和数量最少的驱动程序来重新启动。利用安全模式的其他各种故障恢复功能，就没有必要将维护多个操作系统作为防止系统发生问题的一项安全措施。

要安装包含 Windows XP 和 Windows 2003 的计算机，请最后安装 Windows 2003。否则启动 Windows 2003 所需的重要文件就可能被覆盖。

对于包含 Windows XP 和 Windows 2003 的计算机，主分区必须使用 FAT 或 FAT32 格式化，不能用 NTFS 格式化。

可以将多个 Windows 2003 安装到一台服务器的多个分区上。但是，如果计算机参加某个 Windows 2003 域，每次安装都必须使用不同的计算机名。

7．文件系统的选择

可以为 Windows Server 2003 计算机的磁盘分区选择下列之一的文件系统：FAT、FAT32 和 NTFS。NTFS 是推荐的文件系统；FAT 和 FAT32 彼此相似，但与 FAT 相比，FAT32 可用在容量较大的磁盘上。

（1）NTFS 文件系统

NTFS 与 FAT 和 FAT32 相比，它是最强大的文件系统。Windows Server 2003 包括新版本的 NTFS，它支持各种新功能。

① Active Directory，可用来方便地查看和控制网络资源。

域是 Active Directory 的一部分，在简化管理的同时，依然可以使用域来调整安全选项。域控制器需要 NTFS 文件系统。

② 文件加密，它极大地增强了安全性。

可以对单个文件设置权限，而不仅仅是对文件夹进行设置。

③ 稀疏文件，由应用程序创建的非常大的文件，以这种方式创建的文件只受磁盘空间的限制。也就是说，NTFS 只为写入的文件部分分配磁盘空间。

④ 远程存储，通过使可移动媒体（如磁带）更易访问，从而扩展了硬盘空间。

⑤ 磁盘活动恢复记录，可帮助用户在断电或发生其他系统问题时，尽快地还原信息。

⑥ 磁盘配额，可用来监视和控制单个用户使用的磁盘空间量。

⑦ 可更好地支持大驱动器，NTFS 支持的最大驱动容量比 FAT 支持的容量大得多，但随着驱动器容量的增大，NTFS 的性能并不随之降低，而 FAT 的性能却急速下降。安装程序可以方便地将分区转换为新版的 NTFS，即使该分区以前使用的是 FAT 或 FAT32 文件系统，这种转换也可保持文件的完整性。如果不想保留文件，且有一个 FAT 或 FAT32 分区，建议使用 NTFS 格式化该分区，而不是转换 FAT 或 FAT32 文件系统。格式化分区会删除该分区上所有的数据，但使用 NTFS 格式化的分区与从 FAT 或 FAT32 转换来的分区相比，磁盘碎片较少，且性能更快。

（2）FAT 和 FAT32

有一种情况可能需要将 FAT 或 FAT32 选为用户的文件系统。如果需要让计算机有时运行早期的操作系统，有时运行 Windows 2003，则需要将 FAT 或 FAT32 分区作为硬盘上的主（或启动）分区。这是因为早期的操作系统（只有一个例外）都无法访问最新版 NTFS 格式化的分区。

8．硬盘分区的规划

只有在执行全新安装时，才需要在运行安装程序之前规划磁盘分区。磁盘分区是一种划分物理磁盘的方式，以便每个部分都能够作为一个单独的单元使用。当在磁盘上创建分区时，可以将磁盘划分为一个或多个区域，以便将这些区域用诸如 FAT 或 NTFS 的文件系统格式化。主分区（或称为系统分区）是安装加载操作系统（如 Windows XP）时所需文件的分区。主分区用特殊的文件系统格式化，分配的驱动器号为【C:】。

如果计划在硬盘上删除或创建分区，请确保已备份了该磁盘的内容，因为这些操作将会破坏现有的数据。

在运行安装程序执行全新安装之前，需要决定安装 Windows Server 2003 的分区大小。基本规则就是给安装在该分区上的操作系统、应用程序及其他文件预留足够的磁盘空间。安装 Windows Server 2003 的文件需要至少 2GB 的可用磁盘空间，这在系统需求中已说明。建议要预留比最小需求多得多的磁盘空间。分区的大小为 2～4GB 即可，而对于更大的安装，则需要为其保留 10GB 的磁盘空间。这样就为各种项目预留了空间，它们包括可选组件、用户账户、Active Directory 信息、日志、未来的 Service Pack、操作系统使用的分页文件以及其他项目。

在安装过程中，只需创建和规划要安装 Windows 2003 的分区。在安装完 Windows 2003 之后，可以使用磁盘管理来管理新建和已有的磁盘及卷。这包括利用未分区的空间创建新的分区；删除、重命名和重新格式化现有的分区；添加和卸掉硬盘，以及在基本和动态格式之间升级和还原硬盘。

如果计划在此服务器上使用远程安装服务（以便可以在其他的计算机上安装操作系统），则需要一个单独的分区以备远程安装服务使用。此分区要使用 NTFS，因为远程安装服务的零备份存储功能要求用 NTFS。如果需要为远程安装服务创建新分区，请在安装之后再创建，并要保留足够的未分区磁盘空间以便创建它（推荐的磁盘空间为 2GB，但可能不需要这么多，这要依据服务器的用途而定）。同样，可以使用动态磁盘格式，它比基本格式在使用磁盘空间上更灵活（但是，动态磁盘格式不会在包含多个操作系统的计算机上工作，只用 Windows 2003 操作系统才能使用动态磁盘格式访问硬盘）。

4.3 家庭网的组建

现在越来越多的家庭已经拥有了两台以上的计算机。组建一个家庭网，尤其是家庭计算机比较多的情况下，将计算机连接起来成一个小型的局域网，可共享资源（文件、打印机、ADSL 和宽带路由器 等）又能节约开支，更好地发挥计算机的效能。本节将介绍家庭局域网的组建方法以及实际操作知识。

4.3.1 家庭网组建方案分析

家庭网组建方案主要有两种方式：一种是直接用双绞线连接，通过一台计算机进行代理连接；另一种是通过宽带路由器直接连接上网。

1. 直接用双绞线连接

对于双机通信，可以考虑使用双绞线连接至另一台计算机，如图 4-5 所示。要注意的是双绞线在制作时可以参见第 2 章中制作反接线的相关内容，而不是直通线。

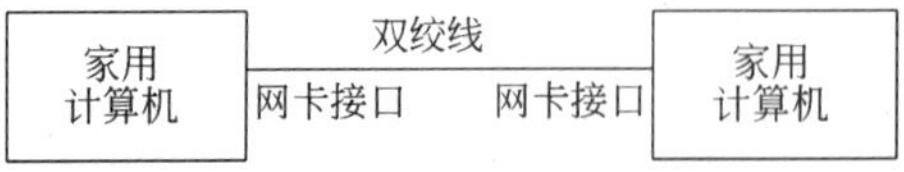

家用计算机 网卡接口 —— 双绞线 —— 网卡接口 家用计算机

图 4-5 家庭网的直接连接

该方案现在已经不多见，因为现在大多都是由宽带路由器连接。该连接的好处是可以不需要宽带路由器，只要一台主机上了网，另一台主机就可以通过这台已经上网的主机共享上网，但是第一台主机首先要先上网才行。

2．宽带路由器共享连接

家中的几台计算机分别安装网卡和网卡驱动，并安装协议，然后用网线连接到宽带路由器的LAN上，如果启用了宽带路由器的DHCP功能，则几台客户机上只要使用自动获得IP地址即可连接成局域网和共享上网。连接示意图如图4-6所示。

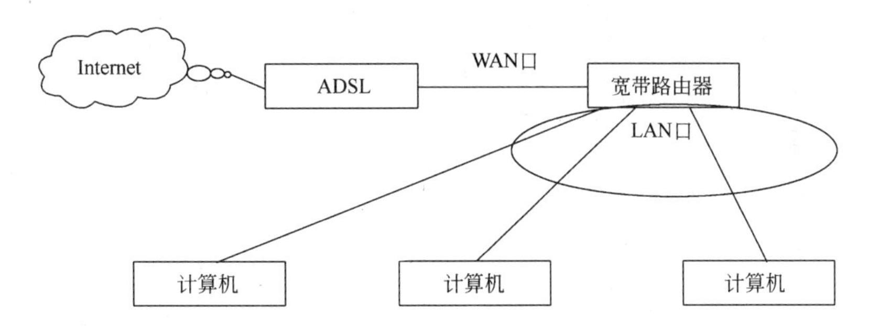

图 4-6　宽带路由器连接示意图

4.3.2　硬件选择及组建步骤

硬件选择中，可以选择网卡和ADSL，使用双绞线将其连接起来组成一个局域网，也可以采用细同轴电缆连接两台安装好设备的机器。硬件选择好后，即可以安装硬件，并进行硬件的连接。

网络组建步骤如下。

安装分为布线、安装网卡、连线、安装协议和设置网卡等步骤，只有完成这些步骤后才可以使用网络。

1．布线

布线前如果两台计算机直接相连接，首先要制作反接线，如果是第二种连接方案，直接使用直通线也可以，反接线也可以，接在宽带路由器上都能够识别。

2．安装协议

家庭局域网的通信协议无非是【TCP/IP 协议】、【IPX/SPX 协议】和【NetBEUI 协议】，在【网络属性】中添加这三个协议，如果要进行【网络打印机和文件共享】，还需要添加【打印机与文件共享】服务，如图 4-7 所示。

计算机在一般情况下，【TCP/IP 协议】会自动添加，如果没有安装，则可以按照以下步骤进行安装。

下面以安装【TCP/IP 协议】为例，讲解一下协议安装的基本步骤。

① 用鼠标右键单击桌面上的【网上邻居】，选择【属性】进入【本地连接属性】对话框。

② 再用鼠标右键单击【本地连接】或【本地连接 2】图标，选择【属性】，如果已经安装了需要的协议则不再安装，如果没有安装，则单击图 4-7 中的【安装】按钮，出现【选择网络组件类型】对话框，如图 4-8 所示。

③ 再单击图 4-8 中的【协议】按钮，在弹出的对话框中选择【TCP/IP协议】，再单击【确定】按钮完成安装，安装其他的协议方法与此相同。

3．网卡设置

现在最常用的网卡均为 PCI 插槽的网卡，支持即插即用，而且生产此类网卡的商家众多，使人们选购的空间也大了很多。选购回自己满意的网卡之后，只需将它插入计算机主板上的 PCI 插槽，然后安装操作系统，重新启动计算机，如果操作系统使是 Windows 2000/XP/2003，那么该网卡即刻就可以正常使用，因为网卡已由系统自动完成安装。如果是将笔记本计算机接入局域网，由于笔记本现在都集成了有线网卡，并且现在大多还集成了无线网卡，只要安装了操作系统网卡的驱动程序同样会自动安装。

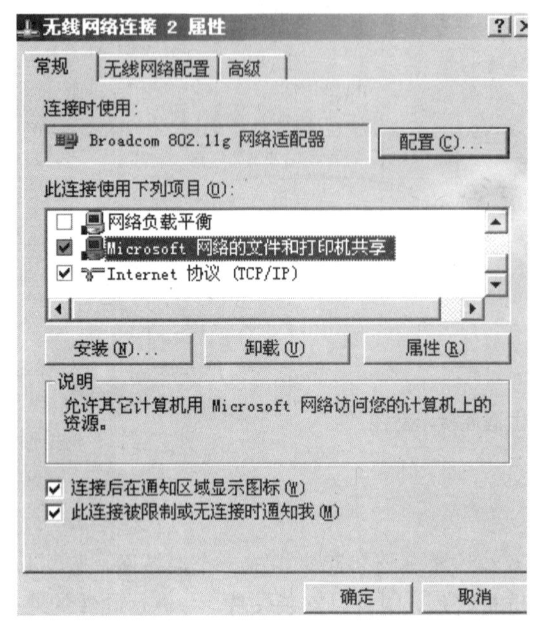

图 4-7 网络和打印共享

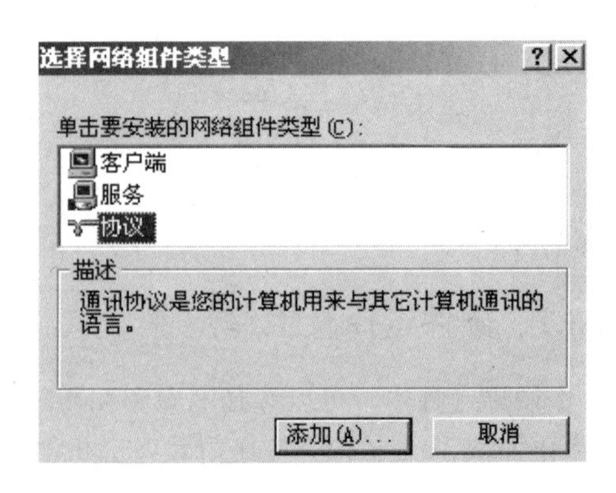

图 4-8 【选择网络组件类型】对话框

如果使用双机直接连接上网，则可以使用指定的IP地址，如图4-9所示，并将一台主机先通过ADSL拨号连接上网，并在已经上网的计算机上安装代理软件，如superproxy或者CCproxy来进行代理上网，这个软件不做介绍，因为现在的两机直接相连接上网的情况是很少的。

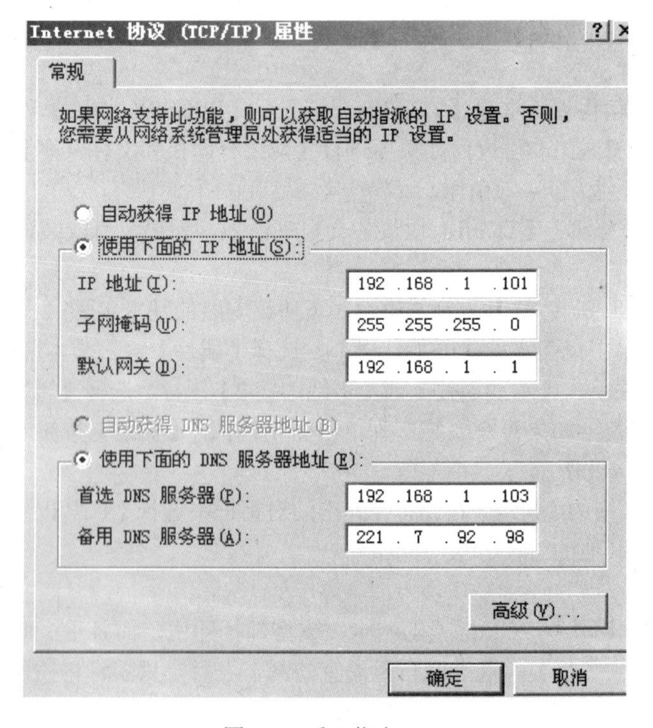

图 4-9 手工指定 IP

如果用宽带路由器共享连接，同时，启动了路由器的DHCP服务器功能，即计算机的IP地址由宽带路由器来提供，这时可以不再使用图4-9那样的手工的IP，而可以直接使用如图4-10所示的自动获得IP地址。

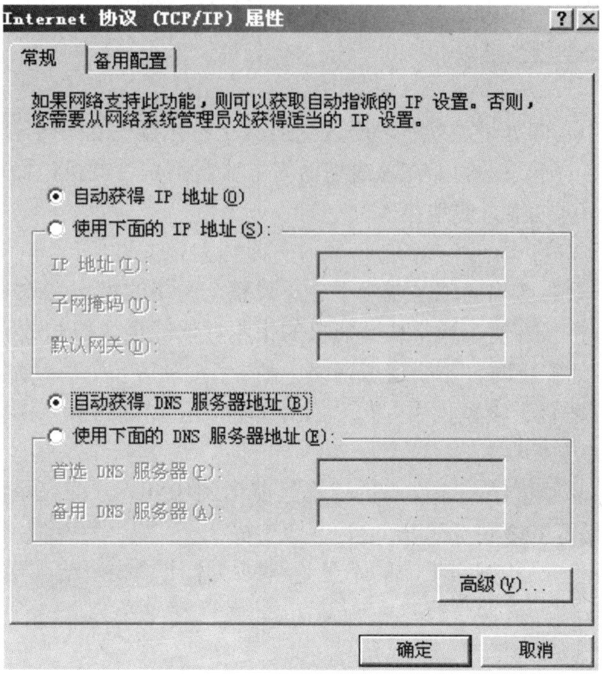

图 4-10　自动获得 IP

对于自动的IP，可以使用IPCONFIG来查看已经获得的IP地址。现在，只要路由器中设置了宽带连接的账号并进行了拨号连接，则所有计算机一开机就能够自动连接上Internet。

4.4　宿舍网的组建

在中国的所有网络用户中，在校学生占有很大一部分群体。面对如此庞大的网络使用群体，架设好网络成为一个问题。在这一节中，将讲解宿舍网的组建步骤。

随着电脑的价格不断下降，学生族中买电脑的人一天比一天多。同一个宿舍和相邻宿舍都有不少的电脑，怎样利用现有的条件，使电脑更好地为人们服务呢？答案就是：把这些电脑连接起来，构成一个小型的宿舍局域网。

4.4.1　宿舍网组建方案分析

宿舍网属于小型局域网，连接于其中的计算机一般只有四五台，而且其服务对象主要是学生。在组网时必须首先考虑网络的稳定性和实用性，下面是几种常见的组网方案。

1．直接电缆连接

这种连接方法比较简单，用一根电缆将两台计算机连接起来即可。

优点：成本低、连接方便。

缺点：只能用于两台计算机间组网，速度慢、不稳定，且不利于接入Internet。

2．总线型网络

总线型结构是用一条公用的网线来连接所有的计算机，这条很长的线是由短的网线连接起来的。网线一般是采用细同轴电缆。

优点：通过廉价同轴电缆连接每一台计算机，可以方便地实现计算机之间的通信和文件的共享，而且还可以共享一条网线接入 Internet。

缺点：稳定性比较差，因为是总线型，所以如果局域网中有一台计算机出了问题，则整个网络瘫痪，而且查找故障也相当麻烦。

3．星形网络

它是以交换机为中心向外呈放射状，通过交换机在各计算机之间传递信息。星形结构在许多方面克服了总线型网络的不足。例如在总线型网络中通常都是台式机，而在星形结构中不管是台式机还是笔记本电脑都可以很方便地接入。

该方案的优点如下。

① 局部线路故障只会影响局部区域，不会导致整个网络的瘫痪，除非交换机坏了。

② 追查故障点时相当方便，通常从交换机的指示灯便能很快得知故障点。

③ 在增加或减少计算机时，不会造成网络中断。

④ 星形结构也很适合于寝室使用，每一台计算机都可以随时接入网络或离开网络，不会对网络中的其他计算机造成影响。

⑤ 从速度上看，总线型结构中网络的速率只能达到10Mb/s，而在星形结构中可以达到 100 Mb/s，在需要的时候还可以达到 1000Mb/s，甚至更高。

该方案的缺点：星形结构网络唯一的不足是组网成本比总线型结构要高。

4.4.2 组建步骤

分为硬件选择、布线、安装协议和设置网卡等步骤，网络的布线和连接以及设备采购相对容易一些，IP 地址的划分和设置可能会比较复杂，要知道，好的 IP 地址方案不仅可以减少网络负荷，还能为以后的网络扩展打下良好的基础。下面就以星形网络为例进行介绍。

1．硬件选择

所需用的硬件，包括网卡、非屏蔽双绞线（UTP）、集线器（HUB）或交换机、RJ-45头。非屏蔽双绞线（Unshielded Twisted Pair）是以两对线（包括传送及接收）将网卡通过RJ-45接头连接到交换机上。采用UTP的网络布线是以交换机为中心，以星状向四方传播，各交换机之间仍可用 UTP 方式连接成一个树状结构。

交换机在配线形态上属于星状，以太网采用UTP配线，即以交换机为中心。交换机通常有八、十六或二十四个端口，按照其将信号增强与否又分为主动式（Active）与被动式（Passive）两种，前者需外加电源以便增强信号，后者不用外加电源。如图4-11所示为一种交换机的外形图。

图 4-11 交换机的外形图

RJ-45 头是连接网卡与交换机、交换机和交换机的接头，类似于电话线上的水晶头。前面的章节中已经讲解了关于使用RJ-45头制作网线过程，这里就不再多述。

2．布线

（1）整体规划

确认有几台计算机需要连入网络，以及每台计算机的具体摆放位置；然后决定网络交换机的摆放地点和每根网线的长度。另外，网关服务器（接入Internet的那台计算机）最好放在临近接入 Internet 端口的方向，要知道目前绝大多数的校园网都是宽带。

（2）联网

在确定好计算机的摆放位置后，就可以通过网线把计算机和交换机连接起来。首先看看怎样将双绞线的RJ-45接头插入网卡或交换机的插槽内。RJ-45接头的插槽有点像一座山峰，将RJ-45接头的卡栓对准RJ-45插槽突起的峰顶，即可轻松插入。试一试是否可以拔出，如果不能拔出，则表示RJ-45接头的卡栓已经顺利地卡入插槽内的倒钩。要取下插头时，必须先压下插头上的卡栓，然后轻轻拔出双绞线，这样接头就可以脱离插座。在学会了插拔RJ-45接头的方法后，建立星形网络就很简单了。只要将双绞线两端的RJ-45接头一端接在计算机的网卡上，另一端插入交换机的RJ-45 插槽内即可。每增加一台计算机，就用一条双绞线将计算机和交换机连接起来，原先已经接上交换机的计算机不用做任何调整。当然，除了打开计算机的电源外，别忘了也要接通交换机的电源，这样就可以享受网络带给宿舍的便利了。

（3）网络升级

距离比较近的寝室之间还可以将宿舍网继续扩大，连接时可以采用总线型网络结构，用细缆将两个或更多的交换机连接起来。在连接过程中需要注意以下几个方面。

此方案只能用于少数几个寝室间互连，如果要连接的寝室用户数多就不能采取总线型的连线方式。

要实现文件共享还必须在同一工作组内，进行一些设置。网络中机器多了容易发生 IP 地址冲突，网络管理员应当注意统一分配 IP 地址。

3．安装网络通信协议

局域网安装完成后必须配置各种协议，协议是计算机之间交换文件与传送数据的一种统一标准，没有安装协议的局域网不能进行任何网络通信操作。

一般来说，在局域网中需要添加的协议有两个：IPX/SPX 协议和 TCP/IP 协议，安装协议的方法与4.3节的宿舍网介绍的相同，在此不再多述。

4．网络设置

宿舍网的IP分配可以参考前面的宿舍网的IP分配方法来设置。

首先需要知道网络 IP 一共分为五类。其中 D 类（255.×.×.×）是子网掩码专用地址，不可以作为主机地址，而 E 类地址（头字节大于 D 类 IP 地址）专门作为科研与军用 IP地址，是无法使用的。关于IP的分配问题，可以参见《组网工程与实训》一书中的IP地址规划的介绍，知道如何进行IP规划，主要就是子网掩码的计算。

网络的布线和连接以及设备采购相对容易一些，IP 地址的划分和设置相对要麻烦些。要知道，好的IP地址分配方案不仅可以减少网络负荷，还能为以后的网络扩展打下良好的基础。

除了手工指定IP外，也可以采用计算机自动获取IP的方法来配置网络。不过这样配置下来，网络中就缺少了拥有固定IP所带来的种种方便。

5．宿舍网接入 Internet

一般来说，大多数组建了校园网的学校都对宿舍网提供了接口。所以，宿舍网与校园网之间的连接只需要通过网线将宿舍网的交换机与校园网提供的接口进行连接即可。那么，宿舍网接入 Internet 选择什么样的局域网接入类型呢。考虑到宿舍网人数的问题，建议选择宽带IP接入Internet的方案。

（1）宽带IP接入Internet

对于宽带IP接入Internet方式，基本上与前面章节中叙述的 ADSL 方式类似。我们则根据网络用户数量分配IP，如果用户数目很多，甚至可以像使用 ADSL 一样，动态分配IP（使用 DHCP 服务器）。

（2）通过拨号客户端拨号上互联网

现在有些学校使用光纤接入互联网，有一个宽带上网的公网IP，整个学校是大型的网络，有很多路由器和交换机，组成了很多不同的网段，如：192.168.0.0～192.168.254.254，里面的全部IP网段都可以用，只是子网掩码要进行规划和设置，这是一个较为复杂的问题。

学生通过上网客户端进行拨号，得到IP地址，然后通过电信的DNS或联通的DNS解析实现上网。

（3）通过移动宽带上网

现在中国移动在学校安装了移动宽带，如××大学城校区，安装了CMCC的移动宽带，通过移动的手机号码来进行登录，使用无线网卡连接上网，通过手机号登录后，即可上网浏览网页和对网上资源进行共享。

4.5 本 章 实 训

实训1 对等网的组建

1．实训目的

① 熟悉以太网的网卡、集线器、电缆、连接器等网络硬件设备。

② 掌握对等网的组建步骤。

③ 掌握 Windows XP 网络组件、网卡、协议、网络客户等的设置及安装方法。

④ 掌握对等网共享资源的方法。

2．实训内容

① Windows XP 对等网的组建。

② Windows XP 资源的共享。

3．实训器材

① 双绞线。

② 水晶头。

③ 剥线钳。

④ 压线钳。

⑤ 电缆测试仪。

⑥ 万用表。

⑦ 安装 Windows XP 操作系统的计算机三台。

⑧ 打印机一台。

⑨ 10Mbps/100Mbps 网卡。

4．实训步骤

对等网是家庭组网的一个较好的选择，使用对等网不需要设置专门的服务器，即可实现与其他计算机共享应用程序、光驱、打印机和扫描仪等资源，而且对等网具有使用简单、组建和维护较为容易的优点，是家庭组网中较好的选择。在组建对等网络时，用户可选择总线型网络结构或星形网络结构，若要进行互连的计算机在同一个房间内，可选择总线型网络结构；若要进行互连的计算机不在同一区域内，分布较为复杂，可采用星形网络结构，通过集线器（HUB）实现互连。

Windows XP 组建家庭或小型办公网络的步骤如下。

（1）安装网络适配器

由于 Windows XP 操作系统中内置了各种常见硬件的驱动程序，安装网络适配器变得非常简单。对于常见的网络适配器，用户只需将网络适配器正确安装在主板上，系统即会自动安装其驱动程序，无需用户手动配置。

（2）配置网络协议

网络协议规定了网络中各用户间进行数据传输的方式，配置网络协议可参考下列操作。

① 单击【开始】按钮，选择【控制面板】命令，打开【控制面板】对话框。

② 在【控制面板】中【选择一个类别】对话框中单击【网络和 Internet 连接】超链接，打开【网络和 Internet 连接】对话框，如图 4-12 所示。

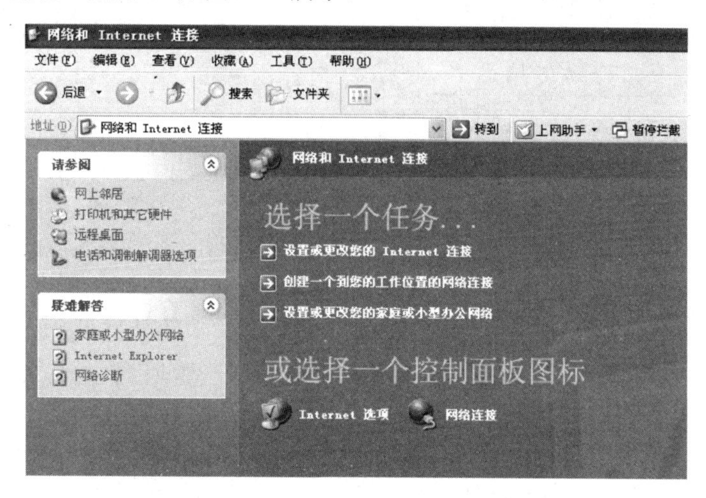

图 4-12 【网络和 Internet 连接】对话框

③ 在该对话框中单击【网络连接】超链接，打开【网络连接】对话框，如图 4-13 所示。

图 4-13 【网络连接】对话框

④ 在该对话框中，右键单击【本地连接】图标，在弹出的快捷菜单中选择【属性】命令，打开【本地连接属性】对话框中的【常规】选项卡，如图 4-14 所示。

⑤ 在该选项卡中单击【安装】按钮，打开【选择网络组件类型】对话框，如图 4-15 所示。

⑥ 在单击要安装的【网络组件类型】列表框中选择【协议】选项，单击【添加】按钮，打开【选择网络协议】对话框，如图 4-16 所示。

⑦ 在【网络协议】列表框中选择要安装的网络协议，或单击【从磁盘安装】按钮，从磁盘安装需要的网络协议，单击【确定】按钮。

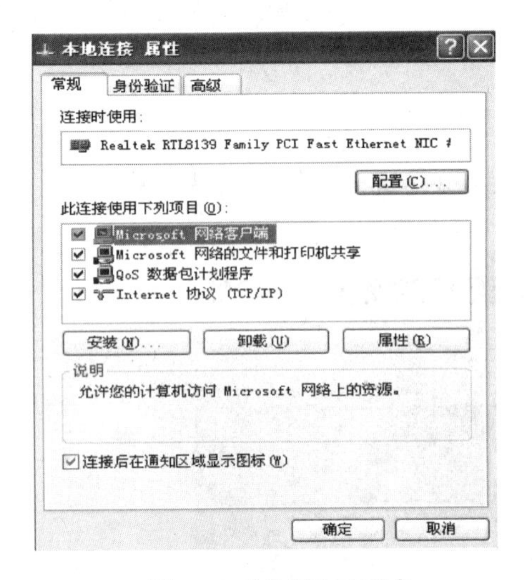

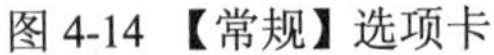

图 4-14 【常规】选项卡

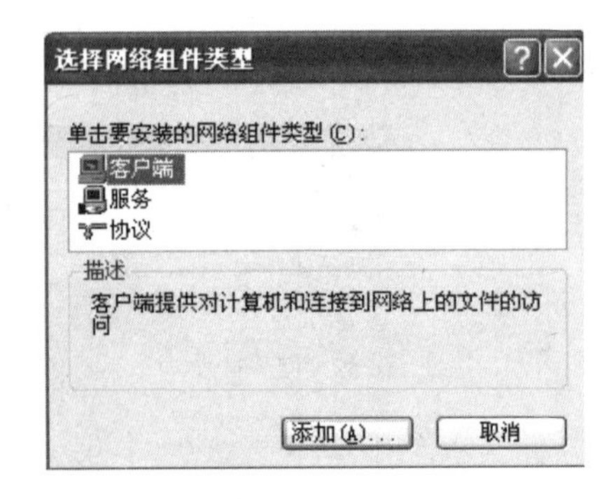

图 4-15 【选择网络组件类型】对话框

⑧ 安装完成后，在【常规】选项卡中的【此连接使用下列项目】列表框中即可看到所安装的网络协议。

（3）安装网络客户端

网络客户端可以提供对计算机和连接到网络上文件的访问。安装 Windows XP 的网络客户端，可参考以下操作。

①～⑤步与安装网络协议相同。

⑥ 在【单击要安装的网络组件类型】列表框中（图 4-15）选择【客户端】选项，单击【添加】按钮，打开【选择网络客户端】对话框，如图 4-17 所示。

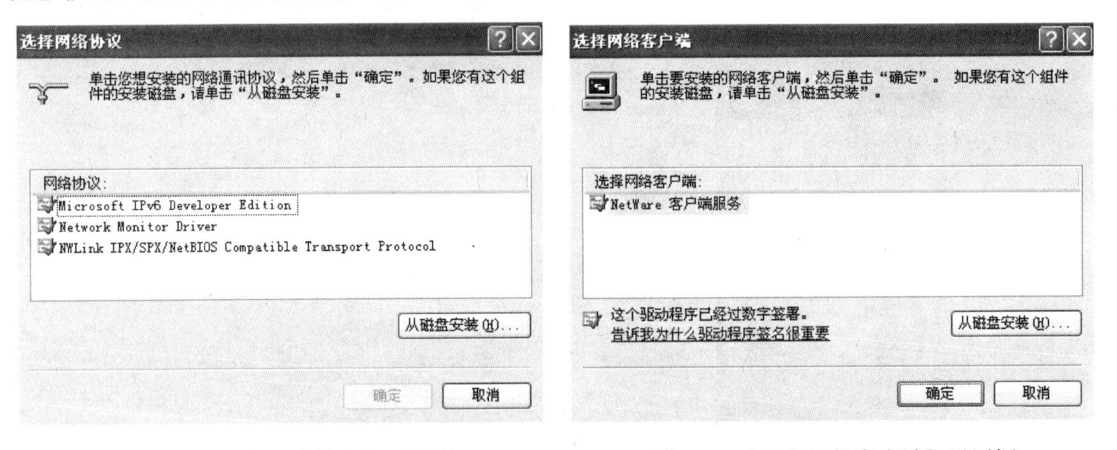

图 4-16 【选择网络协议】对话框　　　　图 4-17 【选择网络客户端】对话框

⑦ 在该对话框中的【选择网络客户端】列表框中选择要安装的网络客户端，单击【确定】按钮即可。

⑧ 安装完毕后，在【常规】选项卡中的【此连接使用以下项目】列表框中将显示安装的客户端。

（4）组建对等式小型办公网络

Windows XP 拥有强大的网络功能，多数的网络设置都可以通过相应的网络连接向导实现，用户只需进行简单的设置操作即可轻松完成。在 Windows XP 中组建小型网络可通过【网络安装向导】轻松完成，具体操作可参考以下步骤。

①【开始】/【连接到】/【显示所有连接】，弹出【网络连接】的窗口，如图 4-18 所示。

图 4-18 【网络连接】窗口

② 从【网络连接】窗口左侧【网络任务】中单击【设置家庭和小型办公网络】，打开【网络安装向导】对话框，如图 4-19 所示。

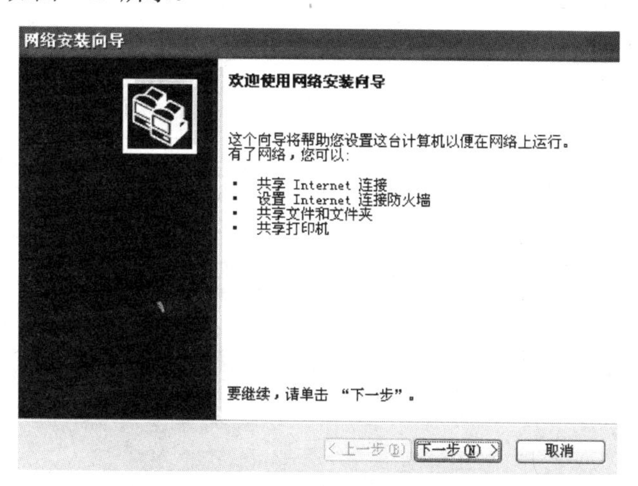

图 4-19 【网络安装向导】对话框（一）

③ 该向导对话框显示了使用该向导对话框可实现的功能，单击【下一步】按钮，打开【网络安装向导】对话框，如图 4-20 所示。

④ 该向导对话框显示了进行网络连接，用户需做好准备工作，单击【下一步】按钮，打开【网络安装向导】对话框，如图 4-21 所示。

⑤ 该向导对话框中有三个选项，用户可根据实际情况选择合适的选项。本例选择【这台计算机直接或通过网络集线器连接到 Internet。我的网络上的其他计算机也通过这个方式连接到 Internet（C）。】选项，单击【下一步】按钮，进入【网络安装向导】对话框，如图 4-22 所示。

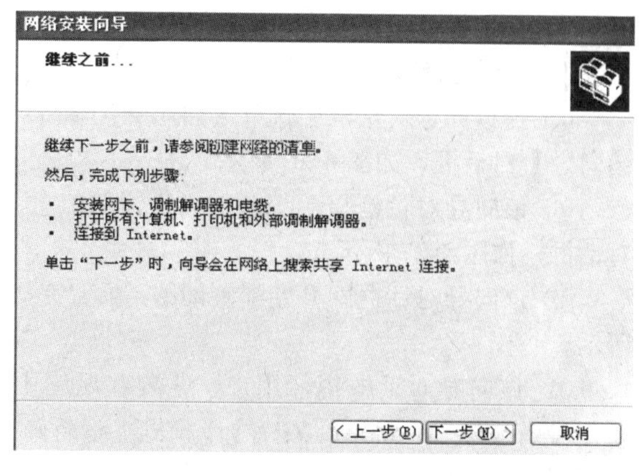

图 4-20 【网络安装向导】对话框（二）

⑥ 该向导对话框中提供【选择 Internet

连接】选项。用户可选择用于 Internet 连接的列表选项。

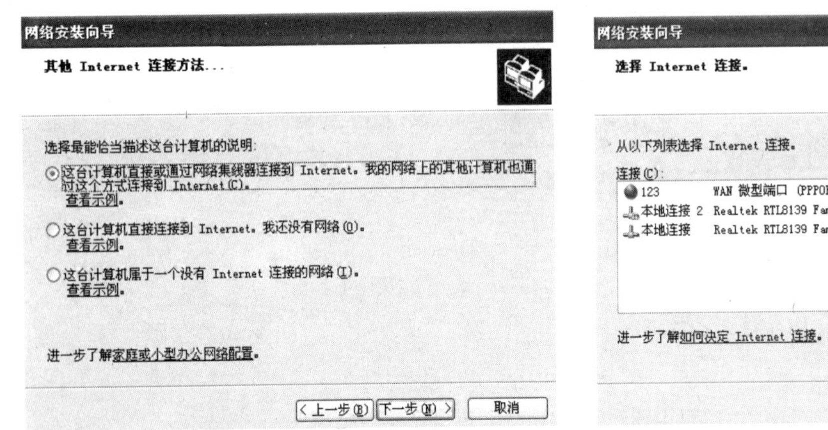

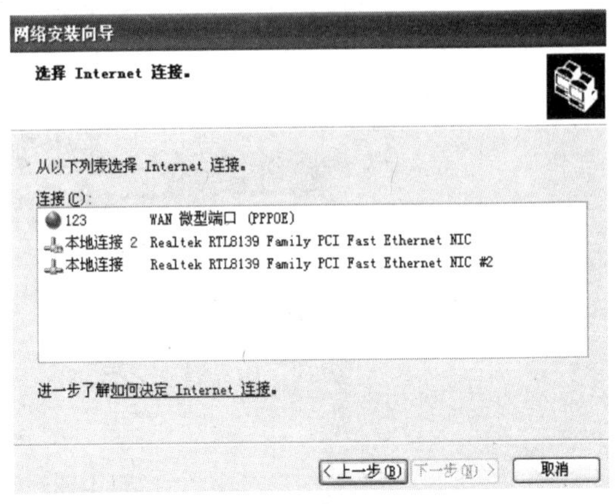

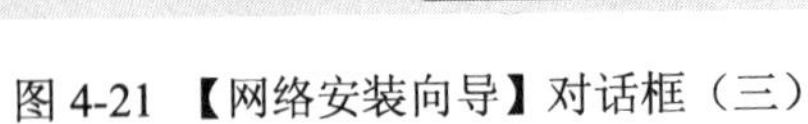

图 4-21 【网络安装向导】对话框(三)

图 4-22 【网络安装向导】对话框(四)

⑦ 单击【下一步】按钮，进入【网络安装向导】对话框，如图 4-23 所示。

⑧ 在该向导对话框中的【计算机描述】文本框中输入该计算机的描述信息；在【计算机名】文本框中输入该计算机的名称。单击【下一步】按钮，进入【网络安装向导】对话框，如图 4-24 所示。

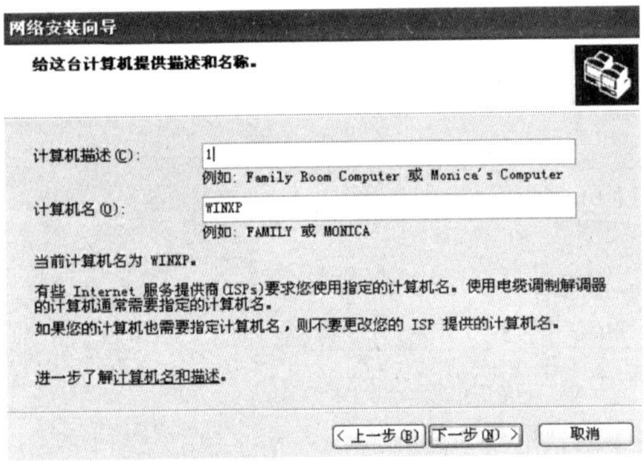

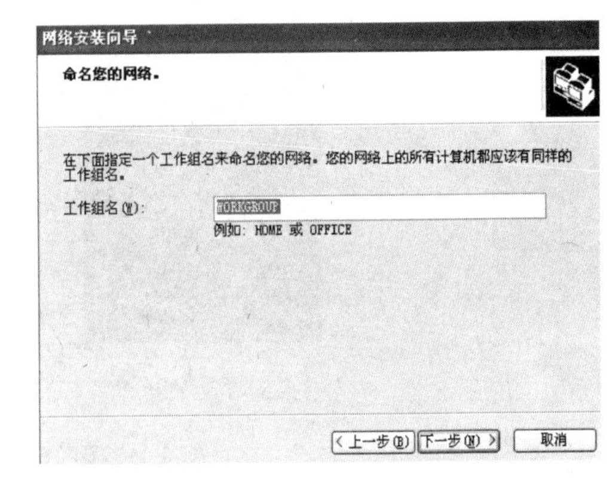

图 4-23 给计算机提供描述和名称

图 4-24 给网络命名工作组

⑨ 在【工作组名】文本框中输入组建的工作组的名称，如输入 workgroup 这个工作组，单击【下一步】按钮，打开【网络安装向导】对话框，如图 4-25 所示。

⑩ 在该向导对话框中选择【启用文件和打印机共享】，单击【下一步】按钮，进入【网络安装向导】对话框，如图 4-26 所示。

⑪ 该向导对话框显示了该网络设置的信息，单击【下一步】按钮，打开【网络安装向导】对话框，如图 4-27 所示。

⑫ 该向导对话框即开始配置网络，配置完毕后，将弹出【网络安装向导】对话框，如图 4-28 所示。

⑬ 该向导对话框提示用户，需要在网络中每一台计算机上运行一次该网络安装向导，若要在没有安装 Windows XP 的计算机上运行该向导，可使用 Windows XP CD 或网络安装磁盘。用户可选择需要的选项，本例中选择【完成该向导，我不需要在其他计算机上运行该向导】选项。

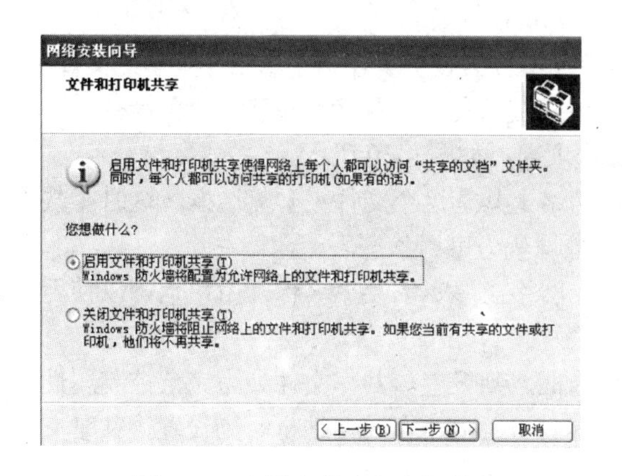

图 4-25　启用文件和打印机共享

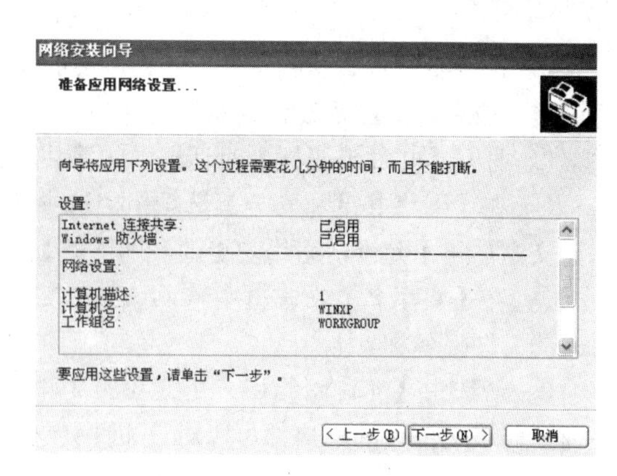

图 4-26　准备应用网络设置

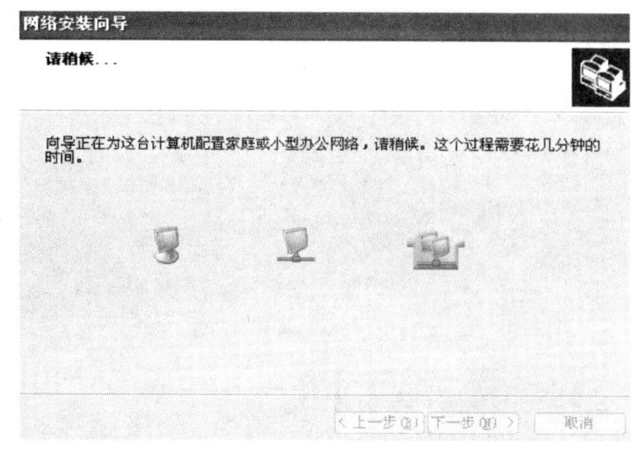

图 4-27　正配置网络

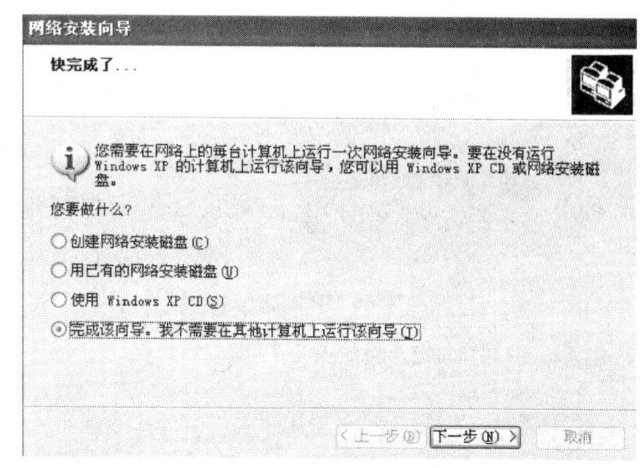

图 4-28　【网络安装向导】对话框（五）

⑭ 单击【下一步】按钮，打开【网络安装向导】对话框，如图 4-29 所示。

⑮ 图 4-29 提示已经成功地为家庭或小型办公网络配置了计算机，单击【完成】按钮即可完成安装。

（5）对等网络的共享方式

对等网络的资源共享方式较为简单，网络中的每个用户都可以设置自己的共享资源，并可以访问网络中其他用户的共享资源。网络中的共享资源分布较为平均，每个用户都可以设置并管理自己计算机上的共享资源，并可随意进行增加或删除。用户还可以为每个共享资源设置只读或完全控制属性，以控制其他用户对该共享资源的访问权限。若用户对某一共享资源设置了只读属性，则该共享资源将无法进行编辑修改；若设置了完全控制属性，则访问该共享资源的用户可对其进行编辑修改等操作。

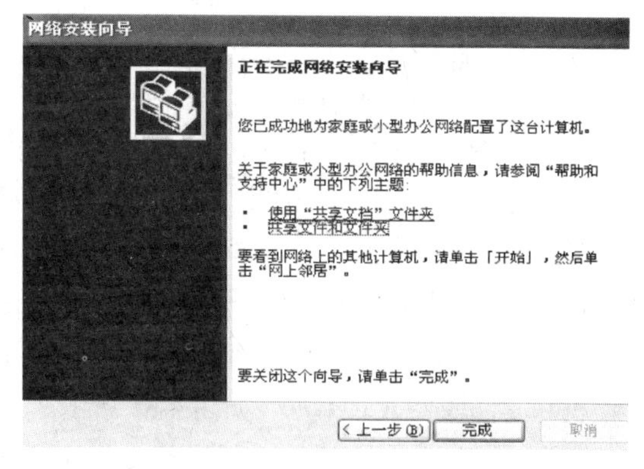

图 4-29　正在完成网络安装向导

（6）设置共享文件夹

在对等网络中，实现资源共享是其主要目的，设置共享文件夹是实现资源共享的常用方式，在 Windows XP 中，设置共享文件夹可执行下列操作。

① 双击【我的电脑】图标，打开【我的电脑】对话框。

② 选择要设置共享的文件夹，在左边的【文件和文件夹任务】窗格中单击【共享此文件夹】超链接，或右键单击要设置共享的文件夹，在弹出的快捷菜单中选择【共享和安全】命令。

③ 打开【文件夹属性】对话框中的【共享】选项卡，如图4-30所示。

④ 在【网络共享和安全】选项组中选中【在网络上共享这个文件夹】复选框，这时【共享名】文本框和【允许网络用户更改我的文件】复选框均变为可用状态。

⑤ 在【共享名】文本框中输入该共享文件夹在网络上显示的共享名称，用户也可以使用其原来的文件夹名称。

⑥ 若选中【允许网络用户更改我的文件】复选框，则设置该共享文件夹为完全控制属性，任何访问该文件夹的用户都可以对该文件夹进行编辑修改；若清除该复选框，则设置该共享文件夹为只读属性，用户只可访问该共享文件夹，而无法对其进行编辑修改。

⑦ 设置共享文件夹后，在该文件夹的图标中将出现一个托起的小手，表示该文件夹为共享文件夹，如图4-31所示。

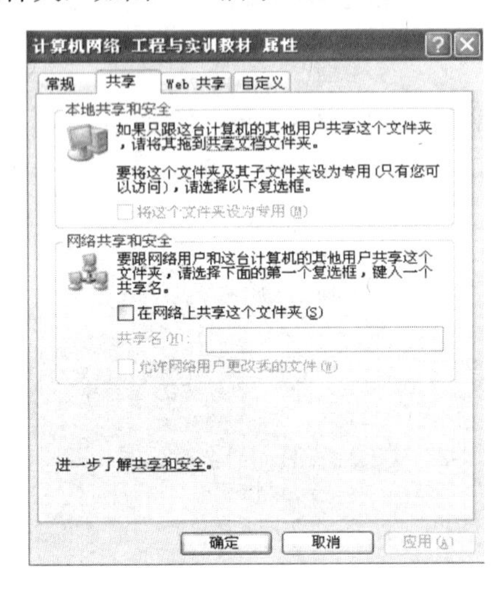

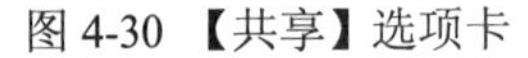
图4-30 【共享】选项卡

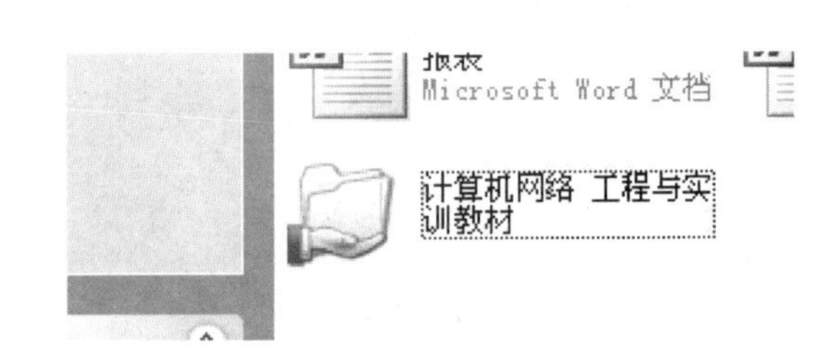

图4-31 设置共享文件夹

(7) 设置共享打印机

在网络中，用户不仅可以共享各种软件资源，还可以设置共享硬件资源，例如设置共享打印机。要设置网络共享打印机，用户需要先将该打印机设置为共享，并在网络中其他计算机上安装该打印机的驱动程序。将打印机设置为共享，可执行下列操作。

① 单击【开始】按钮，选择【控制面板】命令，打开【控制面板】对话框。

② 在【控制面板的选择一个类别】对话框中单击【打印机和其它硬件】超链接，打开【打印机和其它硬件】对话框，如图4-32所示。

③ 在【选择一个任务】选项组中选择【查看安装的打印机或传真打印机】超链接，打开【打印机和传真】对话框，如图4-33所示。

④ 在该对话框中选中要设置共享的打印机图标，在【打印机任务】窗格中单击【共享此打印机】超链接，或右键单击该打印机图标，在弹出的快捷菜单中选择【共享】命令。

⑤ 打开【打印机属性】对话框中的【共享】选项卡，如图4-34所示。

⑥ 在该选项卡中选中【共享这台打印机】选项，在【共享名】文本框中输入该打印机在网络上的共享名称。

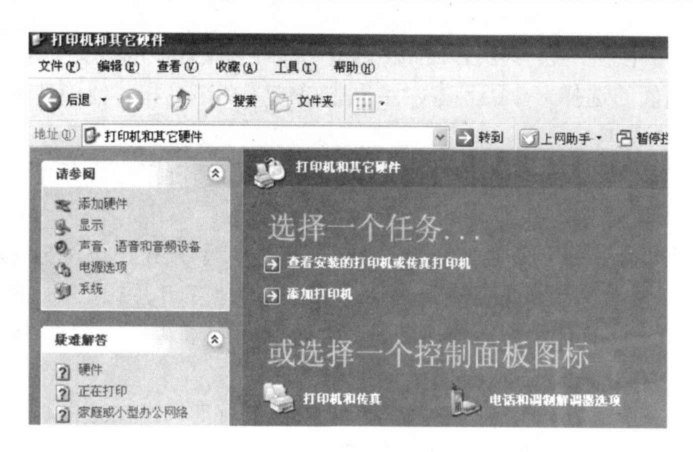

图 4-32 【打印机和其它硬件】对话框

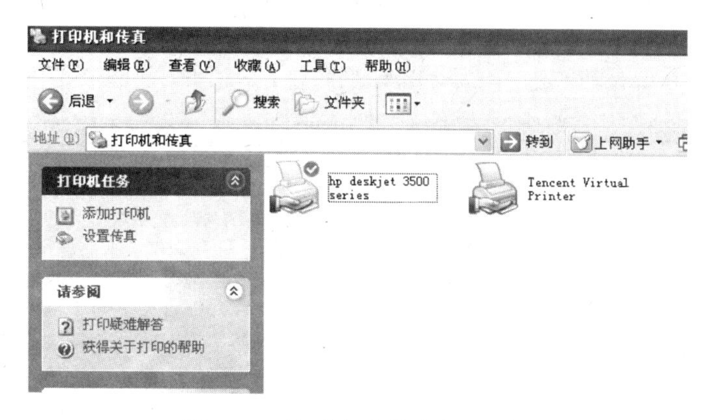

图 4-33 【打印机和传真】对话框

⑦ 若网络中的用户使用的是不同版本的 Windows 操作系统，可单击【其他驱动程序】按钮，打开【其他驱动程序】对话框，安装其他的驱动程序，如图 4-35 所示。

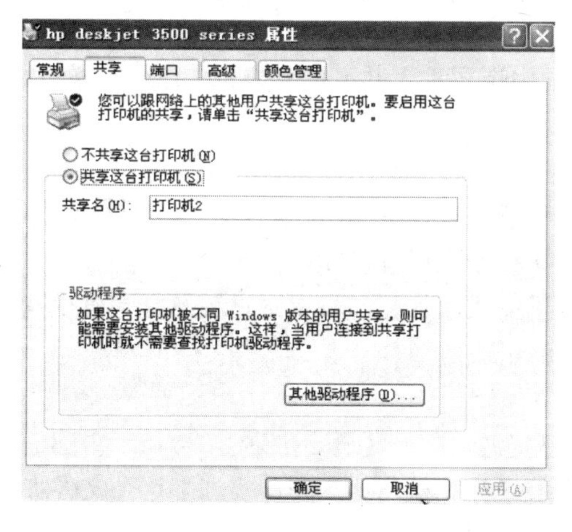

图 4-34 打印机共享

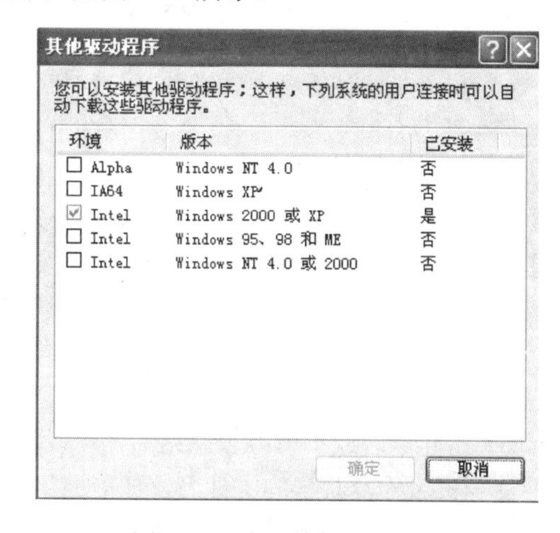

图 4-35 选择其他驱动程序

⑧ 在该对话框中选择需要的驱动程序，单击【确定】按钮即可。在将打印机设置为共享打印机后，用户即可在网络中其他计算机上进行该打印机的共享设置。

在其他计算机上进行打印机的共享设置，可执行下列操作：

a．单击【开始】按钮，选择【控制面板】命令，打开【控制面板】对话框。

b．在【控制面板的选择一个类别】对话框中单击【打印机和其他硬件】超链接，打开【打印机和其他硬件】对话框。

c．在【选择一个任务】选项组中单击【添加打印机】超链接，打开【添加打印机向导】对话框，如图4-36所示。

d．该向导对话框显示了欢迎使用信息，单击【下一步】按钮，出现打印机向导对话框，若用户要设置本地打印机，可选择【连接到这台计算机的本地打印机】选项；若用户要设置网络共享打印机，可选择【网络打印机，或连接到另一台计算机的打印机】选项。本例中选择【网络打印机，或连接到另一台计算机的打印机】选项。

e．单击【下一步】按钮，打开【添加打印机向导】对话框，在该向导对话框中，若用户要浏览打印机，可选择【浏览打印机】选项；若用户知道该打印机的确切位置及名称，可选择【连接到这台打印机】选项；若用户知道该打印机的URL 地址，可选择【连接到Internet、家庭或办公网络上的打印机】选项。本例中选择【浏览打印机】选项。

f．单击【下一步】按钮，进入【添加打印机向导】对话框，如图4-37所示。

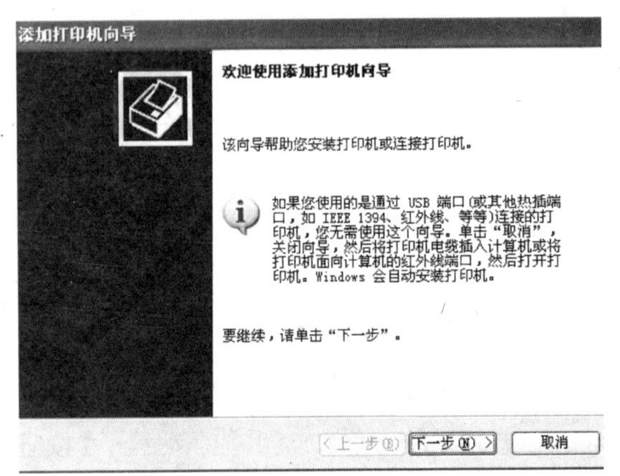

图4-36 【添加打印机向导】对话框

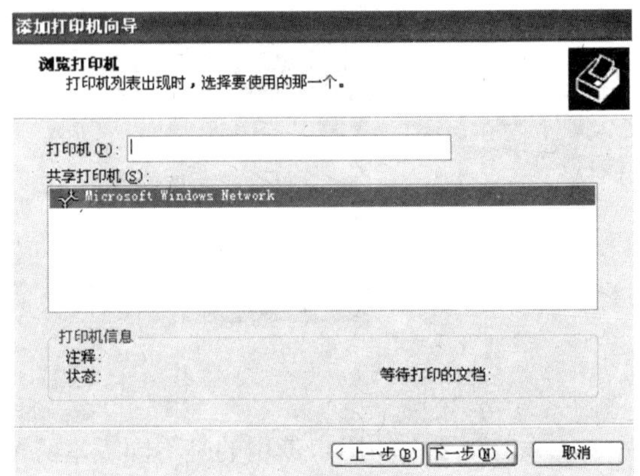

图4-37 浏览打印机

g．在该向导对话框中的【共享打印机】列表框中选要设置共享的打印机，这时在【打印机】文本框中将显示该打印机的位置及名称信息。

h．单击【下一步】按钮，进入【添加打印机向导】对话框，该向导对话框询问用户是否要将该打印机设置为默认打印机。若用户将该打印机设置为默认打印机，则在进行打印时，用户若不指定其他打印机，则系统将自动将文件发送到默认打印机进行打印。

i．选择好后，继续单击【下一步】按钮，显示了完成添加打印机向导设置及打印机设置等信息，单击【完成】按钮退出【添加打印机向导】对话框。

（8）访问资源共享和映射网络驱动器

① 组建家庭或小型办公网络后，可以访问共享资源，打开【网上邻居】，会显示组建的对等网的计算机名称及共享的文件名，如前面已经共享的【计算机网络工程与实训】这个文件夹，如图4-38所示。双击共享资源即可打开，访问其中的文件夹和文件。

② 在网络中用户可能经常需要访问某一个或几个特定的网络共享资源，若每次都通过【网上邻居】依次打开，比较麻烦，这时用户可使用【映射网络驱动器】功能，将该网络共享资源映射为网络驱动器，再次访问时，只需双击该网络驱动器图标即可。将网络共享资源映射为网络驱动器，可执行下列操作。

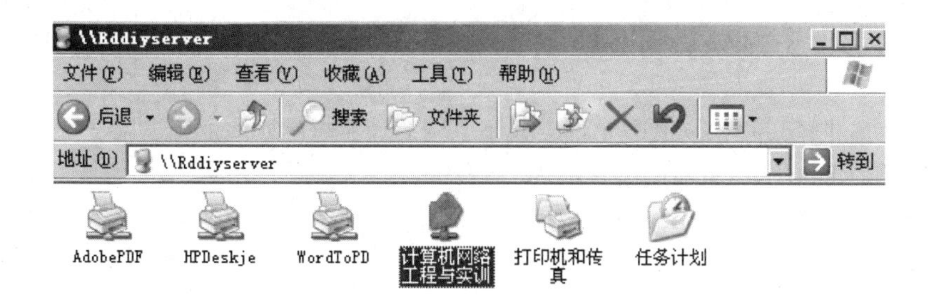

图 4-38 显示的共享资源

a. 双击【我的电脑】图标，右键单击选择【映射网络驱动器】命令，打开【映射网络驱动器】对话框，如图 4-39 所示。

b. 在【驱动器】下拉列表中选择一个驱动器符号；在【文件夹】文本框中输入要映射为网络驱动器的位置及名称，或单击【浏览】按钮，打开【浏览文件夹】对话框，选择文件夹。

c. 在该对话框中选择需要的共享文件夹，单击【确定】按钮。

d. 这时在【文件夹】文本框中将显示该共享文件夹的位置及名称，单击【完成】按钮即可建立该共享文件夹的网络驱动器。

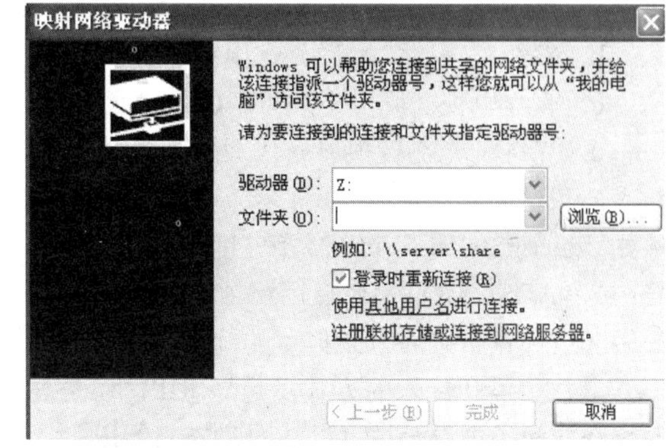

图 4-39 【映射网络驱动器】对话框

建立了网络驱动器后，用户若需要访问该共享文件夹，只需在【我的电脑】对话框中双击该网络驱动器图标即可。若用户不再需要经常访问该网络驱动器，也可将其删除。要删除网络驱动器，只需选择【我的电脑】，选择断开【网络驱动器】命令，即可断开。

5．实训问题

① 如何安装计算机的网卡驱动程序？如何查看网卡设置？

② 安装计算机网络组件包括哪些？

③ 如何进行 TCP/IP 的设置？

④ 如何进行计算机资源的共享？

实训 2　宽带路由器组建家庭办公共享局域网

1．实训目的

根据第 2 章、第 3 章及本章前面介绍的知识，选择适当的网络硬件和组建方式，通过宽带路由器实现共享上网。

2．实训环境

① 硬件：计算机一台，宽带路由器一个，ADSL 一个，网线一些，水晶头，压线钳等。

② 软件：能够上网的外网接口一个或多个。

3．实训内容

① 制作双绞线网线。如果是使用的无线路由器，则不需要网线，直接使用无线网络连接即可。

② 宽带路由器和ADSL及计算机进行硬件连接。

③ 在操作系统中新建一个拨号连接，可以参见第 4 章中Windows XP单机接入局域网的方式

进行。如果是在路由器中配置拨号连接，直接一开机就可以让路由器自动拨号，然后计算机直接连接上Internet。

④ 所有计算机都可以实现共享上网，共享上网的计算机的IP地址属于同一个网段，则可以按照第 4 章的介绍的方法组成对等网和主从式网络。

4．实训步骤

（1）网络硬件连接

略。

（2）对路由器进行配置

① 配置路由器前的准备工作。首先确定【宽带接入方式】是怎样的？了解自己网络的硬件连接方式是下面的哪一种。

a．电话线→ADSL MODEM→电脑。

b．双绞线（以太网线）→电脑。

c．有线电视（同轴电缆）→Cable MODEM→电脑。

d．光纤→光电转换器→代理服务器→电脑。

一般的方式可能是第a种，即通过ADSL上网。ADSL/VDSLPPoE：电脑上运行第三方拨号软件如 Enternt300或 WinXP系统自带的拨号程序，填入ISP提供的账号和密码，每次上网前先要拨号；或者ADSL MODM已启用路由功能，填入了ISP提供的账号和密码，拨号的动作交给 MODEM去做（这种宽带接入方式典型的例子比如南方电信提供的【网络快车】）。

其次，看IP接入的方式，是静态IP，还是固定IP，如果是专线上网，则是静态的，对于一般的家庭网和小型办公网，基本是动态获得IP。

a．静态IP：ISP提供固定的IP地址、子网掩码、默认网关、DNS。

b．动态IP：电脑的TCP/IP属性设置为【自动获取IP地址】，每次启动电脑拨号后即可上网。

c．WEB认证：每次上网之前，打开IE浏览器，先去ISP指定的主页，填入ISP提供的用户名和密码，通过认证以后才可以进行其他得上网操作。这些连接认证方式只是普及率比较高的一些宽带接入方式，当然还会有其他的拓扑连接以及认证方式的存在；明确了自己宽带接入方式，IP地址是静态的还是动态的？认证使用的协议是 PPPo、802.1X还是 WEB认证？当上面的两个问题有了答案，即可对路由器进行配置了。

② 进入路由器管理界面。根据《用户手册》查看路由器的管理地址。IP地址：192.168.1.1。子网掩码：255.255.255.0。用网线将路由器 LAN口和电脑网卡连接好，因为路由器上的以太网口具有极性自动翻转功能，所以无论网线采用直连线或交叉线都可以，需要保证的是网线水晶头的制作牢靠稳固，水晶头铜片没有生锈等。

然后在电脑桌面上右键单击【网上邻居】，选择【属性】，在弹出的窗口中双击打开【本地连接】，在弹出的窗口中单击【属性】，然后找寻【Internet协议（TCP/IP）】，双击弹出【Internet协议（TCP/IP）属性】窗口；在这个窗口中选择【使用下面的 IP地址】，然后在对应的位置填入以下内容。

IP地址：192.168.1.×（×范围2～254）。

子网掩码：255.255.255.0。

默认网关：192.168.1.1，填完以后【确定】两次即可。

计算机TCP/IP属性设置如图4-40所示。

注意：DNS 服务器的地址应该填入 ISP 接入服务商提供的 DNS 解析地址，比如：重庆电信的为 61.128.126.68，联通的为 221.7.92.98.，可以这样输入。

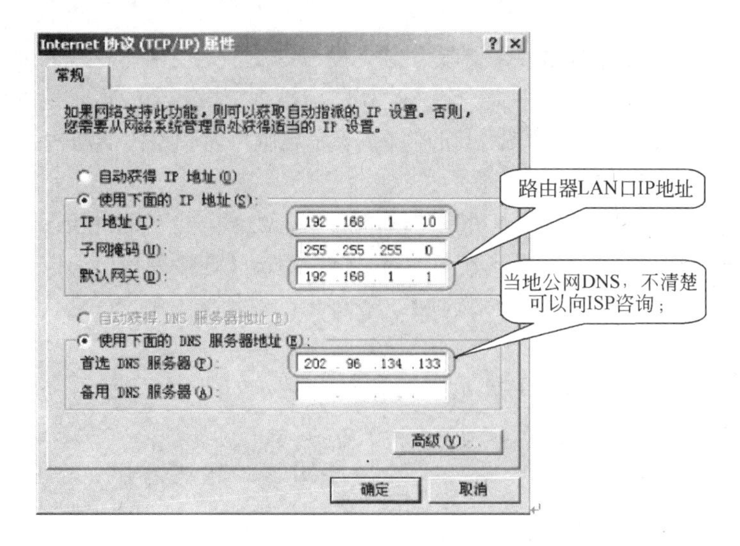

图 4-40　计算机 TCP/IP 属性设置

③ 检查电脑和路由器能不能通信。可采用如下办法查看，打开电脑的 DOS界面：【开始】/【程序】/【附件】，单击【命令提示符】，在DOS窗口输入：ipconfig/all并回车，显示如图4-41所示的窗口。或者输入ping 192.168.1.1-t，显示如图4-42所示的窗口。

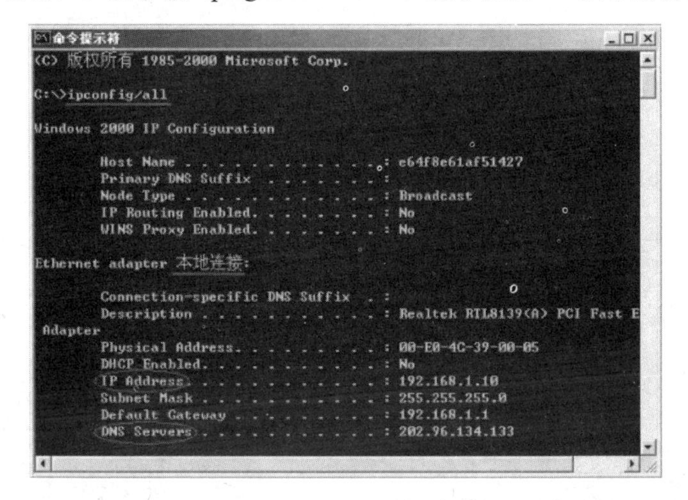

图 4-41　ipconig/all 窗口

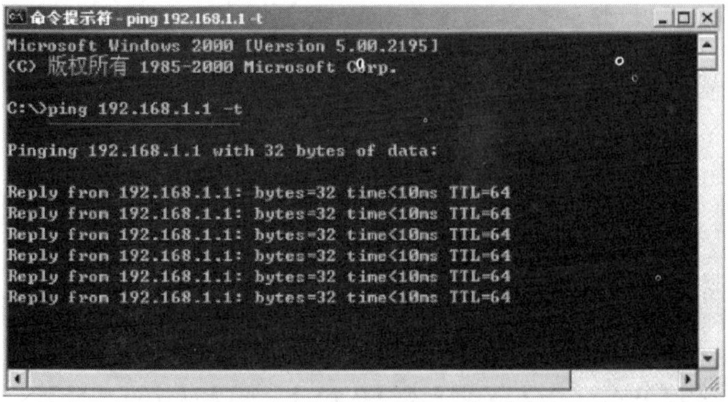

```
命令提示符 - ping 192.168.1.1 -t
Microsoft Windows 2000 [Version 5.00.2195]
(C) 版权所有 1985-2000 Microsoft Corp.

C:\>ping 192.168.1.1 -t

Pinging 192.168.1.1 with 32 bytes of data:

Reply from 192.168.1.1: bytes=32 time<10ms TTL=64
Reply from 192.168.1.1: bytes=32 time<10ms TTL=64
Reply from 192.168.1.1: bytes=32 time<10ms TTL=64
Reply from 192.168.1.1: bytes=32 time<10ms TTL=64
Reply from 192.168.1.1: bytes=32 time<10ms TTL=64
Reply from 192.168.1.1: bytes=32 time<10ms TTL=64
```

图 4-42　ping 192.168.1.1-t 窗口

如果回车后没有出现上面的信息，却提示输入的命令【不是内部命令或外部命令，也不是可运行的程序或批处理程序】，则说明命令输入有误，请检查空格之类的输入是否被忽略。

④ 进入路由器管理界面。出现图4-42的信息，表示电脑可以和路由器通信了，打开IE浏览器，在地址栏输入192.168 1.1并回车。

正常情况下会出现要求输入用户名和密码的对话框。当然，也有例外情况：如果打开IE浏览器地址栏输入地址回车，弹出【脱机工作】的对话框，点击【连接】后出现拨号的小窗口，请单击IE浏览器菜单栏的【工具】/【Internet选项】，在弹出的对话框内单击【连接】属性页，界面如图4-43所示。

单击【局域网设置】进入如图4-44所示界面进行设置，如图4-45所示。

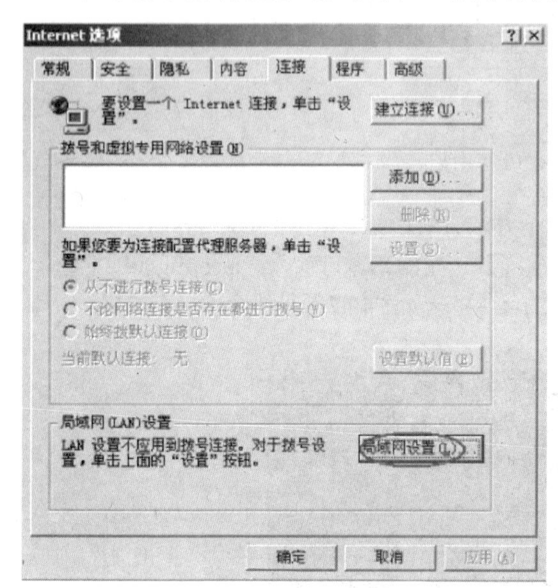

图 4-43 Internet 选项【连接】属性页

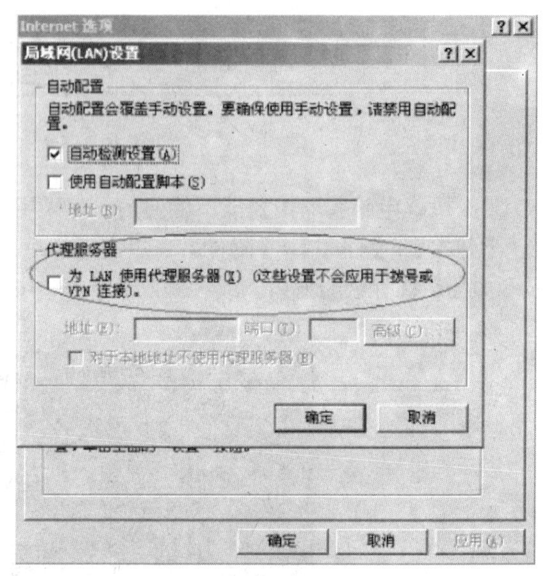

图 4-44 局域网代理设置

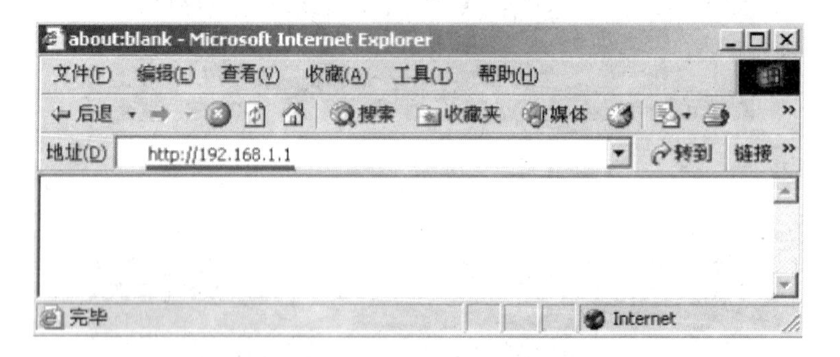

图 4-45 输入路由器的管理地址

⑤ 开始配置路由器。在如图4-45所示的窗口中输入192.168.1.1的IP地址，刚进入路由器管理界面，会弹出一个类似如图4-46所示的【设置向导】界面，可以取消它。

进入路由器管理界面，在左列菜单栏中单击【网络参数】/【WAN口设置】，就在这里配置路由器面向Internet方向的 WAN口的工作模式，这是最关键的一步；假设宽带接入方式为ADSLPPoE，那就选择【WAN口连接类型】为【PPoE】，填入【上网账号】、【上网口令】，再选择连接模式为【自动连接】，单击【保存】即完成配置；保存完后【上网口令】框内填入的密码会多出几位，这是路由器为了安全起见专门生成的；然后单击管理界面左列的【运行状态】，在运行状态页面【WAN口属性】中，刚开始看不到对应的IP地址.子网掩码.默认网关.DNS服务器等地址，就好像如图4-47所示那样，这说明路由器正在拨号过程中，等到这些地址都出现了相应的信息后，将其中的DNS服务器地址填入电脑【Internet协议（TCP/IP）】页面对应位置，确定后基本的设置就完成了，正常情况下一两分钟内，图4-47内椭圆形部分会出现一系列地址，表明拨号成功，这样，即可打开网页上网浏览。

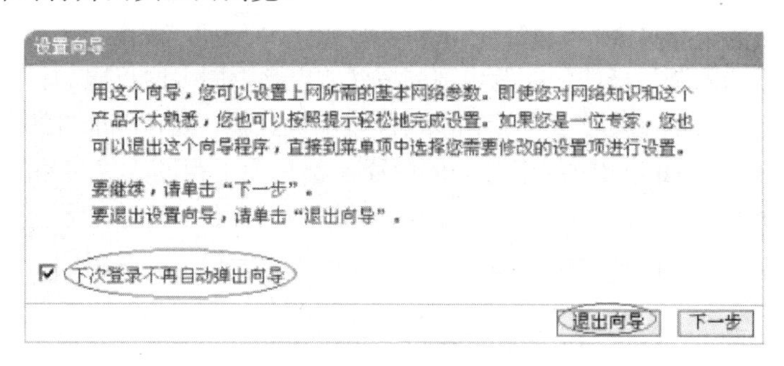

图 4-46　设置向导

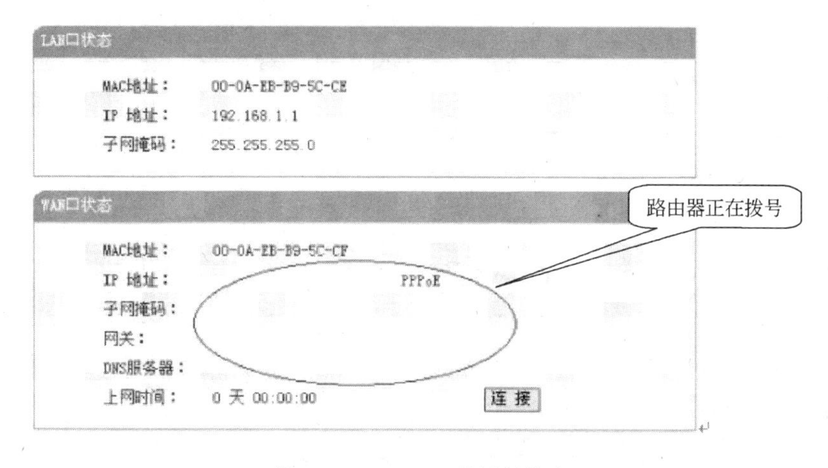

图 4-47　WAN 口的运行状态

（3）故障情况列举

如果图4-47中椭圆形区域一直都没有变，看不到任何地址，有下面几种原因导致，请逐一排除。

① ADSL MODEM上一般都会有一个 ADSL灯，正常情况下 MODEM加电并接好电话线后，这个灯会大致规律性地快慢闪烁，闪烁最终停止变为长亮；如果这个灯无休止地闪，就是不长亮，请联系并告知ISP您的ADSL MODEM同局端的交换机不能同步，这个 ADSL/DSL灯长亮的条件，是必需的。

② 在配置过程中填入【上网口令】的时候不小心输错，不妨重新输入一遍。

③ ADSL MODM启用了【路由模式】，需要将ADSL MODEM复位成【桥接模式】，怎么复位到桥接模式可以和 MODEM厂家联系取得操作方法。也可以这样判断：电脑接 MODEM，并且在电脑上拨号，拨号成功以后可以上网，如果是这种情况，则说明MODEM的工作方式是桥接模式，可以排除这一可能性。

④ ISP将电脑网卡的 MAC地址绑定到了 ADSL线路上；解决的办法就是使用路由器的【MAC地址克隆】功能，将网卡的 MAC地址复制到路由器的 WAN口。

如果上面的可能性都排除，ADSL PPPE拨号一般不会有什么问题。

（4）其他配置

当可以正常上网后，可能出于不同的原因，想要对内部局域网的电脑上网操作，开放不同的权限，比如只允许登录某些网站、只能收发E-mail、一部分有限制、一部分不限制；用户在这方面需求差异较大，有些通过路由器可以实现，有些用路由器是没办法完全实现的，比如【IP地址和网卡地址绑定】这个功能，路由器不能完全做到。上网的操作，其实质是电脑不断发送请求数据包，这些请求数据包必然包含一些参数，比如：源 IP、目的IP、源端口、目的端口等。路由器正是通过对这些参数的限制，来达到控制内部局域网的电脑不同上网权限的目的。

下面列举具有代表性的配置来说明路由器【防火墙设置】、【IP地址过滤】这些功能是怎样使用的。列举的事例以及图4-48中红字部分的解释，都是为了帮助大家尽可能理解各个功能参数的含义，只有理解了参数的含义，才可以随心所欲地配置过滤规则，迅速实现预期的目的，而不会因为配置错误导致不能使用这些功能，也不会因为由于得不到及时的技术支持而耽误网络应用。

如图4-48所示是【防火墙设置】页面，可以看到这是一个总开关的设置页面，凡是没有使用的功能，就请不要在它前面打勾选中。

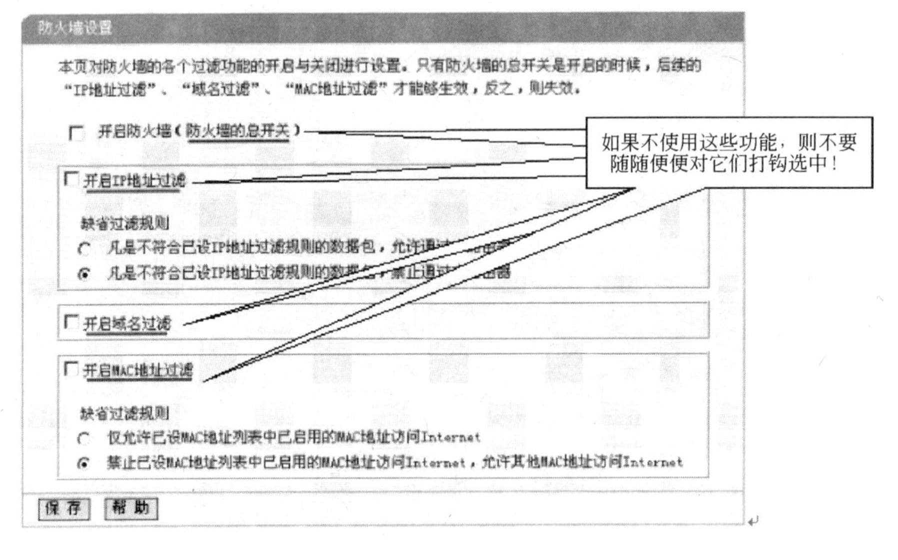

图 4-48 防火墙设置

除了总开关，再有就是两个过滤功能【缺省过滤规则】的确定，何谓缺省过滤规则？在具体规则设置页面里，定义一些特定的规则，对符合条件的数据包进行控制处理，而此处的【缺省规则】顾名思义，限定的是定制的规则中没有涉及到数据包的处理规则。一个数据包，可能符合设定的规则，可能不符合设定的规则，但同时必定符合缺省规则。

如图4-49所示是【IP地址过滤】页面，能够看到缺省的过滤规则，可以添加新条目，如图4-50所示。

配置一条规则：限制内部局域网的一台电脑，IP地址为192.16.1.10，只让它登录www.tp-link.com.cn这个网站，别的任何操作都不行。上面这条规则可以解读为：内网电脑往公网发送数据包，数据包的源IP地址是要限制的这台电脑的IP地址192.168.1.10，数据包目的IP地址202.96.137.26，也就是 www.tp-llnk.com.cn这个域名对应的公网IP地址，广域网请求因为是针对网站的限制，所以端口号是80，规则设置好界面如图4-51所示。

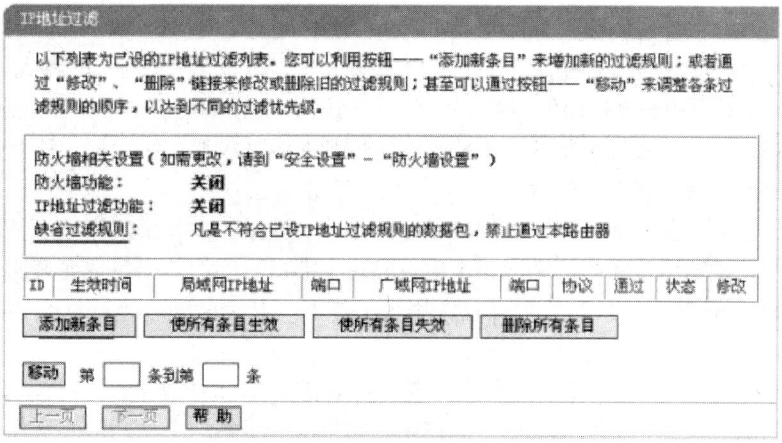

IP地址过滤

以下列表为已设的IP地址过滤列表。您可以利用按钮——“添加新条目”来增加新的过滤规则；或者通过“修改”、“删除”链接来修改或删除旧的过滤规则；甚至可以通过按钮——“移动”来调整各条过滤规则的顺序，以达到不同的过滤优先级。

防火墙相关设置（如需更改，请到“安全设置”－“防火墙设置”）
防火墙功能：　关闭
IP地址过滤功能：　关闭
缺省过滤规则：　凡是不符合已设IP地址过滤规则的数据包，禁止通过本路由器

ID	生效时间	局域网IP地址	端口	广域网IP地址	端口	协议	通过	状态	修改

添加新条目　使所有条目生效　使所有条目失效　删除所有条目

移动　第　条到第　条

上一页　下一页　帮 助

图 4-49　【IP 地址过滤】页面

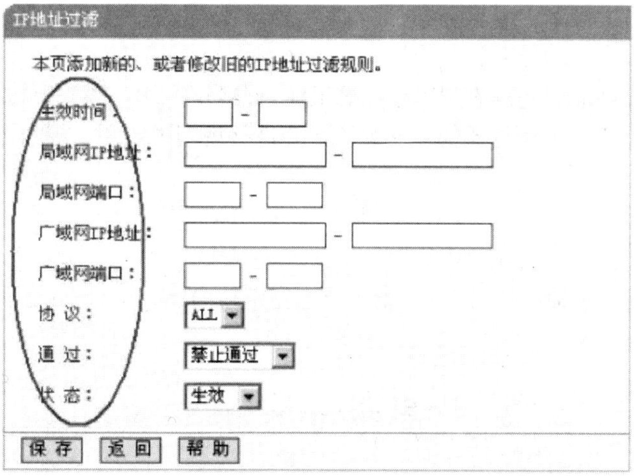

IP地址过滤

本页添加新的、或者修改旧的IP地址过滤规则。

生效时间：　-
局域网IP地址：　-
局域网端口：　-
广域网IP地址：　-
广域网端口：　-
协 议：　ALL
通 过：　禁止通过
状 态：　生效

保 存　返 回　帮 助

图 4-50　增加新的规则

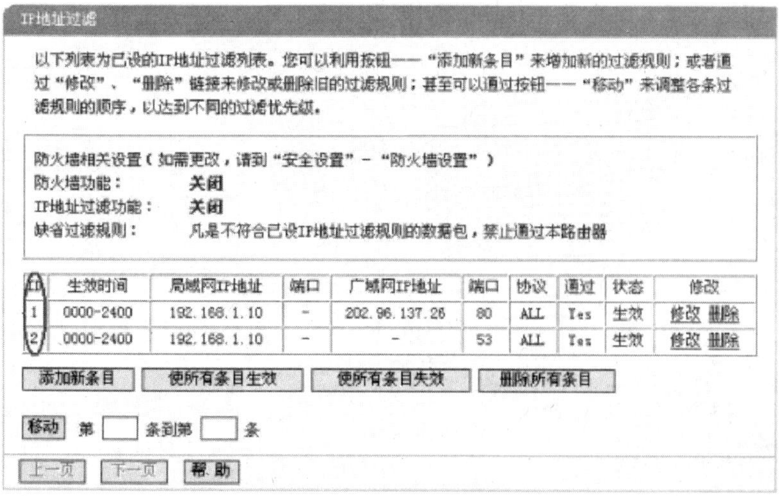

IP地址过滤

以下列表为已设的IP地址过滤列表。您可以利用按钮——“添加新条目”来增加新的过滤规则；或者通过“修改”、“删除”链接来修改或删除旧的过滤规则；甚至可以通过按钮——“移动”来调整各条过滤规则的顺序，以达到不同的过滤优先级。

防火墙相关设置（如需更改，请到“安全设置”－“防火墙设置”）
防火墙功能：　关闭
IP地址过滤功能：　关闭
缺省过滤规则：　凡是不符合已设IP地址过滤规则的数据包，禁止通过本路由器

ID	生效时间	局域网IP地址	端口	广域网IP地址	端口	协议	通过	状态	修改
1	0000-2400	192.168.1.10	-	202.96.137.26	80	ALL	Yes	生效	修改 删除
2	0000-2400	192.168.1.10	-	-	53	ALL	Yes	生效	修改 删除

添加新条目　使所有条目生效　使所有条目失效　删除所有条目

移动　第　条到第　条

上一页　下一页　帮 助

图 4-51　限制网站的访问

可以在配置好的规则页面清晰看到，规则生效时间是24小时，控制的对象是IP地址为192.1681.10这台主机，局域网后面的端口默认不要填，广域网 IP地址栏填入的是www.tp-llnk.om.cn对应的公网IP地址，端口号因为是网站所以填 80，协议一般默认选择ALL即可。是否允许通过呢？因为缺省规则是禁止不符合设定规则的数据包通过路由器，所以符合设定规则的数据包允许通过，规则状态为生效的。

图4-51新加了第二条规则，第二条规则设定的是什么数据包。如果规则中涉及对网站进行限制，也就是目的请求端口是80的，则应该考虑将53这个端口对应的数据包也允许通过，因为53对应的是去往【域名解析服务器】的数据包，用于将域名（如www.tp-llik.cm.cn）和 IP地址（如202.96.137.26）对应，所以必须允许通过。

配置【IP地址过滤规则】这个功能用来实现一些限制目的，最主要的是分析都要做哪些控制，然后选择怎样的缺省规则？配置怎样的过滤规则？如果决心了解这个功能的真正作用，通过仔细参考资料和在路由器上反复实验，就可以掌握。

5．实训问题

① 如何设置共享上网？

② 如何开通无线上网功能并进行设置？

③ 如何将已经上网的得到静态IP的计算机组建为办公网或小型家庭网？

④ 上机操作：完成宽带路由器的上网配置，并进行规则限制和组建小型局域网。

本章小结

本章讲述了对等网络的组建，同时详细介绍了宽带路由器共享上网的配置，并对路由器的安全设置进行了介绍。

思考与练习

1．如何组建 Windows XP 对等网？

2．上机操作：完成本章中的对等网的组建。

3．上机操作：完成实训 2 小型校园网的组建。

第 5 章　主从式网络的组建

教学目标

掌握 Windows 2003 活动目录的安装方法，掌握 Windows 2003 账号和组的创建及管理方法，掌握 Windows 2003 主从网络的组建，掌握磁盘配额的使用方法，掌握服务器磁盘及目录安全设置方法。

教学要求

知 识 要 点	能 力 要 求	关 联 知 识
Windwos 2003 活动目录的安装	能够安装 Windwos 2003 活动目录	将 Windows 2003 升级为域控制器的方法
Windows 2003 主从网络的组建	（1）域控制器中域用户的创建 （2）域用户的本地登录设置 （3）域用户的网络登录设置 （4）客户机的登录设置并能够登录进行资源的共享和访问	域用户、域用户组、交互式登录、网络登录、客户端登录、共享文件夹的创建
磁盘配额的使用及服务器安全设置	（1）能够设置共享文件夹的权限 （2）能够对共享文件夹进行磁盘配额设置 （3）能够对共享的文件和目录进行安全设置	共享文件夹的创建及权限设置、共享文件夹的磁盘配额的启用和使用

重点难点

- 主从网的组建
- 客户机登录到服务器
- 磁盘配额的使用
- 服务器的安全设置

在第4章介绍了基于工作组的对等网的组建，也曾经提到工作组只能组建一个小型的局域网，在第4章的实训环境中，只有一台服务器，只需要给需要访问资源的用户创建一个用用户账号，用户就可以进行访问。但是，如果遇到这样一个环境：现在假设公司不是一台服务器，而是500台服务器，这大致是一个中型公司的规模。如果这500台服务器上都有资源要分配给用户"陈学平"，那会有什么样的后果呢？由于工作组的特点是分散管理，那么意味着每台服务器都要给"陈学平"创建一个用户账号！陈学平这个用户就必须花很多时间来记住自己在每个服务器上的用户名和密码。而服务器管理员对每个用户账号都重新创建 500 次！如果公司内有 1000 人呢？难以想象这么管理网络资源的后果，这一切的根源都是由于工作组的分散管理！现在大家明白为什么工作组不适合在大型的网络环境下工作了吧，工作组这种散漫的管理方式和大型网络所要求的高效率是背道而驰的。

既然工作组不适合大型网络的管理要求，那就要重新审视一下其他的管理模型。域模型就是针对大型网络的管理需求而设计的，域就是共享用户账号，是计算机账号和安全策略的计算机集合。从域的基本定义中可以看到，域模型的设计中考虑到了用户账号等资源的共享问题，这样域中只要有一台计算机为公司员工创建了用户账号，其他计算机就即可以共享账号。这样就很好地解决刚才提到的账号重复创建的问题。域中的这台集中存储用户账号的计算机就是域控制器，用户账号计算机账号和安全策略被存储在域控制器上一个名为 Active Directory 的数据库中。因此，本章将介绍基于域控制器的活动目录的概念及主从式网络的组建。

5.1 Windows 2003 活动目录

1. Active Directory 的概念

Active Directory 是 Windows Server 2003 所提供的目录服务，存储整个网络的资源，可以更容易地定位、管理和使用这些资源。

Active Directory 允许用户、应用程序和 Windows 2003 使用 Active Directory 中的数据库来搜索网络资源。为网络管理员提供了一条集中组织、管理和控制对网络资源访问的途径。Active Directory 的组件包括如下部分。

① 对象：Active Directory 的基本单元，它代表网络资源，如用户账号、组、计算机和打印机等。

② 组织单元（OU）：用于组织 Active Directory 对象的一种容器对象。容器对象是专门用于存放其他对象的一种对象。

③ 域：它是 Windows Server 2003 中组织和安全的基本单元。所有对象都存在于域中。

2. 创建 Active Directory 对象

向网络添加资源时，例如，用户账号、组或打印机等，就创建了这些资源的新的 Active Directory 对象。要想创建新对象，必须具有所需要的权限。如要添加一个新用户，必须具有向组织添加新对象的权限。默认情况下，Administrator 组的成员只有向域中任意位置添加对象的权限。当创建对象时：

① 所使用的规划、向导或者插件的规则限制了创建的对象。

② 不是所有的属性都是可以定义的。

可以添加到 Active Directory 之中的最常用的一些对象有如下类型。

① 用户账号：允许用户登录到 Windows 2003 网络。

② 组：用户账号、组或者计算机的集合。

③ 共享文件夹：指向某一台计算机的一个共享文件夹的指针。

④ 打印机：指向某一台计算机的一个打印机指针。对于不在 Active Directory 中的计算机上的打印机，必须手工发布。

⑤ 计算机：属于域成员的计算机。

⑥ OU：用来组织 Active Directory 对象。

5.2 账号和组的管理

1. 账户管理

在一个网络中，用户和计算机都是网络的主体，两者缺一不可。拥有计算机账号是计算机接入 Windows 2003 网络的基础，拥有用户账号是用户能够登录到网络并使用网络资源的基础，对用户账号和计算机账号的管理是 Windows 2003 网络管理最重要、最经常的工作。

（1）用户账号

用户账号是用来记录用户的用户名和口令、隶属的组、可以访问的网络资源以及用户的个人文件的设置。每个用户在域控制器中都必须有一个用户账号，才能访问服务器，使用网络资源。用户账号由一个【用户名】和【口令】来标记，在用户登录时需要输入。

（2）计算机账号

每个加入域的 Windows 2003 的计算机都有计算机账号，否则无法进行域连接，实现域资源的访问。一个计算机系统只能使用一个计算机账号。计算机账号也需要登录和验证。

（3）账号管理

账号管理包括创建账号、删除或者停用账号、将账号添加进组等。

2．组管理

组与组织不同，组包括用户、计算机、本地服务器上的共享资源、单个域、域目录树或者目录林。

组管理包括新组创建、删除、委派控制、属性设置等。

5.3 本 章 实 训

实训 1 Windows 2003 活动目录的安装

1．实训目的

① 理解活动目录的概念。

② 熟练安装 Windows 2003 Active Directory。

2．实训内容

① 活动目录的安装。

② 域控制器的管理。

3．实训器材

① 安装有 Windows Server 2003 的计算机若干台。

② Window Server 2003 安装光盘。

4．实训步骤

（1）安装 Active Directory

运行 Active Directory 安装向导将 Windows Server 2003 计算机升级为域控制器，创建一个新域或向现有的域添加其他域控制器。创建域控制器可以：

① 创建网络中的第一个域；

② 在树林中创建其他的域；

③ 提高网络可用性和可靠性；

④ 提高站点之间的网络性能。

要创建 Windows 2003 域，必须在该域中至少创建一个域控制器。创建域控制器也将创建该域，不可能有没有域控制器的域。如果确定用户的单位需要一个以上的域，则必须为每个附加的域至少创建一个域控制器。树林中的附加域可以是：新的子域、新域树的根。

在安装 Active Directory 前首先确定 DNS 服务正常工作，以下介绍安装根域为 W2K.com 的中的第一台域控制器。

① 利用配置服务器启动位于%Systemroot%\system32 中的 Active Directory 安装向导程序 DCPromo.exe。如图 5-1 所示，单击【下一步】按钮。

② 由于用户所建立的是域中的第一台域控制器，所以选择【新域的域控制器】，单击【下一步】按钮。如图 5-2 所示。

③ 选择【创建一个新域的域目录树】，单击【下一步】按钮。

④ 选择【创建一个新域的域目录林】，单击【下一步】按钮。

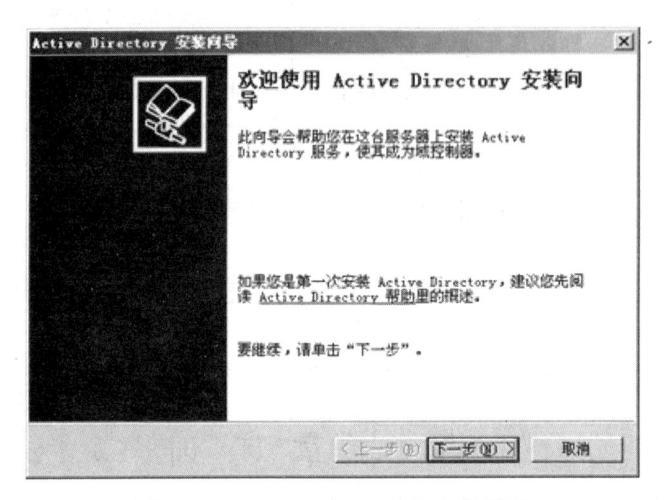

图 5-1 Active Directory 安装向导程序

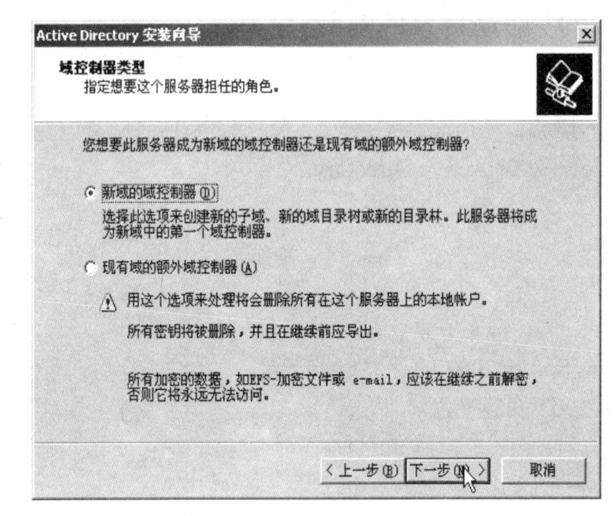

图 5-2 域控制器类型

⑤ 在【新域的 DNS 全名】中输入要创建的域名 Win2003.com，如图 5-3 所示，单击【下一步】按钮。

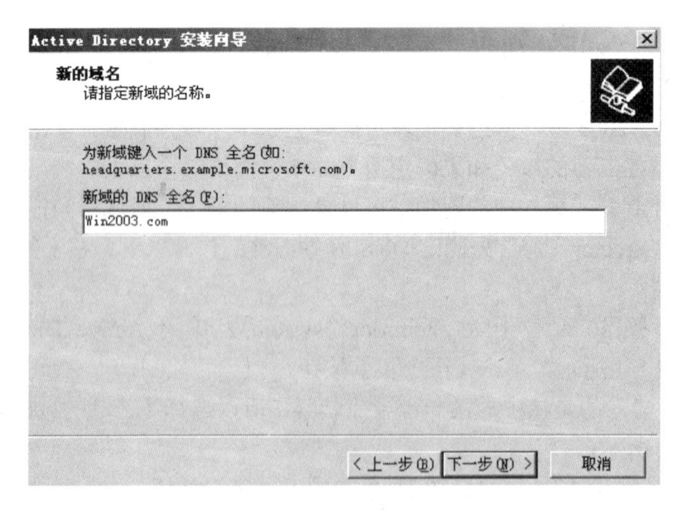

图 5-3 新域的 DNS 全名

⑥ 安装向导自动将域控制器的 NetBIOS 名设置为【Win2003】，单击【下一步】按钮。

⑦ 显示数据库、目录文件及 Sysvol 文件的保存位置，一般不必作修改。单击【下一步】按钮。

⑧ 配置 DNS 服务，单击【下一步】按钮（如果在安装 Active Directory 之前未配置 DNS 服务器可以在此让安装向导配置 DNS，推荐使用这种方法）。

⑨ 为用户和组选择默认权限，考虑到现在大多数单位中仍然需要使用 Windows 2003 的旧版本，所以选择【与 Windows 2003 服务器之前版本相兼容的权限】。如图 5-4 所示，单击【下一步】按钮。

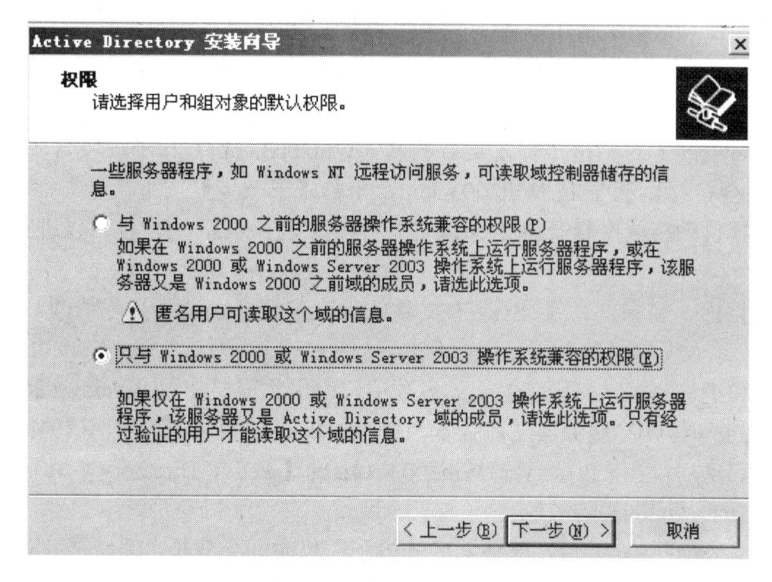

图 5-4 选择默认权限

⑩ 输入以目录恢复模式下的管理员密码，单击【下一步】按钮。

⑪ 安装向导显示摘要信息，单击【下一步】按钮开始安装，如图 5-5 所示。

⑫ 安装完成之后，重新启动计算机。

图 5-5 开始安装活动目录

（2）安装第二台域控制器

在安装完第一台域控制器后其域名为 Win2003.com，该服务器用于总公司，如果作为公司扩展的需要为其新建的子公司建立自己的域名和域控制器，则用户将子公司的域名定义为 man. Win2003.com，由于此域名与 Win2003.com 是连续的域名，所以它们组成了一个目录树，今后随着子公司的发展用户还可以在这个目录树下继续逐级添加子域（如 jiuz.man. Win2003.com），如果需要添加的域名与该目录树不连续（如 W3K.com）则用户就需要建立一个新的目录树，这样由多个目录树组成了域目录林。

在安装第二台域控制器之前，首先检验它的 IP 设置和 DNS 设置，以保证可以访问域控制器（n2k_server. Win2003.com）。

① 利用配置服务器启动位于%Systemroot%\system32 中的 Active Directory 安装向导程序 DCPromo.exe，单击【下一步】按钮。

② 由于用户所建立的是域中的一台域控制器，所以选择【新域的域控制器】，单击【下一步】按钮。

③ 选择【在现有域目录树中创建一个新的子域】，单击【下一步】按钮。

④ 在【网络凭据】对话框中输入上一级域的域名及具有管理员权限的用户名和密码，单击【下一步】按钮。

⑤ 在【子域安装】对话框中输入父域域名（Win2003.com）和子域域名（man），在下方的子域完整域名中会自动显示 man. Win2003.com，单击【下一步】按钮。

⑥ 安装向导自动将域控制器的 NetBIOS 名设置为【man】，用户也可以进行修改，单击【下一步】按钮。

⑦ 显示数据库、目录文件及 Sysvol 文件的保存位置，一般不必作修改。单击【下一步】按钮。

⑧ 为用户和组选择默认权限，由于大多数单位中仍然需要使用 Windows 2003 的旧版本，所以选择【与 Windows 2003 服务器之前版本相兼容的权限】，单击【下一步】按钮开始安装。

⑨ 在重新启动后，在 n2k_server. Win2003.com 的【Active Directory 域和信任关系】中将显示新建的子域 man. Win2003.com。

小知识：在活动目录安装后，服务器的开机和关机时间会变长，系统的执行速度也会变慢。如果用户对某个服务器没有特别要求或者不把它升级为域控制器使用，则可以将活动目录删除，将其降级为成员服务器或独立服务器。这样系统运行速度会有所加快。将活动目录降级为独立服务器可以采用以下方法。

在开始菜单中，选择【运行】菜单，打开【运行】对话框，在打开栏中输入【dcpromo】命令，按【确定】按钮，打开【Active Directory】对话框，按照向导提示即可完成操作。

（3）域控制器的管理

域控制器与活动目录的关系：域是活动目录的分界，它定义了一个安全边界，在没有经过授权的情况下，不允许其他域中的用户访问本域的资源，活动目录可以由多个或一个域组成。每个域可以存储上百万个对象。域之间还有层次关系，可以建立域树和域林，进行无限的域扩展。

在活动目录中，目录存储只有一种形式，即域控制器，因此，只要有域必须有一个域控制器，否则域就不存在了。对于管理员来说，域控制器管理是最重要的工作，因为域控制器的运行状态直接关系到网络的运行。

域控制器的管理分为以下几个方面。

① 设置域控制器。在只有一个域的网络中，域控制器是网络正常运作的中心，所起到的作用非常重要。管理员必须根据网络运行情况设置域控制器的属性。

a．选择【开始】菜单中的【程序】，再选择【管理工具】中【Active Directory 用户和计算机】菜单，打开【Active Directory 用户和计算机】窗口，如图 5-6 所示。

b．在控制台目录树中，单击之后再双击域结点，展开该结点，再单击【Domain Controllers】子结点，在右边显示详细资料窗口，如图 5-7 所示。

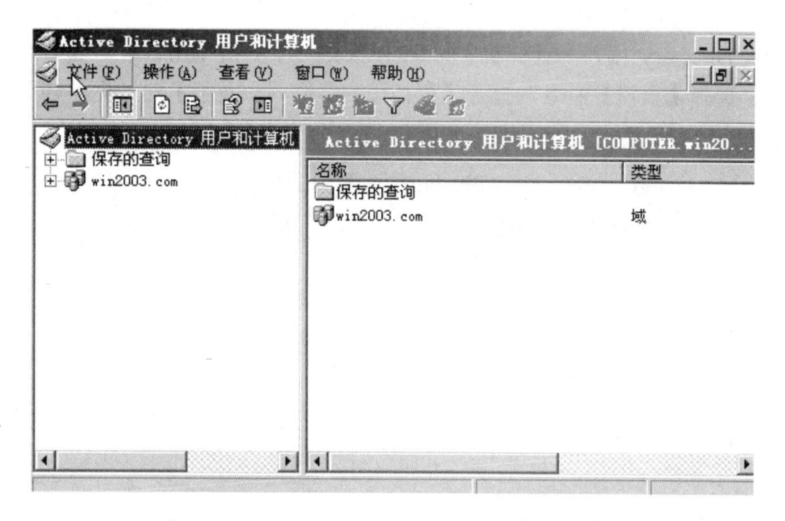

图 5-6 【Active Directory 用户和计算机】窗口

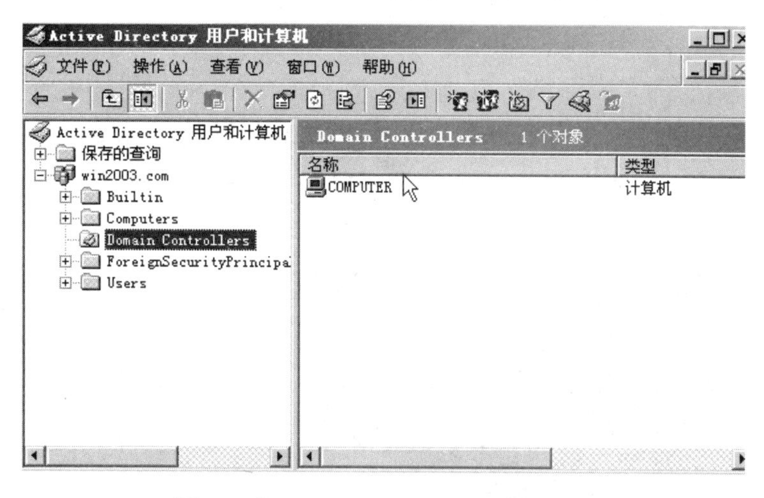

图 5-7 【Domain Controllers】子结点窗口

c．在右边详细资料窗口中，右键单击要设置属性的域控制器，从弹出的快捷选单中选择【属性】，打开【属性】对话框，如图 5-8 所示。

d．在【常规】选项卡中的描述一栏可以不输入，对于【信任计算机作为委派】的复选框可以禁用。

e．在【操作系统】选项卡中，会显示操作系统的相关信息，如名称、版本等。

f．选择【成员属于】选项卡，可以在该选项卡中添加组、删除组。

g．选择【管理者】选项卡，可以【更改】、【清除】、【查看】管理者，如图 5-9 所示。

通过以上步骤，即可完成对域器的设置。

（2）查看域控制器目录。活动目录包括网络中的域、域控制器、用户、计算机和联系人等信息。查看域控制器目录可以按照以下步骤进行。

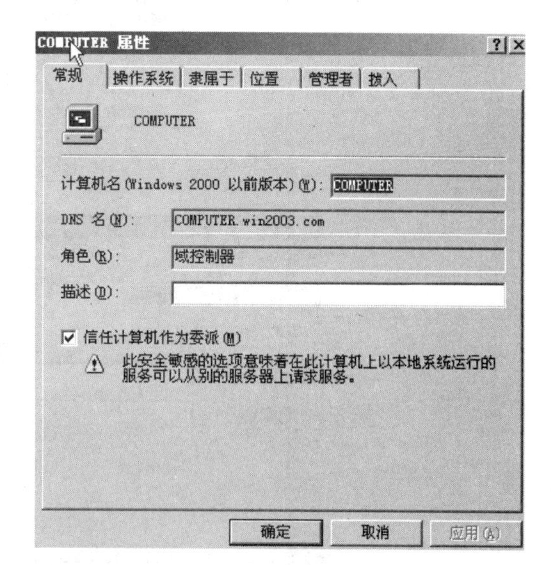

图 5-8 域控制器【COMPUTER 属性】设置对话框

a. 在【Active Directory 用户和计算机】窗口的控制台中，右键单击目录树域节点，弹出如图 5-10 所示的快捷菜单，选择【查找】命令，打开【查找用户、联系人及组】对话框，如图 5-11 所示。

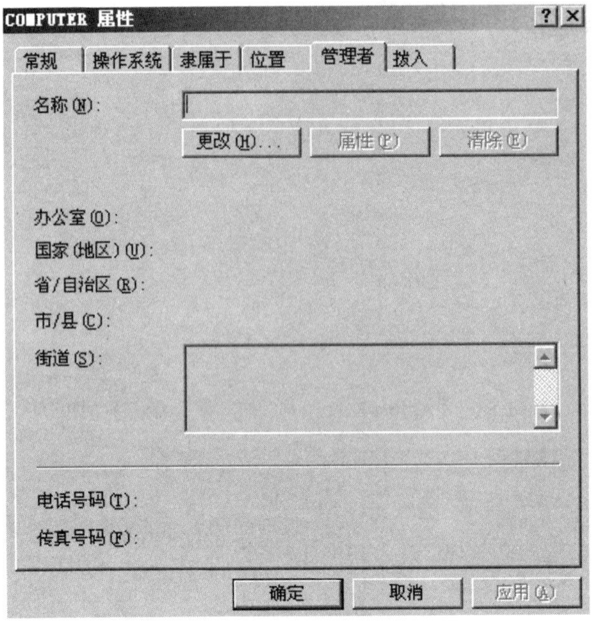

图 5-9 【管理者】设置窗口

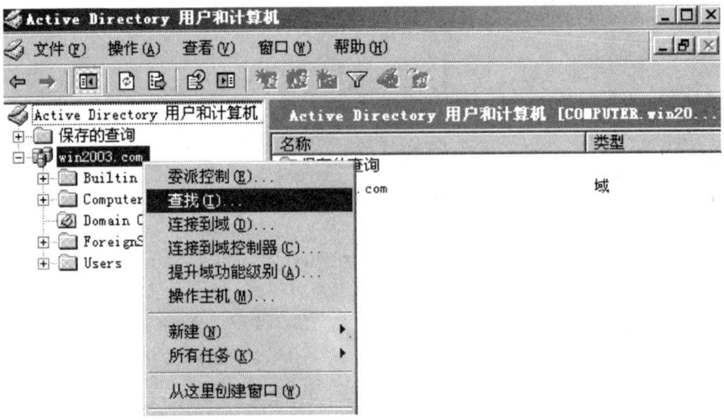

图 5-10 快捷菜单

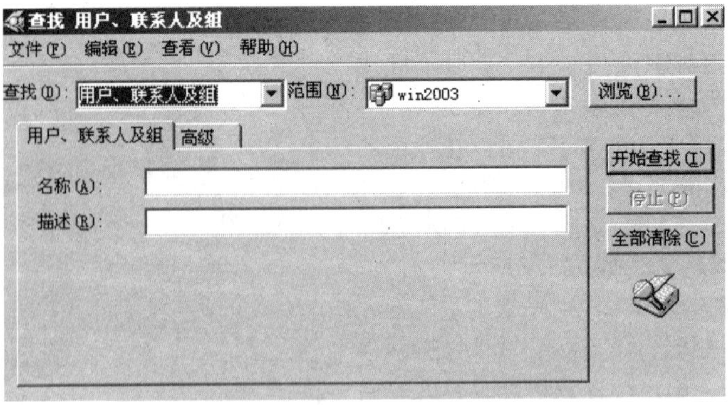

图 5-11 【查找用户、联系人及组】对话框

b．在【查找】下拉菜单中，选择要查找的目录内容，如用户、联系人及组、计算机、打印机、共享文件夹、自定义搜索等。在【范围】下拉菜单中，选择要查找的范围。

c．在【高级】选项卡中，可以设置查找的高级条件，方法是单击【字段】按钮，选择需要设置条件的选项，然后在【条件】下拉列表框及【值】的文本框中设置条件，设置好后可以单击【添加】按钮，将条件添加，然后单击【开始查找】按钮进行查找。

5．实训问题

① 计算机在哪种情况下需要安装活动目录?

② 计算机安装活动目录的方法是什么?

③ 计算机升级为域控制器后，可以将其降级吗?其方法是什么?

④ 如何设置域控制器?

实训 2 账号和组的创建及管理

1．实训目的

① 熟悉账号和组的基本概念。

② 掌握账号和组的管理方法。

2．实训内容

① 账号的管理。

② 组的管理。

3．实训器材

① 安装有活动目录的计算机一台。

② 安装有 Windows 2003 的计算机一台。

4．实训步骤

（1）账号的管理

① 用户和计算机账号的创建。当一个用户在使用网络资源时，计算机管理员必须在域控制器中为该用户创建一个相应的用户账号，否则，该用户无法使用网络资源；当一个新的计算机客户要加入域时，计算机管理员必须为它创建一个计算机账号，否则，不能加入域。

a．选择【开始】菜单，选择【程序】，再选择【管理工具】中的【Active Directory 用户和计算机】，打开【Active Directory 用户和计算机】窗口，在控制台的目录树中，双击域结点，展开结点，如图 5-12 所示。

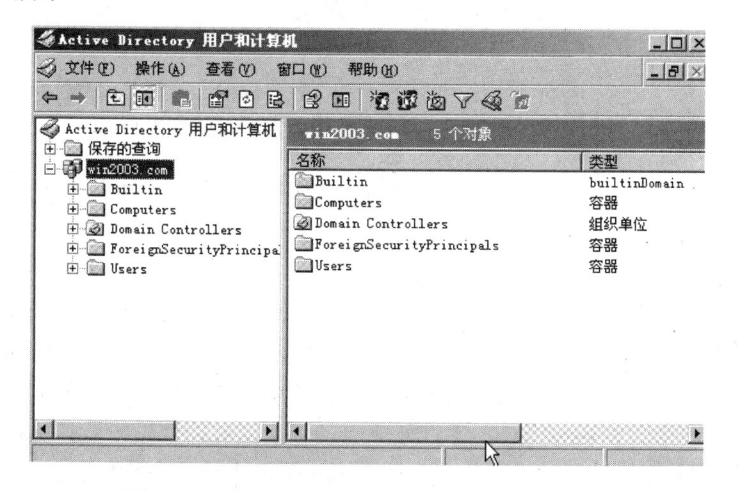

图 5-12 【Active Directory 用户和计算机】窗口

b. 如果要创建计算机账号和用户账号，则右键单击要添加用户账号和计算机账号的组织单位和容器，从弹出的快捷菜单中选择【新建】，再选择【计算机】，如图5-13所示；执行这个命令后即可打开【新建对象-计算机】对话框，如图5-14所示。

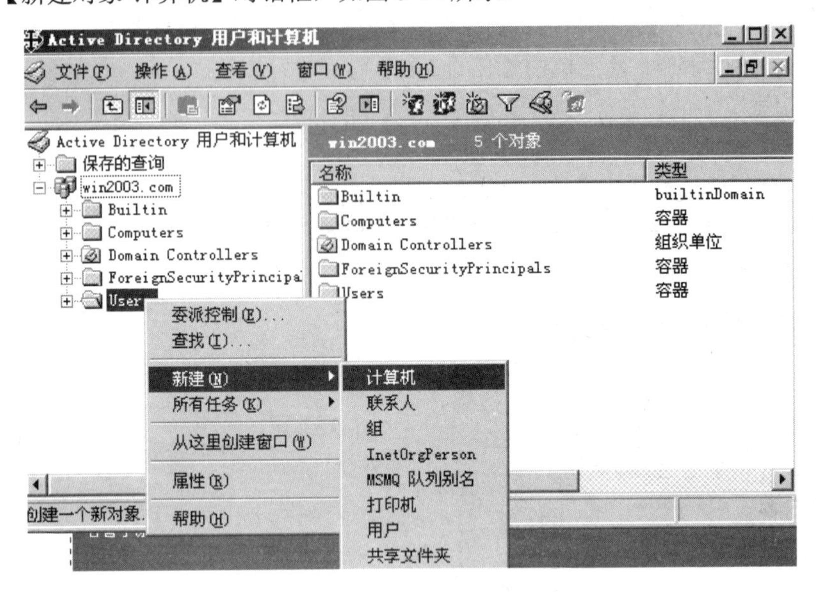

图5-13 【新建对象-用户】窗口

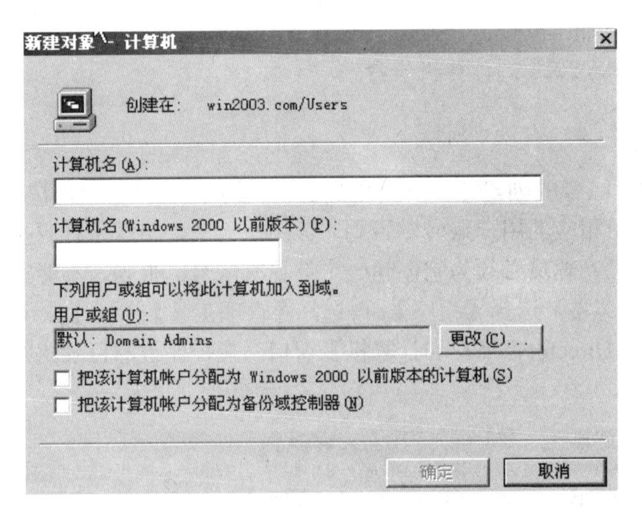

图5-14 【新建对象-计算机】窗口

c. 如果要创建用户账号，可以在如图5-15所示的窗口中输入【姓】、【名】，并在【用户登录名】文本框中输入用户登录时的名字，单击【下一步】按钮。

d. 在弹出的窗口中，输入用户密码和确认密码，并可以选择密码账号的设置复选框，如【用户不能更改密码】、【密码永不过期】等，如图5-16所示。输入完成后，单击【完成】按钮即可。

② 删除或者停用用户和计算机账号。要停用和删除一个用户及计算机账号，可以在控制台的目录树中展开域结点，单击要删除的用户或者计算机所在的容器和组织单位，使相应的详细资料显示在右边的窗口中，然后右键单击选择要删除的用户或者计算机账号，从弹出的快捷菜单中选择删除即可，如图5-16所示。如果是停用账号，则选择【禁用账号】即可。

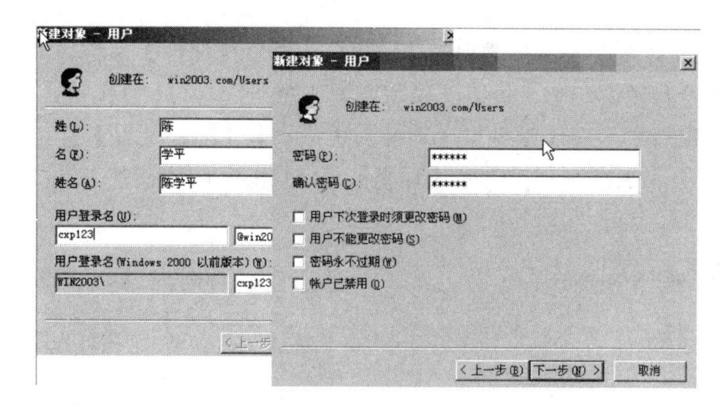

图 5-15　用户密码的设置

图 5-16　删除账号窗口

③ 将用户和计算机账号加入组。可以在如图 5-17 所示的窗口中，选择【将成员添加到组】，弹出一个选择【组】的对话框，选择所需要的【组】，然后按【确定】按钮。

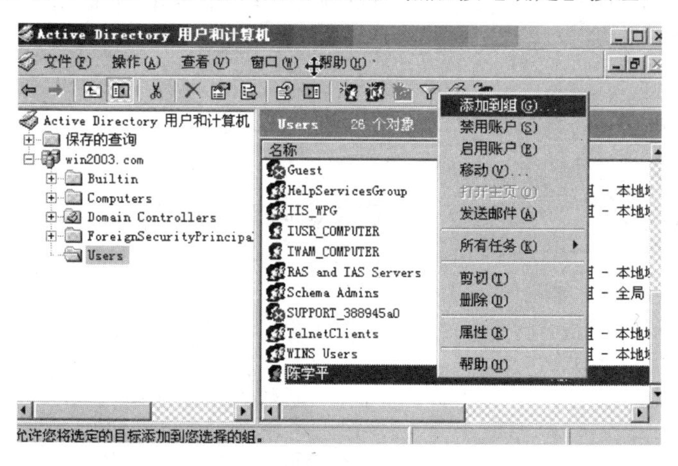

图 5-17　账号管理选择【属性】窗口

④ 账号管理

a．要管理一个用户和计算机账号，可以在控制台的目录树中展开域结点，单击要管理的用户或者计算机所在的容器和组织单位，使相应的详细资料显示在右边的窗口中，然后右键单击选择要管理的用户或者计算机账号，从弹出的快捷菜单中选择【属性】命令，如图 5-18 所示。

b．在弹出的账号管理窗口中，可以选择需要管理的项目。

c．在账号管理窗口中，有【常规】、【地址】、【账户】、【配置文件】、【电话】、【单位】、【成员属性】、【拨入】、【会话】、【远程控制】、【环境】、【终端服务配置文件】选项卡。管理员可以在以上选项卡中进行切换，选择对账号的管理，如图 5-19 所示。

陈学平 属性
拨入 | 环境 | 会话 | 远程控制 | 终端服务配置文件 | COM+
常规 | 地址 | 账户 | 配置文件 | 电话 | 单位 | 隶属于
陈学平
姓(L)：陈
名(F)：学平 英文缩写(I)：
显示名称(S)：陈学平
描述(D)：
办公室(C)：
电话号码(T)： 其他(O)...
电子邮件(M)：
网页(W)： 其他(R)...
确定 取消 应用(A)

图 5-18 账号管理窗口

陈学平 属性
拨入 | 环境 | 会话 | 远程控制 | 终端服务配置文件 | COM+
常规 | 地址 | 账户 | 配置文件 | 电话 | 单位 | 隶属于
用户登录名(U)：
cxp123 @win2003.com
用户登录名(Windows 2000 以前版本)(W)：
WIN2003\ cxp123
登录时间(L)... 登录到(T)...
帐户已锁定(C)
帐户选项(O)：
用户下次登录时须更改密码
用户不能更改密码
密码永不过期
使用可逆的加密保存密码
帐户过期
永不过期(V)
在这之后(E)： 2010年 6月16日
确定 取消 应用(A)

图 5-19 【账户】选项卡

d.【账户】选项卡的设置：在账号管理窗口中，单击【账户】，切换到【账户】选项卡，如图 5-19 所示，在【账户】选项卡中可以选择【登录时间】和【登录到】设置登录时段及【登录工作站】窗口，如图 5-20 所示，在【登录到】窗口中，如果选择【下列计算机】，则需要输入计算机名称并添加。管理员对账户还可以选择【用户登录名】更改用户登录名，选择【账户选项】对各个复选框进行勾选，选择【账户过期】设置账户的有效期。

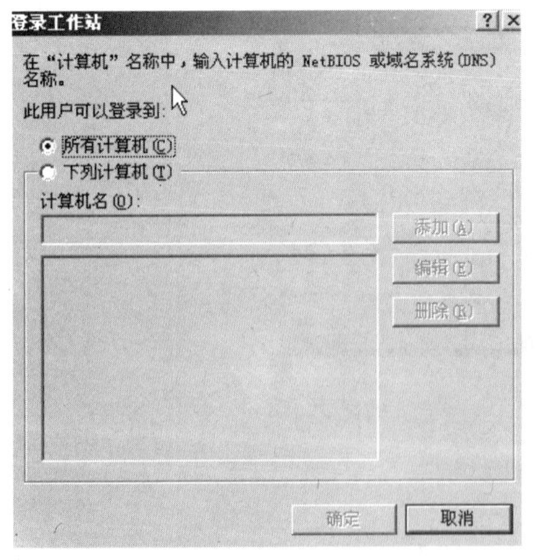

(a)【登录工作站】窗口

陈学平 的登录时间
0 · 2 · 4 · 6 · 8 · 10 · 12 · 14 · 16 · 18 · 20 · 22 · 0
确定
取消
全部
星期日
星期一
星期二
星期三
星期四
星期五
星期六
允许登录(P)
拒绝登录(D)
星期日 至 星期六 从 0:00 点到 0:00 点

(b) 账户登录时段

图 5-20 账户登录时段和【登录工作站】窗口

e.【隶属于】选项卡：该选项卡可以将账号所属的组删除，也可以将账号添加进新的组，如图 5-21 所示。

f. 远程控制选项卡：该选项卡用于配置终端服务的远程控制，如图 5-22 所示。

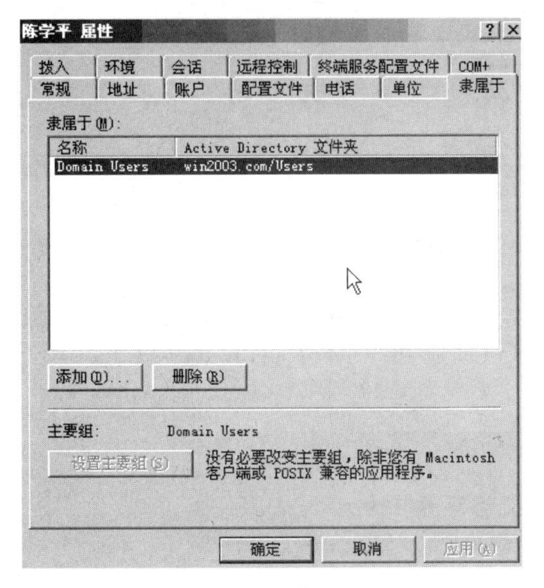

图 5-21 【隶属于】选项卡窗口

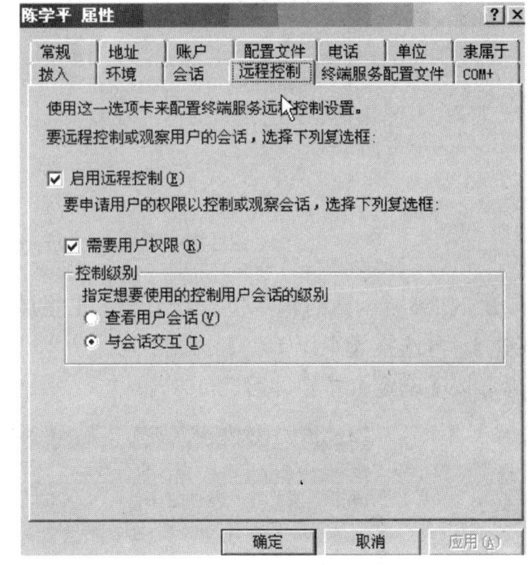

图 5-22 远程控制窗口

g.【拨入】选项卡：该选项卡用于配置用户的远程访问，如 VPN 虚拟专网连接，如图 5-23 所示。

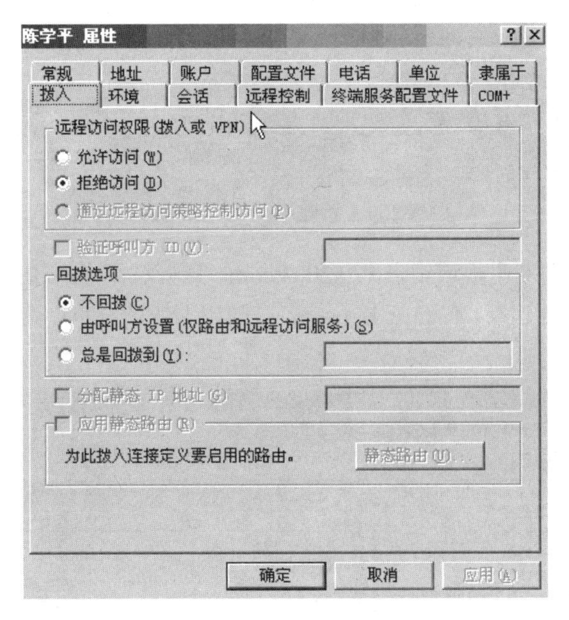

图 5-23 【拨入】选项卡

（2）组的管理

① 组织单位和组的创建

a. 按照创建计算机账号和用户账号的方法，打开【Active Directory 用户和计算机】窗口，在控制台的目录树中，双击域结点，展开结点，如图 5-24 所示。

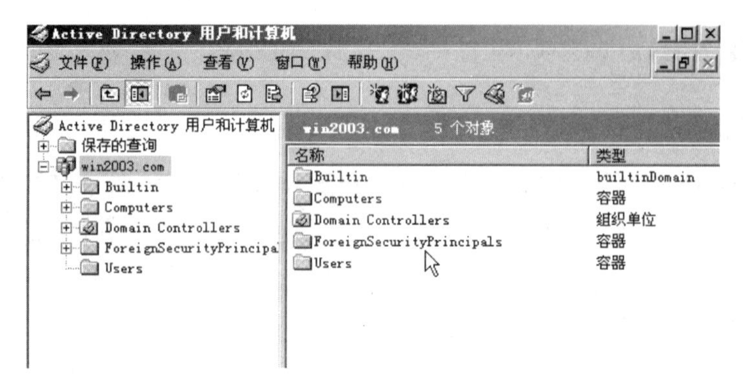

图 5-24 【Active Directory 用户和计算机】窗口

b．如果要创建组织单位，则右键单击根域结点 Win2003.com，在弹出的快捷菜单中，选择【新建】，再选择【组织单位】，如图 5-25 所示。打开【新建-组织单位】窗口，输入【组织单位】名称，按【确定】按钮即可。

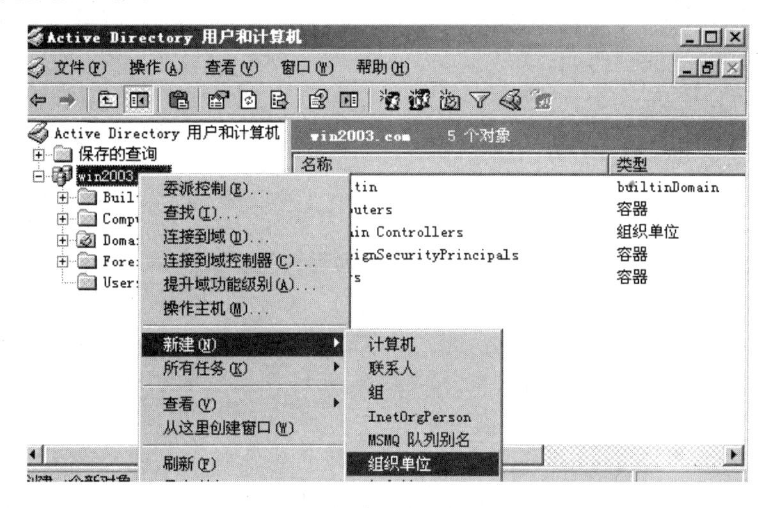

图 5-25 【新建-组织单位】窗口

c．如果要创建组，则双击根域结点 Win2003.com，展开域结点，选择需要创建组的组织单位和容器。比如在 users 下创建组。右键单击 users，在弹出的快捷菜单中选择【新建】，再选择【组】，如图 5-26 所示。

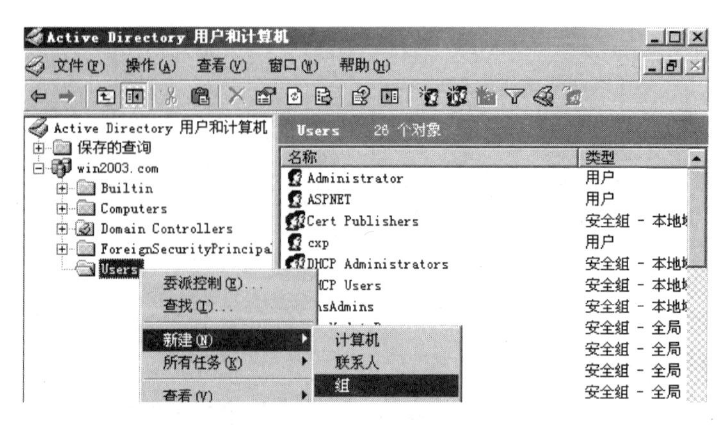

图 5-26 选择【新建】-【组】

d. 在弹出的窗口中，输入【组】的名称，如 guanli，在【组作用域】选择【本地域】或者【全局】均可，在【组类型】中选择【安全式】，如图 5-27 所示。

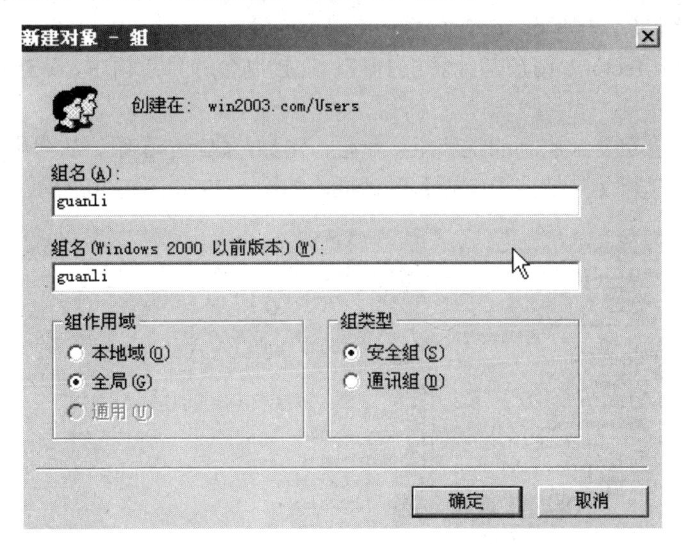

图 5-27 【新建对象-组】对话框

e. 按【确定】按钮，完成【组】的创建。

② 组织单位或者组的删除

a. 组的删除：打开【Active Directory 用户和计算机】窗口，在控制台的目录树中，双击域结点，展开结点。选择要删除【组】的组织单位，在显示的详细资料窗口中，选择要删除的【组】，删除即可，如图 5-28 所示。

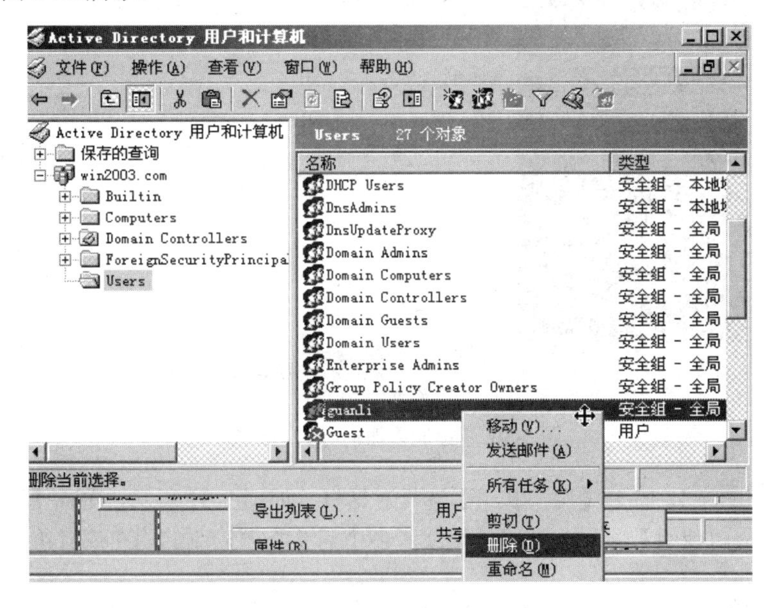

图 5-28 组的删除

b. 组织单位的删除：组织单位的删除方法与删除组一样。

注意：管理员只能删除自己创建的组织单位和组，而不能删除系统提供的内置的组和组织单位。

③ 委派控制组和组织单位。当管理员创建的组和组织单位越来越多时，管理员的管理工作会越来越繁杂，此时，可以利用 Windows 2003 的委派控制功能，委派一些用户帮助管理员进行管理。建立委派控制的方法如下。

a. 打开【Active Directory 用户与计算机】窗口，在控制台的目录树中，双击根域结点 w2k.com，展开域结点。

b. 右键单击要建立委派控制的组和组织单位，例如，【Users】组，从弹出的快捷菜单中选择【委派控制】命令，打开【控制委派向导】对话框，如图 5-29 和图 5-30 所示。

图 5-29 建立【委派控制】

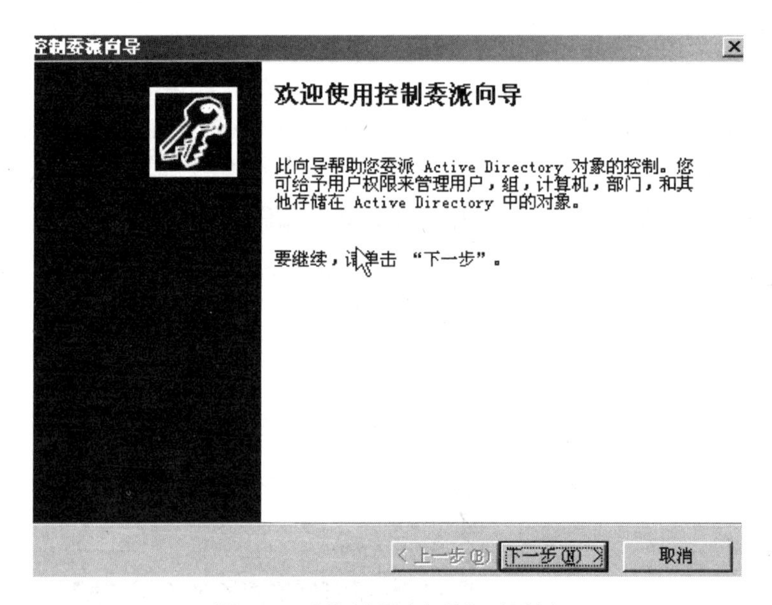

图 5-30 【控制委派向导】对话框

c. 单击【下一步】，打开【用户和组】选择对话框，如图 5-31 所示，单击【添加】按钮，打开【选择用户、计算机或组】对话框，选择一个或者多个需要委派控制的用户或者组，如选择【guanli】组，如图 5-32 所示。

d. 单击单击【确定】，然后单击【下一步】，打开【Active Directory 对象类型选择】对话框，默认是【委派下列常见任务】，也可以选择【创建自定义任务去委派】，选择【创建自定义任务去委派】后，可以选择委派的对象为【这个文件夹】或者【文件夹中的对象】，此时，选择【这个文件夹】按钮，如图 5-33 所示。

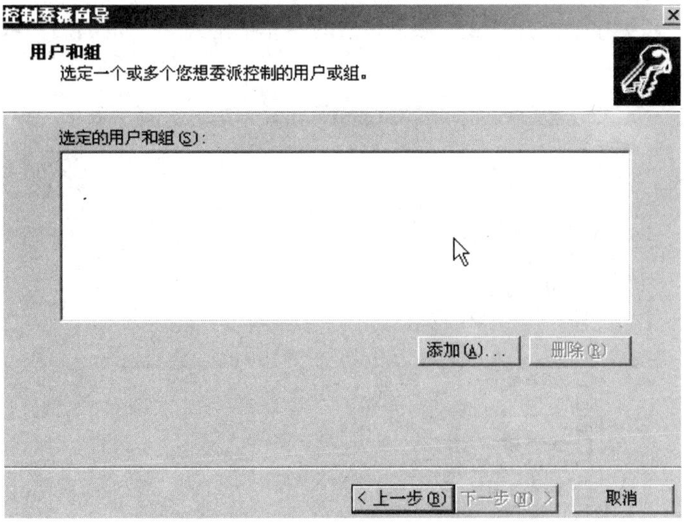

控制委派向导

用户和组

选定一个或多个您想委派控制的用户或组。

选定的用户和组(S):

添加(A)... 删除(R)

< 上一步(B) 下一步(N) > 取消

图 5-31 【用户和组】选择对话框

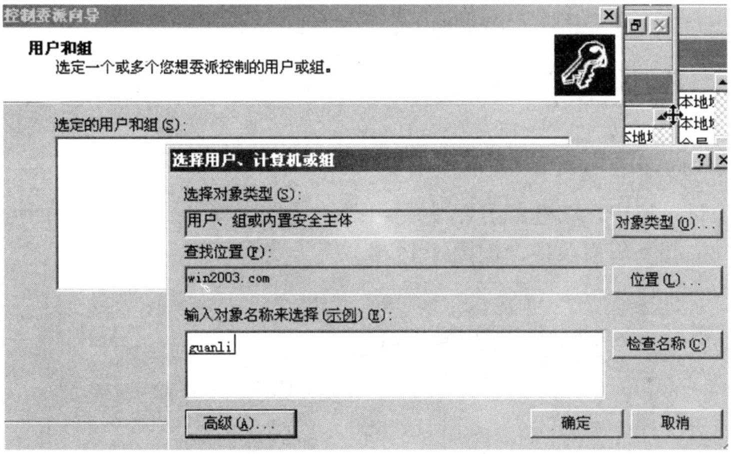

控制委派向导

用户和组

选定一个或多个您想委派控制的用户或组。

选定的用户和组(S):

选择用户、计算机或组

选择对象类型(S):

用户、组或内置安全主体 对象类型(O)...

查找位置(F):

win2003.com 位置(L)...

输入对象名称来选择(示例)(E):

guanli 检查名称(C)

高级(A)... 确定 取消

图 5-32 【选择用户、计算机或组】对话框

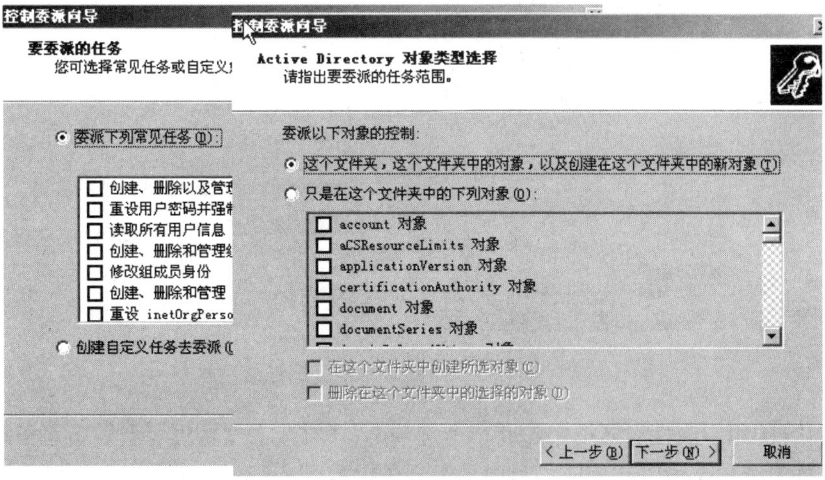

控制委派向导

要委派的任务

您可选择常见任务或自定义

委派下列常见任务(D):

创建、删除以及管理

重设用户密码并强制

读取所有用户信息

创建、删除和管理

修改组成员身份

创建、删除和管理

重设 inetOrgPerso

创建自定义任务去委派

控制委派向导

Active Directory 对象类型选择

请指出要委派的任务范围。

委派以下对象的控制:

这个文件夹，这个文件夹中的对象，以及创建在这个文件夹中的新对象(T)

只是在这个文件夹中的下列对象(O):

account 对象

aCSResourceLimits 对象

applicationVersion 对象

certificationAuthority 对象

document 对象

documentSeries 对象

在这个文件夹中创建所选对象(C)

删除在这个文件夹中的选择的对象(D)

< 上一步(B) 下一步(N) > 取消

图 5-33 【Active Directory 对象类型选择】对话框

e. 单击【下一步】按钮，打开【权限】设置对话框。通过复选框的启用或者禁用来选择【权限】，如图5-34所示。

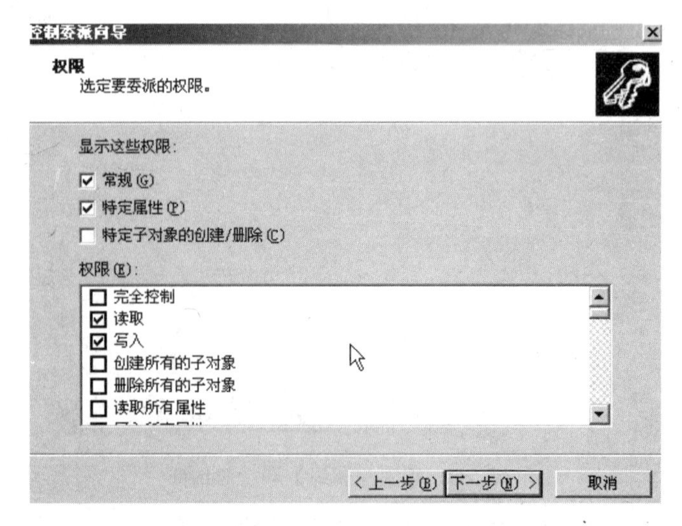

图5-34 【权限】选择对话框

f. 单击【下一步】按钮，打开【完成控制委派向导】对话框，可以看到委托的组或者用户以及权限，单击【完成】按钮即可。

④ 组织单位或者组的属性设置

a. 在控制台目录树中，右键单击要设置【属性】的组织单位，从弹出的快捷菜单中选择【属性】命令，如【guanli】组织单位，如图5-35所示。

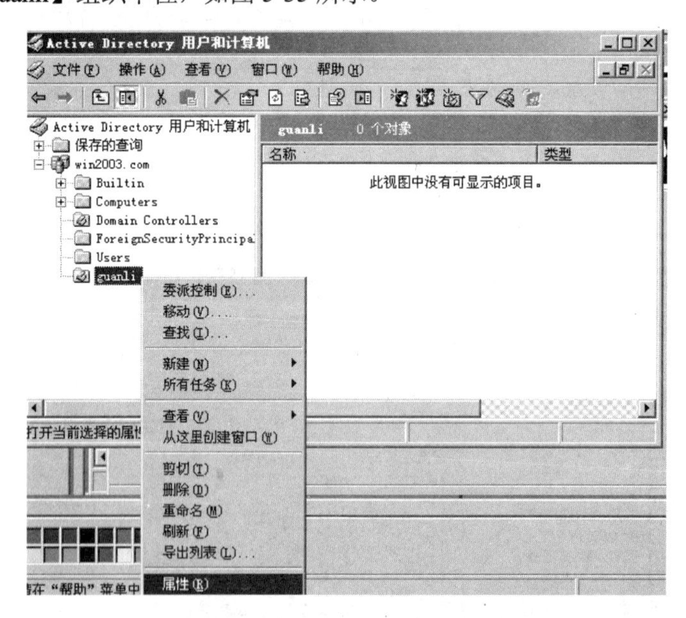

图5-35 设置组织单位属性

b. 在打开的组织属性对话框中，有三个选项卡：【常规】、【管理者】和【组策略】。

c.【常规】选项卡可以在相应栏目中填上相关内容。

d.【管理者】选项卡。在该选项卡中，默认的管理者是管理员，可以更改【管理者】，单击【更改】按钮，会弹出【选择用户、联系人或组】对话框，如图5-36所示。

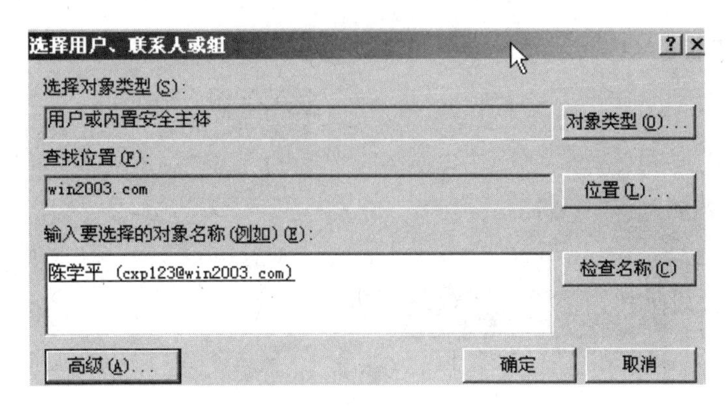

图 5-36 【选择用户、联系人或组】对话框

e. 选择用户或联系人之后，单【确定】按钮，会回到【管理者】选项卡，在【管理者】名称栏目会出现已经选择的用户。

f. 单击【组策略】选项卡，如果要新建一个组策略对象，可以单击【新建】按钮，在【组策略对象链接】列表框中会出现一个新建组策略对象，可以将该对象重命名为【管理组策略】，如图5-37所示。

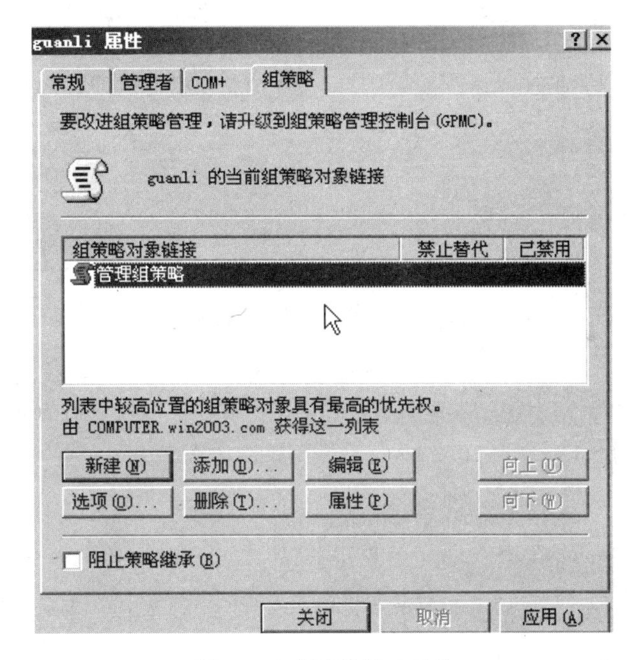

图 5-37 新建组策略对象

g. 组策略对象创建后，可以对组策略进行【编辑】、【属性】设置。单击【编辑】按钮，打开【组策略】窗口，在该窗口中，管理员可以对创建的组策略进行【编辑】，包括计算机配置和用户配置两个方面，如图5-38所示。

h. 组策略【属性】设置中会出现【常规】、【链接】、【安全】、【WMI 筛选器】选项卡，可以进行各个选项设置，如图5-39所示。

i.【组策略】选项卡还可以选择【选项】、【删除】进行配置。

j. 除了对组织对象进行设置，还可以对组进行设置，在控制台目录树中，单击要设置属性的组所在的组织单位或容器，右键单击详细资料窗口中要设置【属性】的组，选择【属性】命令，打开【组】属性设置对话框，如图 5-40 和图 5-41 所示。

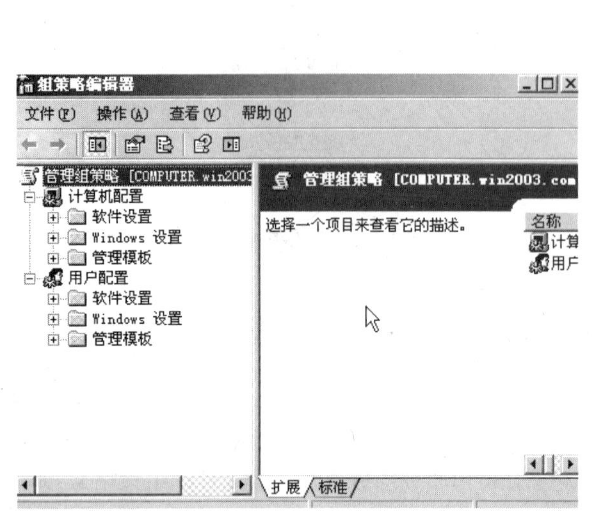

图 5-38 【组策略】编辑窗口

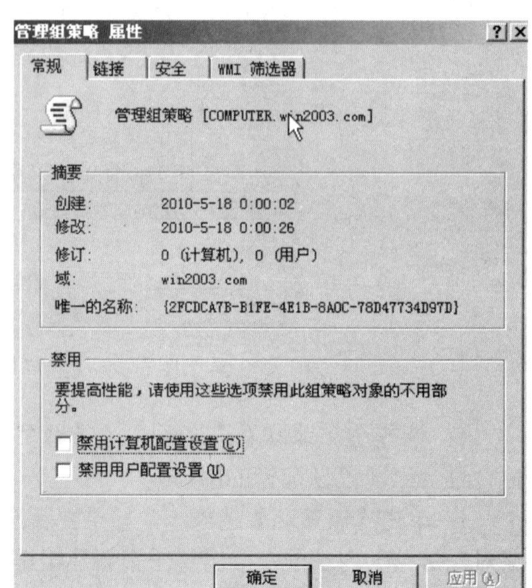

图 5-39 组策略【属性】窗口

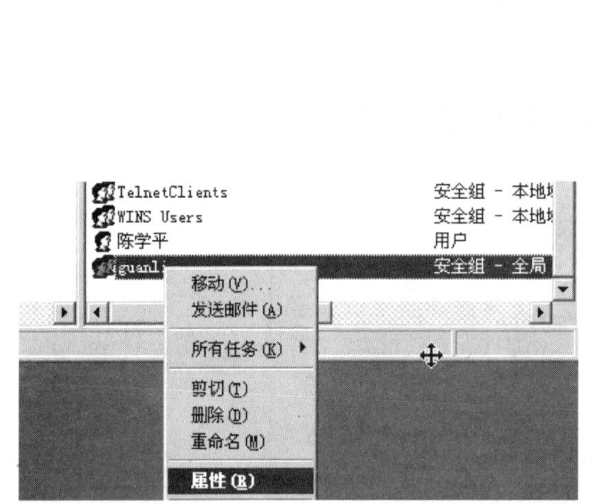

图 5-40 【组】属性快捷菜单

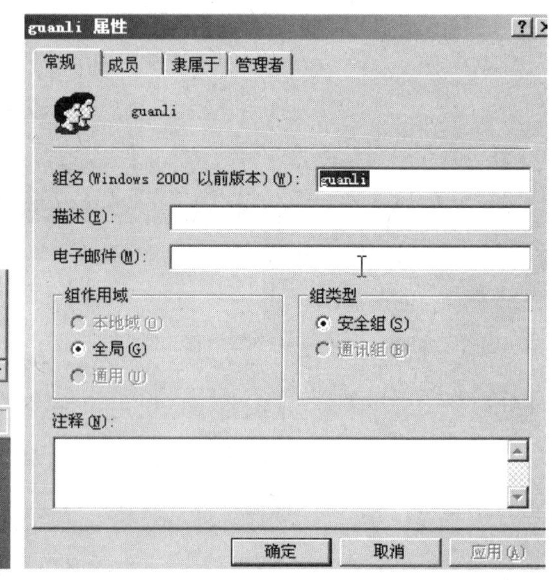

图 5-41 【组】属性对话框

k.【成员】选项卡可以添加哪些成员属于这个组，【隶属于】选项卡可以设置组权限，可以为创建的组选择内置组，【管理者】选项卡可以更改组的管理人。

5. 实训问题

① 计算机账号和用户账号有何区别？

② 如何创建用户账号？

③ 如何设置用户账号的属性？

④ 如何创建组织单位和组？

⑤ 如何编辑组织单位的组策略？

实训 3 Windows 2003 主从网的组建及磁盘配额的使用

1．实训目的

① 掌握 Windows 2003 主从式网络的组建方法。

② 掌握 Windows 2003 用户及工作组的建立方法。

③ 掌握 Windows 2003 权限分配方法。

④ 掌握 Windows 2003 磁盘配额的使用方法。

2．实训内容

① Windows 2003 主从式网络组建。

② Windows 2003 用户和组的建立。

③ 权限分配。

④ 磁盘配额。

3．实训器材

① 计算机三台，其中一台安装 Windows 2003，另两台安装 Windows XP。

② HUB 一个。

③ 其他组网硬件。

4．实训步骤

（1）将 Windows Server 2003 配置为域控制器，就可以构建以 Windows 98/2000 Professional/XP 为工作站，以 Windows Server 2003 为服务器的主从式网络。

（2）Windows Server 2003 配置为域控制器的过程如实训 2 所述。

（3）Windows Server 2003 服务器端的网络配置。

Windows Server 2003 配置为域控制器后，要能够正常组建主从式网络，必须添加相关的通信协议，并设置好 TCP/IP 属性。

① 在桌面上右键单击【网上邻居】图标，选择【属性】或者在【开始】菜单中，选择【设置】下的【网络和拨号连接】，都会弹出【网络和拨号连接】窗口，如图 5-42 所示。

② 在【网络和拨号连接】窗口中，右键选择【本地连接】图标，在弹出的快捷菜单中，选择【属性】，会弹出【本地连接属性】对话框，如图 5-43 所示。

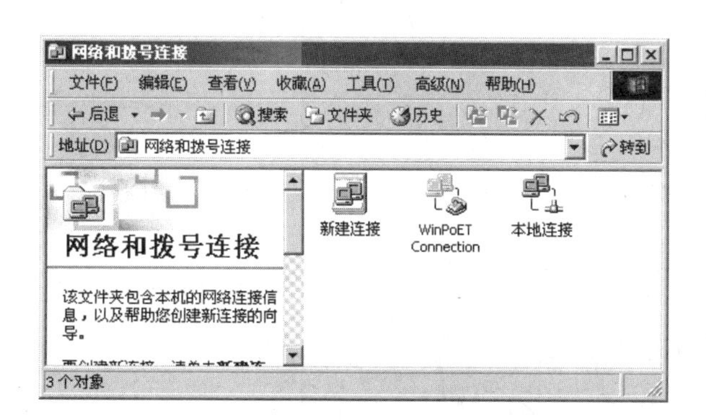

图 5-42 【网络和拨号连接】窗口

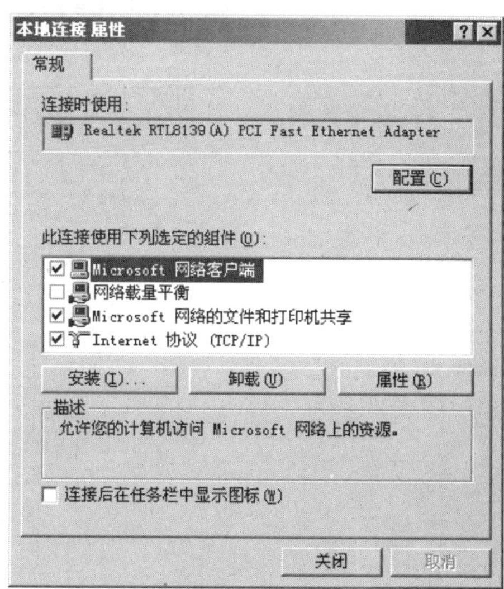

图 5-43 【本地连接属性】窗口

③ 在组件列表窗口中，查看是否有以下组件：

a. Microsoft 网络客户；

b. Microsoft 网络的文件和打印机共享；

c. NWLink NetBIOS；

d. Nwlink IPX/SPX NetBIOS Compatibles；

e. NetBEUI Protocol；

f. Internet 协议（TCP/IP）。

如果缺少某种组件，则可以单击【安装】按钮进行添加。

④ 单击【安装】按钮，会弹出如图 5-44 所示的窗口。

⑤ 如果添加协议，则选择【协议】，点击【添加】按钮，会弹出如图 5-45 所示的窗口，选择所需的协议，按【确定】按钮。

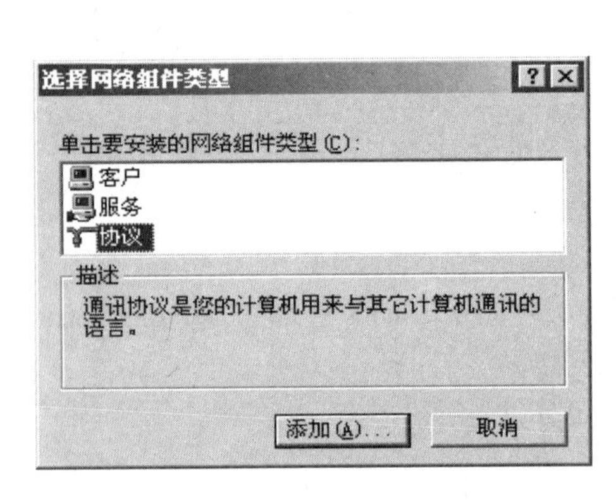

图 5-44 选择网络组件类型

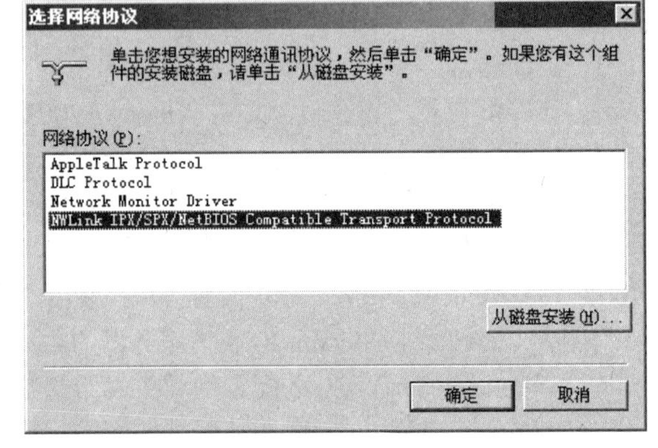

图 5-45 【选择网络协议】窗口

⑥ 各组件安装完成后，进行 TCP/IP 属性设置。单击【本地连接属性】对话框中的【Internet 协议（TCP/IP）】，单击【属性】按钮，在弹出的对话框中，单击【使用下面的 IP 地址】，在 IP 地址栏输入 192.168.0.1，在子网掩码栏输入 255.255.255.0，在首选 DNS 服务器输入 192.168.0.1，如图 5-46 所示。

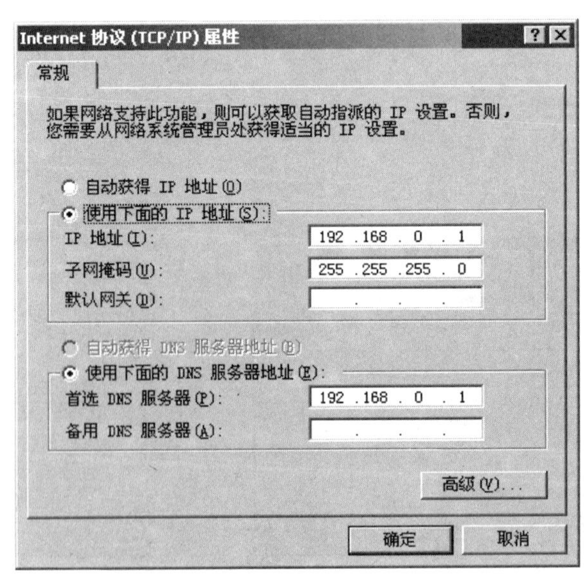

图 5-46 【Internet 协议（TCP/IP）属性】窗口

（4）用户和工作组的创建。打开【Active Directory 用户和计算机】，在控制台的目录树中，双击域结点，展开结点，在【Users】容器单位上右键单击，从弹出的快捷菜单中选择【新建】，再选择【用户】，会弹出【新建对象-用户】对话框，在该对话框中输入用户 user1，单击【确定】按钮，按照相同方法为每个实训学生创建账号，依次为【user2】到【user40】，如图 5-47 和图 5-48 所示。

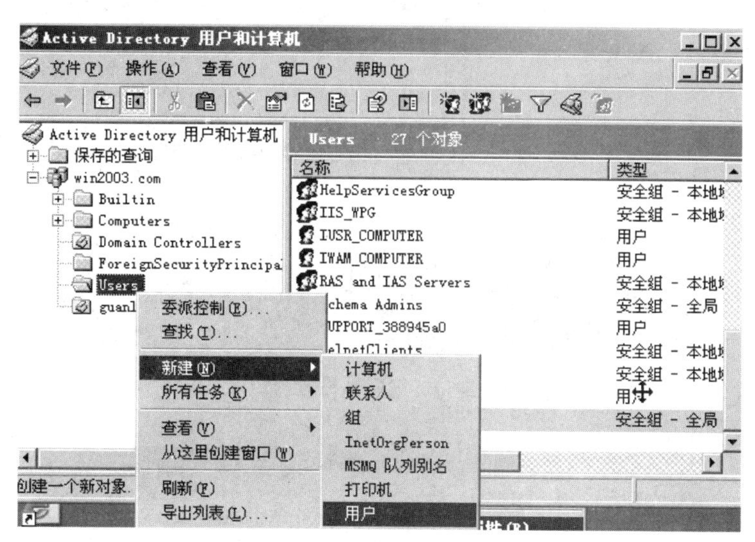

图 5-47 新建用户快捷菜单

（5）在所有用户创建完成后，可以在【Users】容器单位上右键单击选择【新建】/【组】，如网络 1（wl1），组的作用域选择【全局】，组的类型选择【安全式】，如图 5-49 所示。

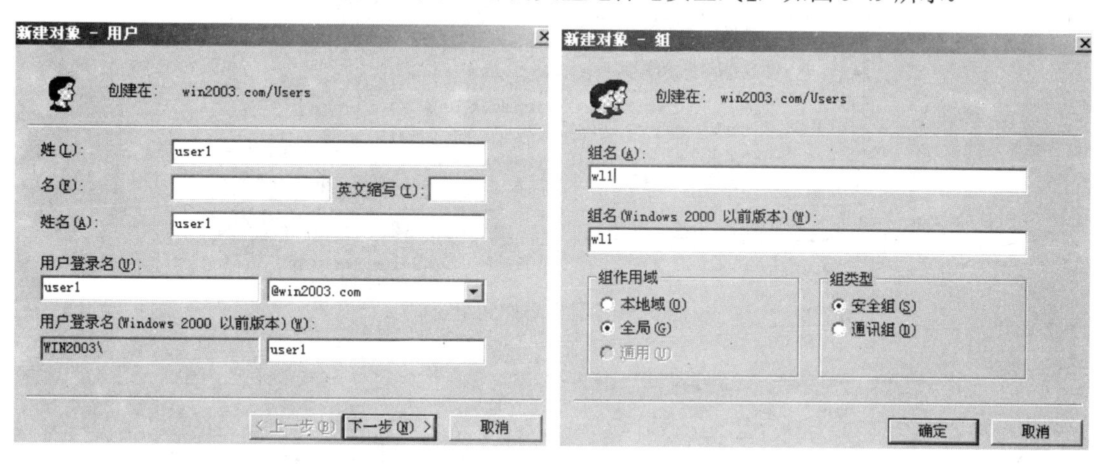

图 5-48 【新建对象-用户】窗口　　图 5-49 组创建窗口

（6）将所有的用户添加进组【wl1】中，在创建的组 wl1 上右键单击选择【属性】，在弹出的对话框中，选择【成员】选项卡，单击【添加】按钮，会出现【选择用户、联系人或计算机】窗口，将用户【user1】到【user40】全部选择并添加到【wl1】组，如图 5-50 和图 5-51 所示。

（7）本地登录权限设置

① 选择【开始】菜单，选择【程序】，再选择【管理工具】，单击【域控制器安全策略】，弹出如图 5-52 所示的对话框。

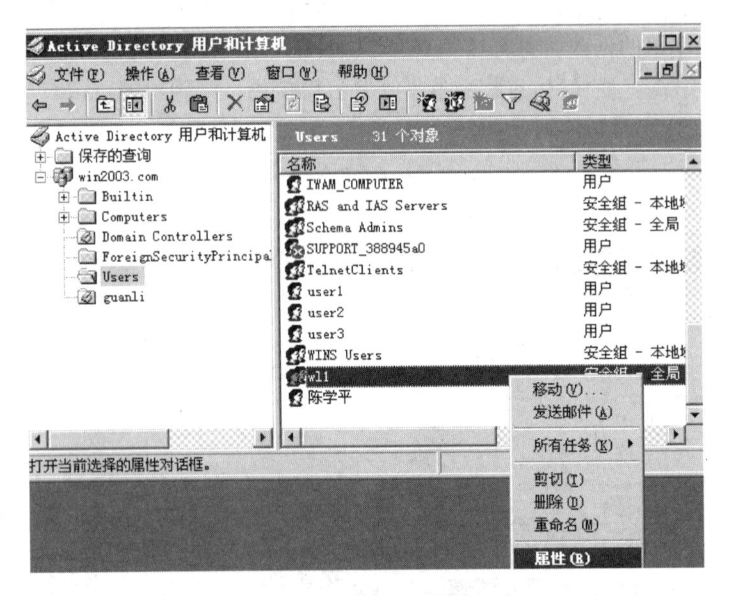

图 5-50 组属性设置窗口

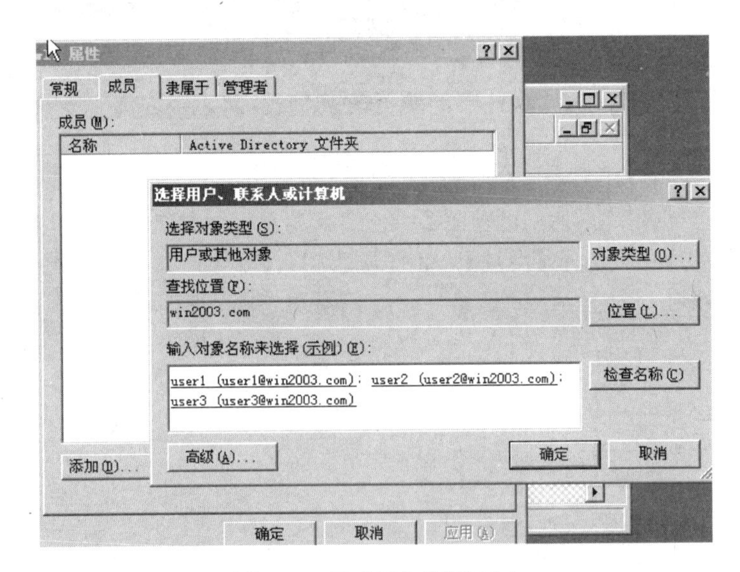

图 5-51 用户添加到组窗口

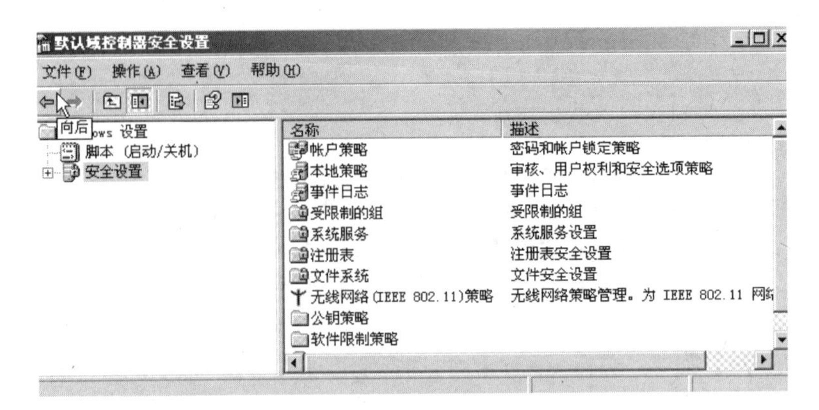

图 5-52 【域控制器安全策略】对话框

② 双击【安全设置】，在展开的项目中，双击【本地策略】或者单击【本地策略】前的⊞ 将【本地策略】展开，单击【用户权限分配】，在窗口右面显示的详细资料中，选择【允许在本地登录】，如图 5-53 所示。

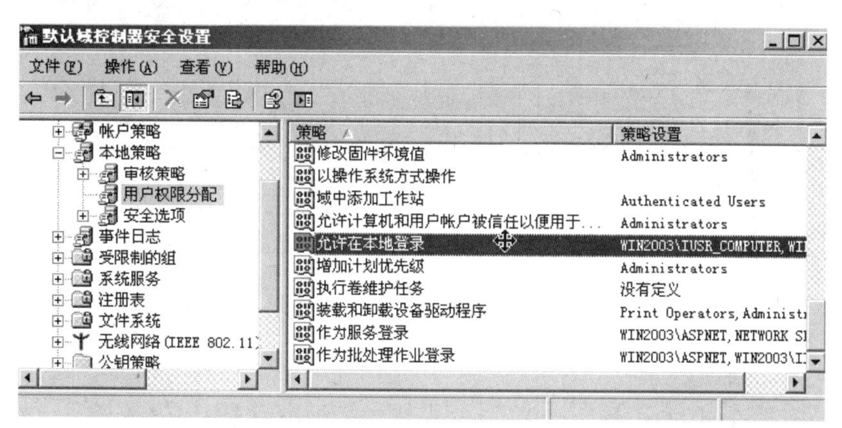

图 5-53 【用户权限分配】窗口

③ 右键单击选择【属性】，弹出的【允许在本地登录属性】窗口，如图 5-54 所示，单击【添加】按钮，会出现【选择用户或组】窗口，选择组【wl1】，单击【添加】按钮，再单击【确定】按钮，如图 5-55 所示。

添加了在本地登录的组后，在域控制器上可以进行交互式登录，如果要在客户端进行登录，还需要进行设置，即允许从网络登录计算机。设置方法基本相同，如图 5-56 所示。

然后右键单击，选择【属性】，进行相同的添加组的过程，同样添加组 wl1 即可。由于篇幅所限，不再多述。

(8) 服务器本地磁盘及相关文件夹的安全设置

① 服务器所有本地磁盘的安全属性默认为 Everyone 完全控制，这种权限对服务器来说是不安全的，所有用户都可以直接删除、修改、存取文件等。因此，可以对磁盘及文件夹重新设置权限，在保证安全的前提下，开放部分目录的访问权限。权限设置可以在 NTFS 分区的磁盘上进行。

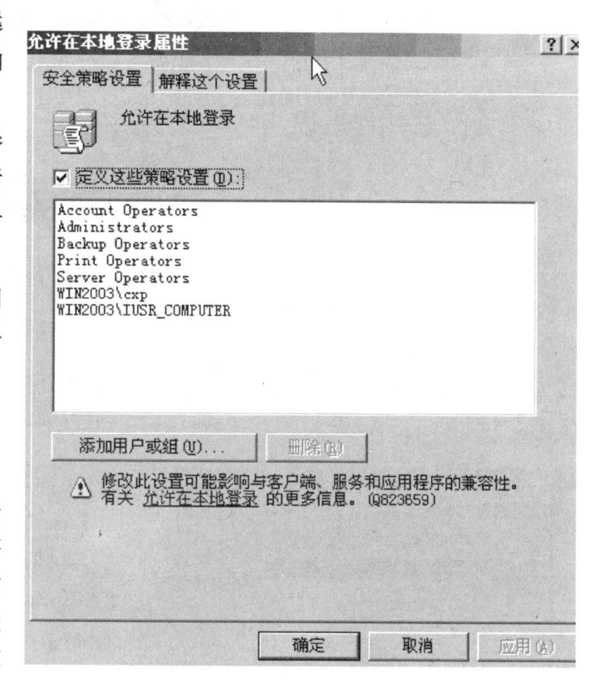

图 5-54 【允许在本地登录属性】窗口

② 在 NTFS 分区的磁盘上建立一个目录，如在磁盘（D:）上，建立一个文件夹【网络设计】，在该文件夹下又建立【user1】到【user40】共 40 个子文件夹。

③ 服务器磁盘的安全属性设置。在磁盘（D:）上右键单击，选择【属性】，弹出【属性】设置对话框，切换到【安全】选项卡，默认权限是 Everyone 完全控制，单击【Everyone 图标】，单击【删除】按钮，将该权限删除，如图 5-57 所示。

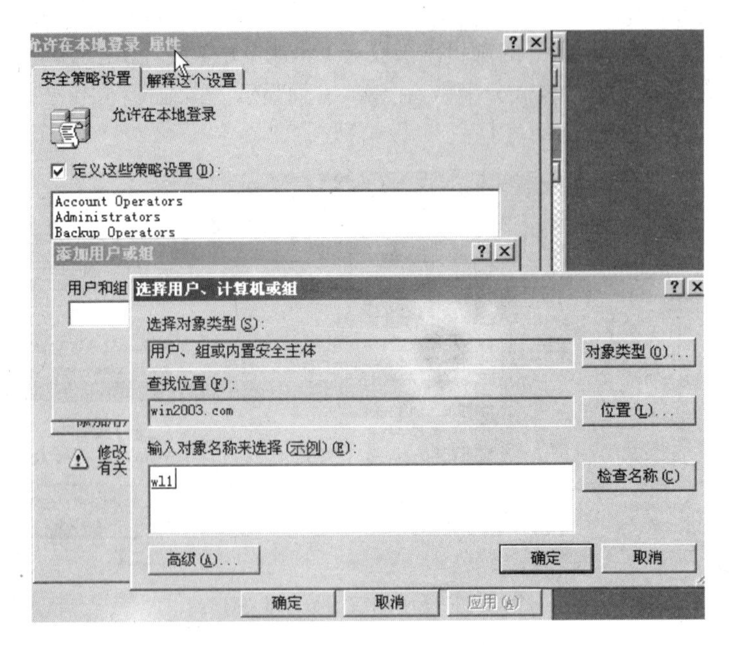

图 5-55 添加本地登录的组

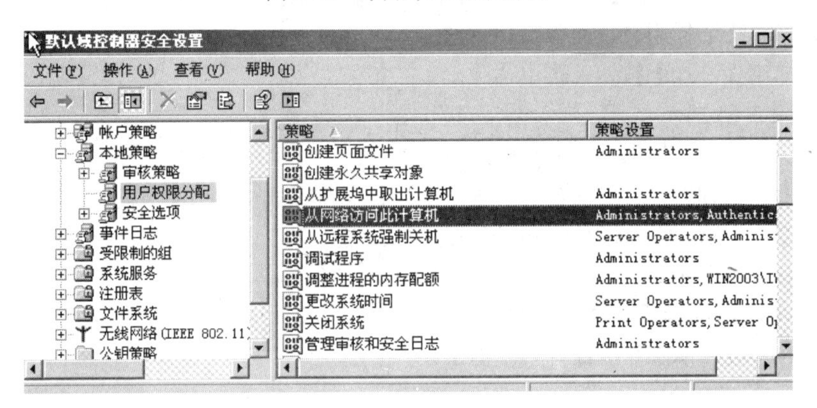

图 5-56 选择从网络访问此计算机

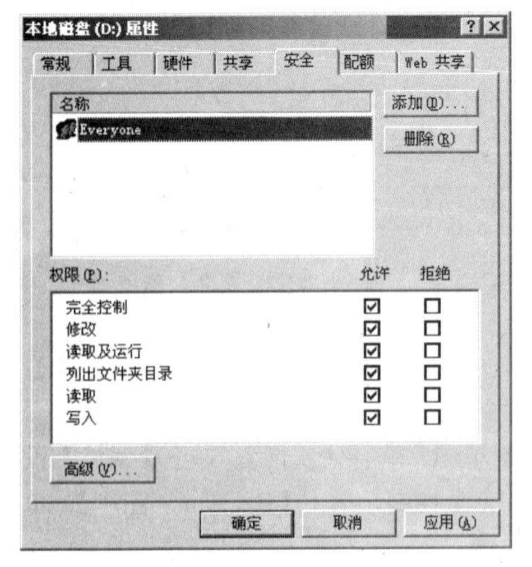

图 5-57 更改磁盘默认权限

在如图 5-57 所示的窗口中，单击【添加】按钮，出现【选择用户、计算机或组】对话框，选择【Administrator】组图标，单击【添加】按钮，在弹出的窗口中选中【Adminisrator】组图标，在权限列表中选中允许【完全控制】，如图 5-58 所示。

④ 设置目录权限。打开我的电脑，在 NTFS 分区的磁盘上，打开新建立的文件目录【网络设计】，进入各个子文件目录【user1】到【user40】，为各个文件目录设置权限。以设置【user1】文件夹的权限为例，方法如下。

打开 D 盘，打开【网络设计】目录，右键单击【user1】文件目录，选择【属性】，会弹出【属性】设置对话框，在该对话框中选择【添加】，出现【选择用户、计算机或组】窗口，此时选择【wl1】这个组，单击【确定】按钮后，回到【属性】设置对话框，在对话框中为【wl1】设置读取的权限，如图 5-59 所示。

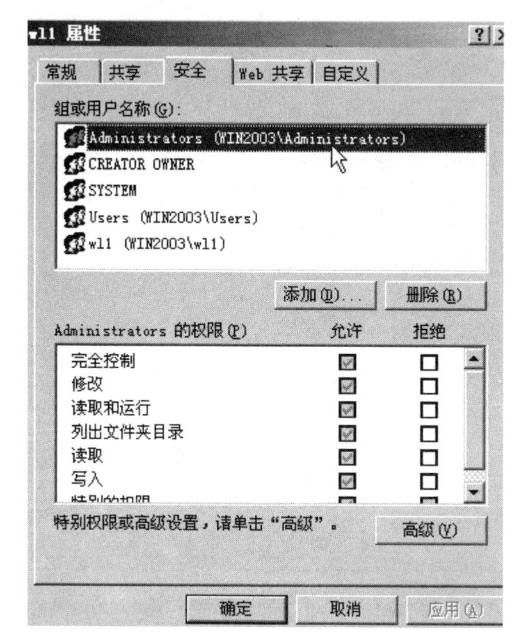

图 5-58 Adminisrator 权限设置

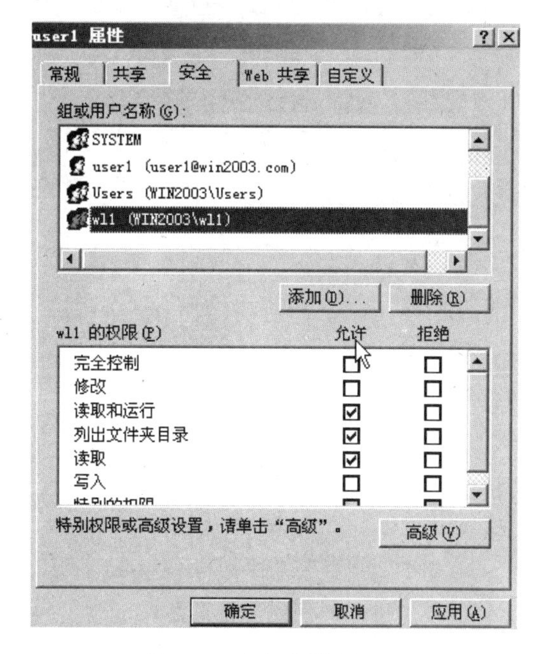

图 5-59 组权限设置

在【属性】设置对话框中单击【添加】按钮，选择用户【user1】后，单击【添加】按钮，再单击【确定】按钮，然后单击【user1】图标，在权限列表中选择【完全控制】，如图 5-60 所示。

其他文件目录作类似设置，即用户【user2】-文件目录【user2】，【user3】-文件目录【user3】，依此类推。

特别提示：

这样设置的目的：所建立的有关文件夹目录，允许管理员【完全控制】，允许相关用户对相应文件目录的【完全控制】，其他用户只有读取文件目录的权限，为用户指定私人空间。Windows 2003 的这种功能可以用于企、事业单位对员工的管理。注意，如果在客户机上用 user1 登录后能够删除 user2 的文件，则说明权限过大，没有控制成功，则可以在图 5-59 中单击【高级】按钮，进入下一个对话框中，去掉复选框，去掉用户的继承权限，则能够实现不同域用户的不同权限控制。

⑤ 磁盘配额及私人空间的使用。所谓磁盘配额，就是限制用户使用磁盘空间，当用户使用磁盘空间达到限额时，则此用户不能继续使用磁盘空间，从而实现有效的磁盘管理。

私人空间是根据磁盘配额引申而来的概念，它也需要限制磁盘配额，除此之外，还要求对每个用户所指定的配额空间有安全设置，只能是管理员和用户自己完全控制，其他用户则拒绝访问或只读。

在 NTFS 分区的磁盘上，单击磁盘图标，如右键单击 D 盘，选择【属性】，在弹出的【属性】设置对话框中选择【配额】选项，选中【启用配额管理】及【拒绝将磁盘空间给超过配额限制的用户】，如图 5-61 所示。

在如图 5-61 所示的窗口中，单击【配额项】按钮，出现【配额项目】窗口，单击【配额】菜单下的【新建配额项】命令，如图 5-62 所示。

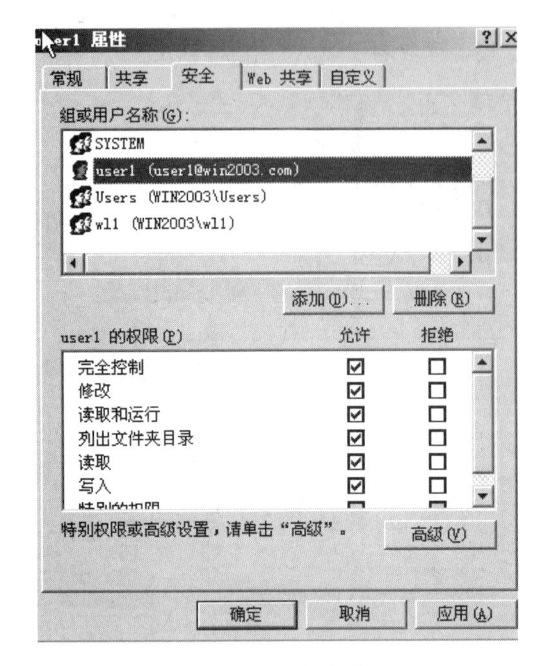

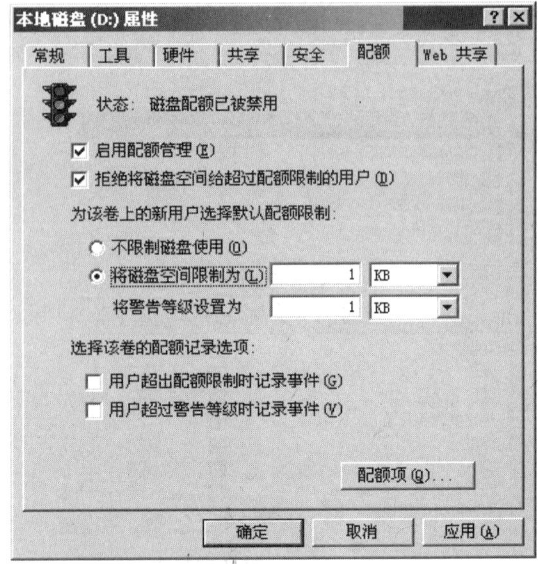

图 5-60　用户权限设置

图 5-61　磁盘【配额】选项卡

在【选择用户】的窗口中，将用户【user1】选取，单击【添加】按钮，再单击【确定】按钮之后，出现【添加新配额】对话框，将【磁盘空间限制为 20MB】，将【警告等级设置为 18MB】，如图 5-63 所示。其他用户【user2】至【user40】进行选取后作相同的配额设置。

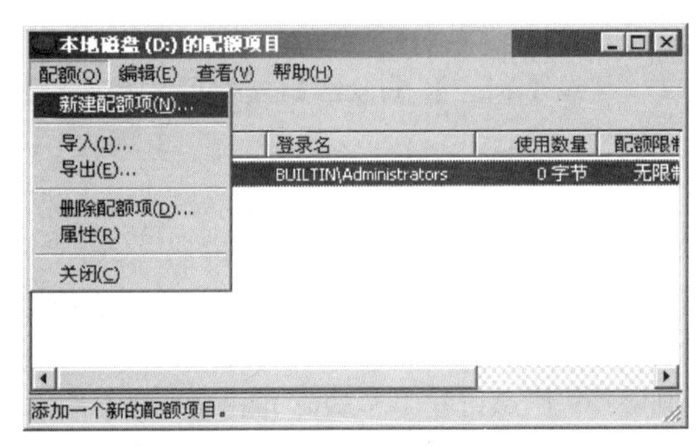

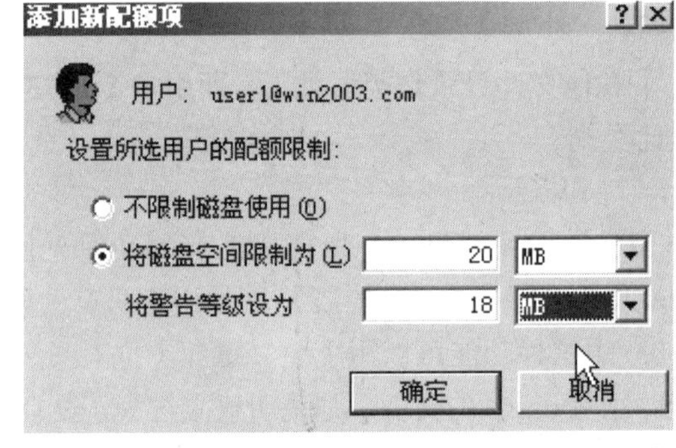

图 5-62　【新建配额项】命令

图 5-63　添加新配额

以上详细介绍了服务器端的网络配置，以及磁盘、目录权限、磁盘配额等内容。下面将介绍 Windows 2003 主从网组建中各种客户机的配置。

Windows XP 登录到 Windows Server 2003。

① Windows XP 的网络设置：单击我的电脑，右键单击选择属性，然后更改电脑的计算机名称对话框中，将计算机从属于工作组更改到域输入 Win2003，如图 5-64 所示。

② 然后单击【确定】按钮，提示输入在域控制中的可以从网络访问此计算机的用户名和密码，如果成功，则会出现如图 5-65 所示的欢迎加入域的对话框。

③ 设置完成后，重新启动计算机，出现一个登录窗口，输入用户名、密码、域名称，按【确定】按钮，即可登录到 Windows Server 2003 域服务器。

④ 登录成功后，即可实现主从式网络的功能，共享资源。

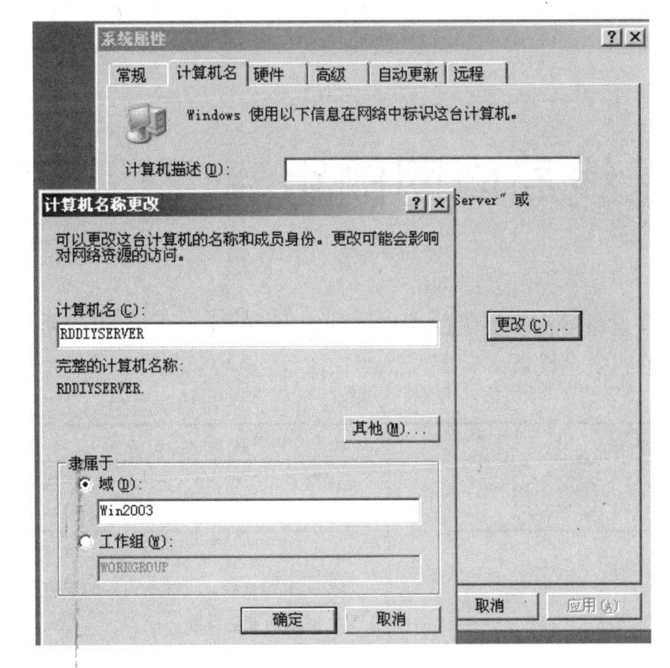

图 5-64 将客户端加入域

图 5-65 欢迎加入域

注意：在进行资源共享时，需要在安装域活动目录的计算机上共享资源，并加入共享权限和安全权限，见前面的介绍。

5．实训问题

① 在组建 Windows 2003 主从式网络的过程中如何对 Windows Server 2003 服务器进行网络配置？

② 如何设置磁盘及目录权限？

③ 如何设置磁盘配额？

④ 在组建主从式网络的过程中，客户机如何配置？

本 章 小 结

本章讲述了对等网络的组建和主从式网络的组建方法，同时详细介绍了活动目录、账号和组的创建、磁盘配额的使用等知识。

思考与练习

1．如何组建 Windows 2003 主从网？

2．如何创建磁盘配额？

3．如何安装活动目录？

4．如何创建账号和组？如何管理账号和组？

5．主从式网络组建的详细步骤有哪些？

6．上机操作：完成本章中的用户和组的创建。

7．上机操作：完成本章中的主从式网络的组建，并按照书中的介绍配置磁盘配额，客户端登录后进行资源共享，并复制文件，测试是否给出磁盘配额的警告提示。

第 6 章　无线局域网的组建

教学目标

了解无线局域网的相关知识，如硬件设备等；掌握无线局域网的组网方式，不同结构的无线局域网的组建；能够对无线网络进行简单的安全设置。

教学要求

知识要点	能力要求	关联知识
无线网络的硬件	了解无线网络硬件设备的特点及适用范围	无线网卡、无线 AP、无线网桥、无线路由器、天线
组建无线网络	（1）掌握无线网络的组网方式 （2）了解无线对等网的组建方法 （3）掌握非独立无线网络的组建方法 （4）能够对无线网络进行简单的安全设置	无线网卡的安装、无线路由器的安装及配置、网络的安全设置

重点难点

- 无线网卡、无线 AP、无线路由器及天线的性能特点及适用范围
- 无线网络的组网方式
- 无线网卡的安装操作
- 非独立性无线网络的组建
- 无线网络的安全设置

引例

无线局域网（Wireless Local Area Network，WLAN）是一种利用无线技术，提供无线对等（如 PC 对 PC、PC 对集线器或打印机对集线器）和点到点(如 LAN 到 LAN)连接性的数据通信系统。

无线局域网因其架设灵活、移动方便和受环境影响小的优势，已运用到越来越多的企、事业单位及家庭网络架设中。作为传统有线网络的补充和延伸，使得人们的办公、生活更加便捷、灵活。

6.1　无线局域网的硬件

无线网络与有线网络在组网的硬件上并无太大差异，总体上，组建无线局域网需要的硬件设备主要包括：无线网卡（信号接收器）、无线 AP（无线接入点）、无线网桥、无线路由器（中心接入点）和无线天线（发射红外线或无线电波，即“传输介质”）等。在组建无线局域网之前，必须对这些相关设备有一定的认识和了解。

6.1.1　无线网卡

无线网卡的作用类似于以太网中的网卡，是实现计算机与其他无线设备连接的接口，是计算机连接无线网络的接口。计算机如果要与其他网络设备进行无线通信，就必须安装一块无线网卡。根据接口类型的不同，将无线网卡分为三种类型：PCI 无线网卡、USB 无线网卡和 PCMCIA 无线网卡。

1．PCI 无线网卡

PCI 接口无线网卡仅适用于普通台式计算机，使用前需将网卡插入计算机主板的 PCI 插槽中，不支持热插拔，安装相对较麻烦。如图 6-1 所示就是一个 PCI 无线网卡。

2．USB 无线网卡

USB 接口无线网卡适用于普通台式机和笔记本电脑，使用时把网卡插入计算机的 USB 接口中，支持热插拔。USB 无线网卡具有即插即用、安装方便、高速传输等特点，只要配备 USB 接口就可以安装使用。如图 6-2 所示就是一个 USB 无线网卡。

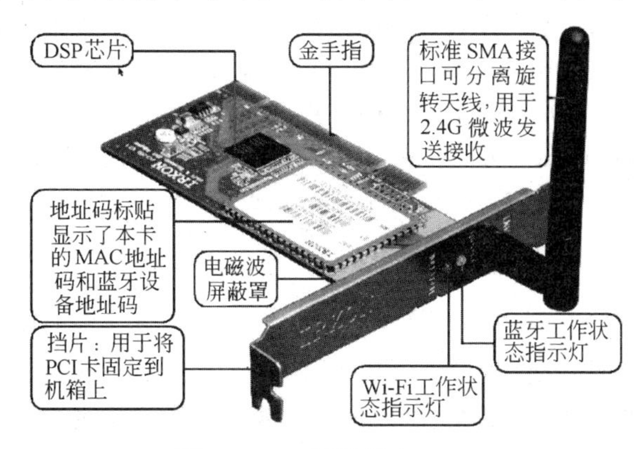

图 6-1　PCI 无线网卡

图 6-2　USB 无线网卡

3．PCMCIA 无线网卡

PCMCIA 接口无线网卡仅适用于笔记本电脑，使用时把网卡插入笔记本电脑的 PCMCIA 插槽中，支持热插拔。PCMCIA 无线网卡主要针对笔记本电脑设计，具有和 USB 相同的特点。如图 6-3 所示就是一个 PCMCIA 无线网卡。

6.1.2　无线 AP

无线 AP（Access Point）即无线接入点，是用于无线网络的无线交换机，也是无线网络的核心，其作用类似于以太网中的集线器。无线 AP 如没特别说明，理解为单纯性的无线 AP，以此与无线路由器进行区分。它主要提供无线工作站对有线局域网和从有线局域网对无线工作站的访问，在访问接入点覆盖范围内的无线工作站可以通过它进行相互通信。通俗地讲，无线 AP 是无线网和有线网之间沟通的桥梁。无线 AP 与路由器不同，通常只有一个 LAN 口。如图 6-4 所示是一种常见的无线 AP。

图 6-3　PCMCIA 无线网卡

图 6-4　一种常见的无线 AP

无线 AP 的工作原理是将网络信号通过双绞线传送过来，经过 AP 产品的编译，将电信号转换成为无线电讯号发送出来，形成无线网的覆盖。根据不同的功率，其可以实现不同程度、不同范围的网络覆盖，一般无线 AP 的最大覆盖距离室内 100 米、室外 300 米。这仅是理论值，在实际网络通信中会碰到许多障碍物，其中以玻璃、木板、石膏墙对无线信号的影响最小，而混凝土墙壁和铁对无线信号的屏蔽最大。所以通常实际使用范围是：室内 30 米、室外 100 米（没有障碍物）。目前大多数的无线 AP 都支持多用户（30～100 台计算机）接入，数据加密，多速率发送等功能，在家庭、办公室内，一个无线 AP 便可实现所有计算机的无线接入。

多数单纯性无线 AP 本身不具备路由功能，包括 DNS、DHCP、Firewall 在内的服务器功能都必须由独立的路由或是计算机来完成。目前主要技术为 802.11 系列。无线 AP 亦可对装有无线网卡的计算机做必要的控制和管理，即可以通过 10BASE-T（WAN）端口与内置路由功能的 ADSL MODEM 或 CABLE MODEM（CM）直接相连，也可以在使用时通过交换机/集线器、宽带路由器再接入有线网络。大多数无线 AP 还带有接入点客户端模式（AP Client），可以和其他 AP 进行无线连接，延展网络的覆盖范围。

6.1.3 无线网桥

无线网桥（Wireless Bridge)是为使用无线（微波）进行远距离数据传输的点对点网间互联而设计的。它是一种在链路层实现网络互联的存储转发设备，可用于固定数字设备与其他固定数字设备之间的远距离（可达 20km）、高速（可达 11Mbps）无线组网。

无线网桥有三种工作方式：点对点，点对多点，中继连接。无线网桥通常是用于室外，主要用于连接两个或多个独立的网络段，这些独立的网络段通常位于不同的建筑内，相距几百米到几十公里。所以说它可以广泛应用在不同建筑物间的互联，特别适用于城市中的远距离通信。

无线网桥不可能单独使用，必须两个以上，而 AP 可以单独使用。无线网桥功率大，传输距离远（最大可达约 50km），抗干扰能力强等，不自带天线，一般配备抛物面天线实现长距离的点对点连接。根据协议不同，无线网桥又可以分为 2.4GHz 频段的 802.11b 或 802.11 以及采用 6.8GHz 频段的 802.11a 无线网桥。如图 6-5 所示是各种各样的无线网桥。

6.1.4 无线路由器

无线路由器（Wireless Router）是单纯性无线 AP 与宽带路由器合二为一的产物，又名扩展性 AP。既有无线 AP 的功能，也有宽带路由器的功能。通过无线路由器可以用它连接很多带有无线网卡的计算机，组成无线网络；同时还能接入其他网络，实现无线网络中的计算机共享上网，实现 ADSL 和小区宽带的无线共享接入。另外，无线路由器可以把通过它进行无线和有线连接的终端都分配到一个子网，这样子网内的各种设备交换数据就非常方便。

目前无线路由器产品支持的主流协议标准为 IEEE 802.11g，并且向下兼容802.11b。无线路由器信号强弱同样受环境的影响较大。无线网络覆盖范围理论值是室内 100 米，室外 400 米，它会随网络环境的不同而各异；通常室内 50 米，室外 100～200 米，都有较好的无线信号。

常见的无线路由器一般都有一个 RJ 45 口为 WAN 口，也就是 UPLink 到外部网络的接口，其余 2～4 个口为 LAN 口，用来连接普通局域网，内部有一个网络交换机芯片，专门处理 LAN 接口之间的信息交换。通常无线路由的WAN口和 LAN 之间的路由工作模式一般都采用 NAT（Network Address Transfer）方式。所以，无线路由器也可以作为有线路由器使用。如图 6-6 所示是一种无线路由器。

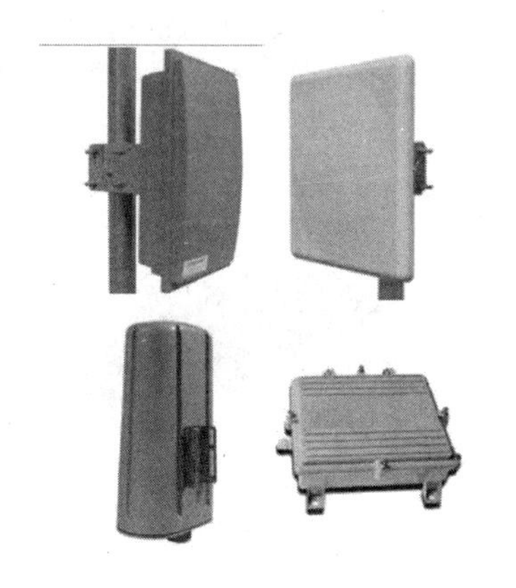

图 6-5 各种各样的无线网桥

图 6-6 无线路由器

6.1.5 无线天线

为了缓解远距离网络通信中信号衰减与传输速率快速下降的情形，无线通信设备通常使用无线天线（Antenna），借助于无线天线对所接收或发送的信号进行增益（放大）。

无线天线有多种类型，根据方向性的不同，天线分全向（Omni-direction）和定向（Uni-direction）两种。全向天线无方向性，对四周都有放大的效果，一般用于中心对四周对点的网络环境；定向天线一般是某一个方向的信号放大效果要强，一般适合于远距离点对点通信。

根据其使用环境不同又分为室内天线和室外天线。前者的优点是方便灵活，缺点是增益小，传输距离短；室外天线的优点是传输距离远，比较适合远距离传输，并且类型比较多。如图 6-7 所示为各种各样的无线天线。

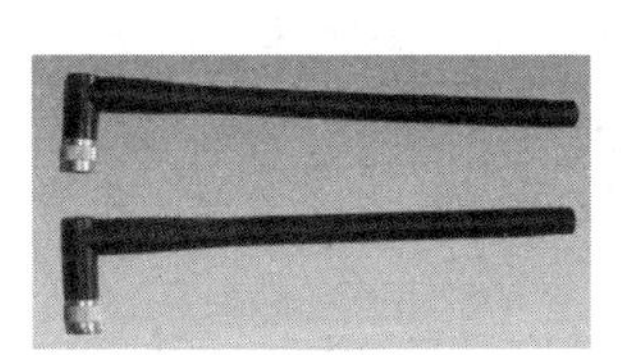

（a）室内全向无线天线

（b）室外抛物面定向无线天线

（c）室外锅状定向天线

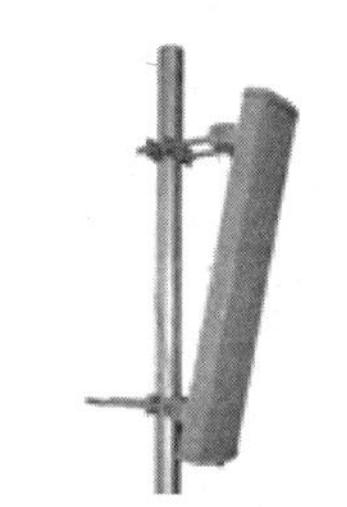

（d）室外扇区板状定向天线

图 6-7 各种各样的无线天线

6.1.6 其他无线网络设备

随着无线网络技术的迅猛发展与广泛应用，无线网络设备越来越多，除了以上介绍的几种主要网络设备，还有许多其他无线网络设备为人们所用。如无线摄像头、无线键盘、无线鼠标、无线麦克风、无线投影仪、无线打印机、无线网络电话等。如图 6-8 所示就是列举的几种其他无线网络设备。

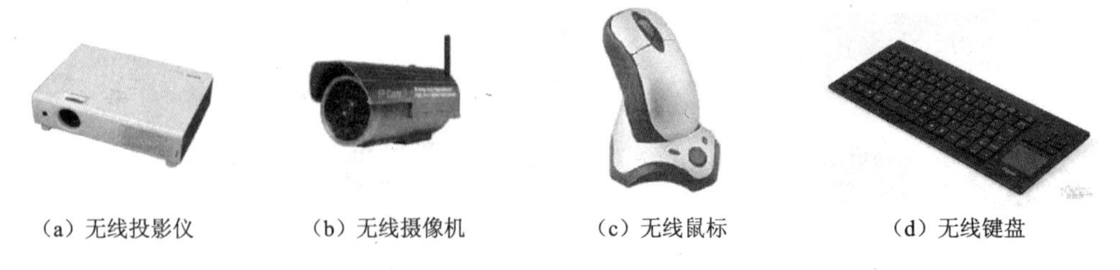

（a）无线投影仪　（b）无线摄像机　（c）无线鼠标　（d）无线键盘

图 6-8　几种其他无线网络设备

构建小型无线网络的硬件设备主要就是以上介绍的几种，当然，并不是所有无线网络都需要用到上述所有设备。通常用户在组建一个家庭或办公室对等式无线网络时，只需要用到无线网卡；在需要将无线网络与原有线局域网连接时，才需要用的无线 AP 或者无线路由器。

6.2　无线局域网的组建

通过认识无线局域网的几种硬件设备，了解无线局域网组建中所需的各种设备的性能和特点后，下面介绍如何动手组建几种常用的无线局域网。

6.2.1　无线局域网的组网方式

无线局域网的组建方式按照是否使用有线通信设备而分为两种类型。一种是指在无线局域网中均使用无线设备通信的组网方式，称为独立无线局域网，具体又可分为：不带 AP 与带 AP 两类。

局域网中的各个终端设备之间在不使用 AP 时，可以通过无线网卡进行直接互联。最简单的无线局域网只需将两台安装上无线网卡的计算机放置在有效距离内，通过“无线网卡+无线网卡”来实现点对点的连接，并进行数据传输，该组网方式就是 Ad-Hoc（点对点）方式，又叫对等式无线网络。

带 AP 的即无线接入点式局域网，无线 AP 作为无线局域网的中心，所有用户终端之间的信息传递，均要通过无线 AP 的转接。

另一种称为非独立无线局域网，即在无线局域网组建中有无线模式又存在有线模式。其基本组网方式是通过无线 AP（或无线路由器）将现有的有线局域网扩展到无线局域网的混合式结构。

6.2.2　对等式无线网络

对等式无线网络（Ad Hoc Wireless LAN）即不带 AP 的独立无线网络，也称无线网卡直连式网络（自组织网络，特定网络，对等网络）。只需要网络中的计算机安装上无线网卡，然后通过无线网卡之间的无线连接，实现计算机之间的通信和资源共享等。其网络结构简单，组网方便、快捷。但因信号有效传输距离小，覆盖范围有限，该方式主要适用于少量计算机的小范围间无线通信，进行数据的传递和资源共享。其组网形式如图 6-9 所示。

1．无线网卡的硬件安装

针对前面介绍的无线网卡类型，下面将分别介绍其硬件安装的相关知识，用户应根据自己的实际需要选择相应类型的无线网卡，并正确安装。

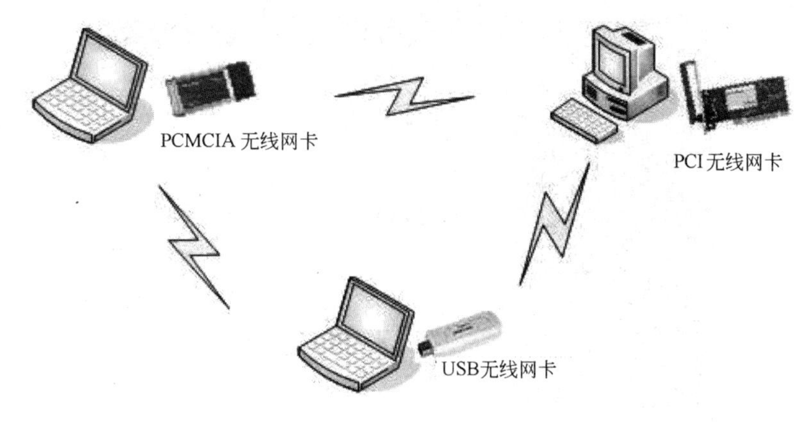

图 6-9 对等式无线网络布局图

（1）PCI 无线网卡的安装

PCI 无线网卡的安装与普通网卡的安装一样，都是将其安装到主机中主板上的 PCI 插槽上，然后拧紧固定螺丝即可。

（2）PCMCIA 无线网卡

PCMCIA 无线网卡通常安装在笔记本电脑上，一般笔记本电脑都自带了无线网卡，不需要用户自己安装。PCMCIA 无线网卡的插槽一般位于笔记本电脑的侧面，只需将该无线网卡轻轻插入该插槽中即可，如图 6-10 所示。

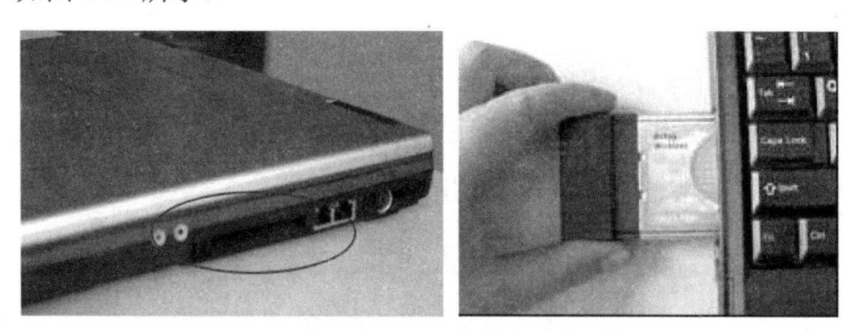

图 6-10 PCMCIA 无线网卡插槽

（3）USB 无线网卡

USB 无线网卡与普通 U 盘外观相似，安装非常简单，直接插入计算机的 USB 接口即可。既适用于台式机又可用于笔记本电脑。

2. 安装无线网卡驱动程序

无线网卡硬件安装好后，通常还需要安装配套的驱动程序才能正常使用。下面就以 Windows XP 系统下安装常用的 USB 接口无线网卡为例，介绍无线网卡驱动程序的安装和设置方法。

（1）无线网卡完成硬件安装后，通常系统会提示发现新硬件，安装程序会自动启动硬件安装向导，提示用户完成该硬件的驱动安装，如图 6-11 所示。这时用户需将该无线网卡的驱动盘放入计算机光驱中，此时对话框中显示默认选项 【自动安装软件（推荐）】，单击【下一步】按钮。

（2）出现如图 6-12 所示的对话框，硬件安装向导正在搜索与该无线网卡匹配的驱动程序，搜索完成显示如图 6-13 所示的对话框，在列表中选择与该无线网卡型号及操作系统匹配的驱动程序，单击【下一步】按钮。

（3）出现如图 6-14 所示的对话框，安装向导正在将源驱动文件复制到目标文件夹中，完成新硬件驱动程序的安装。

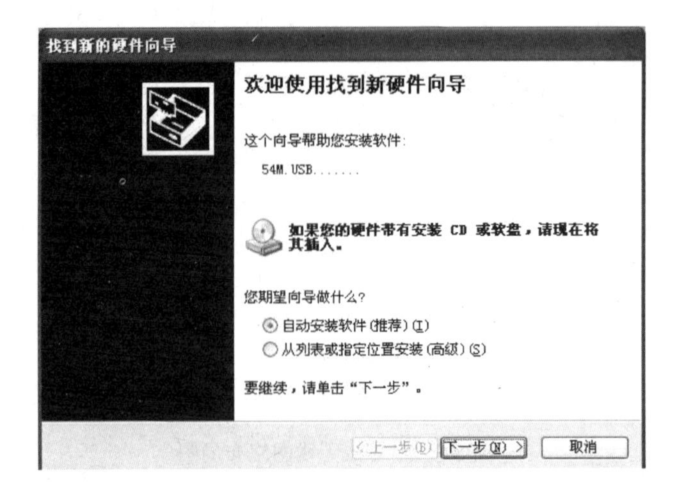

图 6-11 选择自动安装软件

图 6-12 安装向导正在搜索驱动

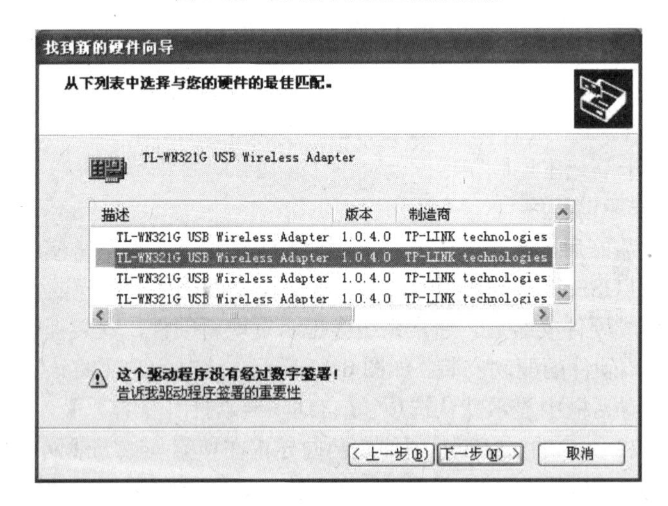

图 6-13 选择匹配的驱动程序

（4）驱动程序复制完毕后，出现如图 6-15 所示对话框，显示【完成找到新硬件向导，该向导已经完成了对下列设备的驱动安装】。单击“完成”按钮，该无线网卡驱动安装完成。

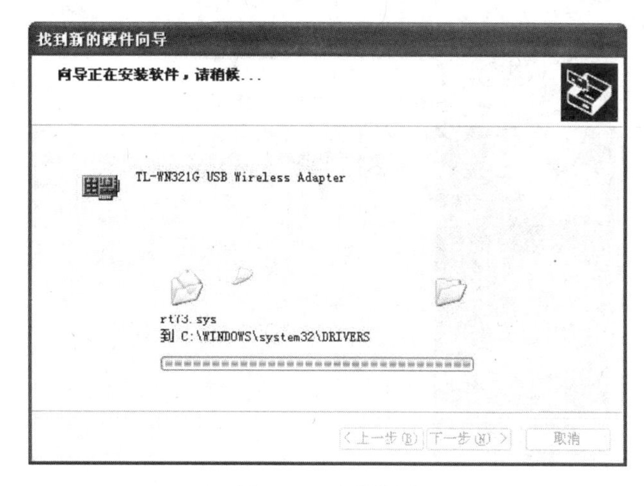

图 6-14 安装驱动

图 6-15 完成驱动程序安装

3．对等无线局域网的设置

这里以连接家庭中两台计算机组成对等式无线局域网为例，来说明组建对等无线局域网的设置方法。

（1）在控制面板中双击“无线网络安装向导”图标，或者打开网上邻居选择“为家庭或小型办公室设置无线网络”，如图 6-16 所示。无线网络安装向导启动，提示用户可以通过该向导设置无线连接，实现计算机无线通信，显示如图 6-17 所示对话框。

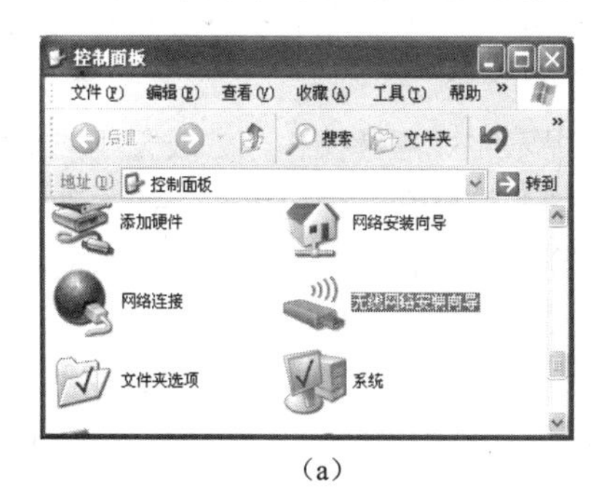

（a）

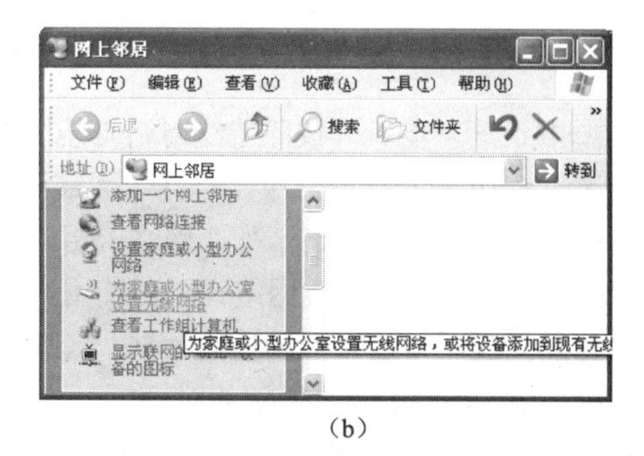

（b）

图 6-16 打开无线网络安装向导

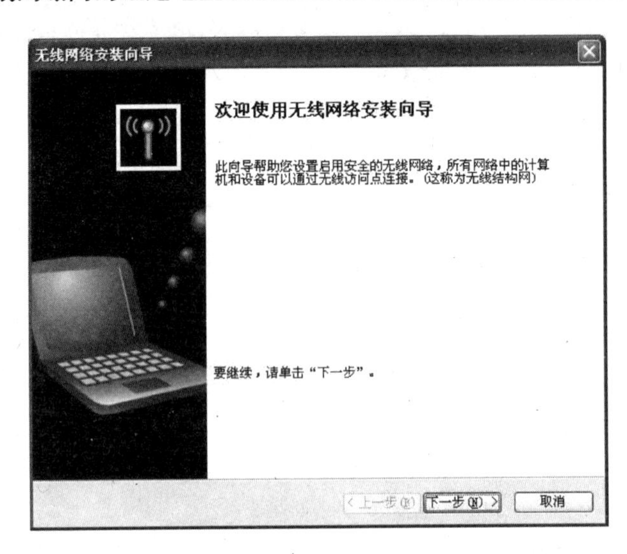

图 6-17 无线网络安装向导启动

（2）单击“下一步”，弹出如图 6-18 所示的对话框。在对话框中需要输入无线局域网的网络名（SSID），名字由用户自己定义，最多 32 个字符。同局域网内的计算机需将 SSID 名称设为一样。对话框中两个选项，默认选定“自动分配网络密钥（推荐）”选项，系统最终将自动为该网络分配一个安全密钥，无需用户自己设置。

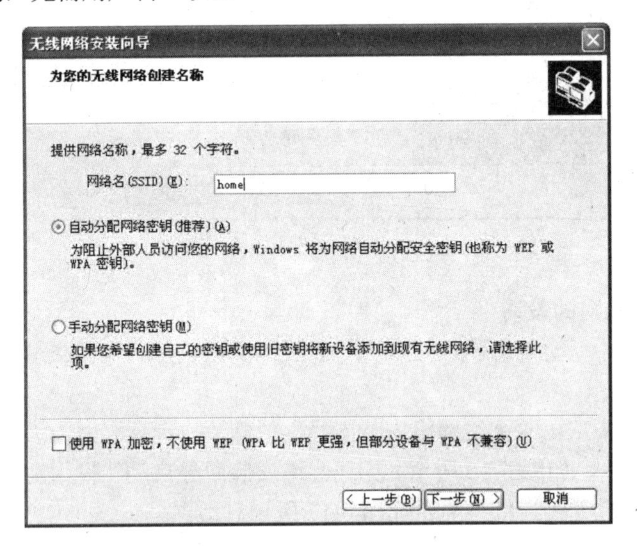

图 6-18 设置网络名称

（3）单击“下一步”，按照无线网络安装向导的提示完成后续操作，完成无线网络的安装，最后显示如图 6-19 的对话框。单击“打印网络设置按钮”，打开一个记事本文件，该文档对无线网络设置作了说明，包含网络名称、网络密钥、网络验证类型等信息的注释。用户将记录下这些信息，并在另一台计算机无线网络设置时使用。

（4）打开无线网络连接的属性对话框，选择“无线网络配置”选项卡，如图 6-20 所示。单击“高级”按钮，出现如图 6-21 所示的对话框，选择“仅计算机到计算机（特定）”，清除“自动连接到非首选的网络”的选项。

（5）在第二台计算机上安装无线网卡及驱动，使用第一台计算机无线网络的信息，安装和设置第二台计算机的无线网络。然后查看可用的无线网络，打开无线网络连接的对话框，如图 6-22 所示，显示了名为“home”的对等式无线网络，单击“连接”按钮，实现对等式无线局域网连接，局域网内的计算机就可实现无线通信。还可以在一台计算机上设置 Internet 连接共享，如图 6-23 所示，选择“允许其他网络用户通过此计算机的 Internet 连接来连接”复选框，实现共享上网。

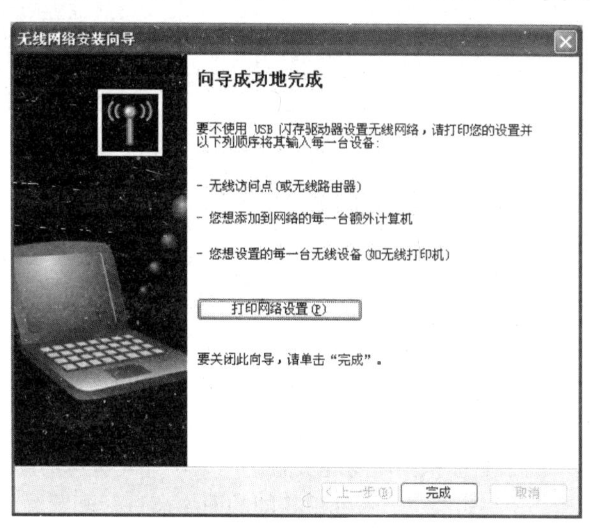

图 6-19 完成无线网络安装

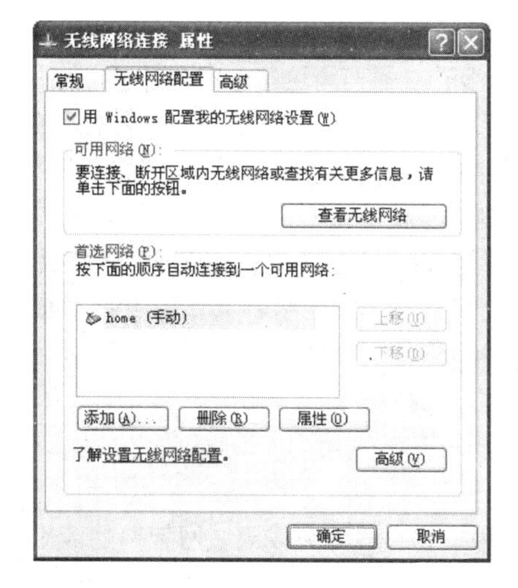

图 6-20 无线网络连接的属性设置

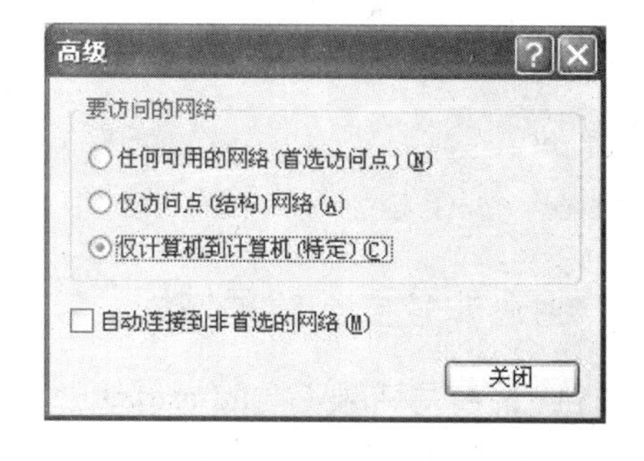

图 6-21 对等网络属性设置

6.2.3 无线 AP 局域网

无线 AP 局域网（带 AP 的独立无线网络）是指无线网络内的计算机之间构成一个独立的网络，无法实现与其他无线网络和以太网络的连接，如图 6-24 所示。独立无线网络使用一个无线访问点（Access Point，AP）和若干无线网卡。

带 AP 独立无线网络方案与对等无线网络方案非常相似，所有的计算机中都安装有一块网卡。所不同的是，带 AP 独立无线网络方案中加入了一个无线访问点。无线访问点类似于以太网中的集线器，可以对网络信号进行放大处理，一个工作站到另外一个工作站的信号都可以经由该 AP 放大并进行中继。因此，拥有 AP 的独立无线网络的网络直径将是无线网络有效传输距离的一倍，在室内通常为 60 米左右。

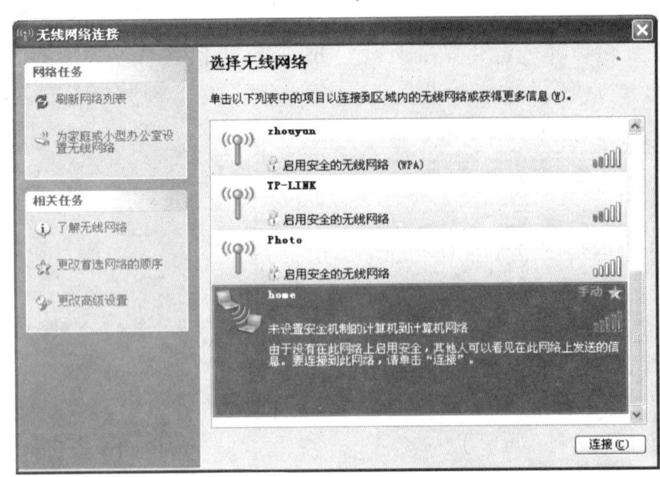

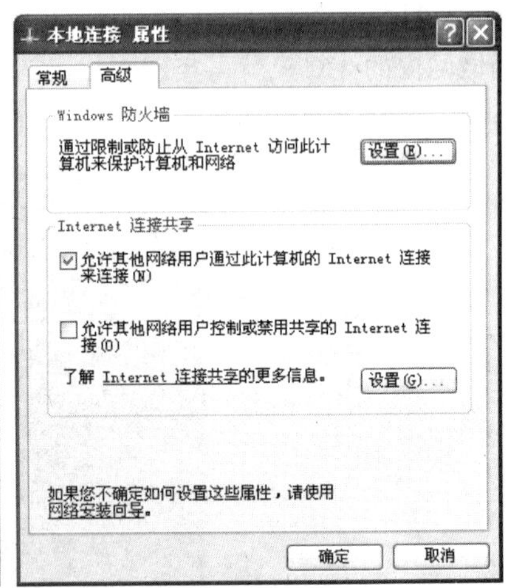

图 6-22 对等式无线局域网连接通信

图 6-23 设置 Internet 连接共享

对等无线网络由唯一网络名标识。需要连接至此网络，并配备所需硬件的所有设备，均必须使用相同的网络名进行配置。

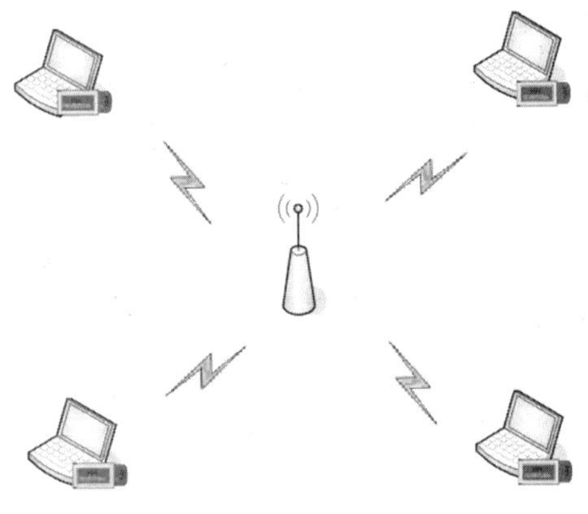

图 6-24 带 AP 独立无线网络布局图

网络名是逻辑连接无线网络中的设备的值。该值（也称为 SSID）通常被指定为公司名称或其他，用于区分与之相邻的无线网络。为了保证无线网卡在不同的 AP 之间漫游，需要为这些 AP 设置相同的网络名，否则，将无法支持漫游。同样，网卡的网络名需要设置成与 AP 的网络名相同，否则将无法接入网络。

该方案仍然属于共享式接入，也就是说，虽然传输距离比对等无线网络增加了一倍，但所有计算机之间的通信仍然共享无线网络带宽。由于带宽有限，因此，该无线网络方案仍然只能适用于小型网络（一般不超过 20 台计算机）。

6.2.4 组建非独立无线局域网

非独立无线局域网（即 Infrastructure 模式）是一种整合有线与无线局域网架构的应用模式。在这种模式中，无线网卡与无线 AP 进行无线连接，再通过无线 AP 与有线网络建立连接。

目前很多家庭使用的都是“无线路由器+无线网卡”模式，这种模式下无线路由器相当于一个无线 AP 集合了路由功能，用来实现有线网络与无线网络的连接。无线路由器不仅集合了无线 AP 功能和路由功能，同时还集成了一个有线的四口交换机，可以实现有线网络与无线网络的混合连接，如图 6-25 所示。

1．安装无线路由器

（1）选定一个合适的位置安放好无线路由器，将电源接头接上无线路由器背面的电源孔，然后将另一端接上电源插座。请稍候约 30 秒，待无线路由器激活完毕后，再进行下一步连接动作，如图 6-26 所示。

（2）请将连接至 ADSL/Cable Modem 的网络线接上广域网端口（WAN）上，如图 6-27 所示。

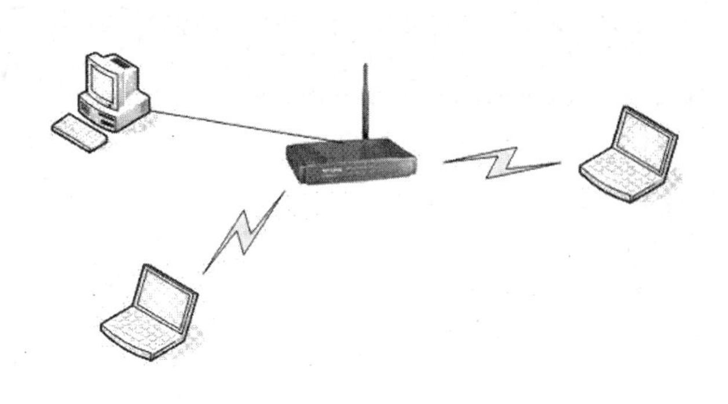

图 6-25 非独立无线网络布局图

图 6-26 无线路由器电源连接图

（3）将与计算机或设备连接的网络线接上局域网端口 1～4（LAN）任意一个端口，如图 6-28 所示。

图 6-27 无线路由器与外网连接图

图 6-28 无线路由器与计算机或设备连接图

（4）完成连接设置之后，无线路由器的指示灯应该为：

① Power 灯恒亮；

② Status 灯约每秒闪烁一次；

③ WAN 灯不定时闪烁；

④ WLAN 灯闪烁；

⑤ 接上 LAN 1～4 的指示灯闪烁。

2．配置无线路由器

本节以 TP-Link TL-WR340G 无线路由器为例来介绍配置方法。设置无线路由器的时候可以用双绞线连接到所使用的计算机上，一端接到无线路由器的 LAN 口上（注意不是 WAN 口），让计算机自动获取 IP 地址；或者参阅无线路由器产品说明书，查看其默认的 IP 地址为“192.168.1.1”。将计算机的 IP 地址设为 192.168.1.2，这个 IP 只要与无线路由器的默认 IP 在同一个网段即可，子网掩码为 256.256.256.0。打开 IE 浏览器，在地址栏输入无线路由器的默认 IP 地址，单击 Enter 键，弹出用户登录对话框，如图 6-29 所示。

用户也可以使用该无线局域网内安装了无线网卡的其他计算机，对无线路由器进行配置。将该计算机无线网卡的 IP 地址设置为与无线路由器默认 IP 地址在同一网段，让计算机搜索无线网络，一般就可以找到无线路由器，然后连接即可。

在【用户名】文本框中输入 admin，在【密码】文本框中输入 admin，然后单击“确定”按钮，弹出配置主窗口，如图 6-30 所示。

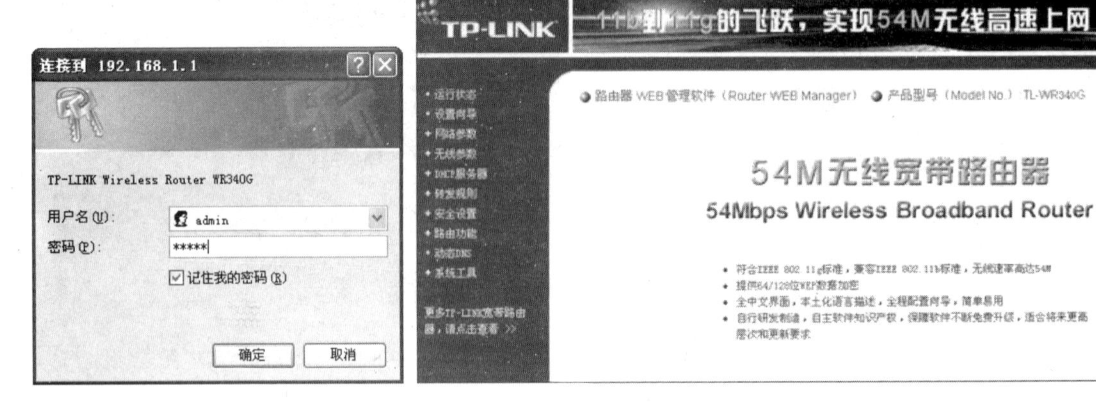

图 6-29　无线路由器登录界面

图 6-30　无线路由器配置主窗口

执行【无线参数】/【基本设置】命令，出现如图 6-31 所示的对话框。在此可以更改 SSID 号，即无线网络的名称。还可以更改频段，当只有一个无线 AP 或无线路由器时，可以选择任意频段；当拥有两个或两个以上 AP，且无线信号的覆盖范围重叠时，则应当为每个 AP 设置不同的频段。

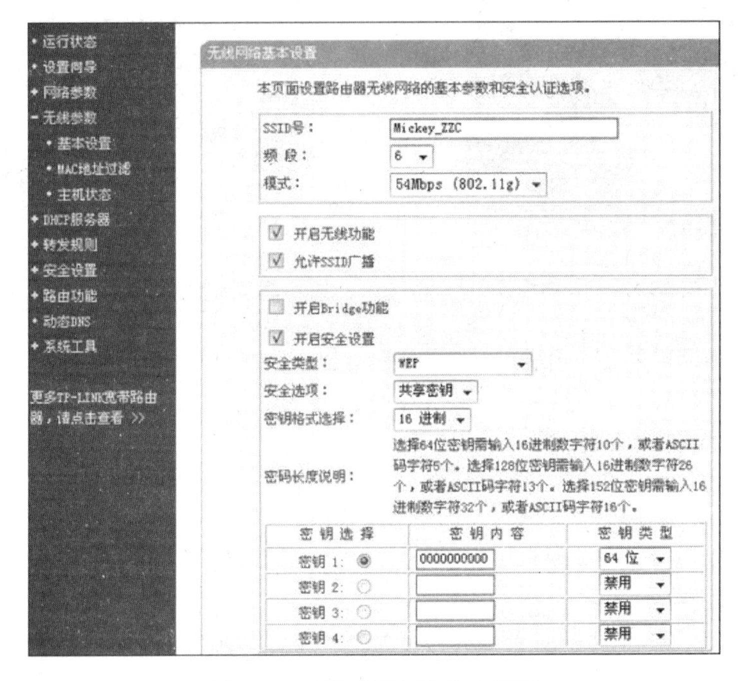

图 6-31　配置无线网络基本设置

另外，还可以选择是否开启无线功能和 SSID 广播，默认都是开启状态。改动后，要单击“保存”按钮，返回登录主窗口。

在主窗口中，执行【网络参数】/【WAN 口设置】命令，出现如图 6-32 所示的 WAN 口设置对话框。WAN 口一般是无线路由器连接其他网络，如以太网、ADSL 宽带等的接口，俗称“外网口”。可以根据需要选择 WAN 口的连接类型。

然后执行【网络参数】/【LAN 口设置】命令，LAN 口就是无线路由器与其他无线终端连接的接口，当然也包括无线路由器上 5 个以太网 LAN 口，出现如图 6-33 所示的对话框。

在此可以更改无线路由器的默认 IP 地址，如果修改了默认 IP 地址，那么无线路由器连接的其他无线终端设备（包括有线终端）自动获取的 IP 地址就会相应改变。因为无线路由器的 IP 和其他无线终端及有线终端的 IP 在同一个网段，否则就无法正常连接。

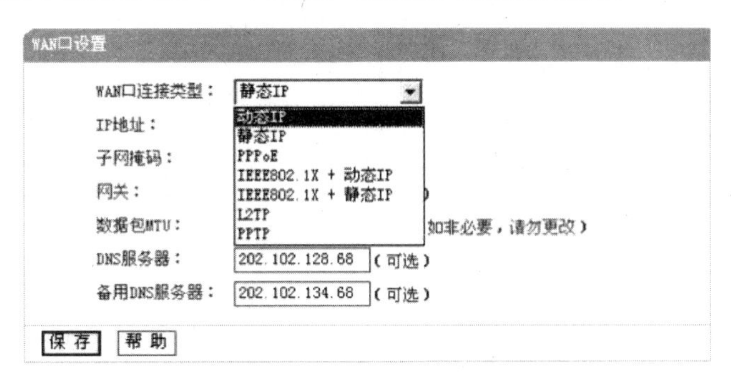

图 6-32　WAN 口设置

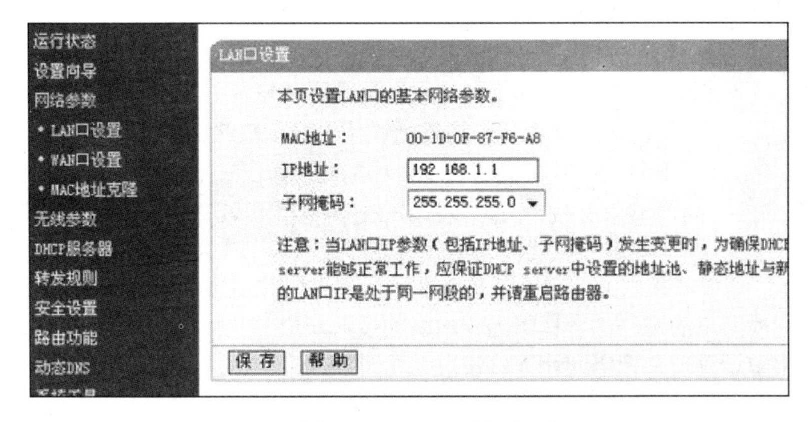

图 6-33　LAN 口设置

最后，运用双绞线将路由器的 WAN 口连接到互联网接口，实现无线局域网内的计算机共享上网，这样一个非独立无线局域网即组建好。这种方式在实际应用中非常多，一般用来连接以太网和 ADSL 等网络，作为有线网络灵活的补充。完成以上步骤，无线路由器即基本配置好，但是这样在管理和安全上没有保障，这时无线局域网的安全设置就很必要。

3．无线局域网的安全设置

完成无线路由器的设置后，在无线路由器覆盖范围内，所有无线终端均可接入无线网络。因此它容易遭受网络攻击，导致个人信息被偷窥、机密数据泄漏、计算机被监视或者网络被盗用等情况。为了避免以上安全隐患，就需要对无线网络进行必要的安全设置。

以下将介绍一些常用的安全设置方法，以增强无线网络的安全性。

（1）修改无线路由器的默认用户名和口令

同品牌型号的路由器出厂提供的默认用户名和密码均相同，许多用户购买这些设备后，都不修改其默认的用户名和密码，这就给别人可乘之机。非法用户只需通过简单的扫描工具就很容易找出这些设备的 IP 地址，并尝试用默认的用户名和密码去登录管理页面。如果成功登录则立即取得该路由器的最高控制权，非法占用网络资源，甚至修改用户名和密码。如果碰到被别人修改了用户名和密码，自己无法管理路由器时，可以通过按路由器面板上的 Reset 复位键，恢复出厂设置即可。

在无线路由器的管理界面左侧菜单中，执行【系统工具】/【修改登录口令】命令，出现如图 6-34 所示窗口，在此为无线路由器设置新的用户名和口令。

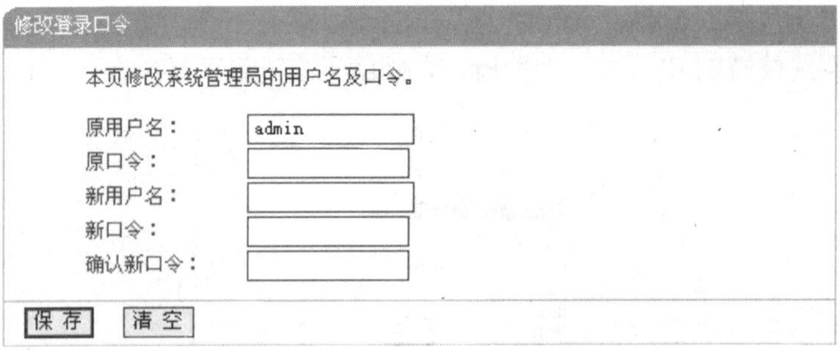

修改登录口令

本页修改系统管理员的用户名及口令。

原用户名： admin
原口令：
新用户名：
新口令：
确认新口令：

保存 清空

图 6-34 修改登录口令设置

（2）防止未授权用户盗用无线网络

进入无线路由器的管理界面，更改默认的 SSID 号，并不启用 SSID 广播，如图 6-35 所示，去掉“允许 SSID 广播”前复选框内的小勾。

SSID（Service Set Identifier），又称服务集标识符，实质是无线局域网的名称，用来区分不同的网络，只有设置了相同 SSID 的计算机才能互相通信。配备无线网卡的计算机必须获取无线路由器的 SSID 号，才能访问无线路由器。通常无线路由器有默认的 SSID，如 TP-LINK 的 SSID 就是 TP-LINK，Intel 的 SSID 是 101。默认的 SSID 存在安全隐患，因此应当将其修改。

SSID 广播会使无线路由器不断广播其 SSID，将 SSID 告知网络中的其他计算机，因此建议关闭 SSID 广播。当其他用户想自动连接到该无线路由器时，需手动输入正确的 SSID，这在一定程度上保证了无线局域网接入的安全性，防止非法用户占用网络资源。

（3）通过无线网络的密码加密保障无线网络的接入安全

在无线网络中设置一个密码，计算机使用无线网络时输入相同的密码就可以接入上网，否则拒绝登录。通常分为 WEP 和 WPA，由于 WEP 安全性较弱，建议使用 WPA 方式来实现加密。具体设置如图 6-35 所示。

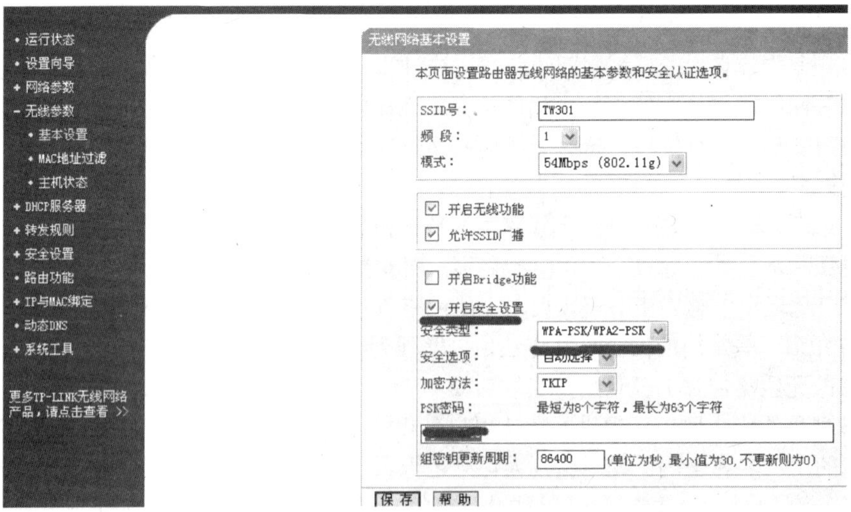

• 运行状态
• 设置向导
+ 网络参数
- 无线参数
• 基本设置
• MAC地址过滤
• 主机状态
+ DHCP服务器
+ 转发规则
+ 安全设置
• 路由功能
+ IP与MAC绑定
• 动态DNS
+ 系统工具

更多TP-LINK无线网络产品，请点击查看 >>

无线网络基本设置

本页面设置路由器无线网络的基本参数和安全认证选项。

SSID号： TW301
频 段： 1
模式： 54Mbps (802.11g)

开启无线功能
允许SSID广播

开启Bridge功能
开启安全设置
安全类型： WPA-PSK/WPA2-PSK
安全选项： 自动选择
加密方法： TKIP
PSK密码： 最短为8个字符，最长为63个字符

组密钥更新周期： 86400 (单位为秒，最小值为30，不更新则为0)

保存 帮助

图 6-35 基本设置

在无线路由器的管理界面左侧菜单执行【无线参数】/【基本设置】命令，在无线网络基本设置对话框中选择“开启安全设置”，选择相应的安全类型，如图 6-35 中选择的是“WPA-PSK/WPA2-PSK”，并设置相应的密码。完成以上设置，单击“保存”按钮，出现提示要重新启动无线路由器才能生效。

随着黑客的破解水平提高，现在无线网络的密码是可以通过专门的软件来截取的，这就说明仅通过密码对无线网络进行加密依然存在安全隐患。

（4）禁用 DHCP 能有效限制非法用户接入

为无线网络中其他计算机分配静态 IP 地址，然后关闭无线路由器的 DHCP 功能，可以有效地防止其他计算机自动获取 IP，而非法接入无线网络。如图 6-36 所示，需将 DHCP 服务器设置为“不启用”。

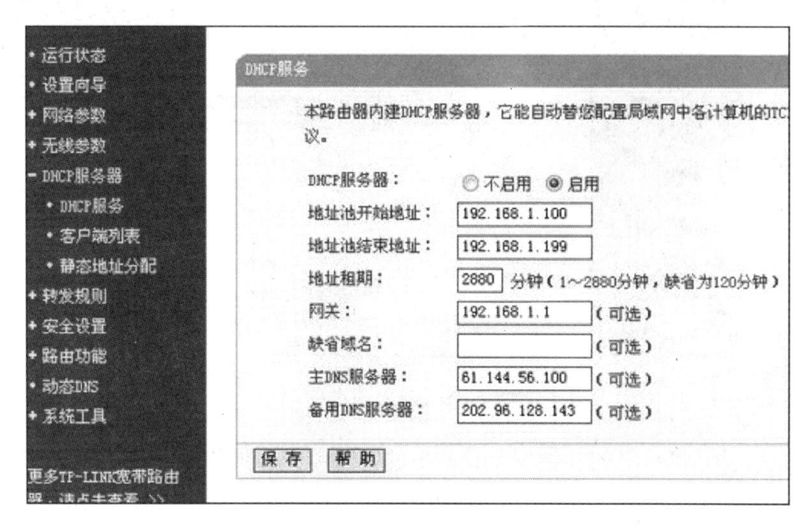

图 6-36　DHCP 设置

（5）采用 MAC 过滤来保证无线网络的安全

通过无线路由器主窗口界面，执行【无线参数】/【MAC 地址过滤】命令，打开无线网络 MAC 地址过滤设置对话框；单击“添加新条目”按钮，添加允许登录该无线网络的计算机 MAC 地址；然后，选择过滤规则为“禁止”；最后，单击“启用过滤”按钮，使该设置生效。列表中未添加的 MAC 地址，其计算机将无法登录到该无线网络。如图 6-37 所示为 MAC 地址过滤设置。

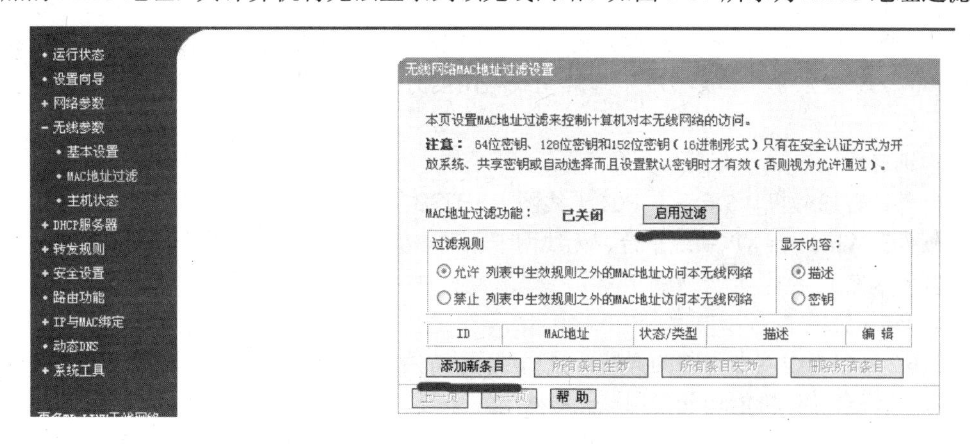

图 6-37　MAC 地址过滤设置

（6）开启无线路由器的防火墙功能

目前，很多无线路由器有内置的防火墙功能，普通家用路由的内置防火墙功能比较简单，只是基本满足普通用户的基本安全要求。为增加安全性，建议开启家用路由器自带的防火墙。如图 6-38 所示，在左侧菜单执行【安全设置】/【防火墙设置】命令，选择开启防火墙功能。防火墙功能主要包括IP地址过滤、域名过滤、MAC地址过滤等。

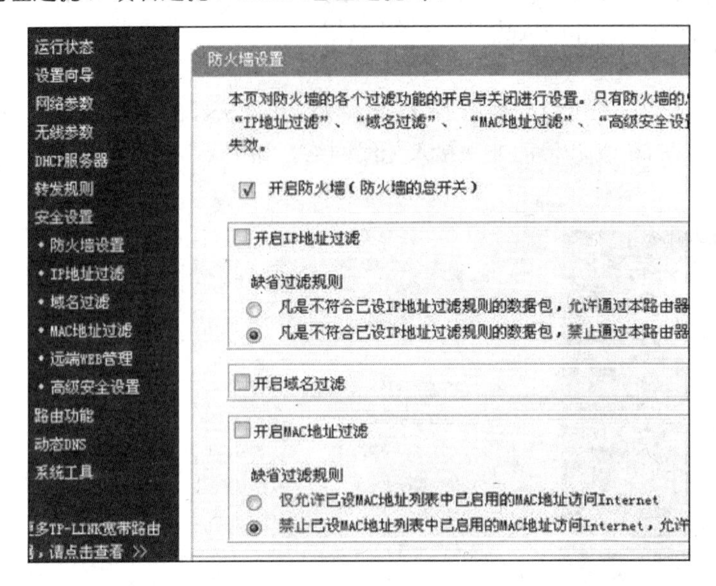

图6-38 防火墙设置

以上简要介绍了无线网络的6种安全设置方法，随着无线网络应用的普及，其安全性也为人们所重视。为了更有效地防治非法用户的入侵，保障无线网络资源的安全使用，通常需同时使用多种安全设置方法。

6.3 本章实训

实训 组建小型无线局域网实现共享上网

1．实训目的

运用所学知识，选择适当的组网方式和设备，完成对一个小型无线网络的组建，并能够连接到校园宽带，共享上网。本实验用于理解无线组网的方式及网络硬件设备选择、安装与设置的过程。

2．实训环境

① 硬件：普通微机（5台）、PCI无线网卡、USB无线网卡、无线路由器。

② 软件：Windows XP系统平台、无线网卡驱动、无线路由器安装说明。

3．实验内容

（1）安装无线网卡

参照6.2.2中无线网卡安装的详解，对局域网内的每台计算机安装无线网卡，并正确安装其驱动程序，使每台计算机能均能使用该无线网卡。

（2）安装无线路由器

参照6.2.4中无线路由器安装详解，将无线路由器安放在适当的位置，接通电源，并将无线路由器的WAN端口和校园宽带Internet入口用网线连接起来。

（3）配置无线网卡

为无线局域网中的每台计算机都配置无线网卡，参照无线路由器的说明书，查看其默认的IP地址为“192.168.1.1”。将计算机无线网络连接的IP地址设置为与无线路由器同一网段的地址，例如：192.168.1.2，子网掩码为 256.256.256.0。

（4）配置无线路由器

参照 6.2.4 中无线路由器配置详解，通过一台已经安装好无线网卡的计算机来配置无线路由器。在基本设置页面中，根据 Internet 接入方式来选择 WAN 口连接类型。ADSL 用户选择 PPPoE，并输入用户名和密码，如图 6-39 所示；如果是校园宽带接入，可以选择静态 IP 地址；如果是广电网宽带接入，则选择动态 IP 地址。

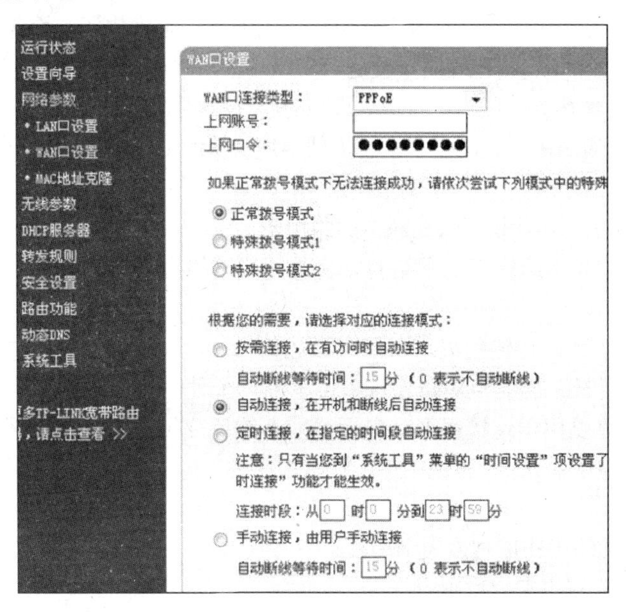

图 6-39　WAN 口连接类型为 PPPoE 的设置界面

本 章 小 结

本章主要介绍了无线局域网的一些基础知识，包括无线局域的硬件设备、几种常见的组建方式等。详细介绍了对等网（点对点网）及非独立性无线局域网的组建过程，最后还介绍了无线局域网安全设置的 6 种方法。

思考与练习

1．填空题

（1）组建无线局域网需要的硬件设备主要包括：无线网卡、________、________、无线网桥和无线天线等。

（2）无线网卡根据接口类型的不同，主要分为 3 种类型，即________、________和 PCMCIA 无线网卡。

（3）无线天线有多种类型，根据方向性的不同，可分为________、________两种。

（4）无线局域网的组建方式按照是否有使用有线通信设备而分为________、________两种类型。

2．选择题

（1）下面无线网卡设备适用于笔记本电脑的有（　　）。

A. PCI 接口无线网卡　　　　B. USB 无线网卡
C. PCMCIA 无线网卡　　　　D. B 和 C

（2）无线局域网络的硬件设备有（　　）。

A. 计算机主机　　　　B. 无线 AP
C. 以太网网卡　　　　D. 无线摄像头

（3）下列选项中错误的是（　　）。

A. 无线路由器的设置比起一般有线路由器的设置就是多出了一个无线设置的选项。
B. 无线路由器的默认 IP 地址一般是 182.168.1.1，默认子网掩码是 256.256.256.0。
C. 无线路由器既有无线 AP 的功能，也有宽带路由器的功能。
D. 在配置无线 AP 之前，需要了解无线 AP 默认的 IP 地址和访问密码。

3．判断题

（1）无线接入点的作用类似于以太网中的路由器。（　　）

（2）拥有 AP 的独立无线网络的网络直径将是无线网络有效传输距离的一倍，在室内通常为 60 米左右。（　　）

（3）无线网桥功率大，传输距离远（最大可达约 50km），抗干扰能力强，不自带天线，一般配备抛物面天线实现长距离的点对点连接，可单独一个使用。（　　）

（4）无线路由器可以用于连接很多带有无线网卡的计算机，组成无线网络；同时还能接入其他网络，实现无线网络中的计算机共享上网。（　　）

4．简答题

（1）简述无线 AP 的工作原理及覆盖范围。

（2）简述无线局域网的安全设置方法。

5．操作题

（1）完成无线网卡的安装与设置。

（2）针对某个无线局域网中的无线路由器进行安全设置。

第 7 章　Internet 技术及应用

教学目标

了解 Internet 的相关知识，如 Internet 的特点、Internet 的组成等;了解域名的概念，掌握 IP 地址的规划和子网的计算；能够对网络进行 IP 规划，能够配置计算机单机宽带上网和局域网计算机共享上网。

教学要求

知识要点	能力要求	关联知识
Internet 的相关知识	（1）了解 Internet 的特点 （2）了解 Internet 的组成 （3）了解域名的概念 （4）了解 IP 地址的类别划分 （5）了解 IP 地址子网的计算和规划	Internet、域名、子网、变长子网、网络 ID、主机 ID
局域网上网	（1）掌握单机上网的方式及配置 （2）掌握共享上网的连接方式及配置方法	ADSL、网卡、IP 地址设置、虚拟拨号软件、Superproxy 代理软件

重点难点

- 域名的分类及申请
- IP 地址的种类
- IP 地址的规划和子网的划分
- 子网掩码的计算
- 变长子网的应用
- 宽带上网及共享上网的应用

引例

在第 4 章和第 5 章介绍了局域网的组建，组建了局域网后，已经可以实现资源的共享，可以给人们带来很大的便利，但是，如果人们想查找某些局域网内大家都没有的资料和相关技术，则需要连接到广域网中即连接到 Internet 中共享和使用更大更多的资源，如果是一个大型的校园网接入到 Internet 网中，还需要进行 IP 规划，设置 IP 地址，本章介绍了小型局域网宽带上网和共享上网的方法与技巧。

7.1　Internet 概述

Internet（因特网）是目前世界上最大的计算机网络，几乎覆盖了整个世界。该网络组建的最初目的是为研究部门和大学服务，便于研究人员及其学者探讨学术方面的问题，因此有科研教育网（或国际学术网）之称。进入 20 世纪 90 年代后，Internet 向社会开放，利用该网络开展商贸活动成为热门话题。大量的人力和财力的投入，使得 Internet 得到迅速的发展，成为企业生产、制造、销售、服务以及人们日常工作、学习、娱乐等生活中不可缺少的一部分。

7.1.1　Internet 的起源与发展

Internet 最初起源于美国国防部高级研究项目署（ARPA）在 1969 年建立的一个实验性网络

ARPANET。该网络将美国许多大学和研究机构中从事国防研究项目的计算机连接在一起，是一个广域网。1974年ARPANET研究并开发了一种新的网络协议，即TCP/IP协议（Transmission Control Protocol/Internet Protocol：传输控制协议/互联协议），使得连接到网络上的所有计算机能够相互交流信息。

20世纪80年代局域网技术迅速发展，1981年ARPA建立了以ARPANET为主干网的Internet，1983年Internet已开始由一个实验型网络转变为一个实用型网络。

1986年建立的美国国家科学基金会网络NSFNET是Internet的一个里程碑，它将美国的五个超级计算机中心连接起来，该网络使用TCP/IP协议与Internet连接。NSFNET建成后，Internet得到了快速的发展。到1988年NSFNET已经接替原有的ARPANET成为Internet的主干网。1990年，ARPANET正式宣布停止运行。

1992年，专门为NSFNET建立高速通信线路的公司ANS（Advanced Networks and Services）建立了一个传输速率为NSFNET 30倍的商业化的Internet骨干通道——ANSNET，Internet主干网由ANSNET代替NSFNET是Internet商业化的关键一步。以后出现了许多专门为个人或单位接入Internet提供产品和服务的公司——ISP（Internet Service Provider：Internet服务提供商）。1995年4月，NSFNET正式关闭。

随着Internet的不断发展，Internet已经发展到各个国家的各个行业， Internet为个人生活与商业活动提供了更为广阔的空间和环境。网络广告、电子商务、电子政务、电子办公已经成为大家非常熟悉的术语。

7.1.2 Internet的特点

1．全球信息浏览

Internet已经与180个国家和地区的近2亿个用户连通，快速方便地与本地、异地其他网络用户进行信息通信是Internet的基本功能。一旦接入Internet，即可获得世界各地的有关政治、军事、经济、文化、科学、商务、气象、娱乐和服务等方面的最新信息。

2．检索、交互信息方便快捷

Internet用户和应用程序不必了解网络互联细节，用户界面独立于网络。对Internet上提供的大量丰富信息资源能快速地传递、方便地检索。

3．灵活多样的接入方式

由于Internet所采用的TCP/IP协议采取开放策略，支持不同厂家生产的硬件、软件和网络产品，无论是大、中型计算机，还是小型、微型、便携式计算机，甚至掌上计算机，只要采用TCP/IP协议，就可实现与Internet的互联。

4．收费低廉

政府在Internet的发展过程中给予了大力的支持，Internet的服务收费较低，并且还在不断下降。

7.1.3 Internet的基本组成

1．物理网络

Internet最基本的部件是物理网络，Internet上的所有计算机都是通过成千上万根电缆、光缆或无线通信设备以及连接器组成的一个有机的物理网络；物理网络是传播信息的真实载体。

2．通信协议

通信协议是实体间控制和数据交换规则的集合；在Internet上传送的每个消息至少通过三层协议：网络协议（Network Protocol），它负责将消息从一个地方传送到另一个地方；传输协议

（Transport Protocol），它管理被传送内容的完整性；应用程序协议（Application Protocol），作为对通过网络应用程序发出的一个请求的应答，它将传输转换成人类能识别的东西。

3．网络工具

Internet 包括六大基本工具：远程登录、文件传输、网络漫游工具、电子邮件工具、网络聊天工具以及流媒体播放工具。

7.1.4 Internet 的未来发展方向

① 未来 Internet 的用户需求将向 WWW、移动性和多媒体方向发展。

② 未来 Internet 的应用将包括与广播媒体、通信业务以及出版媒体的综合。

③ Internet 社会就是信息社会。信息社会将具有五大特征：技术的多样性、业务的综合性、行业的融合性、市场的竞争性和用户的选择性。

④ 未来 Internet 将给任何人、在任何时间、任何地点、以任何接入方式和可承受的价格，提供任何信息并完成任何业务。

7.2 Internet 的基本工作原理

7.2.1 Internet 中的信息传递

计算机之间的信息交换有两种方式：电路交换方式和分组交换方式。Internet 采用分组交换方式进行信息的交换。

在分组交换网络中，计算机之间要交换的信息以“包（packet）”的形式封装后进行传输。每个包由数据正文和包的标志信息，如始发计算机和接收计算机的地址组成。

分组交换技术就是保证连接在 Internet 上的每台计算机能够平等地使用网络资源。发送方将信息分组后通过 Internet 传送，接收方在接收到一个信息的各分组后，重新组装成原来完整的信息。在 Internet 上，同一时刻流动着来自各个方向的多台计算机的分组信息。

7.2.2 Internet 内部连接和信息传递

Internet 内部连接和信息传递如图 7-1 所示。

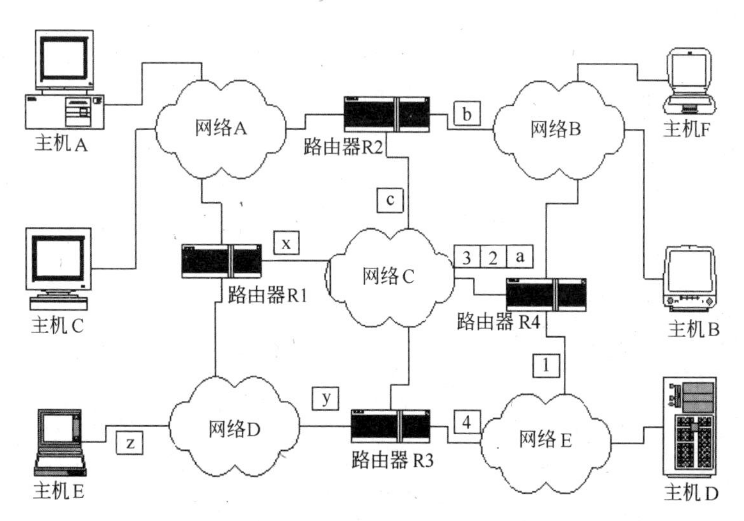

图 7-1 Internet 内部连接和信息传递示意图

说明：R1、R2、R3、R4为路由器。图中主机A传到主机B的一个分组a、b、c；主机C传到主机B的一个分组1、2、3、4；主机F传到主机E的一个分组x、y、z。这些数据包可能经过不同的路由器和网络最终到达目的主机。

7.3 Internet的地址和域名

通常，主机标志符被分成名字（Name）、地址（Address）或路由（Route）。

7.3.1 Internet地址及结构

在TCP/IP协议的IP层使用的标志符叫做因特网地址或IP地址。

因特网技术是将不同物理网络技术统一起来的高层软件技术，在统一的过程中，首先要解决的就是地址的统一问题。因特网采用一种全局通用的地址格式，为全网的每一网络和每一主机都分配一个唯一的因特网地址。

目前因特网地址使用的是IPv4（IP第4版本）的IP地址，它是一个32位的二进制（4字节）地址，通常用4个十进制数来表示，十进制数之间用“.”分开。如：202.114.207.202为一个IP地址对应的二进制数，表示方法为：

11001010 01110010 11001110 11001010

IP地址全局唯一地发定义了因特网上的主机或路由器。一个IP地址只能被一个网络设备所使用，但一个网络设备可以同时使用多个IP地址。

在IPv4的IP地址包括4字节，它定义了两个部分：Netid和Hostid。其中Netid标志一个网络，而Hostid标志在该网络上的一个主机。因此，因特网地址是一种层次型地址，携带有对象位置的信息。

IP地址的一般格式：类别 +Netid+Hostid，如图7-2所示。

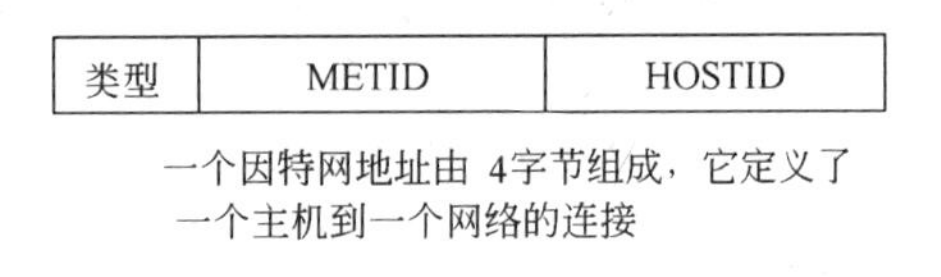

图7-2 IP地址的格式

① 类别：用来区分IP地址的类型。

② 网络标志（Netid）：表示入网主机所在的网络。

③ 主机标志（Hostid）：表示入网主机在本网段中的标识。

7.3.2 IP地址分类

通常将因特网IP地址分成如下5种类型。

1. A类地址

如图7-3所示。网络标志占1字节，第1位为【0】，允许有2^7–2=126个A类网络，每个网络大约允许有1670万台主机。通常分配给拥有大量主机的网络，如一些大公司（如IBM公司等）和因特网主干网络。

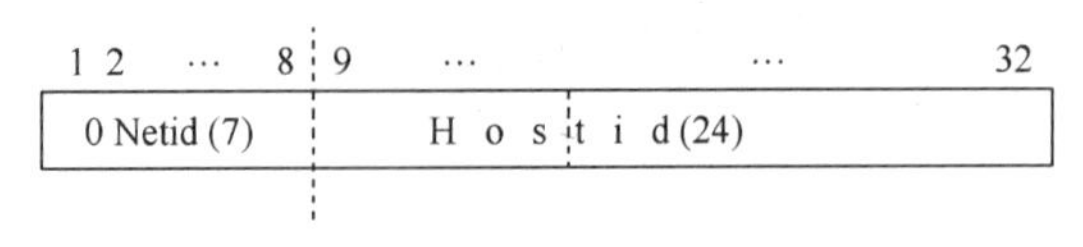

图7-3 A类地址

2．B 类地址

如图 7-4 所示。网络标志占 2 字节，第 1、2 位为【10】，允许有 2^{14}=16383 个网络，每个网络大约允许有 65533 台主机。通常分配给结点比较多的网络，如区域网。

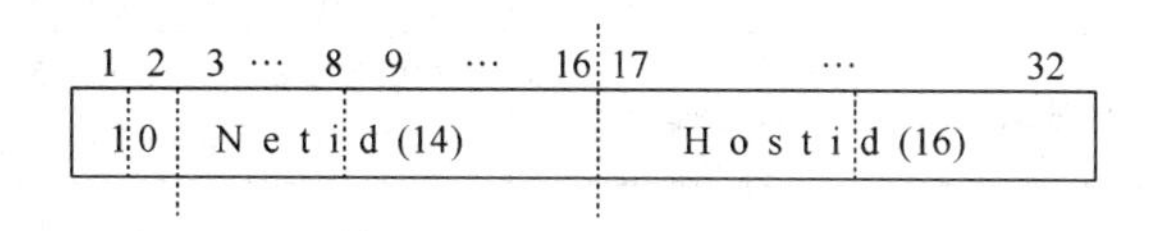

图 7-4　B 类地址

3．C 类地址

如图 7-5 所示。网络标志占 3 字节，第 1、2、3 位为【110】，允许有 2^{21}=2097151 个网络，每个网络大约允许有 2^8–2=254 台主机。通常分配给结点比较少的网络，如校园网。一些大的校园网可以拥有多个 C 类地址。

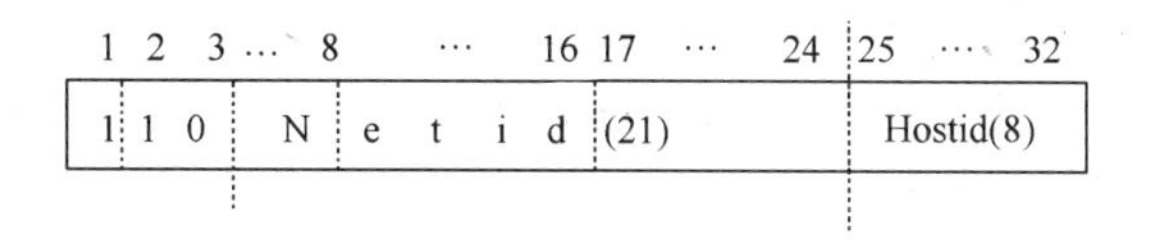

图 7-5　C 类地址

4．D 类地址

如图 7-6 所示。前 4 位为【1110】，用于多址投递系统（组播）。目前使用的视频会议等应用系统都采用了组播技术进行传输。

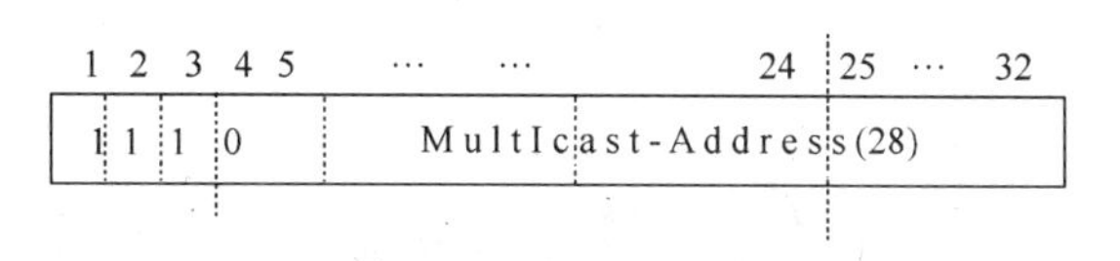

图 7-6　D 类地址

5．E 类地址

前 4 位为【1111】，保留未用。

7.3.3　特殊 IP 地址及专用 IP 地址

1．特殊 IP 地址

特殊 IP 地址见表 7-1。

表 7-1　特殊 IP 地址

特 殊 地 址	Netid	Hostid	源地址或目的地址	示 例 说 明
网络地址	特定的	全 0	都不是	不分配给任何主机，仅用于表示某个网络的网络地址，如 202.114.207.0
直接广播地址	特定的	全 1	目的地址	不分配给任何主机，用做广播地址，对应分组传递给该网络中的所有结点（能否执行广播，则依赖于支撑的物理网络是否具有广播的功能），如 202.114.207.255
受限广播地址	全 1	全 1	目的地址	称为有限广播地址，通常由无盘工作站启动时使用，希望从网络 IP 地址服务器处获得一个 IP 地址，如 257.257.257.255

续表

特 殊 地 址	Netid	Hostid	源地址或目的地址	示 例 说 明
本网络的本主机	全0	全0	源地址	表示本身本机地址，仅在系统启动时允许使用，并且永远不是一个有效的目的地址，如0.0.0.0
回送地址	127	任意	目的地址	常用于本机上软件测试和本机上网络应用程序之间的通信地址，如127.0.0.1 localhost

2．专用IP地址

TCP/IP协议需要IP地址支持，IP地址资源具有告急的趋势，一种解决方案是：利用专用网的地址分配方案（RFC1918）。

原理：定义两类IP地址。

① 全局IP地址：用于因特网——公共主机。

② 专用IP地址：仅用于组织的专用网内部——本地主机。

公共主机和本地主机可以共存于同一网络和进行互访；大多数路由器不转发携带本地IP地址的分组。本地主机必须经网络地址迁移服务器（NAT或代理服务器）才能访问因特网。

RFC1918定义的专用IP地址：

10.0.0.0——10.257.257.2551个A类地址；

172.17.0.0——172.31.257.25516个连续的B类地址；

192.168.0.0——192.168.257.255256个连续的C类地址。

企业内联网主机的IP地址可以设置成专用IP地址，进行企业内联网应用；并可通过代理服务器访问因特网（图7-7）。这样只需要申请少量的因特网IP地址，既解决了IP地址不足的问题，又解决了网络安全问题。

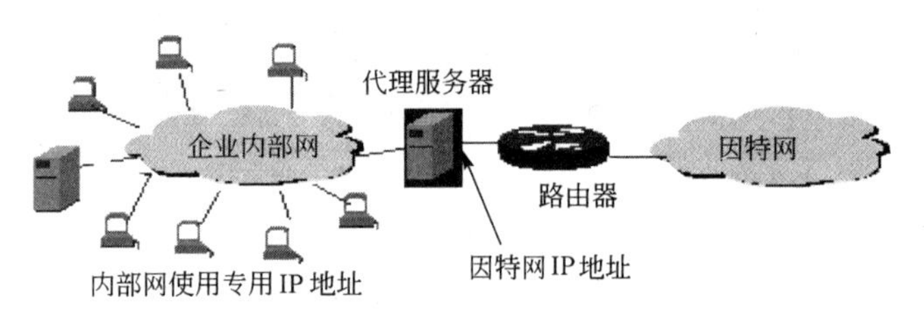

图7-7 专用IP地址

7.3.4 IPv4协议

目前因特网上广泛使用的IP协议为IPv4，IPv4协议的设计目标是提供无连接的数据报尽力投递服务。

在一个物理网络上传送的单元是一个包含首部和数据的帧，首部给出了诸如（物理）原网点和目的网点的地址。互联网则把它的基本传输单元叫做一个Internet数据报（datagram），有时称为IP数据报或仅称为数据报。像一个典型的物理网络帧一样，数据报被分为首部和数据区。而且，数据报首部也包含了原地址和目的地址以及一个表示数据报内容的类型字段。数据报与物理网络帧的区别在于：数据报首部包含的是IP地址，而帧的首部包含的是物理地址。图7-8显示了数据报的一般格式。

数据报首部	数据报的数据区

图7-8 数据报的一般格式

图 7-9 显示了在一个数据报中各字段的安排。

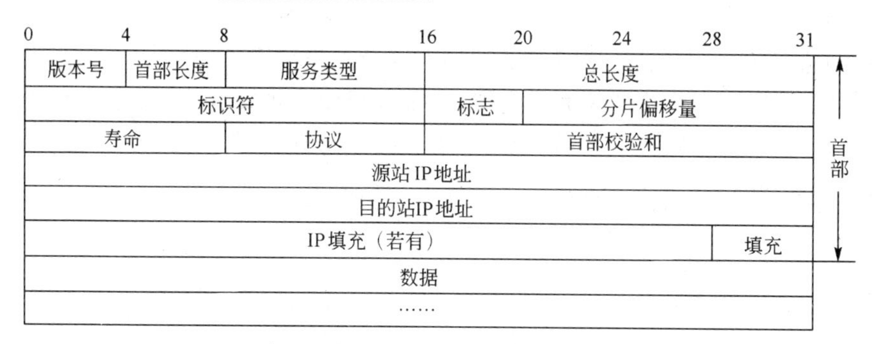

图 7-9 数据报中各字段的安排

总长度：16 位长的字段定义了包括首部在内的数据报总长度。IP 数据报的长度限制在 65535 字节。

数据长度=总长度−首部长度

0～2 比特为优先比特，IPv4 未使用；

第 3 比特为最小时延比特 D；

第 4 比特为最大吞吐量比特 T；

第 5 比特为最高可靠性比特 R；

第 6 比特为最小代价比特 C；

第 7 比特为未用比特。

首部长度：用 4 比特字段定义数据报以 4 字节计算的总长度。首部长度是可变的，在 20～60 字节之间。

版本号：4 比特字段的版本号。说明对应协议的本版号。目前的版本号是 4。所有的字段都要按照版本 4 的协议所指明的来解释。如果计算机使用其他版本的 IP，则应丢弃该数据报而不是错误地进行解释。

标志符（Identifiers）：唯一地标志了 IP 数据报。数据报发送时，可能将一个体积较大的数据报划分为若干个小的数据报。为了便于收方 IP 模块的组装，所有小数据报的标志符域均具有相同的值。

标志（Flag）：说明本 IP 数据报是否允许分段。

分片偏移量（Fragment Offset）：说明本数据报分段在整个数据报中的起始位置。

生存时间：或数据报寿命（TTL），表明一个数据报在它通过网络时必须具有的受限寿命。避免 IP 数据报在网络中无限制地转发。本字段由源发端设置，并且每经过一个路由器，数值减 1；结果为 0 时，表示该数据报在网络中的生存期已满，则丢弃本数据报。

协议：这个 8 比特字段定义使用此 IP 层服务的高层协议，如 TCP、UDP、ICMP 和 IGMP 等。这个字段指明 IP 数据报必须交付到的最终目的协议。

首部校验和：用于路由器检测 IP 数据报报头的正确性；该域的值在 IP 数据报途经的每个路由器上重新生成，并由下一跳的路由器验证；路由器的 IP 处理模块丢弃报头出错的数据报，并通过 ICMP 告知发送方。

源站 IP 地址：这个 32 比特字段定义源站的 IP 地址，即 IP 数据报的发送方 IP 地址。

目的站 IP 地址：这个 32 比特字段定义目的站的 IP 地址，即 IP 数据报的接受方 IP 地址。

IP 填充（Options）：用于对 IPv4 的功能扩充。主要有安全选项（Security）、源路由选项（Strict Source Routing）、有限源路由选项（Loose Source Routing）、记录路由选项（Record Route）、时标选项（Timestamp）。

填充域：保证整个 IP 数据报报头的长度为 32 位字的整数倍。

服务类型：这个 8 比特字段定义了路由器应如何处理此数据报，这个字段分为两个子字段——优先（3 比特）和服务类型（4 比特）。剩下的一个比特未使用。

7.3.5 IP 地址类的确定及 Netid 和 Hostid 的提取

1．确定一个 IP 地址的类

如果地址是二进制形式，只要观察前几个比特就知道该地址的类。

① 若第一位为 0，则地址为 A 类地址；

② 若第一位是 1 且第二位是 0，则地址为 B 类地址；

③ 若第一、二位都是 1 且第三位是 0，则地址为 C 类地址；

④ 若前三位都是 1 且第四位是 0，则地址为 D 类地址；

⑤ 若前四位都是 1，则地址为 E 类地址。

如果地址是点分十进制，则只需要检查第一个数据就可以确定地址的类，如图 7-10 所示。

	从	到
A类	0.0.0.0	127.255.255.255
B类	128.0.0.0	191.255.255.255
C类	192.0.0.0	223.255.255.255
D类	224.0.0.0	239.255.255.255
E类	240.0.0.0	255.255.255.255

图 7-10 IP 地址类的确定

① 若第一个数字在 0～127（含 0 和 127）之间，则为 A 类地址；

② 若第一个数字在 128～191（含 128 和 191）之间，则为 B 类地址；

③ 若第一个数字在 192～223（含 192 和 223）之间，则为 C 类地址；

④ 若第一个数字在 224～239（含 224 和 239）之间，则为 D 类地址；

⑤ 若第一个数字在 240～255（含 240 和 255）之间，则为 E 类地址。

2．提取 Netid 和 Hostid

① 若地址为 A 类，则第一个 8 位组（第一个数）就是 Netid，剩下的三个 8 位组（三个数）就是 Hostid；

② 若地址为 B 类，则前两个 8 位组（前两个数）就是 Netid，剩下的两个 8 位组（两个数）就是 Hostid；

③ 若地址为 C 类，则前三个 8 位组（前三个数）就是 Netid，剩下的一个 8 位组（一个数）就是 Hostid；

④ 若地址为 D 类，则没有 Hostid 和 Netid，整个的地址都是用于多播；

⑤ 若地址为 E 类，则没有 Hostid 和 Netid，整个的地址都保留作为特殊用途。

3．使用变长子网划分

因特网允许一个地点使用变长子网划分。

问题：一个具有 C 类地址的地点需要划分为 5 个子网，其连接的主机数分别为 60、60、60、30、30。这个地点不能使用给子网分配 2 比特的掩码，因为这样将只有 4 个可连接 62 台主机（256/4–2 = 62）的子网。在这个地点使用给子网部分分配 3 比特的掩码也不行，因为这样将有 8 个可连接 30 台主机（256/8–2 = 30）的子网。

解决方法：使用变长子网划分方法。在这种配置中，路由器使用两个不同的掩码，使用一个以后再使用另一个。先使用具有 26 个 1 的掩码（即 257.257.257.192），将网络划分为 4 个子网。然后再对其中的一个子网使用具有 27 个 1 的掩码（即 257.257.257.224），将其划分为两个更小的子网，如图 7-11 所示。

4．掩码运算

掩码运算是一个从 IP 地址中提取物理网络地址的过程。如果没有将网络化分为子网，则掩码运算就提取一个 IP 地址的网络地址；如果划分了子网，则掩码运算就从一个 IP 地址中提取出子网地址（图 7-12）。

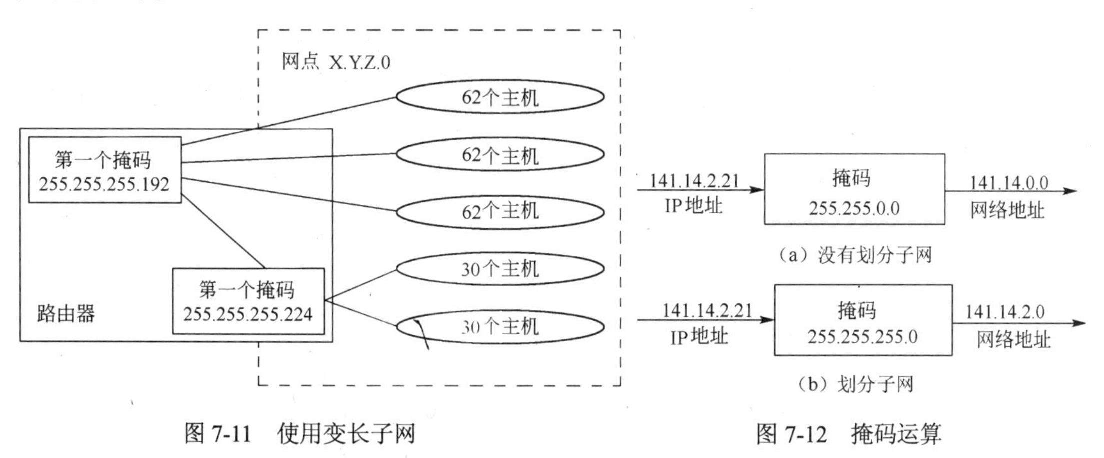

图 7-11　使用变长子网　　图 7-12　掩码运算

在掩码运算中，使用另一个叫做掩码的 32 位数，在比特级对一个 32 位的 IP 地址进行按位与运算。图 7-13 表示了从一个 IP 地址利用掩码得到网络地址和子网地址的过程。

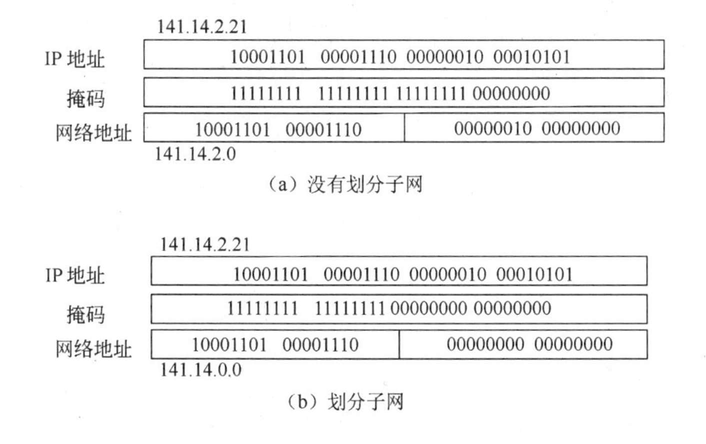

图 7-13　IP 地址利用掩码得到网络地址和子网地址

在构成子网时，全 1 或全 0 的 SubNetid 不指派给任何主机，全 1 的 Hostid 保留给在特定子网上向所有主机广播时用，全 0 的 Hostid 的地址也保留用来定义子网自身。

7.3.6 A 类子网构成

问题：一个具有 A 类地址的组织至少需要 1000 个子网， 试找出子网掩码和每一个子网的配置。

解答：需要至少 1000 个子网。单从理论上讲，考虑到全 1 和全 0 的 Subnetid，至少需要 1002 个子网。这意味着，分配为构成子网用的最小位数应为 10（$2^9<1002<2^{10}$）。剩下的 14 位用来定义 Hostid。图 7-14 示意了不划分子网和划分子网的子网掩码。

使用以上的掩码，将原来的一个可用于 Hostid 的地址范围划分为 1024 个，其中有两个保留作为特殊地址。每一个范围有 2^{14}=16384 个地址。但是，其中第一个地址用来定义子网（子网地址），而最后一个地址用于固定广播，这就表明一个子网上的计算机数是 16382。图 7-15 表示了这些子网的范围。

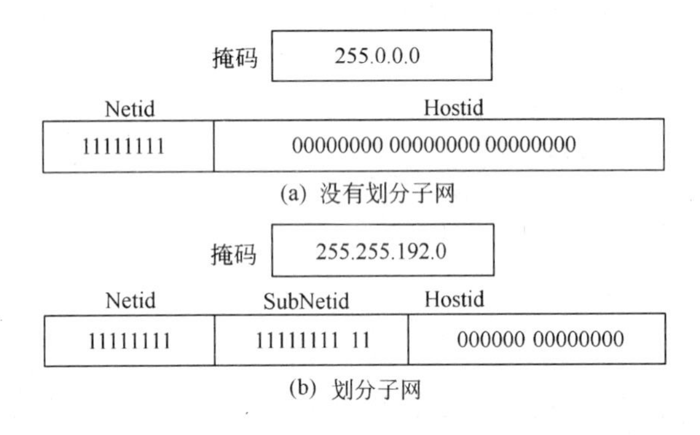

图 7-14 不划分子网和划分子网的子网掩码（一）

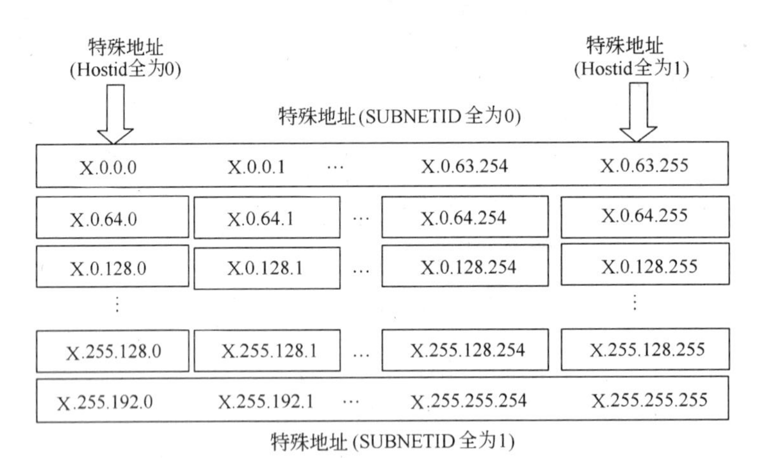

图 7-15 子网的范围（一）

7.3.7 B 类子网构成

问题：一个具有 B 类地址的组织需要至少 12 个子网，试找出子网掩码和每一个子网的配置。

解答：需要至少 14 个子网，12 个是指定的，两个保留为特殊地址。这就表示，分配为构成子网用的最小比特数应为 4（$2^3<12<2^4$）。图 7-16 示意了不划分子网和划分子网的子网掩码。

使用以上的掩码，将原来的一个可用于 Hostid 的地址范围划分为 16 个，其中有两个保留作为特殊地址。每一个范围有 4096 个地址。但是，其中第一个地址用来定义子网（子网地址），而最后一个用于固定广播，这就表明连接到每个子网上的计算机数是 4094。图 7-17 表示了这些子网的范围。

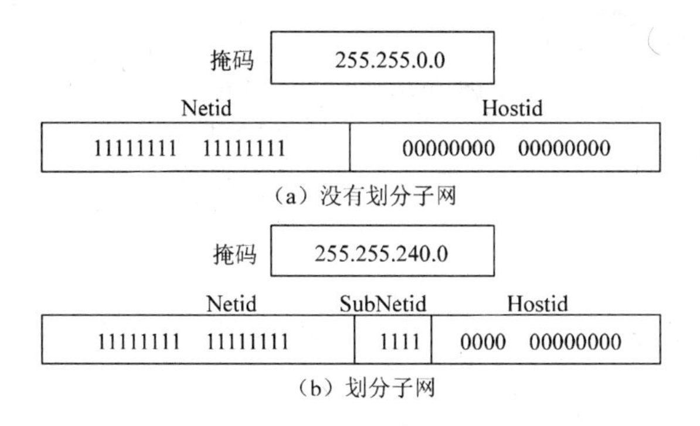

图 7-16 不划分子网和划分子网的子网掩码（二）

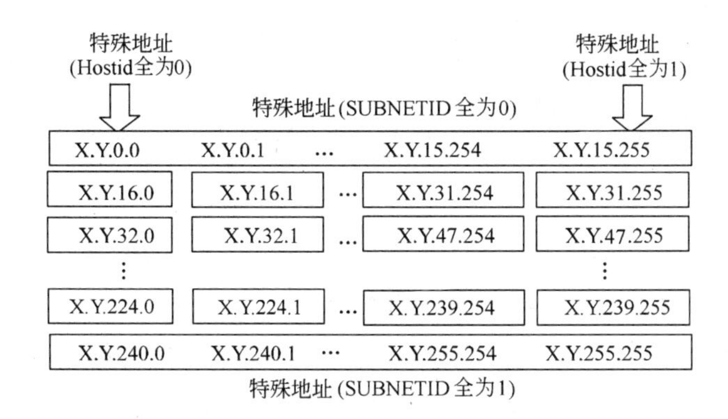

图 7-17 子网的范围（二）

7.3.8 C 类子网构成

问题：一个具有 C 类地址的组织至少需要 5 个子网，试找出子网掩码和每一个子网的配置。

解答：需要至少 7 个子网，5 个是指定的，2 个保留位特殊地址。这就表示，分配为构成子网用的最小比特数应为 3（$2^2<7<2^3$）。图 7-18 示意了不划分子网和划分子网的子网掩码。

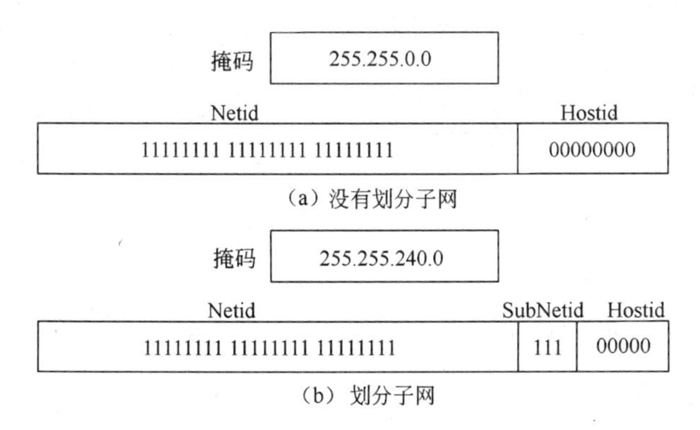

图 7-18 不划分子网和划分子网的子网掩码（三）

使用以上的掩码，将原来的一个可用于 Hostid 的地址范围划分为 8 个，其中有 2 个保留作为特殊地址。每一个范围有32个地址。但是，其中第一个地址用来定义子网（子网地址），而最后一个用于固定广播，这就表明连接到每个子网上的计算机数是30。图7-19表示了这些子网的范围。

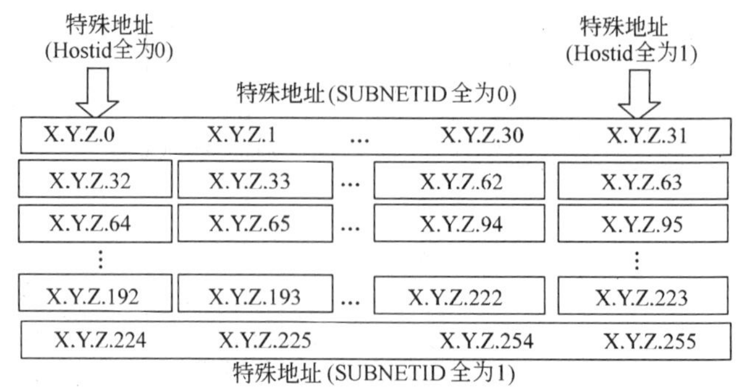

图7-19　子网的范围（三）

7.4　域名系统概述

域名系统要解决的问题：主机名字的管理、主机名字到IP地址的映射等。

1．域名系统的发展历程

早在ARPNET时代，整个网络上只有数百台计算机。因此只需用一个叫做hosts的文件列出所有主机名字与相应的IP地址。

1983年Internet开始采用层次结构的命名树作为主机的名字，并使用域名系统DNS（Domain Name System）。Internet的域名系统DNS被设计成一个联机分布式数据库系统，并采用客户服务器模式。DNS系统是高效可靠的。DNS使大多数名字都在本地映射，仅少量映射需要在Internet上通信，使得系统是高效的。

2．Internet的域名结构

Internet采用层次树状结构（图7-20）的命名方法。任何一个连接在Internet上的主机或路由器，都有一个唯一的层次结构的名字，即域名（Domain Name）。域（Domain）是名字空间中一个可被管理的划分。域还可以继续划分为子域，如二级域、三级域等。

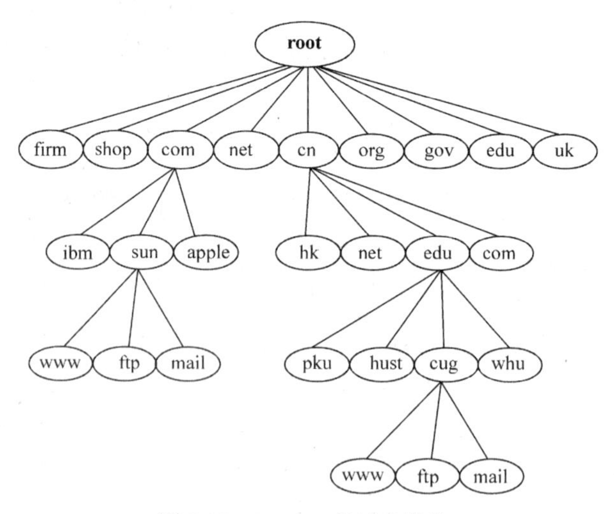

图7-20　Internet的域名结构

域名的结构由若干个分量组成，各分量之间用点隔开。例如：

三级域名.二级域名.顶级域名 zmr.cqhjw.com

每一级的域名都由英文字母和数字组成（不超过 63 个字符，且不区分大小写）。完整的域名不超过 255 个字符。

域名只是一个逻辑概念，并不反映出计算机所在的物理地点。

7.5 域名空间的划分

在 Internet 中，域名空间（树）划分为三个部分：类属域、国家域和反向域名。

1．类属域

“类属域”按照主机的“类属行为”定义注册的主机。类属域中可能的字符标号见表 7-2 和表 7-3。

表 7-2 类属域的标号

标　号	说　明	标　号	说　明
com	商业组织	mil	军事组织
edu	教育机构	net	网络支持中心
gov	政府机构	org	非营利组织
int	国际组织		

表 7-3 新增加的类属域标号

标　号	说　明	标　号	说　明
arts	文化组织	rec	消遣/娱乐组织
firm	企业或商行	shop	提供商品的商店
info	信息服务提供者	web	与万维网有关的组织
nom	个人命名		

2．国家域

国家域的部分与类属域的格式一样，但使用二字符的国家缩写，例如，用 us 代表美国、cn 代表中国、uk 代表美国、jp 代表日本等。二级标号可以是组织的指定，也可以是州、省或区的缩写，例如，hk 代表香港、hb 代表湖北等。

3．反向域名

反向域名用来将一个 IP 地址映射为名字。服务器的解析程序向 DNS 发送一个查询，请求将某个 IP 地址映射为名字的这种查询叫做反向查询或指针（PRT）查询。反向域用来处理指针查询。反向域的第一级结点叫做 arpa，第二级结点叫做 in-addr（表示反向地址），域的其余部分定义 IP 地址。

处理反向域的服务器也是分级的，即表示地址的 Netid 部分要比 SubNetid 部分的等级高，而 SubNetid 部分要比 Hostid 部分的等级高。读出域的标号时是从低级向顶级的，一个 IP 地址如 202.114.207.234 在反向域中应写为 234.207.114.202.in-addr.arpa。

7.6 域名解析及域名管理

将名字映射为地址或将地址映射为名字，都叫名字地址解析。名字到域名的映射是由若干个域名服务器组成的。域名服务器程序在专设的结点上运行，而人们也常把运行该程序的计算机称为域名服务器。

1．解析程序

DNS 设计成客户机/服务器应用程序。需要将地址映射为名字或将名字映射为地址的主机调用 DNS 客户，即解析程序。解析程序用一个映射请求找到最近的一个 DNS 服务器。若该服务器有这个信息，则满足解析程序的请求；否则，或者让解析程序找其他的服务器，或者查询其他服务器来提供这个信息。

当解析程序收到映射后，它就解释这个响应，看它是真正的解析还是差错，最后将结果交给请求映射的进程。

2．名字到地址的映射

在大多数的时间，解析程序将一个域名交给服务器，请它给出相应的地址。在这种情况下，服务器检查类属域或国家域并查找映射。

若域名来自类属域，解析程序就会收到如 www.163.com 这样的域名，解析程序将这个查询发送到本地 DNS 服务器进行解析。若本地服务器不能解析这个查询，它或者让解析程序在找其他服务器，或者直接询问其他服务器。

若域名来自国家域，解析程序就会收到如 www.cug.edu.cn 这样的域名，解析过程同上。

3．地址到名字的映射

客户将 IP 地址发送到服务器要求映射出域名。要回答这类 PRT 查询，DNS 使用反向域。例如，若解析程序收到的 IP 地址是 202.114.207.234，解析程序首先将地址反过来，并在发送前加上两个标号，即发送出的域名是 234.207.114.202.in-addr.arpa，它由本地 DNS 接收和解析。

4．中国互联网域名管理

1997 年，中国互联网网络信息中心（CNNIC）成立，全面负责我国境内的 Internet 域名注册及 IP 地址分配管理等工作。

CNNIC 发布了中国 Internet 域名体系，最高级为 CN。二级域名共 40 个，设置 6 个类别域名和 34 个行政区域名。

二级域名中除了 EDU 的管理和运行由 CERNET 负责外，其余全部由 CNNIC 管理。

CNNIC 的网址为 www.cnnic.net.cn；教育网 NIC 部的地址为 www.nic.edu.cn。

7.7 Internet 的单机接入、共享接入及代理接入

7.7.1 Internet 接入方法及 ISP 服务商的选择

1．常见的 Internet 接入方式

对于企业级用户是以局域网或广域网规模接入到 Internet，其接入方式多采用专线入网。目前各地电信部门和 ISP 为企业级用户提供了如下的入网方式：

① 通过分组网入网；

② 通过帧中继入网；

③ 通过 DDN 专线入网；

④ 通过微波无线入网；

⑤ 通过光纤接入。

对于个人用户一般都采用调制解调器拨号上网，还可以使用 ISDN 线路、ADSL 技术、Cable Modem、掌上计算机以及手机上网。

2. Internet 服务提供商（ISP）的选择

接入 Internet 的用户分为两种类型：一类作为最终用户，使用 Internet 提供的丰富的信息服务；另一类是出于商业目的而成为 Internet 服务提供商（Internet Server Provider，ISP）。他们通过租用通信线路，建立必要的服务器、路由器等设备，向用户提供 Internet 连接服务，从中收取费用。

选择 ISP 时通常应考虑如下因素。

（1）网络拓扑结构

在选择 ISP 时，网络拓扑结构是至关重要的一个因素，了解 ISP 的网络拓扑结构可以知道该 ISP 是否有自己的主干线路、网络负荷过重时的用户承载容量以及与其他网络的扩展连接能力、是否有多条出口线路。这样当某条线路处于瘫痪时，不致造成最终用户的连接失败。

（2）主干线传输速率

ISP 的主干线传输速率将直接影响用户的连接速度。

（3）网络技术力量

要看 ISP 是否采用先进的网络设备，如路由器、交换机、调制解调器以及其他先进的技术设备，是否拥有足够多的电话中继线路以满足众多用户同时拨入的需要。

（4）服务、价格

好的 ISP 不仅技术上具有先进性、价格上有优势，而且还应该提供良好的连接服务。

7.7.2 Windows XP 单机拨号上网

Windows XP 单机上网有以下几种方法。

（1）采用 56kbps 速度 Modem 拨号上网，可以直接拨号上 163、95821、165、95868 等，现在仍然有许多用户采用此种上网方式。

对于采用这种方式上网的用户需要注意以下几点。

① 安装拨号网络适配器。

② 安装 Modem 调制解调器的驱动程序。

③ 建立拨号连接。

（2）采用中国电信的 ADSL 网际快车上网，速度有 500kbps、1Mbps、2Mbps 等。

对于采用 ADSL 网际快车上网的方式需要注意以下几点。

① 安装网卡及网卡驱动程序。

② 安装虚拟拨号软件。

③ 安装宽带上网的 Modem 调制解调器。

（3）采用联通公司的宽带上网。

对于采用联通宽带上网的方式需要注意以下几点。

① 安装网卡及网卡驱动程序。

② 安装虚拟拨号软件。

7.7.3 共享上网及代理上网

为了节约上网费用，单位用户和家庭用户可以配置共享上网和代理上网，共享上网及代理上网需要确定网络服务器，一般选择性能良好的计算机来作为服务器，网络服务器可以是直接接入 Internet 的计算机，其他计算机通过该计算机上网，称为客户机。共享上网及代理上网还需要安装共享及代理软件并进行设置才能实现。

共享上网可以采用 Internet 连接共享上网，Windows XP 及 Windows 2003 的 Internet 连接共享的配置方法相同。

Windows 2003 及 Windows XP 的共享上网只是按照提示启用 Internet 连接共享并进行配置即可。

代理上网需要通过代理软件上网，它与共享上网的区别是可以增强管理功能，例如，设置某一个 IP 地址的计算机能否上网，是否可以进行 FTP 连接，是否允许下载软件等。能够实现代理上网的软件有两大类：一类是网关类（Gateway）类，其代表是 Sygate；另一类是代理服务器（Proxy）类，其代表是 Wingate Winproxy Superproxy 等。网关类和代理类的区别是网关类对客户机的设置较为简单，而代理类的功能相对强大，可以实现防火墙等功能。

现在代理上网一般是在学校、机关及其他许多企事业单位的一个局域网机房内安装实现，这种情况是作为网络服务器计算机的，一般是固定的。只有网络服务器上网，其他客户机才能上网。现在由于宽带上网的流行（但上网费用还是较高），因此许多家庭用户需要代理上网来分摊上网费用，如果此时像单位用户那样以固定计算机作服务器上网，一般家庭都不能实现。因此可以采用"动态服务器"的方法来进行上网，即几个家庭中一个用户先开通计算机上网，其他计算机可用客户机代理上网。

7.7.4 ADSL 接入

1. ADSL 基本知识介绍

近年来随着 Internet 的迅猛发展，普通 Modem 拨号的速率已远远不能满足人们获取大容量信息的需求，用户对接入速率的要求越来越高。采用 ADSL 的技术接入 Internet 已十分广泛，使用户享受到了高速冲浪的欢悦。

（1）什么是 ADSL 技术

ADSL 是英文 Asymmetrical Digital Subscriber Loop （非对称数字用户环路）的英文缩写，ADSL 技术是运行在原有普通电话线上的一种新的高速宽带技术，它利用现有的一对电话铜线，为用户提供上、下行非对称的传输速率（带宽）。

非对称主要体现在上行速率和下行速率的非对称性上。上行（从用户到网络）为低速的传输，可达 640kbps；下行（从网络到用户）为高速传输，可达 8Mbps。

它最初主要是针对视频点播业务开发的。随着技术的发展，逐步成为了一种较方便的宽带接入技术，为电信部门所重视。通过网络电视的机顶盒，可以实现许多以前在低速率下无法实现的网络应用。

（2）ADSL 技术的特点

ADSL 宽带接入具有以下特点：

① 可直接利用现有用户电话线，节省投资；

② 可享受超高速的网络服务，为用户提供上、下行不对称的传输宽带；

③ 节省费用，上网同时可以打电话，互不影响，而且上网时不需另交电话费；

④ 安装简单，只需要在普通电话线上加装 ADSL Modem，在计算机上装上网卡即可。

（3）ADSL 技术与其他常见接入技术的对比

① ADSL 与普通拨号 Modem 的比较。比起普通拨号 Modem 的最高速率 56kbps，ADSL 的速率优势不言而喻。而且它在同一铜线上分别传送数据和语音信号，数据信号并不通过电话交换机设备，所以在线并不需要拨号，这意味着上网无需缴纳额外的话费。

② ADSL 与 ISDN 比较。两者的相同点是都可以进行语音、数据、图像的综合通信，但是 ADSL 的传输速度是 ISDN 的 60 倍，ISDN 提供 2B+D 的数据通道，其速率最高达到 144kbps，接入网络的是窄带的 ISDN 交换网络，ADSL 的下行速率是 8Mbps，它的数据部分是接入宽带 ATM。

③ ADSL 与 DDN 比较。ADSL 接入方式比 DDN 灵活，同时费用要低。

④ ADSL 与 Cable Modem 比较。ADSL 在网络拓扑的选择上采用星状拓扑结构，为每个用户提供固定的独占带宽，而且能够保证用户发送数据的安全性。而 Cabl Modem 的线路为总线拓扑结构，一般有线电视所说的 10Mbps、30Mbps 的带宽是一群用户共享，一旦用户数量增多，每个用户所分配的带宽就会急剧下降，而且共享型网络的安全性较差。数据传送是基于广播机制，同一个信道的用户都可以收到该信道中的数据包。

（4）ADSL 的业务功能

ADSL 可以为用户提供以下业务。

① 高速度的数据接入。用户可以通过 ADSL 宽带接入方式快速浏览 Internet 网上的各种信息，进行网上交流、收发电子邮件、网上下载、BBS 论坛等。

② 视频点播。由于 ADSL 技术传输的非对称性，特别适合用户对音乐、影视和视频交互视频游戏的点播，可以根据用户自己的需要自由控制上述节目。

③ 远程办公、远程医疗。随着人们生活水平的提高，用户在家里接受教育和远程医疗已经成为一种时尚，通过宽带接入方式，可以得到图文并茂的多媒体信息，与老师、医生在线交流。

2．ADSL 的安装

（1）硬件连接

在安装驱动程序之前，先进行硬件连接。硬件包括：ADSL Modem 一台、DC 7V 1A 电源适配器一个、五类直通双绞线一根、电话线一根。

① 将开通了 ADSL 服务的电话线接入 ADSL 的 LINE 插孔上，如果要上网的同时打电话，可将随机附送的电话线的一端接入 ADSL 的 PHONE 插孔，另一端接入电话机。具体的连接方法如图 7-21 所示。

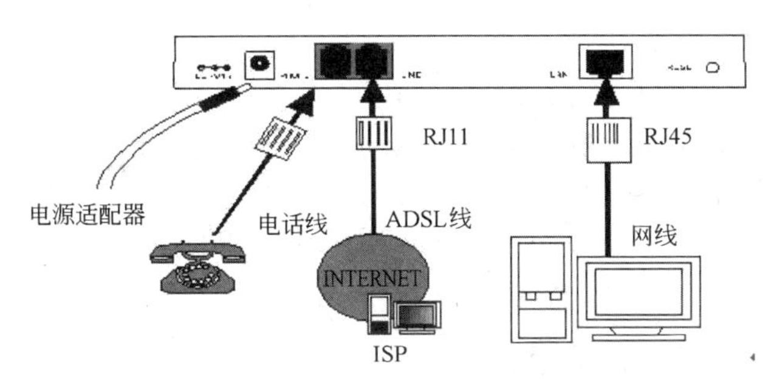

图 7-21　ADSL 硬件连接

② 把网线一端的水晶头接到 ADSL 的 RJ-45 接口，网线的另一端的水晶头接到计算机网卡的 RJ-45 接口，注意网线要使用正线。

③ 把电源适配器的输出端接入到 ADSL 的 DC 7V，1A 接口，请保证电源适配器输入电压范围在交流 180~250V 以内，以利于 ADSL 正常工作。

对照上面的连接图检查一下连线是否正确，如果没有问题，即可打开电源开始安装配置程序。按下前面板的 ON/OFF 按键，开机后除 PWR 灯常亮外，ADSL、ACT 灯会同时亮大约 1 秒后熄灭，LAN 灯会常亮。ADSL 进入启动自检过程，如果启动正常，10 秒后 ADSL 指示灯会由慢闪到快闪至常亮，表明物理连接已经建立。如果 15 秒后 ADSL 指示灯仍保持不亮，表明 ADSL 启动失败，请重新开机。

（2）配置程序安装

如果 Windows XP 或者 Windows 2003 已经安装了虚拟拨号软件，则不需要安装。

① 将随机赠送的光盘放到光驱里（假设光驱盘符为 E:），在我的电脑中双击 WinPoeT 的安

装程序 Setup.exe，安装程序将进行准备工作，如图 7-22 所示。

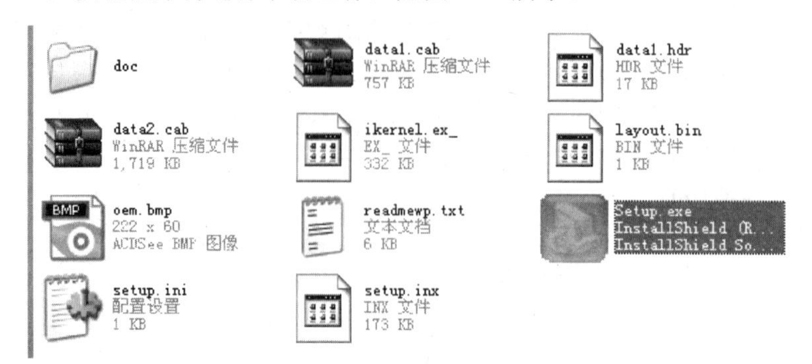

图 7-22　安装程序

② 等候软件安装初始化……然后一直单击【下一步】按钮直到完成安装。

③ 重新启动后，会看到桌面有 WinPoET 的图标，如图 7-23 所示。

④ 同时屏幕右下角有相同的波浪形图标（与桌面的 WinPoET 图标相同），如图 7-24 所示。

图 7-23　WinPoET 的图标

图 7-24　波浪形的图标

3．ADSL 接入

从【开始】/【程序】中启动已经安装的虚拟拨号程序，输入用户名和密码，单击【连接】即可，成功连接后会看到屏幕右下角有两台计算机连接的图标。

7.8　本章实训

实训 1　Windows 2003/XP 宽带上网

1．实训目的

① 掌握 Windows 2003/XP 宽带上网硬件安装方法。

② 掌握 Windows 2003/XP 宽带上网软件安装及配置方法。

2．实训内容

① 安装话音分离器。

② 安装 ADSL 调制解调器。

③ 安装虚拟拨号软件。

3．实训器材

① 装有 Windows 2003/XP 操作系统的计算机。

② ADSL 宽带上网 Modem 及话音分离器。

③ 虚拟拨号软件光盘。

4．实训步骤

在 Windows 2003 中宽带上网的安装方法如下。

① 安装网卡的硬件及软件。

a. 计算机关机，将网卡插入一个 PCI 插槽内。

b. 安装网卡的驱动程序。

安装网卡的驱动程序的方法已经介绍过，此处略述。

如果计算机能够自动侦测即插即用硬件，则在重新启动计算机后，会提示发现了 PCI 卡，可以按照提示搜索硬件的驱动程序进行安装。如果计算机不能自动侦测硬件，则可以在【控制面板】选择【添加新硬件】，一步步按照提示安装。

② 安装 ADSL 硬件及话音分离器。

a. 观察话音分离器的三个端口：line，phone，adsl。

b. 将外线接入 line，电话分线接入 phone，用连接线连接 adsl 端口并与 ADSL Modem 端口相接。

c. 用连接线将 ADSL Modem 另一端口与网卡 RJ-45 端口相连。

③ 安装虚拟拨号软件。

ADSL 宽带上网的虚拟拨号软件有 WinPoET、Enter300 等，安装方法如前所述。

④ 打开虚拟拨号软件，输入用户名和密码，开始拨号上网。

Windows XP 中的配置如下。

① 单击【开始】/【设置】/【控制面板】，选择【网络和 Internet 连接】，如图 7-25 所示。

② 在弹出的窗口中，单击【网络连接】，如图 7-26 所示。

③ 在【网络连接】的窗口中，选择【网络任务】中的【创建一个新的连接】，如图 7-27 所示。

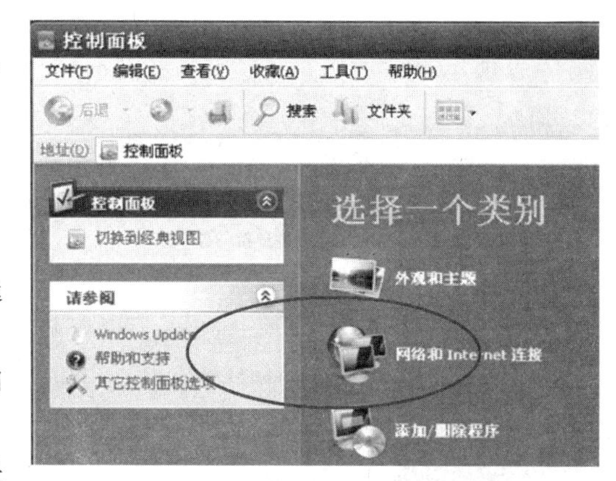

图 7-25 选择【网络和 Internet 连接】

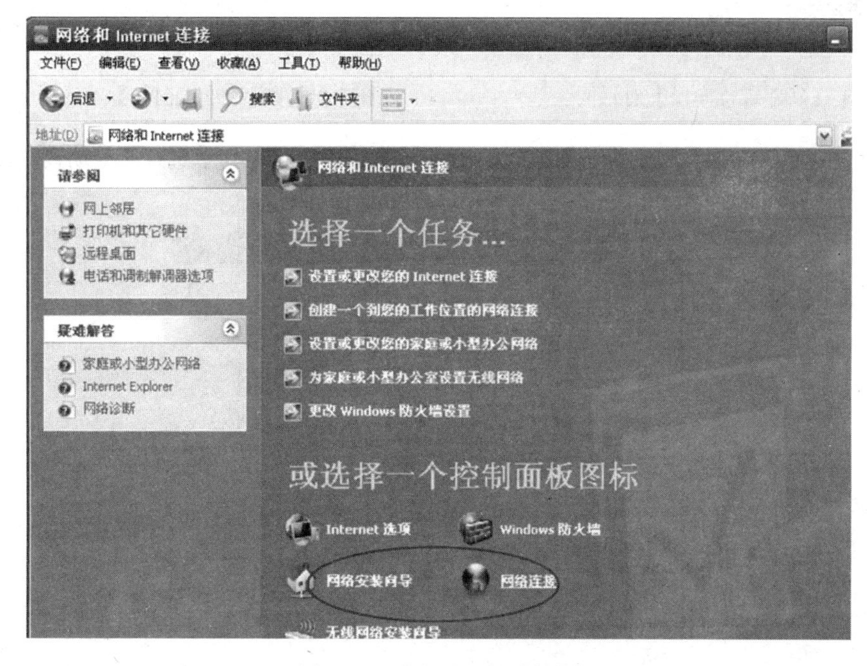

图 7-26 选择【网络连接】

图 7-27　选择【创建一个新的连接】

④ 弹出【新建连接向导】对话框，如图 7-28 所示。

⑤ 单击【下一步】按钮，弹出【新建连接向导】对话框，在其中选择【连接到 Internet】，如图 7-29 所示。

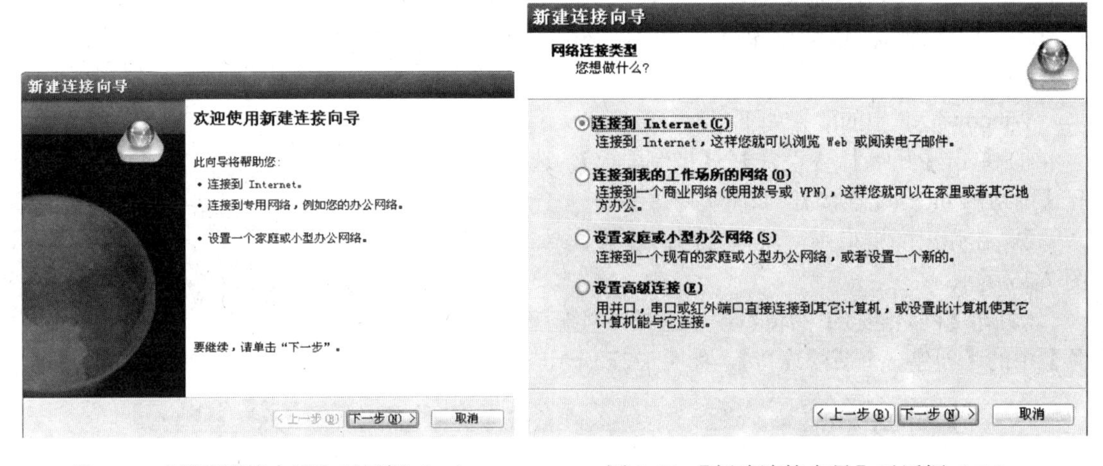

图 7-28 【新建连接向导】对话框（一）　　图 7-29 【新建连接向导】对话框（二）

⑥ 单击【下一步】按钮，弹出【新建连接向导】对话框，在其中选择【手动设置我的连接】，如图 7-30 所示。

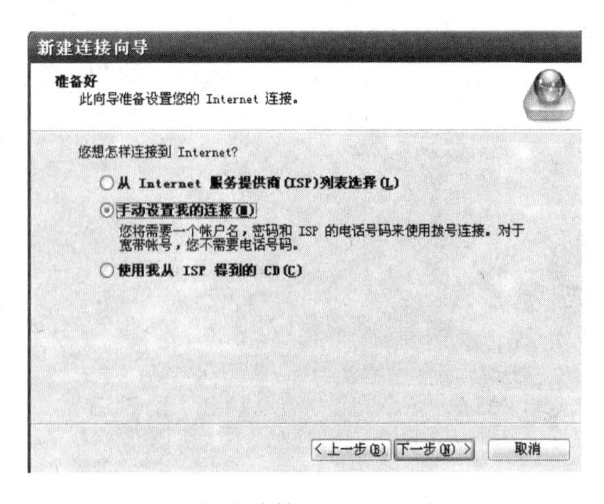

图 7-30 【新建连接向导】对话框（三）

⑦ 单击【下一步】按钮，弹出【新建连接向导】对话框，在其中选择【用要求用户名和密码的宽带连接来连接】，如图 7-31 所示。

⑧ 单击【下一步】按钮，弹出【新建连接向导】对话框，在其中输入【ISP 名称】，如图 7-32 所示，ISP 名称可以任意输入。

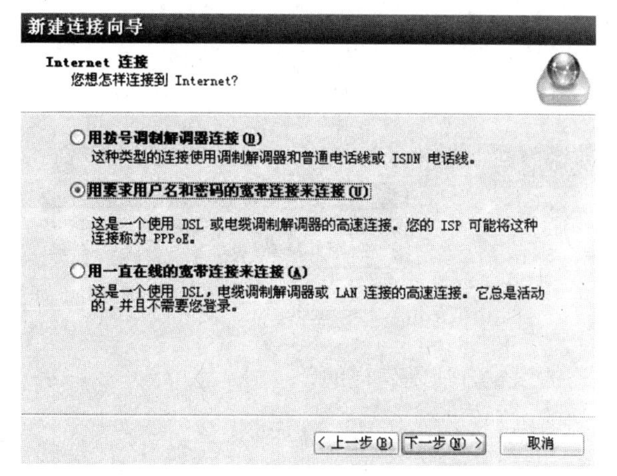

图 7-31 【新建连接向导】对话框（四）

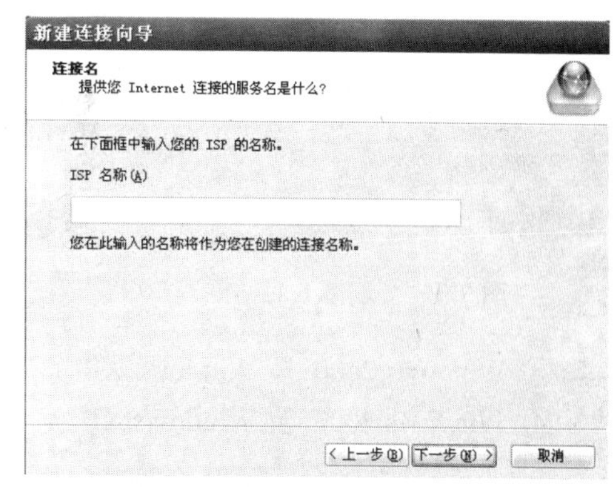

图 7-32 【新建连接向导】对话框（五）

⑨ 单击【下一步】按钮，弹出【新建连接向导】对话框，在其中输入用户名（adsl 账号）、密码，如图 7-33 所示。

⑩ 单击【下一步】按钮，弹出【新建连接向导】对话框，【正在完成新建连接向导】如图 7-34 所示。

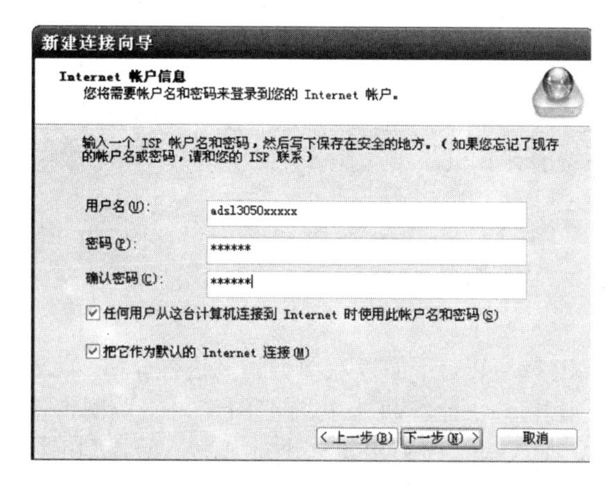

图 7-33 【新建连接向导】对话框（六）

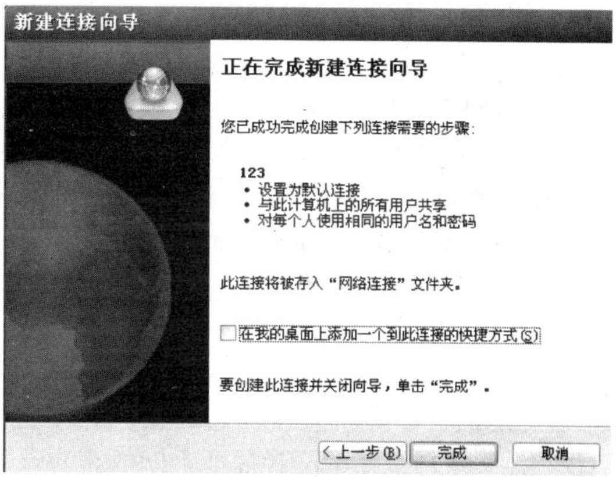

图 7-34 正在完成新建连接向导

⑪ 可以勾选【在我的桌面上添加一个到此连接的快捷方式】，单击【完成】按钮，宽带连接配置结束。

⑫ 弹出【连接】对话框，单击【连接】按钮即可，如图 7-35 所示。

⑬ 以后上网时，可以双击桌面的连接图标，也可以从【开始】/【设置】/【网络连接】/ISP 连接名称，如图 7-36 所示。

5. 实训问题

① 在 Windows XP 中需要安装拨号网络吗？

② Windows 2000 和 Windows XP 新建连接有哪些不同？

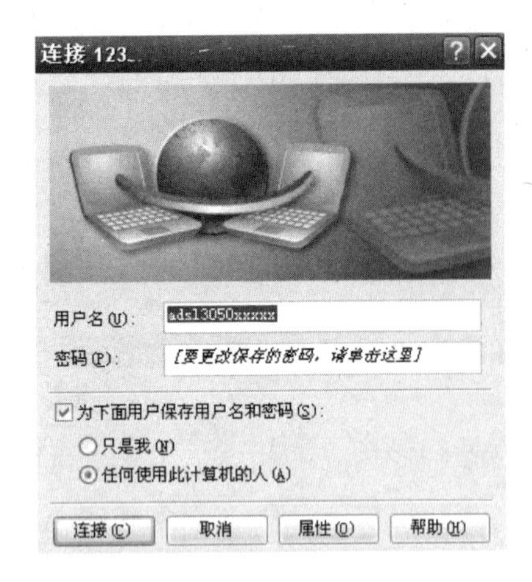

图 7-35 【连接】对话框

图 7-36 选择 ISP 连接

③ Windows 2000 及 Windows XP 宽带上网的设置方法是怎样的？

④ Windows 2000 及 Windows XP 宽带上网的区别？

实训 2 局域网共享 ADSL 宽带上网

1．实训目的

① 掌握 Windows 2003 及 Windows XP 共享宽带上网硬件安装方法。

② 掌握 Windows 2003 及 Windows XP 共享宽带上网软件安装及配置方法。

2．实训内容

① 安装话音分离器。

② 安装 ADSL 调制解调器。

③ 安装虚拟拨号软件。

3．实训器材

① 装有 Windows 2003 及 Windows XP 操作系统的计算机。

② Windows 2003/XP 安装光盘。

③ ADSL 宽带上网 Modem 及话音分离器。

④ 虚拟拨号软件光盘。

4．实训步骤

说明：主机系统为 Windows 2003 或 Windows XP 都可以。下面以双网卡为例进行介绍。此处介绍的是两台计算机直接相连接实现共享上网，其中一台计算机上安装双网卡，一块网卡接 ADSL，一块网卡接另一台需要上网的客户计算机。如果有宽带路由器来进行共享上网，则可以参见后面的第 8 章的宽带路由器的共享上网设置部分。

（1）网卡的安装，两块网卡安装的时候一定要记住哪一块接 ADSL 设备，哪一块接局域网，以便在下一步设置 IP 地址中识别。

（2）安装拨号软件，建立连接，连接 Modem 的网卡不要设置 IP，另一块做网关（即连接客户机的网卡）用的 IP 设置为 192.168.0.1，子网掩码设置为 257.257.257.0。

（3）工作站客户机的设置。

① 在工作站上顺利安装好网卡。用鼠标右键单击桌面上的【网上邻居】，选择属性，进入设置，如图 7-37 所示。

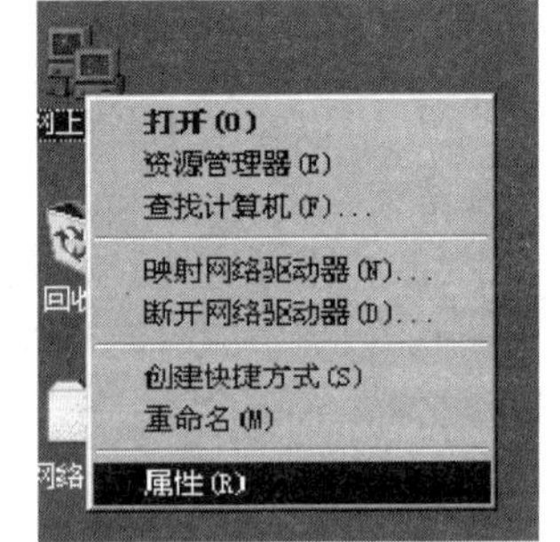

图 7-37 设置属性

② 再选择属性中的 TCP/IP 选项进行设置。依次指定工作站的

IP 地址为 192.168.0.2（3.4.5…）。子网掩网一律为：257.257.257.0，如图 7-38 所示。

③ 指定 DNS，其中主机项填的是服务器的名字，在这里的名称是：administrator，如果用户的服务安装的不是主域系统，则域的一项省略不填。在【DNS 服务器搜索顺序】里填写上 192.168.0.1，单击右边的【添加】按钮，如图 7-39 所示。

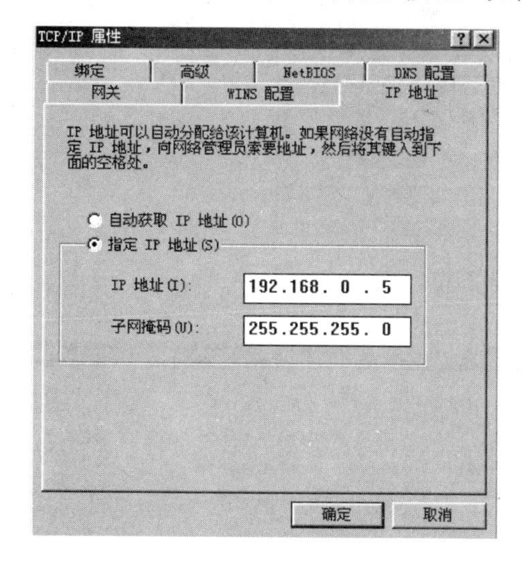

图 7-38　设置 TCP/IP 选项

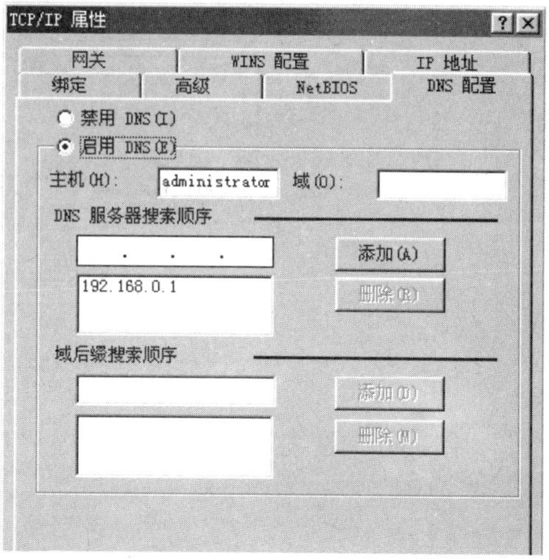

图 7-39　设置 DNS

④ 填写网关，指定网关为 192.168.0.1，单击右边的【添加】按钮，如图 7-40 所示。

工作站的设置到此结束，重启计算机后，接着返回到服务器端进行再设置。

（4）在服务器上安装代理软件 SuperProxy，直接打开该软件的安装程序 setup.exe 安装很快结束。

（5）设置服务器端的代理软件 SuperProxy，设置步骤如下。

① 启动程序 SuperProxy，弹出窗口如图 7-41 所示。

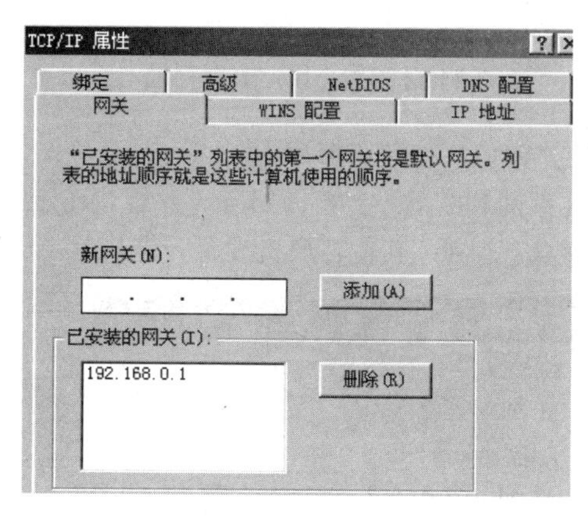

图 7-40　指定网关

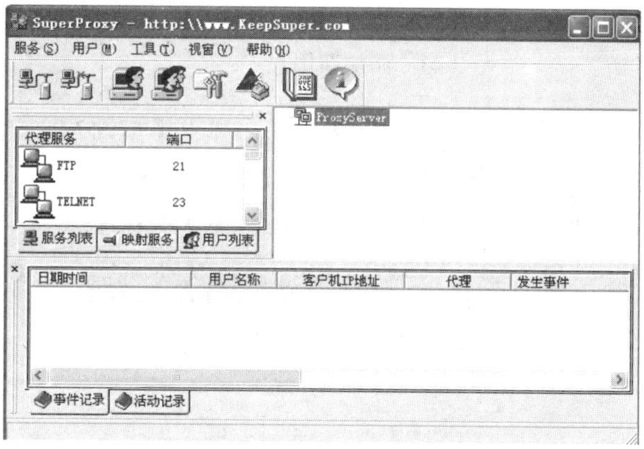

图 7-41　SuperProxy 窗口

② 单击窗口中的【用户列表】按钮，切换到【用户列表】窗口，如图 7-42 所示。

③ 在【Proxy Client】（代理客户）上用鼠标右键单击，选择【添加新用户】，如图 7-43 所示（也可以添加组，然后在组中再添加用户）。

④ 弹出【添加新用户】对话框，如图 7-44 所示。

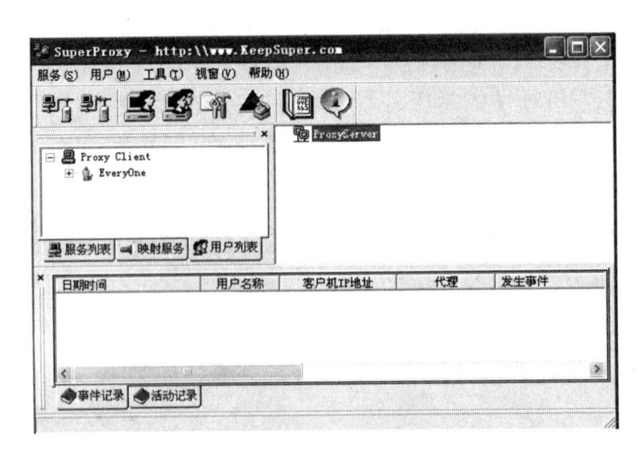

图 7-42 【用户列表】窗口

图 7-43 添加新用户

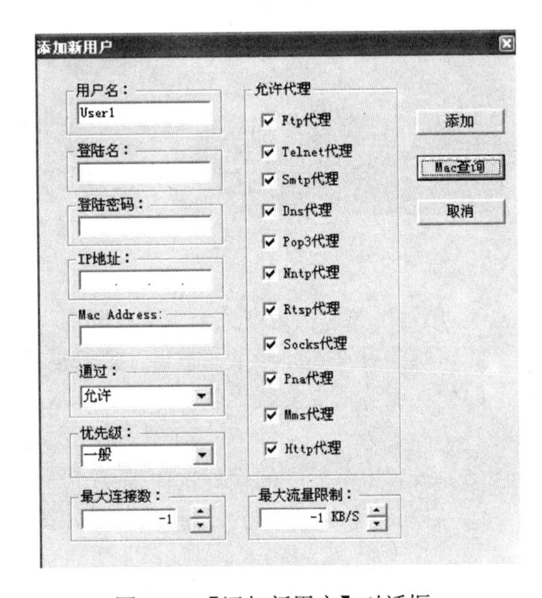

图 7-44 【添加新用户】对话框

⑤ 单击【Mac 查询】按钮，弹出【查询 Mac 地址】窗口，如图 7-45 所示。

⑥ 在窗口中输入 IP 地址，如 192.168.0.2，单击【查询】按钮，会查询到与服务器相连接的客户机的 Mac 地址，如图 7-46 所示（本处是以 192.168.0.2 为例，其他客户机设置一样）。

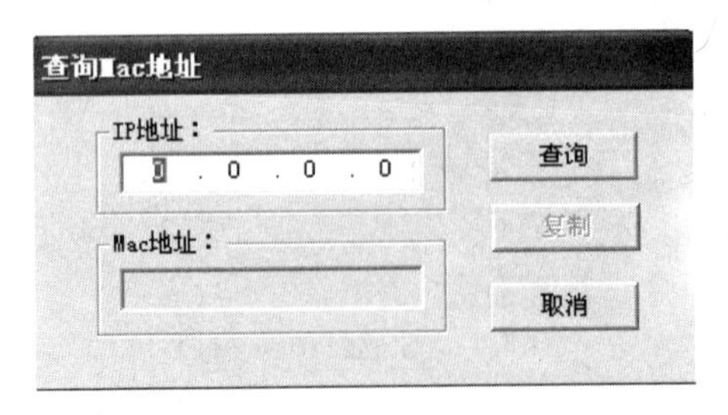

图 7-45 【查询 Mac 地址】窗口

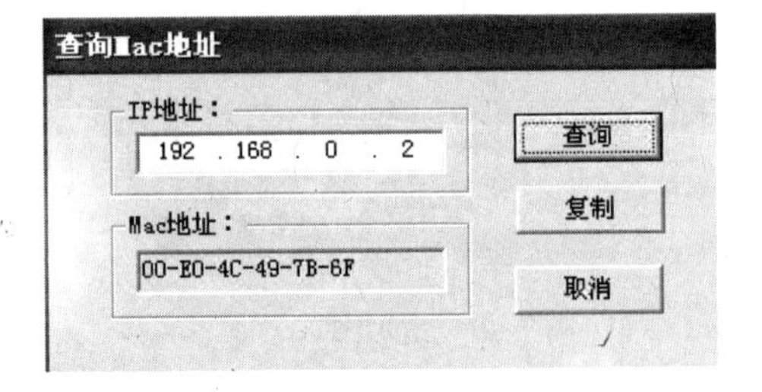

图 7-46 查询到 Mac 地址

⑦ 单击【复制】按钮，可以复制 Mac 地址。

⑧ 单击图 7-46 中的【取消】按钮，回到图【添加新用户】对话框，将 Mac 地址粘贴到【Mac address】栏中，同时输入 IP 地址 192.168.0.2，如图 7-47 所示。

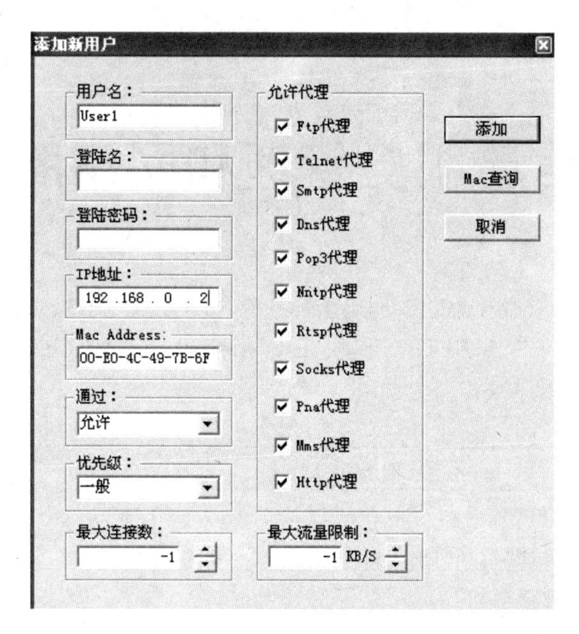

图 7-47 【添加新用户】对话框

⑨ 单加【添加】按钮完成设置。

（6）服务器连接上 Internet，启动【SuperProxy】程序，客户机也可以连接上 Internet。

本 章 小 结

本章主要讲述了 Internet 的概念、特点及组成原理，重点讲述了 Internet 的地址和域名结构，详细介绍了 IP 地址的规划和子网掩码的计算，并详细叙述了接入 Internet 的方法及实训。

思考与练习

1. Internet 的含义。
2. Internet 的特点。
3. Internet 的组成。
4. Internet 的地址。
5. IP 地址的分类及划分方法。
6. IP 地址的计算机方法。
7. ADSL 如何接入 Internet?
8. 如何配置 Windows 2003/XP 单机上网？
9. 如何配置 Windows 2003/XP 共享上网？
10.上机操作：完成局域网单机上网和共享上网的实验。

第8章　信息服务管理和网络服务器配置

教学目标

通过本章学习，对 Windows 2003 网络服务软件（DHCP、DNS、IIS）能进行安装，能达到熟练配置 DHCP、DNS、WWW、FTP，熟悉 SERV-U FTP、FLASH-FXP 的安装配置及使用，能架设局域网服务器，使资源共享。

教学要求

知识要点	能力要求	相关知识
DHCP	（1）了解 DHCP 的概念 （2）能配置 DHCP 服务器，让客户端能自动获取 IP 地址	地址租约、保留、作用域
DNS	（1）理解 DNS 服务器 （2）能正确配置 DNS	正向搜索、反向搜索、主机记录概念
WWW	能配置网站，使人们通过 IE 可以浏览	IP 地址、端口、主目录、默认文档 I
FTP	（1）在服务端/客户端安装配置 SERV-U （2）通过 FLASH-FXP，能上传、下载文件	域、用户、主目录

重点难点

- DHCP 的配置
- DNS 的配置
- WWW 的配置
- SERV-U 的配置及 FLASH-FXP 的上传下载

为了减轻 TCP/IP 网络规划、管理和维护的负担，解决 IP 地址空间缺乏等问题，须配置 DHCP，现在信息技术高速发展，人们上网的时间也越来越多，人们都习惯用友好的名字来记住某些网站，对于那些枯燥的数字却难以记住，为了解决这个问题，DNS 就显得尤为重要；有了域名并不意味着就可以上网了，还需进一步的设置，配置 WEB 服务器才可让人们认识您的网站，现在信息交流非常快捷，公司、企业内部都有一些资源需要共享，有必要建立 FTP 服务器，供人们上传、下载；有必要建立邮件服务器，达到信息共享。在众多的网络应用中，FTP（File Transfer porotocol）有着非常重要的地位。在 Internet 中一个十分重要的资源就是软件资源。而各种各样的软件资源大多数都是放在 FTP 服务器中的。可以说，FTP 与 WEB 服务几乎占据了整个 Internet 应用的 80%以上。

8.1　配置 DHCP 服务器

8.1.1　DHCP 概述

在一个使用 TCP/IP 协议的网络中，每台计算机都必须至少有一个 IP 地址，才能与其他计算机进行连接通信。大多数企事业单位局域网都采用静态分配 IP 地址（所谓静态 IP 就是即使在不上网的时候，别人也不能用这个 IP 地址），这个资源一直被你所独占，可以对用户的 IP 地址有统一的分配，便于记录用户的 IP 地址信息。但对于一些特殊的地方，如宾馆、酒店等场所，流动性大，为了减轻 TCP/IP 网络规划、管理和维护的负担，解决 IP 地址空间缺乏等问题，有必要为客户端设置动态的 IP 地址，DHCP（Dynamic Host Configure Protocol，动态主机配置协议）应运而生。在将 Windows 2003 sever 配置为服务器之前，必须指定一个静态的 IP。右键单击【网上邻居】/【属性】/【本地连接】/【属性】，单击【TCP/IP 协议】/【属性】，设置如图 8-1 所示的服务器的 IP 地址，默认网关为路由器的 IP 地址，使用下面的 DNS 服务器为重庆电信的 DNS 服务器（可根据自己通信的不同采用不同的 DNS 服务器，如重庆联通为 221.8.92.98）

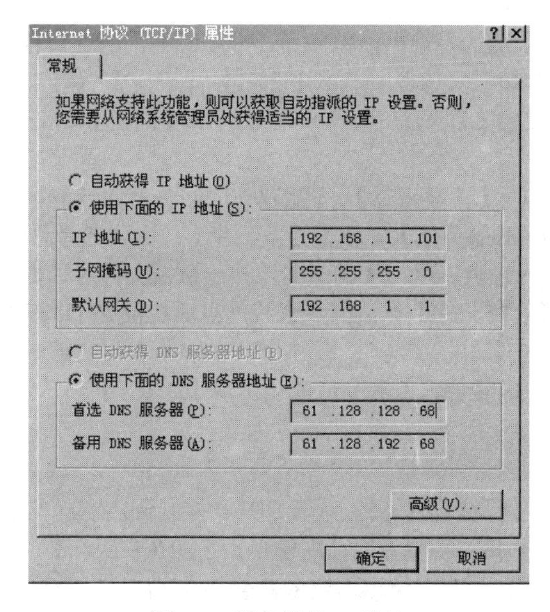

图 8-1　服务器的 IP 地址

8.1.2　DHCP 工作原理

DHCP 工作分为以下四个阶段。

（1）发现阶段，即 DHCP 客户端寻找 DHCP 服务器的阶段。客户端以广播方式发送 DHCPDISCOVER 包，只有 DHCP 服务器才会响应。

（2）提供阶段，即 DHCP 服务器提供 IP 地址的阶段。DHCP 服务器接收到客户端的 DHCPDISCOVER 报文后，从 IP 地址池中选择一个尚未分配的 IP 地址分配给客户端，向该客户端发送包含租借的 IP 地址和其他配置信息的 DHCPOFFER 包。

(3) 选择阶段，即 DHCP 客户端选择 IP 地址的阶段。如果有多台 DHCP 服务器向该客户端发送 DHCPOFFER 包，客户端从中随机挑选，然后以广播的形式向各 DHCP 服务器回应 DHCPREQUEST 包，宣告使用它挑中的 DHCP 服务器提供的地址，并正式请求该 DHCP 服务器分配地址。其他所有发送 DHCPOFFER 包的 DHCP 服务器接收到该数据包后，将释放已经 OFFER（预分配）给客户端的 IP 地址。如果发送给 DHCP 客户端的 DHCPOFFER 包中包含无效的配置参数，客户端会向服务器发送 DHCPCLINE 包拒绝接受已经分配的配置信息。

（4）确认阶段，即 DHCP 服务器确认所提供 IP 地址的阶段。当 DHCP 服务器收到 DHCP 客户端回答的 DHCPREQUEST 包后，便向客户端发送包含它所提供的 IP 地址及其他配置信息的

DHCPACK 确认包。然后，DHCP 客户端将接收并使用 IP 地址及其他 TCP/IP 配置参数。

DHCP 客户端已从 DHCP 服务器获得地址，并在租期内正常使用，如果该 DHCP 客户端不想再使用该地址，则需主动向 DHCP 服务器发送 DHCPRELEASE 包，以释放该地址，同时将其 IP 地址设为 0.0.0.0。命令：DOS 界面下输入 config/release。

8.1.3 安装 DHCP

（1）单击【开始】/【管理工具】查看有无 DHCP，如没有，则安装（默认情况下，DHCP 作为 Windows 2003 Server 的一个服务组件不会被系统自动安装）；如有，则跳过，直接转到配置。安装过程：单击【开始】/【控制面板】/【添加或删除程序】，【弹出添加或删除程序】对话框，再单击【添加 / 删除组件】。

（2）单击【网络服务】前的复选框，单击【详细信息】，出现带有具体内容的对话框。单击【动态主机配置协议（DHCP）】复选框，单击【确定】/【确定】/【下一步】，要求插入光盘，可以通过单击【浏览】查找安装文件 h:\i386\winnt.exe，单击【确定】，自动进行组件安装，单击【完成】，组件向导成功。

也可通过单击【开始】/【管理工具】/【配置你的服务器向导】，一直单击【下一步】，在出现的对话框中单击【DHCP 服务器】，单击【下一步】，出现选择总结【安装 DHCP】对话框，单击【下一步】，要求插入光盘，单击【确定】，弹出所需文件对话框。

单击【浏览】出现【查找文件】对话框，查找光盘所在位置 i386 文件夹下的 winnt.exe，单击【打开】/【确定】进行安装。

单击【开始】/【程序】/【管理工具】，就会出现【DHCP】项，说明 DHCP 服务安装成功。

8.1.4 授权 DHCP

单击【开始】/【管理工具】/【DHCP】，弹出 DHCP 控制台，右键单击服务器名，如【family1】，family1 为计算机的名称（如没有服务器名，右键单击【DHCP 图标】，添加服务器，输入服务器名或 IP 地址）。在控制台窗口中，右键单击服务器名 family1，【所有任务】级联菜单中【启动】为灰白色表示已经在运行。授权的服务器最明显的标记是服务器名前面红色向上的箭头变成了绿色向下的箭头。这样，这台被授权的 DHCP 服务器就有分配 IP 的权利了，如图 8-2 所示。

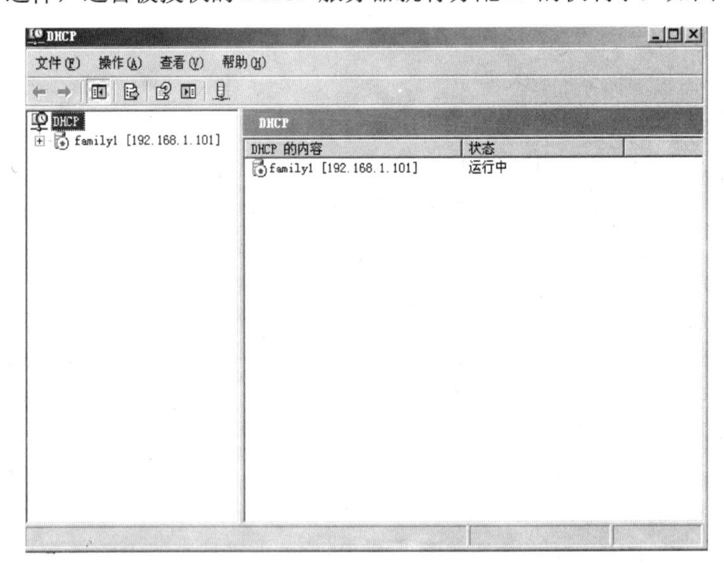

图 8-2 DHCP 控制台

8.1.5 配置 DHCP

1. 服务器上配置

（1）右键单击 DHCP 服务器名，如【family1】，【新建作用域】，弹出【新建作用域向导】，单击【下一步】，输入作用域名，名字可以任意取，单击【下一步】，出现 IP 地址范围，如图 8-3 所示的 IP 地址范围，输入作用域可分配的 IP 地址，单击【下一步】。

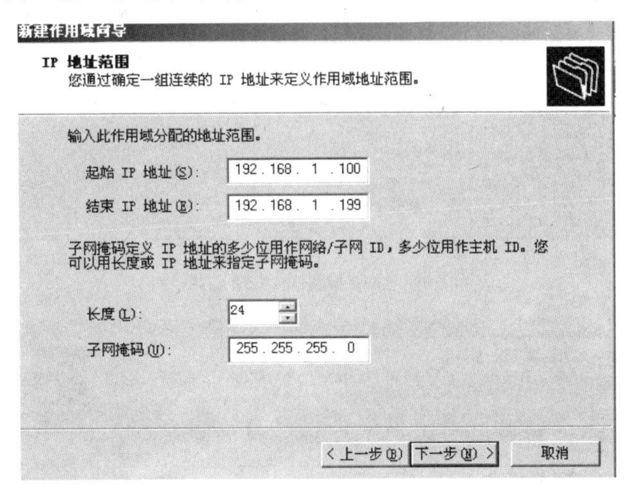

图 8-3 IP 地址范围

（2）输入排除的地址，如只有一个 IP 地址，则只需输入一个起始地址，结束地址不输入。输入完后，单击【添加】，则将地址添加到排除地址范围内。如图 8-4 所示为 IP 地址排除范围。

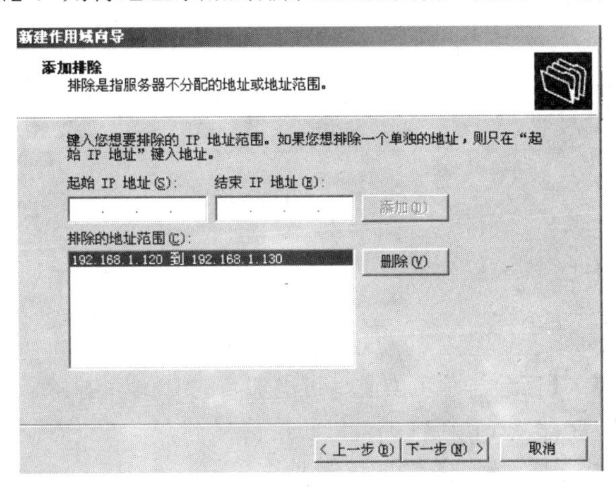

图 8-4 IP 地址排除范围

单击【下一步】，出现租约期限对话框，限定了客户端从作用域使用 IP 地址的长短，默认为 8 天。单击【下一步】，保持选中【是，我想现在配置这些选项】单选钮，并单击【下一步】按钮，打开【配置 DHCP 选项】对话框，在打开的【路由器（默认网关）】对话框中根据实际情况输入网关地址（如 192.168.1.1），并依次单击【添加】/【下一步】按钮，在打开的【域名称和 DNS 服务器】对话框中可以根据实际情况设置 DNS 服务器地址。DNS 服务器地址可以设置为多个，既可以是局域网内部的 DNS 服务器地址，也可以是 Internet 上的 DNS 服务器地址。设置完毕单击【下一步】按钮。也可以单击【否】，以后配置。如图 8-5 和图 8-6 所示。

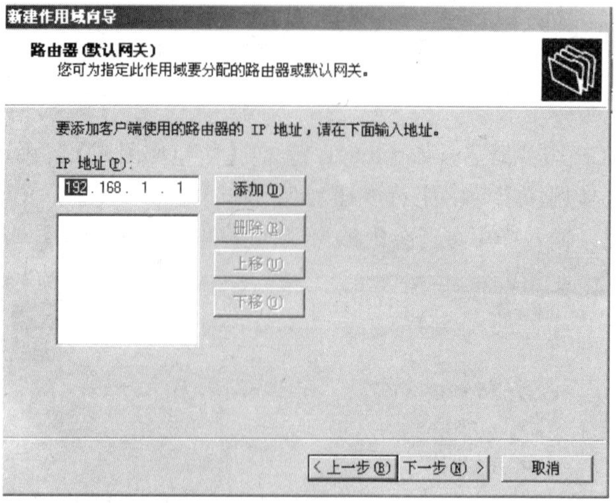

图 8-5 作用域配置（路由器）

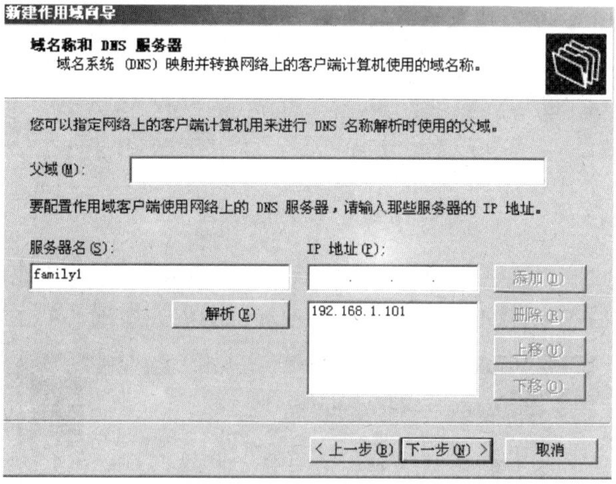

图 8-6 域名和 DNS 服务器

（3）单击【下一步】，弹出【成功地完成了新建作用域向导】对话框，单击【完成】。作用域下出现了四个内容。

① 地址池：用于查看、管理现在的有效地址范围和排除范围。

右键单击【地址池】/【新建排除范围】，可添加新的 IP 地址排除。

② 地址租约：用于查看、管理当前的地址租用情况。

③ 保留：用于添加、删除特定保留的 IP 地址。

④ 作用域选项：用于查看、管理当前作用域提供的选项类型与其设置值。

如果用户想保留特定的 IP 地址给指定的客户机，以便客户机在每次启动时都能获得相同的 IP 地址，则可右键单击【保留】/【新建保留】或者【操作】菜单下的【新建保留】，弹出【新建保留】对话框，如图 8-7 所示，确保客户端得到同一 IP 地址，保留名称可为计算机名，在 IP 地址处输入要保留的地址，MAC 地址为与上述 IP 地址绑定的网卡号，每张网卡都有一个唯一的号码（可从单击【开始】/【运行】/输入 CMD，点击【确定】，进入 DOS 提示符下输入 ipconfig/all 回车，显示的 physics addrees 中得到，），单击【添加】，关闭。在 DHCP 右侧窗口可以看见保留的内容，如图 8-8 所示。

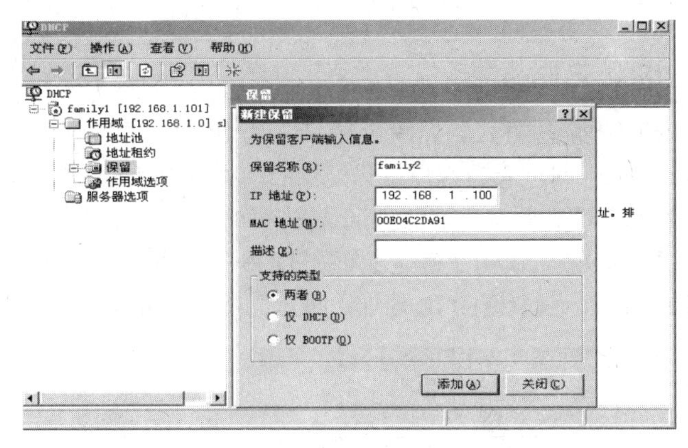

图 8-7 【新建保留】对话框

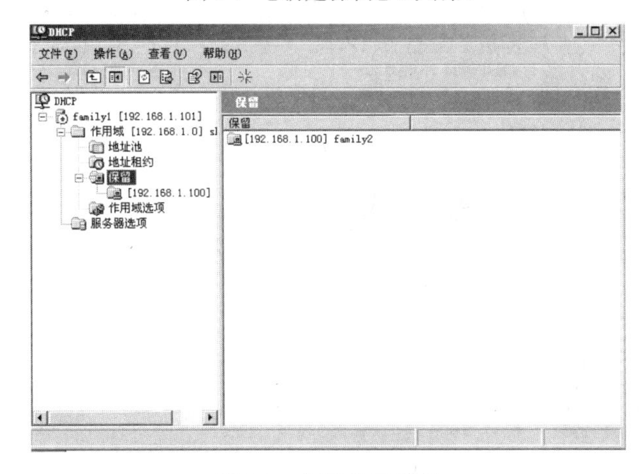

图 8-8 保留的计算机

通过单击【作用域】/【地址租约】查看客户机的使用情况。

如想改变租约的时间，右键单击【作用域】/【属性】，单击【常规】选项卡，单击【无限制】按钮，或者单击【限制为】，然后单击【应用】/【确定】，租约时间的改变如图 8-9 所示。

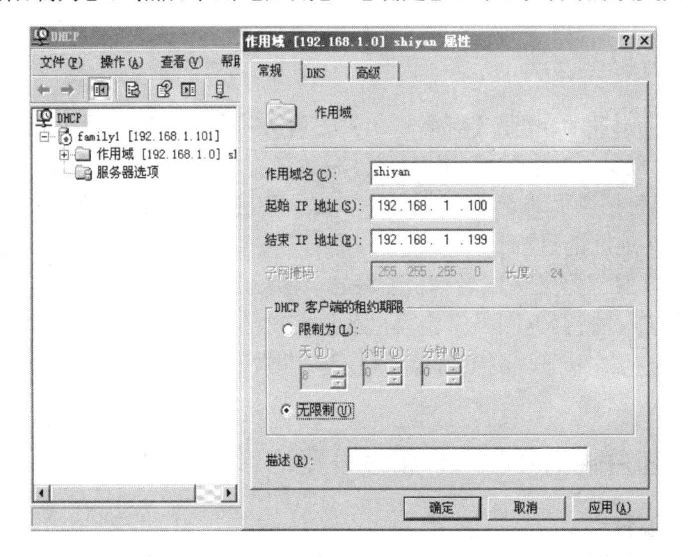

图 8-9 租约时间的改变

2．客户端配置

右键单击【网上邻居】/【属性】，右键单击【本地连接】/【属性】/【TCP/IP 协议】/【属性】，IP 地址设置为自动获取 IP 地址的方式。如图 8-10 所示为 IP 地址的设置。在客户端单击【开始】/【运行】，输入 ipconfig/all，即可看到客户机分配到的动态 IP 地址。完成后，DHCP 服务器上单击【作用域】/【地址租约】可查看客户端的分配情况，如仍是以前的地址，则在客户端单击【开始】/【运行】，输入【CMD】，单击【确定】，在 DOS 提示符下输入 ipconfig/release 释放 IP，然后输入命令 ipconfig/renew，获取新的 IP 地址，再返回服务器 DHCP 地址租约中查看。

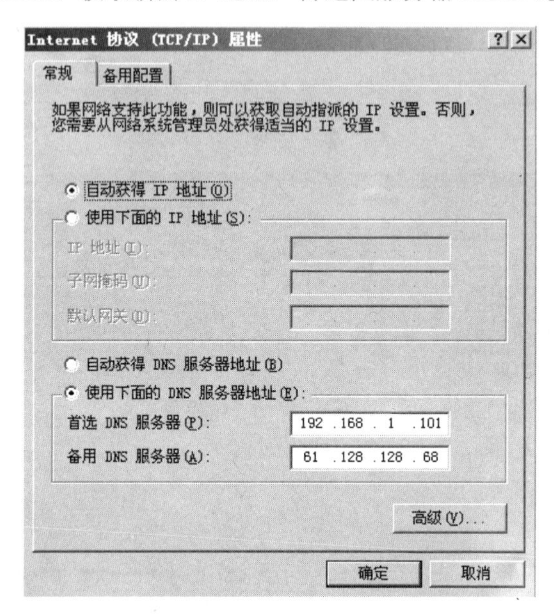

图 8-10　客户端 IP 地址的设置

8.2　配置 DNS 服务器

8.2.1　概述

DNS(Domain Name System)是【域名系统】的英文缩写，是一种组织成域层次结构的计算机和网络服务命名系统，它用于 TCP/IP 网络，它主要是用来通过亲切而友好的名称如 www.cqhjw.com 来代替枯燥而难记的 IP 地址，以定位相应的计算机和相应的服务。域名解析就是将域名重新转换为 IP 地址的过程。一个域名只能对应一个 IP 地址，而多个域名可以同时被解析到一个 IP 地址。DNS 服务器又叫域名解析服务器。假如 DNS 不能找到域名，它还将继续搜索直到超时。在这种情况下，就会返回一个错误，如果客户端允许的话，还会显示一条错误消息。在 Web 站点不能被发现的情况下，浏览器就会显示一条错误信息——不能定位服务器或存在 DNS 错误。

8.2.2　服务器与客户端的 TCP/IP 属性设置

1．服务器端的设置

（1）右键单击【网上邻居】/【属性】，右键单击【本地连接】/【属性】/【TCP/IP 协议】，单击【属性】，按如图 8-11 所示进行设置。

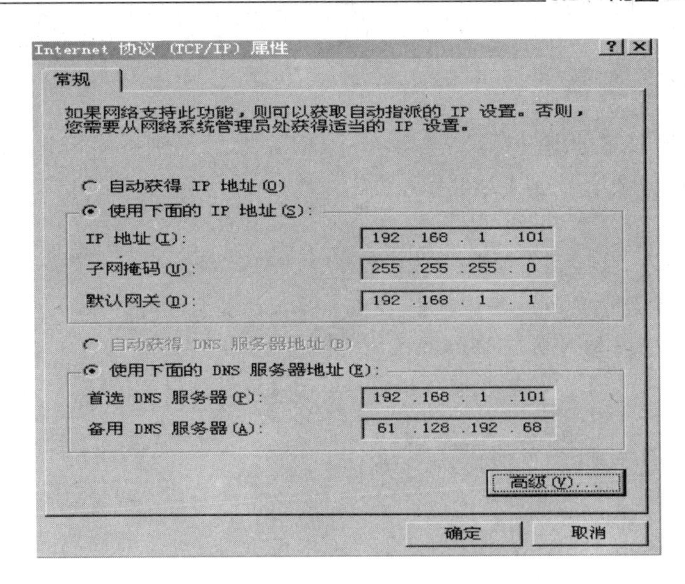

图 8-11　TCP/IP 协议

默认网关是路由器的 IP 地址，由于本机配置为域名服务器，所以首选 DNS 服务器的 IP 地址为本机的 IP 地址，备用 DNS 服务器是重庆电信的（可根据自己所采用的不同通信线路输入不同的 DNS，如联通输入 221.8.92.98）。经过设置，可以实现局域网内的域名解析，还可以上外网。

（2）单击【高级】选项，弹出如图 8-12 所示【高级 TCP/IP 设置】对话框。

单击【附加这些 DNS 后缀（按顺序）】，输入 com，单击【添加】，取消【在 DNS 中注册此连接的地址】前的复选框，单击【确定】。

2．客户端的设置

右键单击【网上邻居】/【属性】，右键单击【本地连接】/【属性】/【TCP/IP 协议】，单击【属性】，按如图 8-13 所示进行设置，首选 DNS 服务器应为服务器的 IP 地址（因服务器已设为域名服务器）。

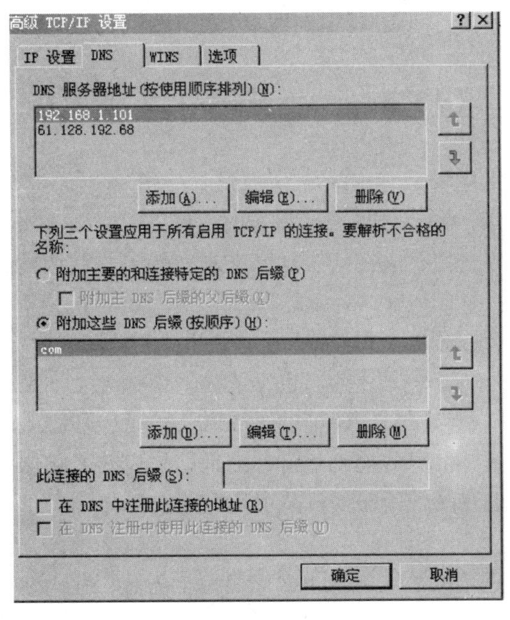

图 8-12　高级 TCP/IP 设置

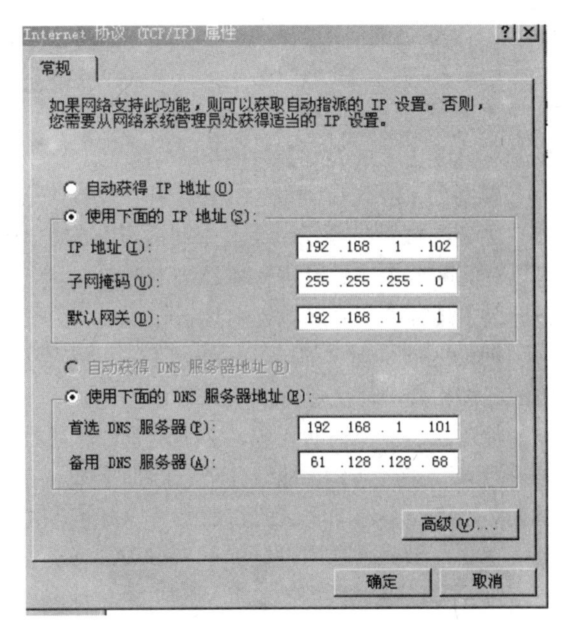

图 8-13　TCP/IP 设置

8.2.3 配置 DNS 服务器

首先单击【开始】/【管理工具】，查看有无 DNS，如没有则执行下述安装过程，安装 DNS 与安装 DHCP 相似，否则，跳到下述配置过程。

1．安装

（1）单击【开始】/【控制面板】，单击【添加/删除程序】。

（2）单击【添加/删除 Windows 组件】，等待 Windows 组件向导启动。

（3）单击【下一步】按钮弹出 Windows 组件清单。

（4）单击【网络服务】前的复选框，然后再单击【详细信息】按钮。

（5）单击【DNS（域名系统）】前的复选框。

（6）单击【确定】按钮返回【Windows 组件】对话框。

（7）单击【下一步】安装相应的服务，安装过程中可能会提示插入光盘（光盘可为物理光驱或者虚拟光驱），插入光盘后，单击【确定】，弹出【所需文件】对话，单击【浏览】，打开光盘下 i386 文件夹，单击【打开】/【确定】，进行安装，然后单击【完成】。

2．配置

单击【开始】/【管理工具】/【DNS】，单击【操作】/【所有任务】，弹出级联菜单，如果启动为灰白色，则表示已经启动。

在用户选定了运行DNS服务器的计算机后，便等于为该服务器选定了硬件设备。而实现DNS服务器的域名服务功能还需要软件的支持，其中最重要的便是为DNS服务器创建区域。该区域其实是一个数据库，它提供DNS名称和相关数据，如 IP 地址或网络服务间的映射。

DNS 区域分为两大类：正向查找区域和反向查找区域。

正向查找区域用于 FQDN(完全合格域名)到 IP 地址的映射，当 DNS 客户端请求解析某个 FQDN 时，DNS 服务器在正向查找区域中进行查找，并返回给 DNS 客户端对应的 IP 地址。

反向查找区域用于 IP 地址到 FQDN（完全合格域名）的映射，当 DNS 客户端请求解析某个 IP 地址时，DNS 服务器在反向查找区域中进行查找，并返回给 DNS 客户端对应的主 FQDN。

DNS 服务器启动后，可看到 DNS 服务窗口，包括正向查找区域和反向查找区域。

（1）创建正向查找区域

右键单击【正向查找区域】/【新建区域】，弹出【欢迎使用新建区域向导】页，单击【下一步】，出现【区域类型】对话框。

说明如下：区域类型有三种，即主要区域、辅助区域、存根区域。

主要区域是包含了该命名空间内所有的资源记录，是该区域内所有域的权威 DNS 服务器，可以对此区域内的记录进行增、删、改等操作，区域文件存放在一个标准文本文件中，默认情况下，选中【标准主要区域】单选按钮。

辅助区域是现有的一个区域副本，可以在另一台服务器上增设辅助区域，区域名称与主要区域的名称相同，而区域内的所有记录均来源于主要区域，是只读的，也存放在一个标准文本文件中。若要创建一个辅助区域，必须配置一个主控区域。当用户创建辅助区域时必须指出作主服务器的 DNS 服务器的 IP 地址并把它添加上去，它将区域信息传递到包含标准辅助区域的名称服务器上，创建一个辅助区域的目的是可以分担一部分主要区域的压力，从而起到冗余的作用。

存根区域只含所管理区域的有 SOA、NS 以及 A Glue 记录，

除了辅助区域数据不能和活动目录集成（即创建辅助区域时，下面的复选框为灰白色）外，辅助区域和存根区域的创建步骤是一样的。【在 Active Directory 中存储区域（只有 DNS 服务器是域控制器时才可用）选项】不可用，因为这台 DNS 服务器不是域控制器；如服务器升为域控制

器，则此项默认可选，创建的主要区域即为活动目录集成区域。此时，创建的主要区域即为标准主要区域。

单击【下一步】，输入区域名称如 abc.com，如图 8-14 所示。

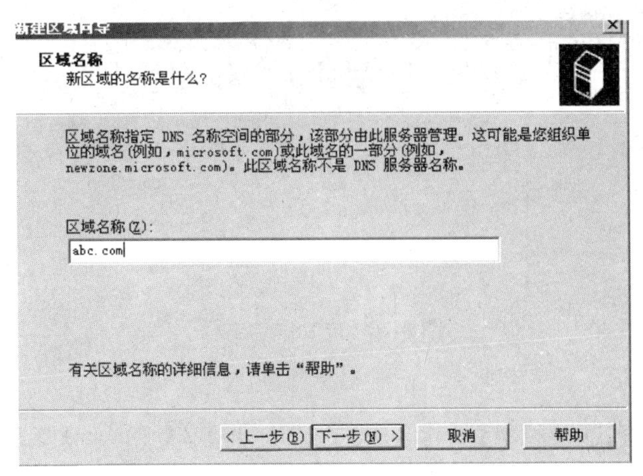

图 8-14 区域名称

单击【下一步】，接受默认的区域文件名，区域数据库文件名默认为该区域的名字，标准主要区域的区域文件。

单击【下一步】出现动态更新页，选择需要的动态更新方式，在此接受默认的选择【不允许动态更新】。

单击【下一步】/【完成】，则完成正向区域的创建。

（2）新建主机

单击【正向查找区域】前的【+】，展开正向查找区域，单击区域名【abc.com】，使它处于选中状态，右键单击选择【新建主机】，在名称框输入 www，IP 地址输入 192.168.1.101，单击【创建相关的指针记录】复选框，单击【添加主机】，弹出【成功创建主机记录】。【新建主机】如图 8-15 所示。

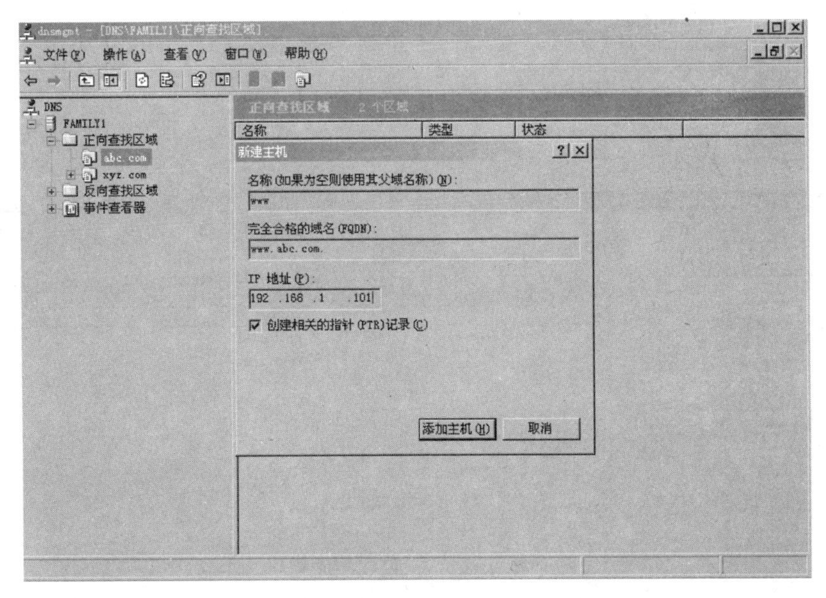

图 8-15 【新建主机】

单击区域名【abc.com】，可看见如图 8-16 所示的对话框。用同样的方法创建正向查找区域 xyz.com，新建主机中 IP 地址输入 192.168.1.102。

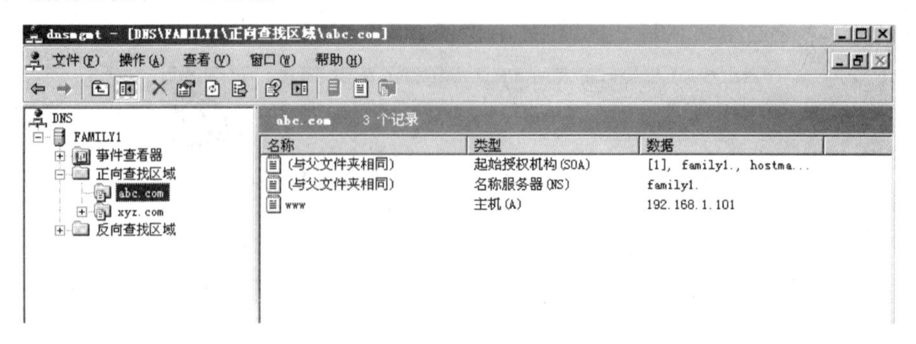

图 8-16 成功添加主机

（3）反向查找区域

右键单击【反向查找区域】/【新建区域】/【下一步】/【下一步】，弹出【反向查找区域名称】对话框，如图 8-17 所示，输入 192.168.1，单击【下一步】，出现反向区域新文件，采用默认文件，一直单击【下一步】，直到完成。

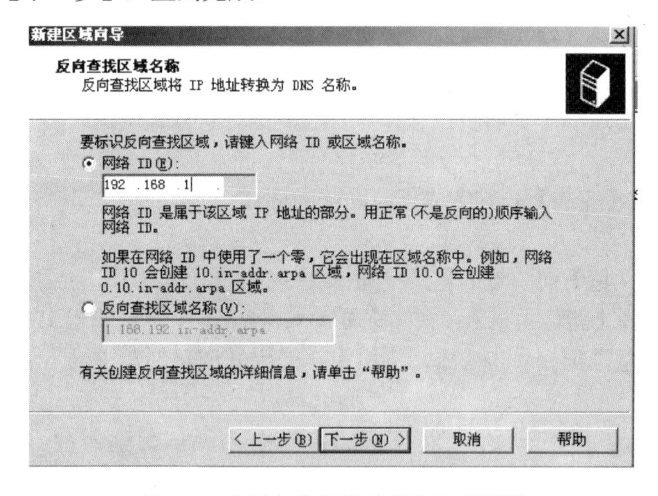

图 8-17 【反向查找区域名称】对话框

反向区域创建后，如图 8-18 所示

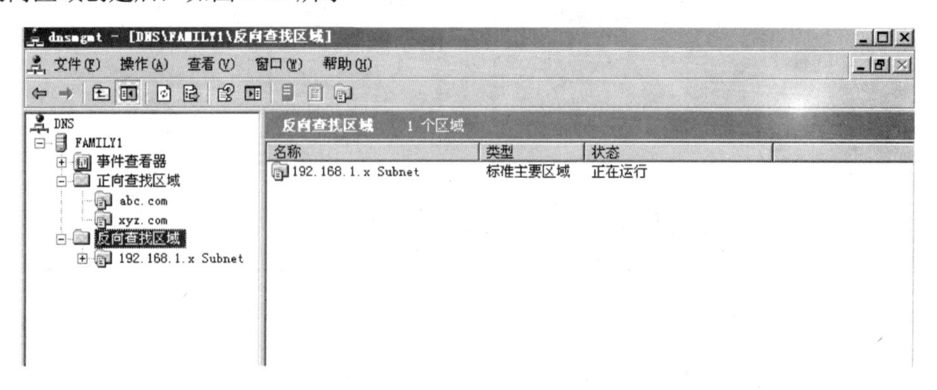

图 8-18 反向区域创建

（4）测试DNS服务

测试验证的方法很多，目前使用以下两种：

使用【nslookup】命令来检查DNS Server的响应。

单击【开始】/【运行】，输入nslookup，在DOS提示符下使用【nslookup】命令 nslookup 192.168.1.101或Nslookup域名，如果DNS服务器响应，则返回名称【www.abc.com】。否则，需诊断和解决DNS Server的问题。测试DNS解析如图8-19所示。

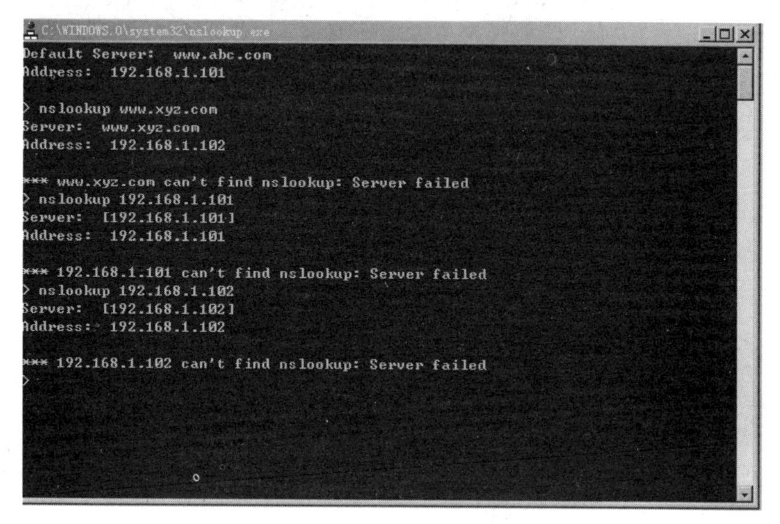

图8-19 测试DNS解析

单击【开始】/【运行】，输入cmd，在DOS提示符下使用【ping】命令，键入：ping www.abc.com或ping 192.168.1.101，ping www.xyz.com，ping 192.168.1.102，出现如图8-20所示的测试界面，则表明通信测试成功。

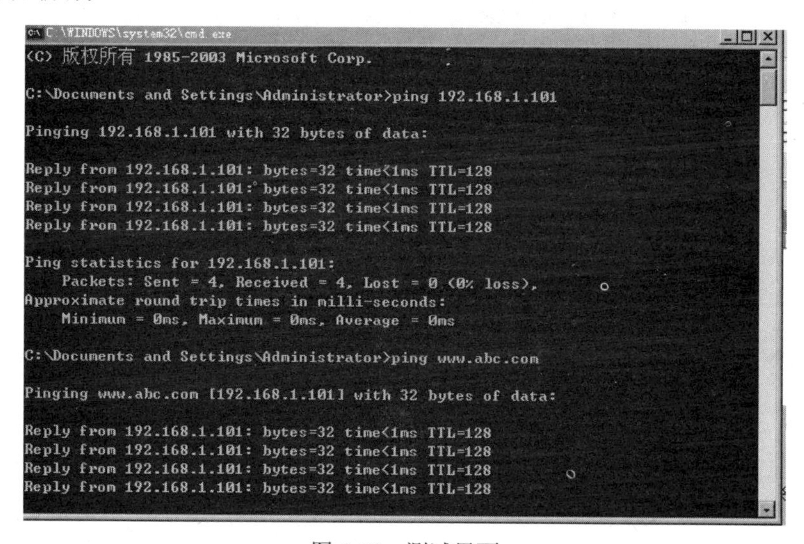

图8-20 测试界面

3．主要区域管理

右键单击区域【abc.com】/【属性】，弹出abc.com属性对话框，可以暂停和开始区域的运行，并且可以修改区域类型、区域数据存储的文件名和动态更新方式，但是不支持安全动态更新，如图8-21所示。

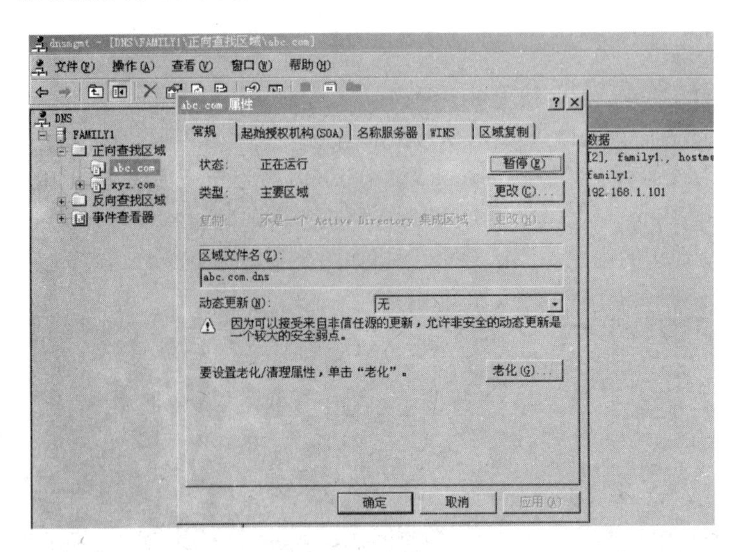

图 8-21　区域属性

单击【老化】按钮可以进入区域老化/清理属性设置，【区域老化 / 清理属性】对话框如图8-22 所示，此设置必须和 DNS 服务器的老化/清理设置共同使用方可生效。当启用老化时，对于每个动态更新记录，会基于当前的 DNS 服务器时间创建一个时间戳，当 DHCP 客户端服务或者DHCP 服务器为此区域中的 A 记录进行动态更新时，会刷新时间戳。手动创建的资源记录会分配一个为 0 的时间戳记录，代表它们将不会老化。

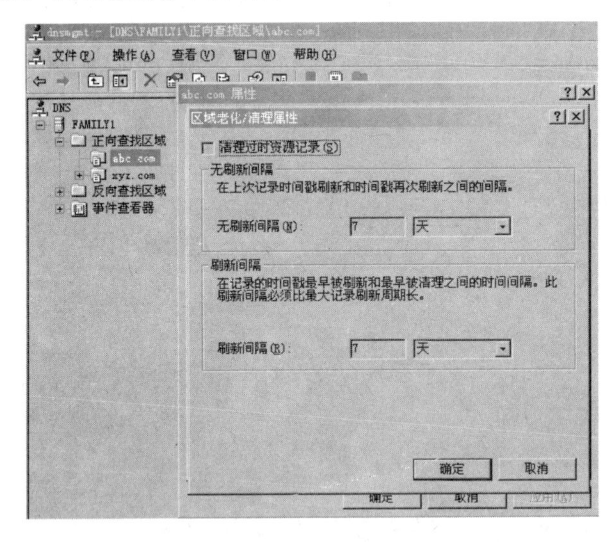

图 8-22　【区域老化 / 清理属性】对话框

无刷新间隔：无刷新间隔是在上次时间戳刷新后，DNS 服务器拒绝再次进行刷新的时间周期，这阻止 DNS 服务器进行没有必要的刷新和减少了没有必要的区域传输流量。默认情况下，无刷新间隔为 7 天。

刷新间隔：刷新间隔是在无刷新间隔后的时候，在这段时间周期内允许 DNS 客户端刷新资源记录的时间戳，并且资源记录不会被 DNS 服务器清理。在无刷新间隔和刷新间隔之后，如果资源记录没有被 DNS 客户端进行刷新，则此资源记录将会被 DNS 服务器清除掉。默认情况下刷新间隔是 7 天，这意味着默认情况下动态注册的资源记录将会在 14 天后被清理掉。如果需要修改这两个参数，则刷新间隔应该大于或等于无刷新间隔。

右键单击区域【abc.com】/【属性】，弹出 abc.com 属性对话框，单击起始授权机构（SOA），起始授权机构（SOA）标签允许配置此 DNS 区域的 SOA 记录。当 DNS 服务器加载 DNS 区域时，它首先通过 SOA 记录来决定此 DNS 区域的基本信息和主服务器，如图 8-23 所示。

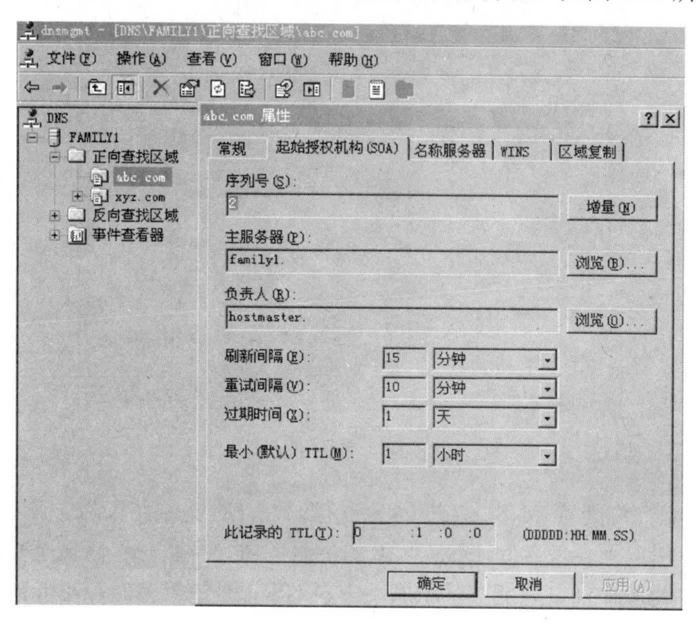

图 8-23　起始授权机构

序列号：序列号代表了此区域文件的修订号。当区域中任何资源记录被修改或者单击了增量按钮时，此序列号会自动增加。在配置了区域复制时，辅助 DNS 服务器会间歇地查询主服务器上 DNS 区域的序列号，如果主服务器上 DNS 区域的序列号大于自己的序列号，则辅助 DNS 服务器向主服务器发起区域复制。

主服务器：主服务器包含了此 DNS 区域的主 DNS 服务器的 FQDN（完全合格域名），此名字必须使用【.】结尾。

负责人：指定了管理此 DNS 区域的负责人的邮箱，可以修改为在 DNS 区域中定义的其他 RP（负责人）资源记录，此名字必须使用【.】结尾。

刷新间隔： 此参数定义了辅助 DNS 服务器查询主服务器以进行区域更新前等待的时间。当刷新时间到期时，辅助 DNS 服务器从主服务器上获取主 DNS 区域的 SOA 记录，然后和本地辅助 DNS 区域的 SOA 记录相比较，如果值不相同则进行区域传输。默认情况下，刷新间隔为 15 分钟。

重试间隔：此参数定义了当区域复制失败时，辅助 DNS 服务器进行重试前需要等待的时间间隔，默认情况下为 10 分钟。

过期时间：此参数定义了当辅助 DNS 服务器无法联系主服务器时，还可以使用此辅助 DNS 区域答复 DNS 客户端请求的时间，当到达此时间限制时，辅助 DNS 服务器会认为此辅助 DNS 区域不可信。默认情况下为 1 天。

最小（默认）TTL：此参数定义了应用到此 DNS 区域中所有资源记录的生存时间（TTL），默认情况下为 1 小时。此 TTL 只是和资源记录在非权威的 DNS 服务器上进行缓存时的生存时间，当 TTL 过期时，缓存此资源记录的 DNS 服务器将丢弃此记录的缓存。注意：增大 TTL 可以减少网络中 DNS 解析请求的流量，但是可能会导致修改资源记录后 DNS 解析时延的问题。一般情况下无需对默认参数进行修改。

此记录的 TTL：此参数用于设置此 SOA 记录的 TTL 值，这个参数将覆盖最小（默认）TTL 中设置的值。 单击【名称服务器】选项卡，如图 8-24 所示。

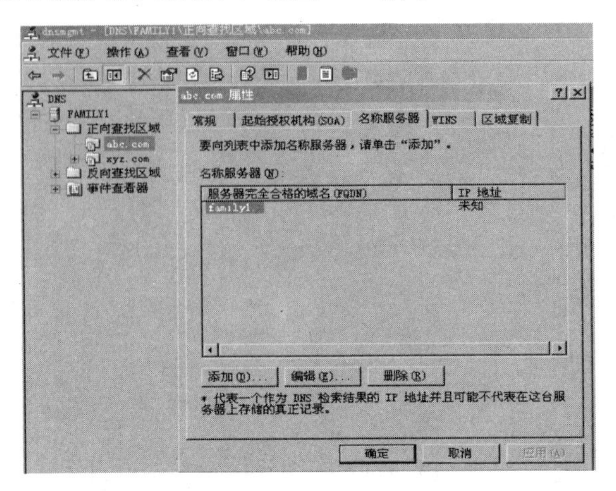

图 8-24　名称服务器

名字服务器标签允许配置 DNS 区域的 NS 资源记录，NS 记录用于指定此 DNS 区域中的权威 DNS 服务器，默认情况下会包含此 DNS 区域的主服务器，并且一个区域至少必须具有一个 NS 资源记录。和 SOA 记录一样，只能在区域属性中对 NS 记录进行修改，不能创建 NS 记录。单击【区域复制】选项卡，如图 8-25 所示。

到所有服务器：所有服务器都可以从此 DNS 服务器获取此区域的区域数据。

只有在【名称服务器】选项卡中列出的服务器：只有在名称服务器标签中列出的 DNS 服务器才能从此 DNS 服务器获取区域数据。

只允许到下列服务器：只允许在列表中指定的 DNS 服务器从此 DNS 服务器获取区域数据；在 Windows 2003 Server 中，对于标准主要区域，默认情况下只是允许区域复制到名称服务器所定义的 DNS 服务中，而对于活动目录集成主要区域，由于通过活动目录进行复制，默认情况下是不允许区域复制的。

单击【通知】按钮指定辅助服务器接收区域更新通知，弹出【通知】对话框，单击【自动通知】前的复选框使之处于选中状态，在区域改动时自动通知辅助服务器，如图 8-26 所示。

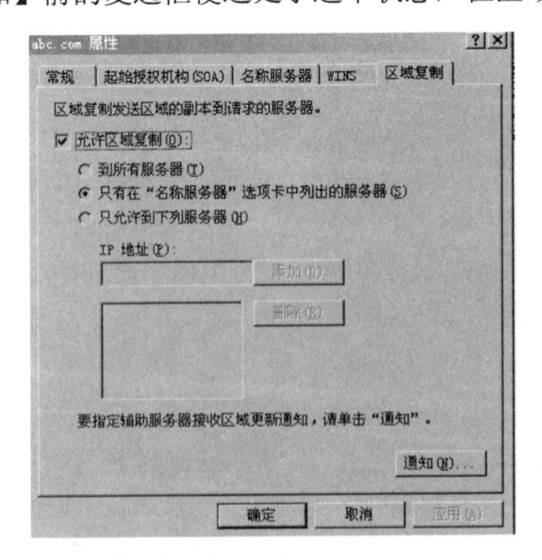

图 8-25 【区域复制】选项卡

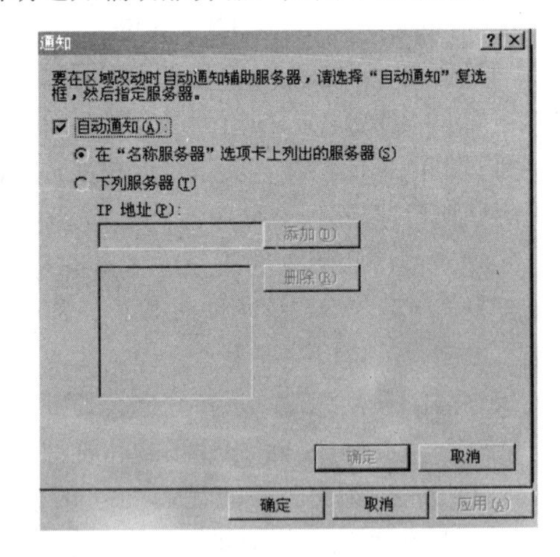

图 8-26 【通知】对话框

8.3 配置 WWW 服务器

一般的 Web 服务器一个 IP 地址的 80 端口只能正确对应一个网站，处理一个域名的访问请求。而 Web 服务器在不使用多个 IP 地址和端口的情况下，如果需要支持多个相对独立的网站就需要分辨同一个 IP 地址上的不同网站的请求，这就出现了主机头绑定，主机头绑定还需要域名解析成功。简单地说主机头可将不同的网站空间对应不同的域名，以连接请求中的域名字段来分发和应答正确的对应空间的文件执行结果。

8.3.1 WWW 安装

单击【开始】/【控制面板】/【添加/删除程序】，单击【添加/删除程序】窗口中的【添加/删除 Windows 组件】，系统经过一段时间的搜索之后会显示一个 Windows 组件的选择窗口，单击【应用程序服务器】前的复选框，单击【详细信息】，单击其中的【Internet 信息服务(IIS)】，然后按照提示一步一步安装即可完成。

8.3.2 WWW 的配置

单击【开始】/【管理工具】/【Internet 服务管理器】，启动【Internet 信息服务】。

（1）右键单击【网站】/【新建】/【网站】，输入站点描述如【西部汽车王】，单击【下一步】，出现如图 8-27 所示【IP 地址和端口设置】对话框。

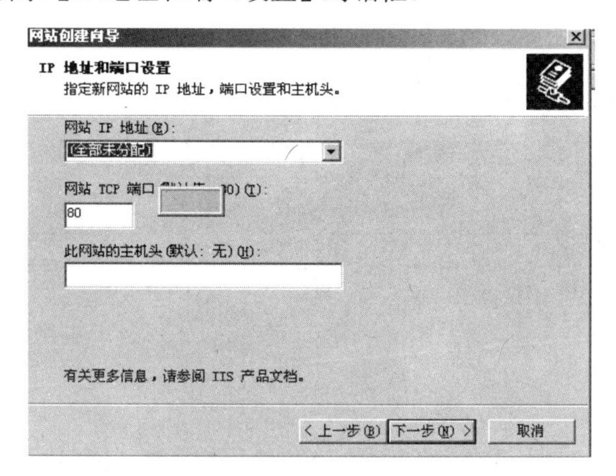

图 8-27 【IP 地址和端口设置】对话框

在【IP 地址和端口设置】窗口中通过下拉箭头选择 IP 地址 192.168.1.101（本机地址）。默认情况下全部未分配，这样不管是使用内部 IP 地址还是使用外部 Internet IP 地址都可以访问到这个网站，即使外部 IP 地址变化了也没有问题。通过 IE 浏览器查看时在地址栏输入 http://192.168.1.101 可查看。TCP 默认端口为 80，如修改了端口，则需要用【http://ip:端口号】进行查看，如 http://192.168.1.101:8088。网站的主机头指派定一个域名，在一个相同的 IP 下可指定多个主机头。如只有一个站点，无需写入主机头，主机头默认无。

（2）单击【下一步】，弹出【网站主目录】设置窗口，输入本机上放置网站文件的目录或单击【浏览】，如 E:\网站建设 。单击【允许匿名访问网站】前的复选框，允许任何人都可以访问您的网站。

单击【下一步】设置【Web 站点访问权限】，按照默认设置即可。

（3）设定默认文档，默认文档就是 Web 服务的起始文件，IIS 的默认起始文档是 Default.htm 及 Default.asp。可以先在记事本中输入内容，如【欢迎我的网站】，并将它保存在主目录如：网站建设中，文件名为 index.html，文件类型为所有文件。

右键单击【西部汽车王】，单击【属性】/【文档】/【添加】，可添加一个自定义的首页文件如【index.html】，且还可以通过【上移】将自定义的文档移动到最上面，设置完后，单击【应用】，如图 8-28 所示。

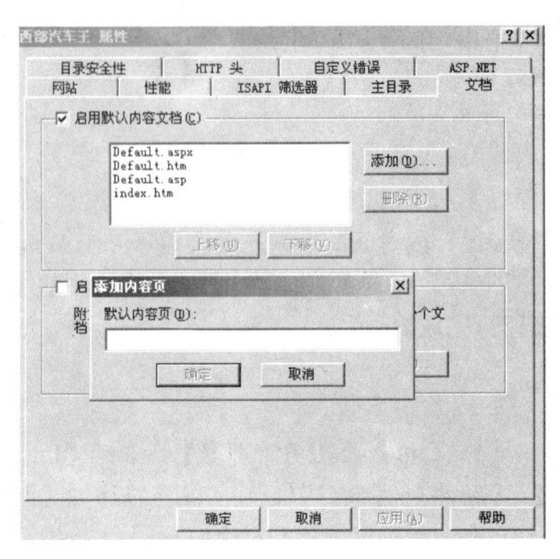

图 8-28　首页文档的添加

（4）通过 IE 浏览器查看，如图 8-29 所示。

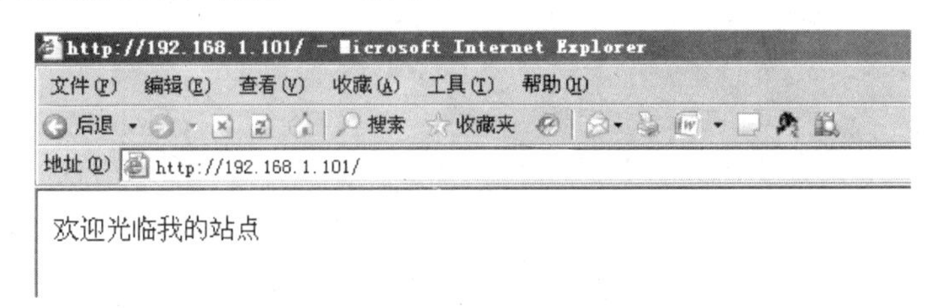

图 8-29　输入 IP 地址进行 IE 浏览

当通过 IE 浏览器浏览有问题时，可通过以下方法检查：单击【网站名称】，右键单击【属性】，弹出网站属性页面，暂时不要管其他设置，检查【网站】选项卡下的 IP 地址和端口，单击【高级】，查看【主机头名】，退出高级设置对话框；单击【主目录】，查看【本地路径】，单击【文档】，查看默认文档最前面是不是您所设置的，如 index.html。如忘记在文档中添加首页文件，则会出现如图 8-30 所示文档的界面。需单击超链接 index.html 才能打开您的网站内容。

网站属性描述、主目录、文档均可通过打开【Internet 信息服务】管理工具，右键单击【网站名】/【属性】进行更改，单击【应用】方可生效。

配置日志文件——日志文件是站点被访问的记录，记录来访问者的各种信息，右键单击【西部汽车王】/【属性】，在【网站】选项卡中，启用日志记录，单击【属性】，打开【日志记录属性】对话框，日志文件保存在 c:\windows\system32\logfiles 文件下。默认站点的配置如下：右键单击【默认网站】/【属性】/【主目录】，默认站点主目录是 c:\inetpub\wwwroot。想使用存储在本地计算机上的 Web 内容，则单击【此计算机上的目录】，然后通过浏览选择在本地路径框中输入您想要的路径如：E:\网站建设。

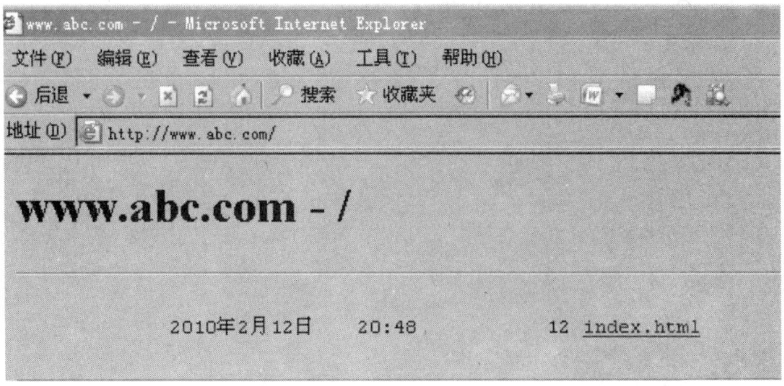

图 8-30 文档的界面

8.3.3 多个站点的建立

在 IIS 中，每个 Web 站点都具有唯一的、由三个部分组成的标识，用来接收和响应请求的分别是：① IP 地址；② 端口号；③ 主机头名。

（1）利用主机头，可在同一个 IP 建立多个站点

多站点，同端口，须配置主机头；多站点，同端口，配置不同主机头则可实现多站点绑定不同域名，需利用名称解析系统 DNS 添加主机头与 IP 的对应关系。右键单击【西部汽车王】/【属性】/【网站】/【高级】，弹出【高级网站标识】对话框，如图 8-31 所示，添加主机头 www.abc.com。

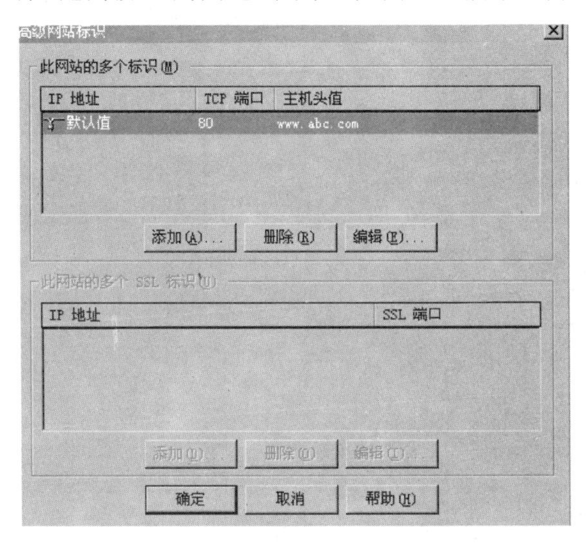

图 8-31 【高级网站标识】对话框

右键单击另一个站名如【www.xyz.com 】/【属性】/【网站】/【高级】，弹出添加/编辑网站标识，添加主机头如 www.xyz.com，单击【确定】，如图 8-32 所示。浏览时在 IE 地址栏中输入主机头如 www.abc.com 或 www.xyz.com 即可查看，如图 8-33 和图 8-34 所示。如指定了多个主机头，则 IP 一定要选为【全部未分配】，否则访问者将不能访问。

（2）利用端口建立多站点

在图 8-35 中，输入不同的端口号来表示不同的站点，主机头不写。默认端口号为 80，改变端口需告诉用户，网站的访问格式为 http://ip:端口号，如图 8-36 和图 8-37 所示。不能使用主机名

和【友好名称】来访问。

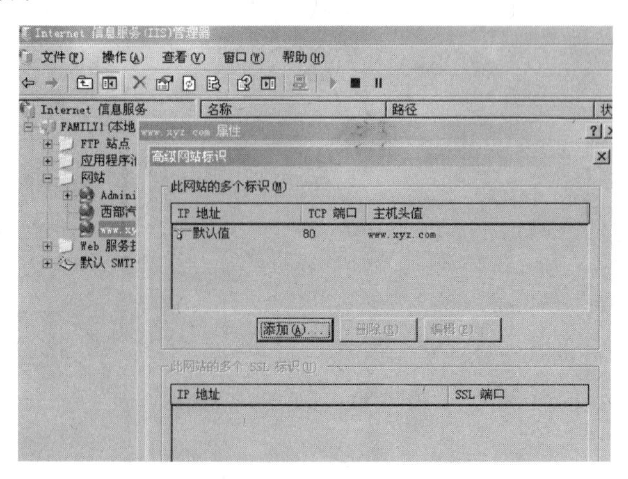

图 8-32　添加/编辑网站标识

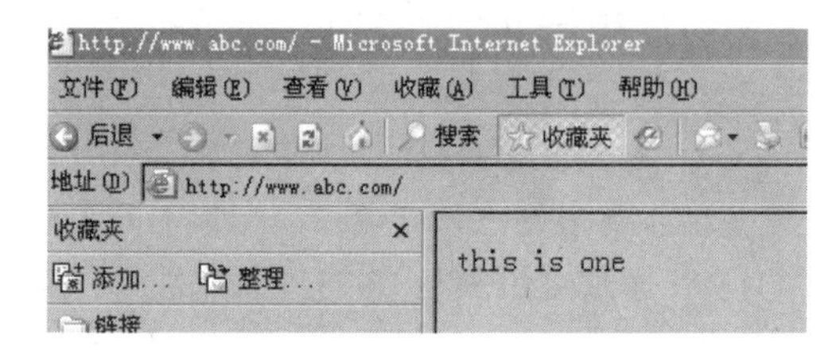

图 8-33　www.abc.com 测试

图 8-34　www.xyz.com 测试

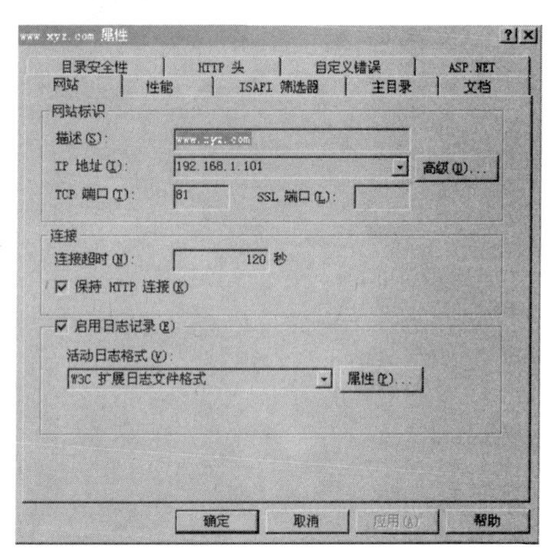

图 8-35　端口号的设置

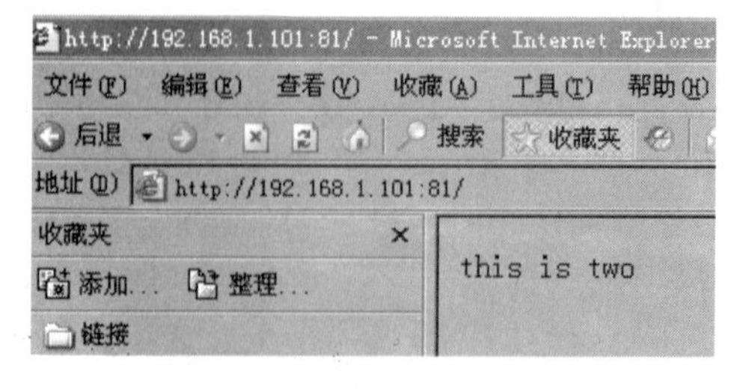

图 8-36　输入 81 端口访问

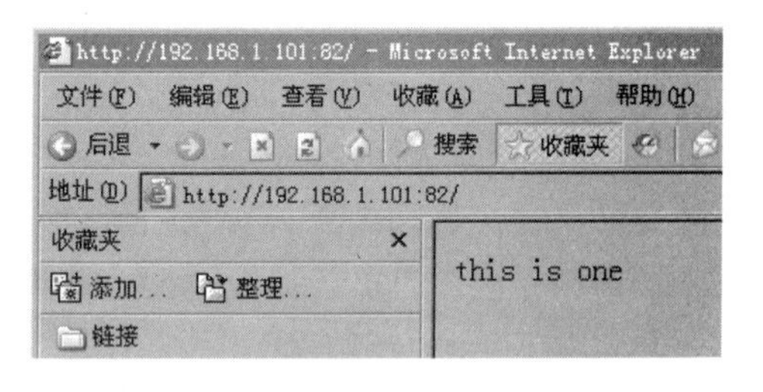

图 8-37　输入 82 端口访问

（3）利用一机多 IP 地址建立多站点

右键单击【网上邻居】/【属性】/【本地连接】/【属性】/【TCP/IP 协议】/【属性】/【高级】，弹出【高级 TCP/IP 设置】对话框，如图 8-38 所示。单击【IP 设置】/【添加】，可添加 IP 地址。当对外访问的时候，使用的只有第一个 IP 地址，但当外面对这些 IP 进行访问的时候，所设置的几个 IP 地址就都可以连接到电脑。

鼠标右键单击【Internet 信息服务】管理工具窗口右边的各站点名称，单击【属性】，在出现的【属性】选项卡中选择【网站】/【高级】，单击【编辑】，更改各站点对应的 IP 地址即可，如图 8-39 所示。可通过名称解析系统 DNS 解析主机头及其对应的 IP 地址，www.abc.com 对应的 IP 为 192.168.1.101；www.xyz.com 对应的 IP 地址为 192.168.1.104。可通过在浏览器中键入 www.abc.com 和 www.xyz.com 查看网站。结果如图 8-38 和图 8-39 所示。

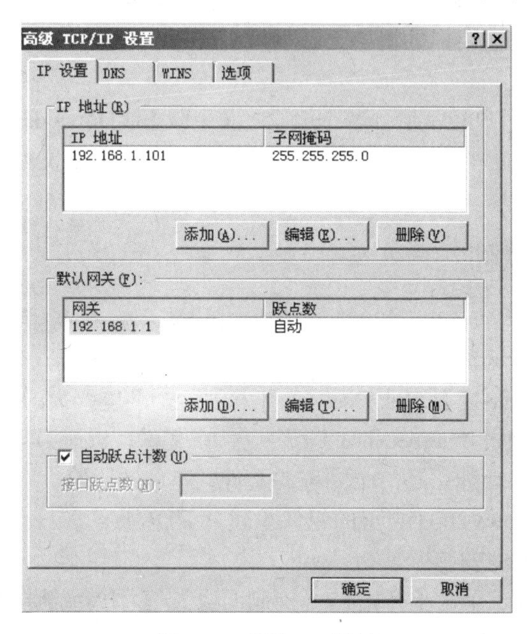

图 8-38　添加 IP 地址

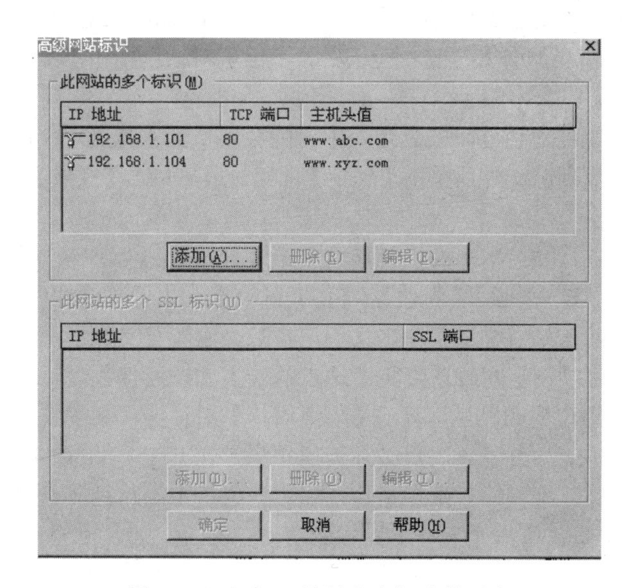

图 8-39　多个 IP 地址和主机头的对应

8.4 配置FTP服务器

8.4.1 概述

FTP服务器全称是File Transfer Protocol(文件传输协议)。顾名思义，就是专门用来传输文件的协议。简单地说，支持FTP协议的服务器就是FTP服务器。FTP也是一个客户机/服务器系统，用户通过一个支持FTP协议的客户机程序，连接到在远程主机上的FTP服务器程序，用户通过客户机程序向服务器程序发出命令，服务器程序执行用户所发出的命令，并将执行的结果返回到客户机。比如说，用户发出一条命令，要求服务器向用户传送某一个文件的一份拷贝，服务器会响应这条命令，将指定文件送至用户的机器上。客户机程序代表用户接收到这个文件，将其存放在用户目录中。

在FTP的使用当中，用户经常遇到两个概念：【下载】（Download）和【上传】（Upload）。【下载】文件就是从远程主机拷贝文件至自己的计算机上；【上传】文件就是将文件从自己的计算机中拷贝至远程主机上。

8.4.2 FTP服务器端软件

不论Windows XP还是Windows 2003 server中的IIS（Internet 信息服务）都可提供FTP服务，但IIS 中的功能设置较为简单，传送大量文件时会造成不响应。一般来说，FTP服务器首选Serv-U安装在服务器端。Serv-U是Rob Beckers开发的一个功能强大的、简单易用的、成熟的FTP服务器，FTP服务器用户通过Internet的FTP协议共享文件，Serv-U不仅仅能100%适用于标准的FTP，同样也包括了很多功能，是一个完美的文件共享解决方案。

第一种方法通过Windows 2003自己的组件来建立FTP服务器。

1. FTP服务器端软件的安装

（1）在IIS中安装FTP。单击【开始】/【控制面板】/【添加或删除程序】，弹出【添加或删除程序】对话框，单击【添加或删除组件】，出现【Windows组件向导】对话框。

（2）单击【应用程序服务器】/【详细信息】，选择【Internet信息服务】。

（3）单击【Internet信息服务】/【详细信息】，在出现对话框中单击【文件传输协议（FTP）】复选框，再单击【确定】。

（4）出现正在配置组件对话框，安装过程中可能会要求插入光盘，单击【确定】，单击【浏览】寻找i386源文件，找到源文件后单击【确定】即可。最后单击【完成】按钮，关闭【Windows组件向导】对话框。

（5）建立FTP站点与建立Web站点相似。单击【开始】/【管理工具】/【Internet信息服务管理器】，右键单击【FTP站点】/【新建】/【FTP站点】，出现【欢迎使用站点创建向导】。

单击【下一步】，输入站点描述，单击【下一步】，输入IP地址，一般使用默认端口为21，在【FTP站点连接】中可以设定同时连接到该站点的最大并发连接数。

单击【下一步】，出现如图8-40所示【隔离用户】对话框，利用它可限制用户是否可以访问其他用户的FTP主目录，如果隔离用户必须为用户指定在FTP根目录的FTP主目录，单击【下一步】，弹出主目录窗口，可以输入站点主目录在本地磁盘上的路径或单击【浏览】按钮。单击【下一步】，设置用户权限，单击【下一步】，成功创建FTP站点。

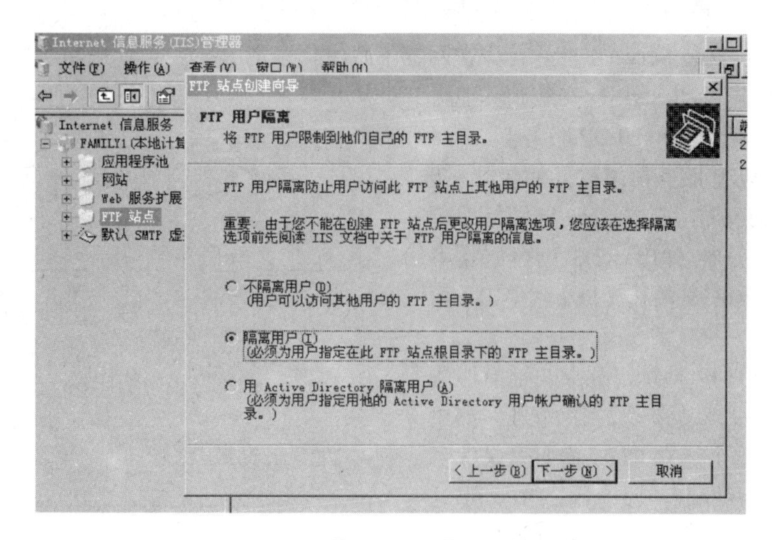

图 8-40 【隔离用户】对话框

（6）FTP 站点管理。右键单击【默认站点】/【属性】，单击【安全账户】，如图 8-41 所示。

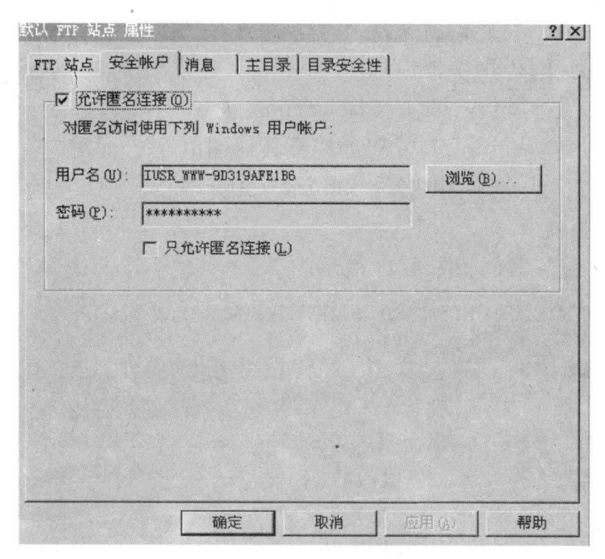

图 8-41 【安全账户】选项卡

默认状态下，当前站点允许匿名连接，FTP 服务器将提供匿名登录服务，可以输入用户名及密码，客户端进行访问时就用这用户名和密码。如果选择【只允许匿名连接】选项，则可以防止使用有管理权限的账号进行访问，即便是 administrator(管理员)账号也不能登录，从而可以加强 FTP 服务器的安全管理。

切换到【消息】选项卡。

FTP 站点消息分为三种：欢迎、退出、最大连接数。在【消息】选项卡中可以分别设定，【欢迎消息】用于向每个连接到当前站点的访问者介绍本站点的信息，【退出消息】用于在客户断开连接时发送给站点访问者的信息，【最大连接数消息】用于在系统同时连接数达到上限时，向请求连接站点的新访问者发出的提示消息，完成后单击【应用】/【确定】。

切换到【目录安全性】选项卡，如图 8-42 所示，可以通过限制某些 IP 地址来控制访问 FTP 服务器的计算机，单击【添加】，可添加拒绝访问或授权访问的 IP 地址。

第二种方法：安装 Serv-UFTP。首先在网上下载汉化了的 Serv-U，解压后进行安装,最好不要安装在系统盘中,建议把 Serv-U 安装到其他盘符中。以下重点介绍 Serv-UFTP 服务器。

2．Serv-U FTP 服务器端软件的建立

（1）运行 Serv-U，双击 Serv-U 图标即可开始运行 FTP 服务器,弹出 Serv-U 管理员【本地服务器】对话框,右键单击【域】，单击【新建域】。

（2）新建域的 IP 地址。如果自己有服务器，有固定的 IP，那就请输入 IP 地址，如果只是在自己的电脑上建立 FTP，而且又是拨号用户，有的只是动态 IP，没有固定 IP，那这一步就省了，什么也不要填，Serv-U 会自动确定您的 IP 地址。

（3）新建域名，可任意输入，这个域名只是用来标识该 FTP 域，没有特殊的含义，但是如果要使用域名来访问 FTP 服务器，则需要在 DNS 中对这个域名进行解析，如输入 taoke.com。

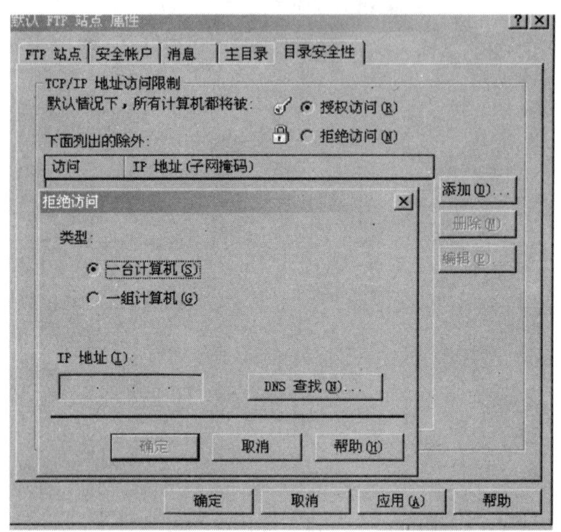

图 8-42 【目录安全性】选项卡

（4）选择服务端口：默认的是 21 端口,如选择其他端口,需告诉用户，否则不能登录访问。

（5）选择域的类型，可以有多种选择，如存储于.INI 注册表中，如存储于 ODBC 数据源中，此处选择存储于.INI 注册表中。

（6）成功创建 FTP 服务器，如图 8-43 所示。

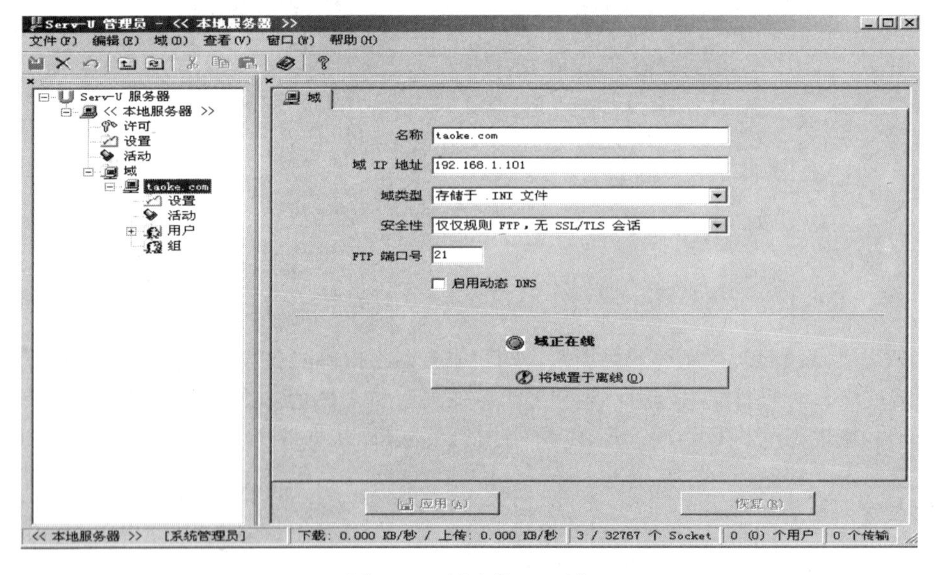

图 8-43 创建的 FTP 域

3．配置 FTP 服务器

添加用户，用户有两种：一种是匿名用户；另一种是需输入用户名及密码的用户，它们可以赋予不相同的权限。

（1）添加权限用户：与添加域名相似，右键单击用户，单击新建用户，弹出新建用户对话框，在用户名称文本栏中输入 taosy。

（2）单击【下一步】，要求输入密码，此密码以明文标记，密码不要输入过于简单，Serv-U 没有通用的【*】表示密码。

（3）单击【下一步】，如图 8-44 所示，输入指定目录路径如 e:\行知课件。

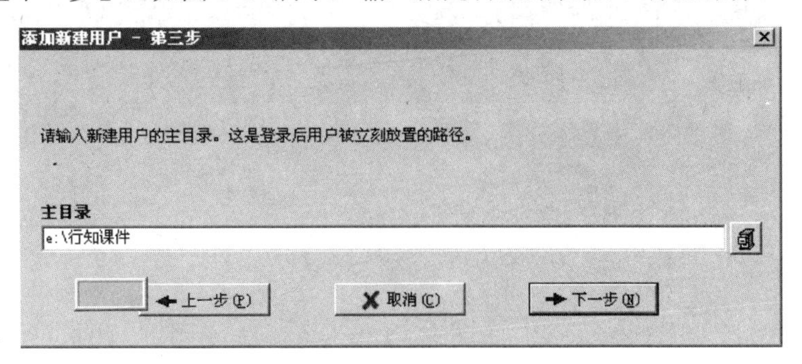

图 8-44　选择主目录

说明：此目录表示客户端只可访问服务器端【e：\行知课件】目录下的所有文件，这个目录之外则不能访问。单击【下一步】，弹出询问是否锁定用户主目录的对话框。为安全起见应该选择【是】，单击完成。这样，每次登录到 FTP 服务器上后，在根目录下只显示【/】，如果不选，在根目录下将显示【e:/行知课件/】,也就是说显示了硬盘中的绝对地址，这在某些情况下是很危险的。

（4）添加匿名用户：与添加权限用户一样，匿名用户的名称为 Anonymous。Serv-U 会自动把用户名为 Anonymous 的用户识别成匿名用户，其他设置同权限用户一样。添加用户后，如图 8-45 所示。

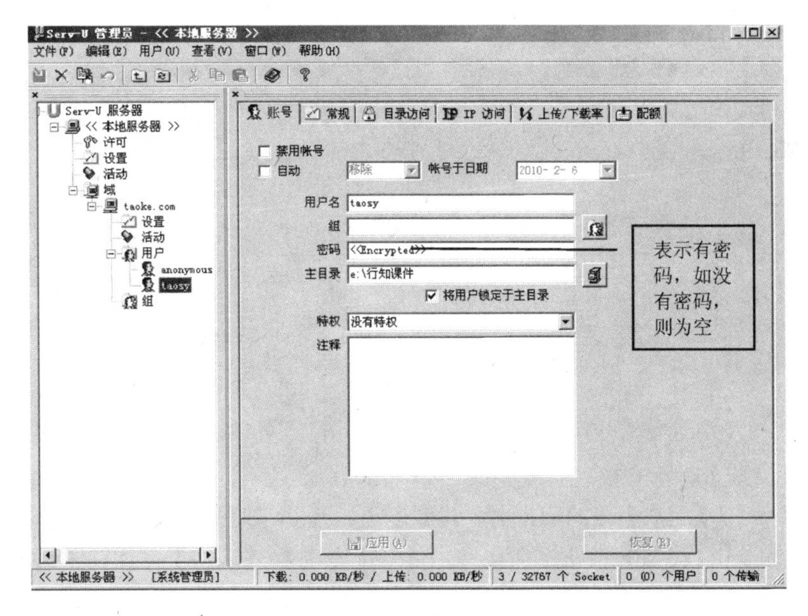

图 8-45　添加匿名账号

（5）设置用户权限。如果用户希望还能访问除主目录以外的其他目录如【d:\股票】，但又不想把这个文件夹直接复制到【e:\行知课件】中，则按照以下步骤进行：

① 单击【域】/【设置】/【虚拟目录】/【添加】，输入 d:\股票，如图 8-46 所示。

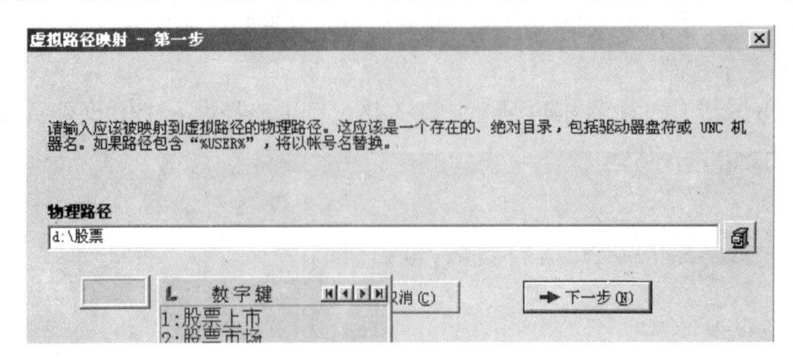

图 8-46 设置物理路径

② 单击【下一步】，输入建立用户时指定的主目录 e:\行知课件，如图 8-47 所示。

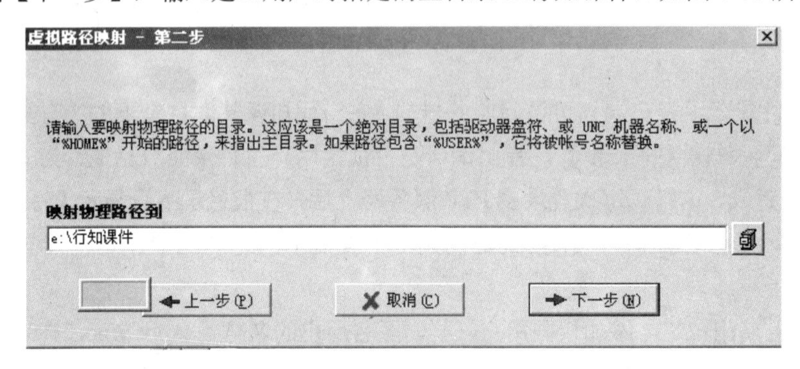

图 8-47 输入映射的路径

③ 单击【下一步】，输入映射名称，如【投资理财】，如图 8-48 所示。

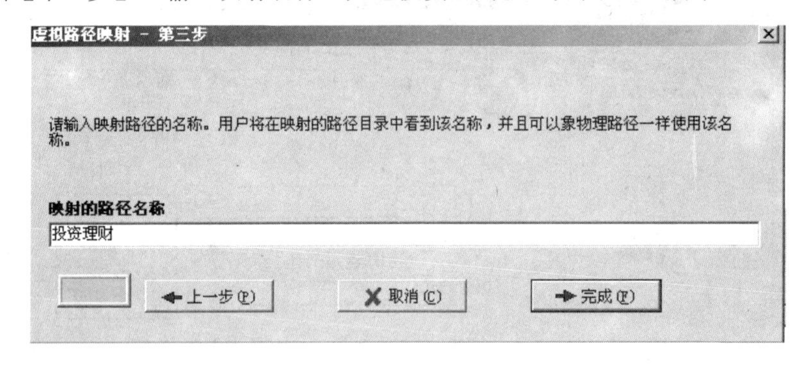

图 8-48 输入映射的名称

④ 单击【完成】，虚拟路径设置完成，如图 8-49 所示。

⑤ 单击【域】/【用户】下的用户名如【taosy】，单击【目录访问】/【添加】，直接输入文件或路径或通过单击【浏览】按钮添加文件。单击【完成】/【应用】，如图 8-50 所示。

⑥ 在如图 8-51 所示，可以控制用户对于文件目录的权限，对文件有读取、写入、删除、追加、执行等操作；对文件夹有列表、创建、删除以及是否继承子目录等操作。

读取：对文件进行【读】操作（复制、下载；不含查看）的权力。

写入：对文件进行【写】操作（上传）的权力。

附加：对文件进行【写】操作和【附加】操作的权力。

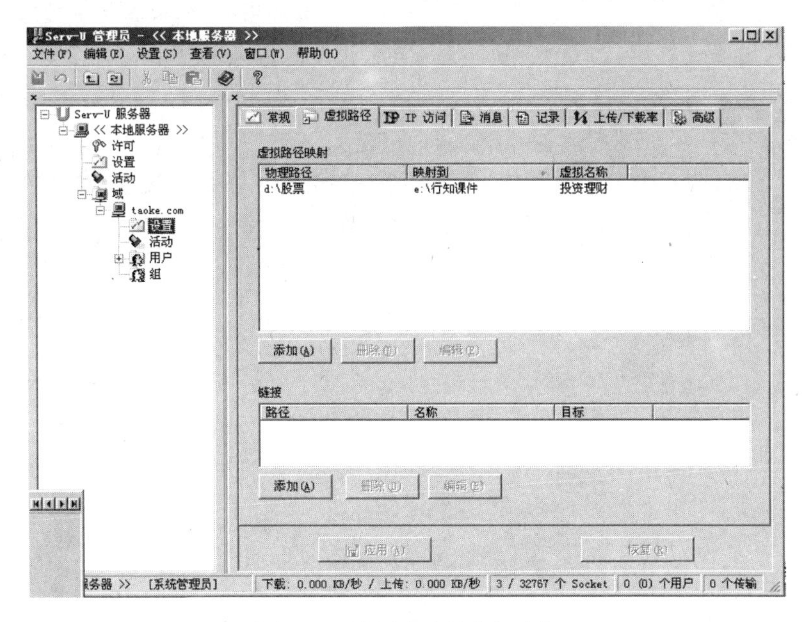

图 8-49　设置完成的虚拟路径

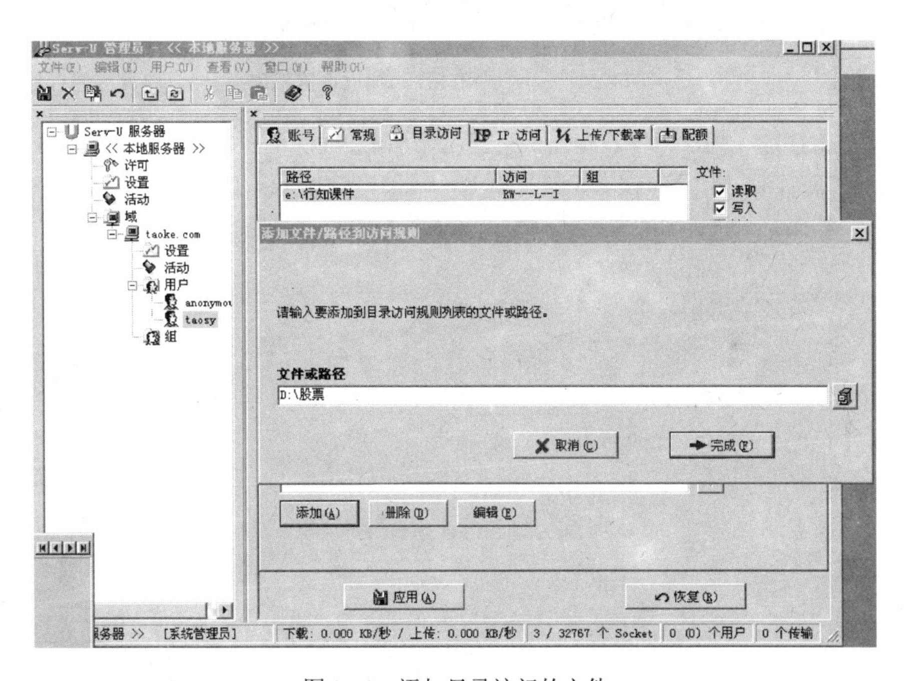

图 8-50　添加目录访问的文件

删除：对文件进行删除（上传、更名、删除、移动）操作的权力。

执行：直接运行可执行文件的权力（这个权限是很凶险的，一旦放开这个权限，用户可以上传恶意病毒文件并执行文件）。

列表：对文件和目录的查看权力。

创建：建立目录的权力。

移除：对目录移动、删除和更名权力。

（6）高级设置。封锁访问者 IP 和删除用户、新建用户、剔除用户，新建组。

管理员可以封锁一个IP段或一个IP，服务器会拒绝来自这个IP段或这个IP的访问。

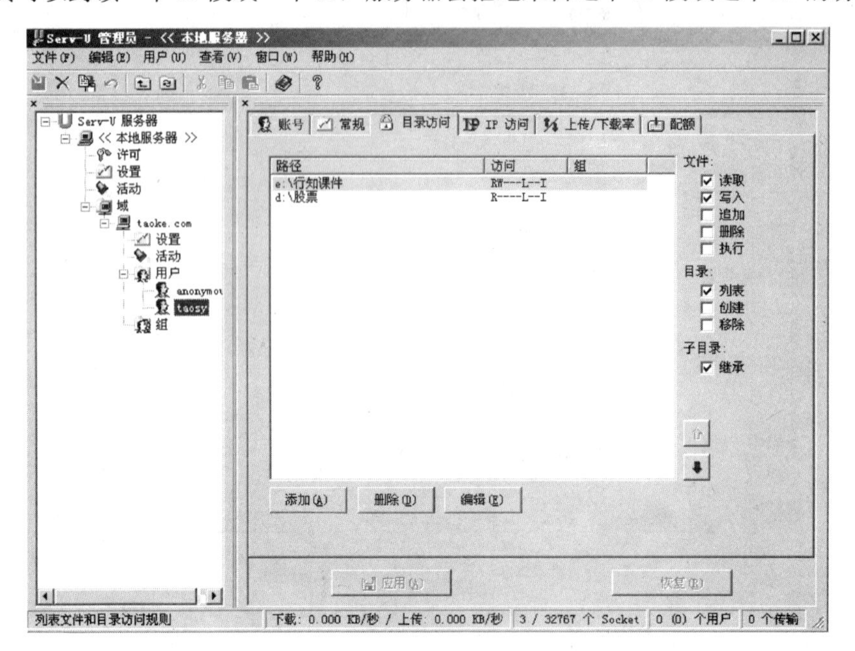

图 8-51 目录访问文件添加后设置权限

单击【域】前的【+】，单击设置，切换到IP访问选项，单击拒绝访问，在规则中输入要拒绝访问的地址或范围，如192.168.1.200～192.168.1.205，单击【添加】/【应用】，如图8-52所示。

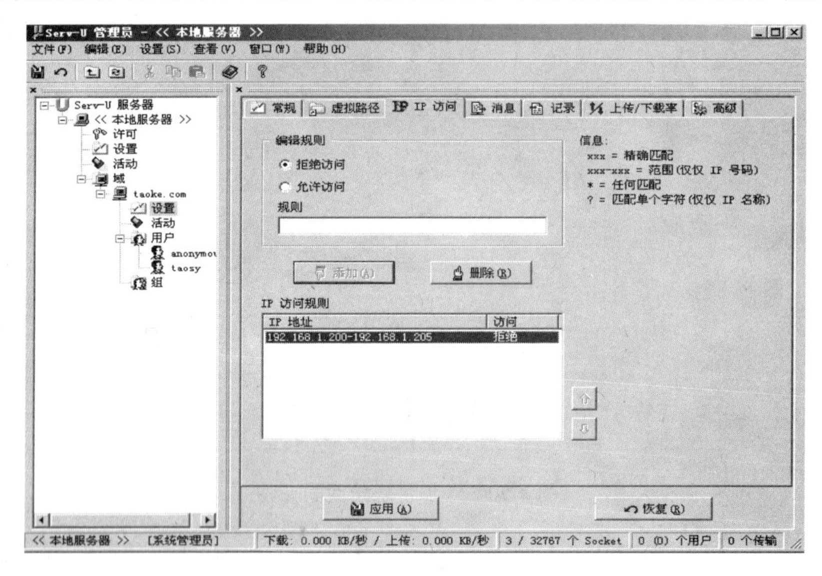

图 8-52 设置拒绝 IP

单击【域】前的【+】，右键单击用户名如【taosy】，单击【删除用户】即可；右键单击【用户】，单击【新建用户】，则可以建立一个新用户。

单击【域】前的【+】，右键单击【组】，新建组,在弹出的对话框中输入 ftp ，则组 ftp 建立。在组中添加用户，单击用户名如【taosy】，单击【账号】选项，在【组】中输入组名或浏览选择组名，如图8-53所示。

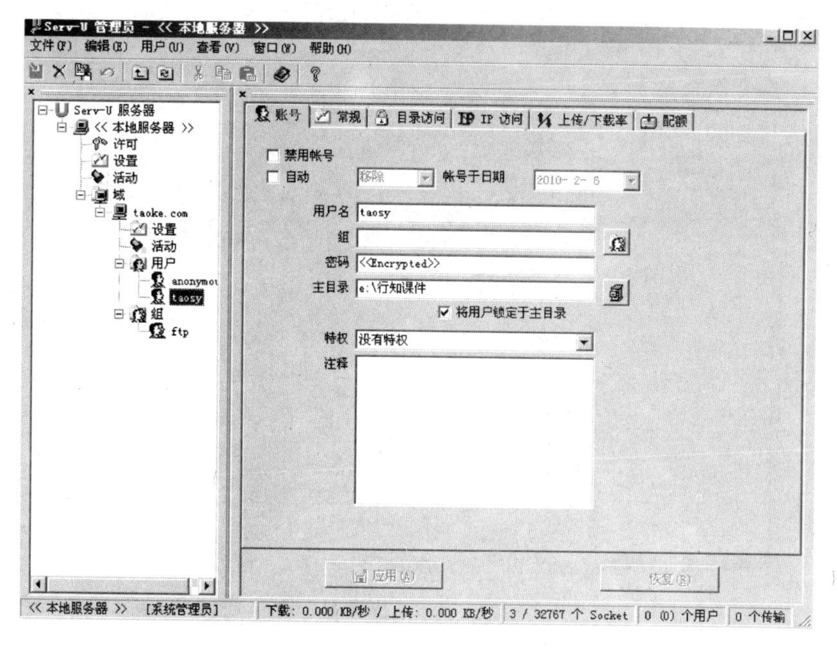

图 8-53 新建用户

单击用户名如【taosy】，单击【配额】，单击【启用磁盘配额】，单击【计算当前】/【应用】，可知道当前目录下的所有空间大小，在【最大】栏中填入想要限制的容量，如图 8-54 所示。

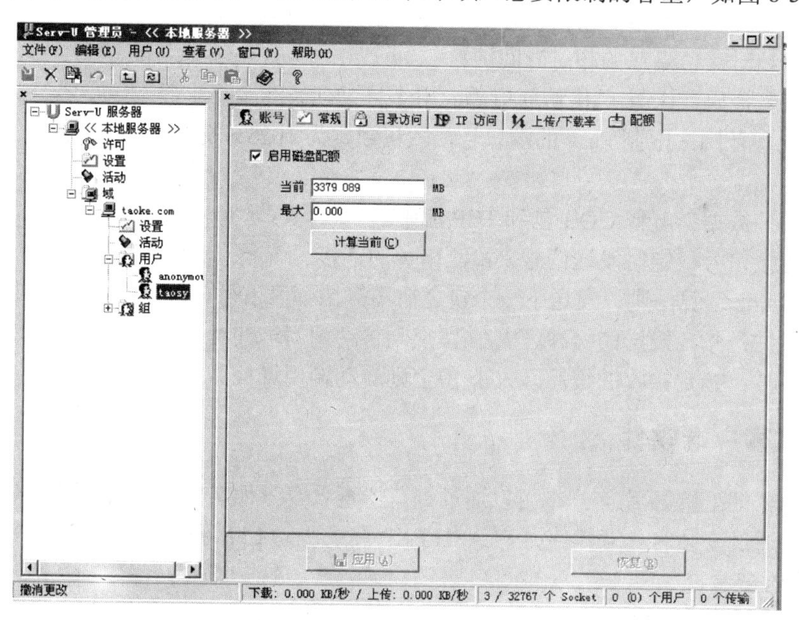

图 8-54 设置配额

在图 8-55 中，单击【本地服务器】/【设置】/【高级】，可以进行高级设置。

① 文件上传及文件下载

- 允许无权/只读访问：先以无权身份访问上传文件，如失败则改用只读方式来访问。
- 不允许访问：不允许任何人访问正在上传的文件。
- 允许完全访问：允许其他用户访问正在上传（下载）的文件。

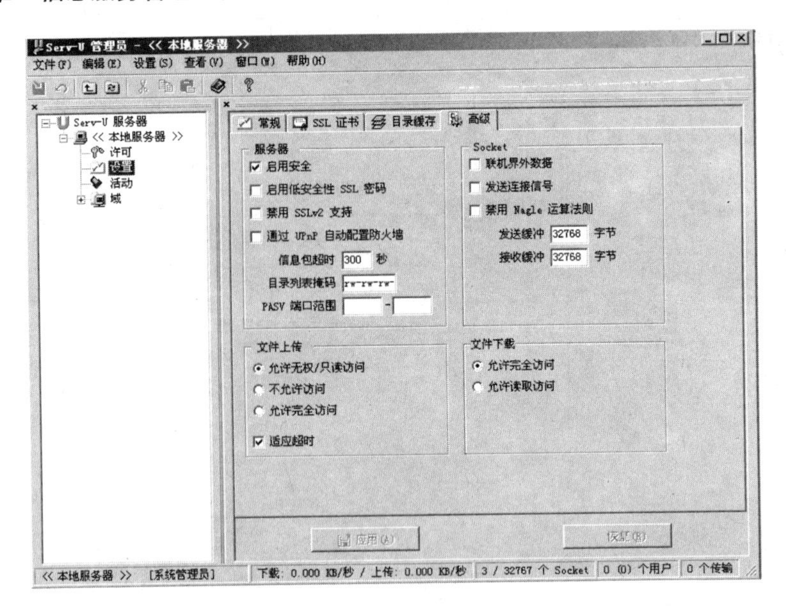

图 8-55 高级设置

- 适应超时：在上传期间，服务器自动适应上传时的超时。
- 允许读取访问：只允许其他用户以只读方式访问正在下载的文件。

② 服务器

- 启用安全：强迫安全，禁止允许任何人在服务器上做任何事。
- 信息包超时：信息包的超时时间。
- 目录列表掩码：Unix 风格访问掩码，用于目录列表。
- Pasv 端口范围：限制 Pasv 的端口号，默认锁定为 1023～65535。

③ socket

- 联机界外数据：解释 OOB 包到 TCP 流中。
- 发送连接信号：定时发送信号来检测断掉的连接。
- 禁用 Nagle 运算法则：发送下一个包之前不等待等候信号。
- 发送缓冲：指定发送的缓冲区大小,留空则自动调用堆栈。
- 接收缓冲：指定接收的缓冲区大小,留空则自动调用堆栈。

8.4.3 FTP 客户端软件

FTP 服务器端配置好后,客户端可以通过浏览器查看 FTP 服务器,也可通过在 DOS 界面下上传或下载，还可通过安装客户端软件如 FLASH FXP 登录访问 FTP 服务。

1．浏览器查看

双击【我的电脑】，在地址栏输入 ftp：// 192.168.1.101，打开登录对话框，要求输入用户名和密码，单击登录，便可访问 FTP 服务器，如图 8-56 所示。下载文件的方法与复制 Word 文档的方法一样。

2．DOS 界面下 FTP 的使用

单击【开始】/【运行】，在运行对话框中输入 ftp 192.168.1.101 单击【确定】。

弹出 FTP.EXE 对话框，如图 8-57 和图 8-58 所示，输入用户名与密码后可上传文件或下载文件。

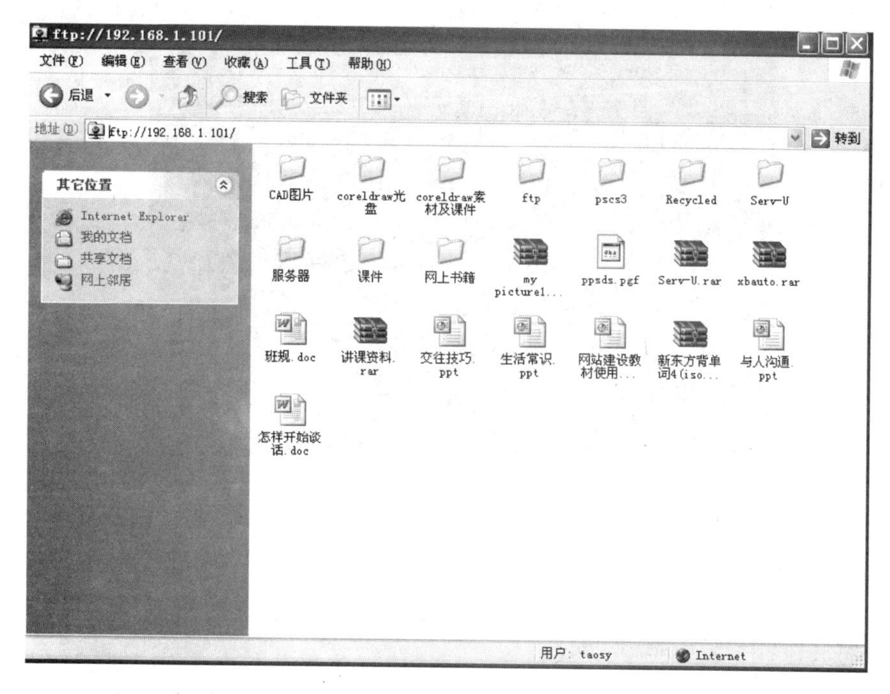

图 8-56 访问 FTP 服务器站点

图 8-57 登录后的 FTP 界面

对于 DOS 下的 FTP 命令说明如下。

上传命令 put 把客户端的文件送到服务器端，服务器端的文件不写时，表示与客户端的文件名相同。

格式：ftp>put 客户端的文件服务器端的文件

例：ftp>put e:\分类汇总.xls

作用：将客户端 e 盘中的分类汇总电子表格上传到服务器指定的主目录中，文件名字不改变。

下载命令 get 把服务器端的文件下载到客户端,客户端的文件名不写时，表示与服务器端的文件名相同。

格式：ftp>get 服务器端的文件客户端的文件

```
C:\WINDOWS\system32\ftp.exe
Connected to 192.168.1.101.
220 Serv-U FTP Server v6.4 for WinSock ready...
User (192.168.1.101:(none)): taosy
331 User name okay, need password.
Password:
230 User logged in, proceed.
ftp> get \服务器\组建局域网.doc g:\局域网.doc
200 PORT Command successful.
150 Opening ASCII mode data connection for 组建局域网.doc (43520 Bytes).
226 Transfer complete.
ftp: 收到 43520 字节，用时 0.00Seconds 43520000.00Kbytes/sec.
ftp> get 与人沟通.ppt
200 PORT Command successful.
150 Opening ASCII mode data connection for 与人沟通.ppt (121856 Bytes).
226 Transfer complete.
ftp: 收到 121856 字节，用时 0.01Seconds 11077.82Kbytes/sec.
ftp> get 班规.doc e:\bangui.doc
200 PORT Command successful.
150 Opening ASCII mode data connection for 班规.doc (33280 Bytes).
226 Transfer complete.
ftp: 收到 33280 字节，用时 0.02Seconds 1664.00Kbytes/sec.
ftp> quit
```

图 8-58　进行下载的测试页面

例：ftp>get \服务器 \ 组建局域网.doc g:\局域网.doc

作用：将服务器端指定主目录 e:\服务器文件夹中的【组建局域网.doc】下载到客户端 g 盘根目录下，并将文件名字改为局域网.doc。

退出命令 quit

格式：ftp>quit

当上传或下载命令错误或文件不存在时,会出现 no such file or directory 或 can't creat filet 等同的信息。如写成 ftp>get 班规.doc e：\将会报错，因为 e:\是盘符，并不是文件名。

3．FLASH FXP 的使用

FLASH FXP 是 Windows 界面下的 FTP 软件，使用较为简单。如访问的目录不止一个，则在远端路径中输入具体的路径。

启动 FLASH FXP，单击【站点】/【站点管理器】,单击【新建站点】,输入【站点名称】、【用户名与密码】、【远端路径】即主目录如【e:\行知课件】和【端口号】（默认是 21），出现如图 8-59 所示页面。

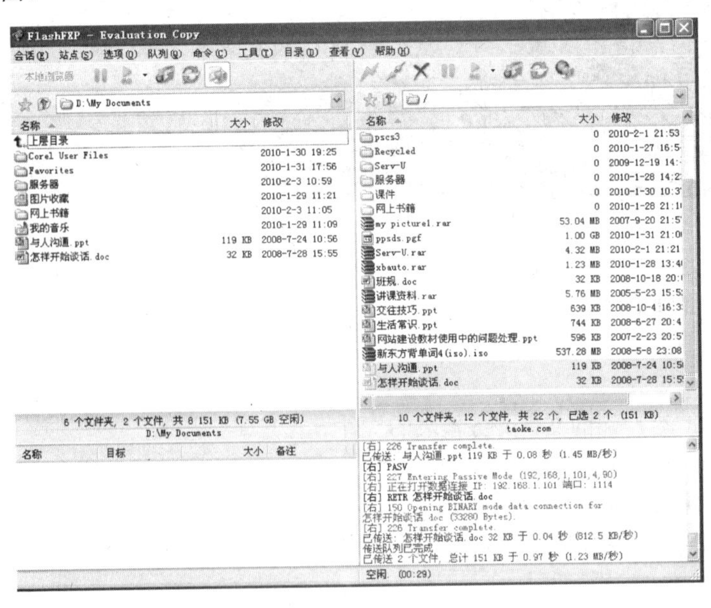

图 8-59　FLASH FXP 客户端进行 FTP 站点登录设置

单击【应用】/【连接】，则出现服务器端可登录访问的内容，如图 8-60 所示（只访问主目录如 e:\行知课件，添加虚拟路径/访问权限后可访问主目录以外的目录，如 d:\股票，其中投资理财就是映射后的文件名）。

图 8-60 登录成功后的 FTP 站点资源

也可通过单击【会话】/【快速连接】，输入【用户名】、【密码】、【远端路径】，单击【连接】，弹出如图 8-61 所示的服务器端可登录的窗口。

图 8-61 快速连接服务器设置

登录后出现了站点资源，左边为本地资源，右边为 FTP 服务器上的资源，如图 8-62 所示。

不论采用哪种方式进行连接，其中右边窗口为服务器端主目录下的文件及文件夹，左边窗口为客户端（可以通过本地 FTP 服务器按钮进行本地、服务器的转换）。

选中服务器端的文件或文件夹，右键单击【传送】则下载。也可以先选中多个下载任务，右键单击【对列】，然后在客户端窗口下方选中所需下载的文件，右键单击【传送对列】则下载。选中客户端的文件或文件夹，右键单击【传送】则上传。

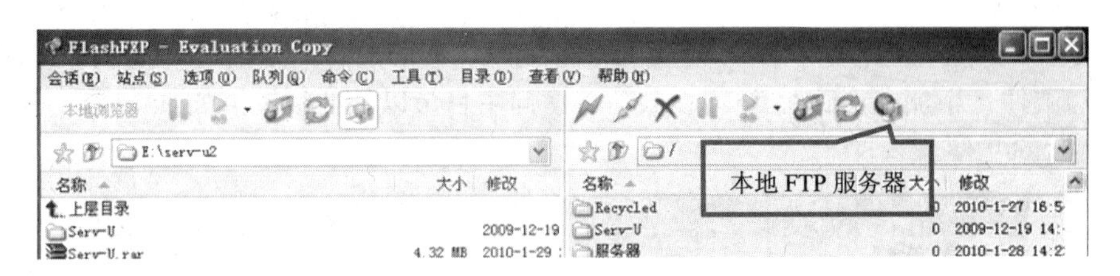

图 8-62 登录成功的资源

8.5 本 章 实 训

实训 1 Windows 2000 配置 DHCP 服务

1．实训目的

① 学会 Windows 2003 建立 DHCP 服务器的方法。

② 了解 DHCP 服务器的构成。

③ 掌握 DHCP 服务器的主要配置参数及作用。

④ 掌握 DHCP 服务器的配置管理。

2．实训内容

① 安装 DHCP 服务器。

② 配置 DHCP 服务器。

③ 管理 DHCP 服务器。

④ DHCP 客户端的配置。

3．实训器材

Windows 2003 服务器一台， Windows XP 一台，计算机组成主从式网络。

4．实训步骤

（1）DHCP 服务器安装前的规划

安装前的注意事项：

① DHCP 服务器本身必须采用固定的 IP 地址；

② 规划 DHCP 服务器的可用 IP 地址。

下面首先介绍如何规划DHCP的地址池，在规划DHCP服务器时需要考虑以下三方面的问题。

① 需要建立多少个 DHCP 服务器

通常认为每 10000 个客户需要两台 DHCP 服务器，一台作为主服务器，另一台作为备份服务器。但在实际工作中用户要考虑到路由器在网络中的位置，是否在每个子网中都建立 DHCP 服务器，以及网段之间的传输速度。如果两个网段都间是用慢速拨号连接在一起，那么用户就需要在每个网段都设立一个 DHCP 服务器。

对于一台 DHCP 服务器没有客户数的限制，在实际中受用户使用的 IP 地址所在的地址分类及服务器配制（如：磁盘的容量、CPU 的处理速度等）的限制。

② 如何支持其他子网

如果需要 DHCP 服务器支持网络中的其他子网，首先要确定网段间是否用路由器连接在一起，路由器是否支持 DHCP/BOOTP Relay Agent，如果路由器不支持 Relay Agent，那么使用以下方案来解决：

a. 一台安装了 Windows Server 2003 的计算机并将其设置为使用 DHCP Relay Agent 组件；

b. 一台安装了 Windows Server 2003 并被设置为本地的 DHCP 服务器的计算机。

③ 规划企业网所需考虑的问题

a. DHCP 服务器于网络中的位置，将通过路由器的广播降至最低。

b. 为每个范围的 DHCP 客户机指定相应的选项类型并设置相应的数值。

c. 充分认识到慢速广域网连接所带来的影响。

（2）安装 DHCP 服务器的步骤

如果安装 Windows Server 2003 服务器时，没有安装网络组件则可以按照以下方法安装。

① 启动“添加/删除程序”对话框。

② 单击“添加/删除 Windows 组件”，出现“Windows 组件向导”窗口，单击“下一步”按钮，出现“Windows 组件”对话框，从列表中选择“网络服务”。

③ 单击“详细内容”，从列表中选取“动态主机配置协议（DHCP）”，单击“确定”按钮。

④ 单击“下一步”按钮输入到 Windows Server 2003 的安装源文件的路径，单击“确定”按钮，开始安装 DHCP 服务。

⑤ 单击“完成”按钮，当回到“添加/删除程序”对话框后，单击“关闭”按钮。安装完毕后在管理工具中多了一个“DHCP”管理器。

（3）配置 DHCP 服务器

配置 DHCP 服务器可以按照下面的顺序进行，具体步骤参见前面 8.1 节的内容。

① 启动 DHCP 控制台。

② 添加 DHCP 服务器。

③ DHCP 服务器的启动、停止、授权。

④ 作用域的创建及配置。

⑤ 保留特定的 IP 地址。

（4）DHCP 客户机的设置

DHCP 服务器安装设置完成后，客户机就可以启用 DHCP 功能，以下列出在各种客户机上启用 DHCP 功能的方法。

① 启用 Windows 2003 客户机的 DHCP 功能。

② 启用 Windows XP 客户机的 DHCP 功能。

启用 Windows XP 客户机的 DHCP 功能的方法与启用 Windows 2003 客户机的 DHCP 功能相同。

5. 实训问题

① DHCP 服务器的 IP 地址可以使用动态地址吗？为什么？

② DHCP 使用域的含义是什么？如何配置使用域？

③ 在 DHCP 服务器和客户机两者之间，应先启动哪一个？当客户机不能从 DHCP 服务器获得 IP 地址时，如何解决？

④ 在“本地连接”窗口中，服务器端安装了哪些网络组件？

⑤ 客户机重新获得的 IP 地址每次都不一样吗？

⑥ 为了让 DHCP 服务器能够正常提供 IP 地址，而客户机又可以获得 IP 地址，应如何在客户机和服务器上进行配置？

实训 2 Windows 2003 DNS 服务器的设置与管理

1. 实训目的

① 学会用 Windows 2003 建立 DNS 服务器。

② 了解使用工具软件测试DNS服务的方法。

③ 掌握DNS 服务配置文件的存储位置和内容。

④ 掌握DNS服务器的配置参数和作用。

⑤ 掌握DNS服务器的配置及管理。

2．实训内容

① Windows 2003服务器的安装。

② Windows 2003服务器的配置。

③ Windows 2003服务器的管理。

④ Windows 2003服务器的测试。

3．实训器材

Windows 2003服务器一台，Windows 98 一台，Windows XP 一台，计算机组成主从式网络。

4．实训步骤

具体步骤参考前面 8.2 节的相关操作步骤。为了节省篇幅，本处不再给出详细的介绍和示意图。

① DNS服务的安装。

② TCP/IP属性设置。

③ 启动DNS服务器，配置DNS服务。

④ 创建新区域并进行配置。

⑤ DNS客户端的配置及测试。

⑥ 管理DNS。

5．实训问题

① DNS服务器的IP地址可以是动态的吗？为什么？

② Windows 2003的计算机中是否需要设置如 win2000.w2k.com 完整的计算机名？

③ 在客户端为了测试DNS，必须要指定服务器的地址吗?

④ 正向搜索区域和反向搜索区域之间的关系是什么？

⑤ w2k.com 是域吗？

⑥ 资源记录有哪几种类型？

⑦ 在服务器端测试DNS的软件及测试步骤有哪些？

⑧ 在客户端“TCP/IP属性”对话框中“域后缀搜索顺序”设置有什么作用？

⑨ 在DNS服务器上和客户机上如何设置才能完成DNS服务器的解析工作？

实训3 Windows 2003 BBS论坛系统的配置

1．实训目的

① 了解Windows 2003 BBS论坛的作用。

② 掌握Windows 2003 BBS论坛的配置方法。

③ 掌握如何用Windows 2003 BBS论坛发表论言。

2．实训内容

① 配置Windows 2003 BBS论坛。

② Windows 2003 BBS论坛管理。

③ Windows 2003 BBS论坛发贴子。

3．实训器材

安装有Windows 2003系统的计算机，并已经连接了局域网，同时已经接入了Internet。

4．实训步骤

① 配置 IIS，配置 IIS 详细步骤和方法可以参见前面的 WWW 服务器的配置部分，此处只简述。

② 设置 IIS 的主目录和文档，设置 IIS 的主目录和文档，设置方法参见前面的 WWW 部分。此处截图略。

③ 打开“我的电脑”，找到主目录所在的文件夹“H:\Inetpub\wwwroot\”（这里是将计算机操作系统安装在 H 盘）。

④ 在 H:\Inetpub\wwwroot\bbs 下，建一个文件夹 bbs，如图 8-63 所示。

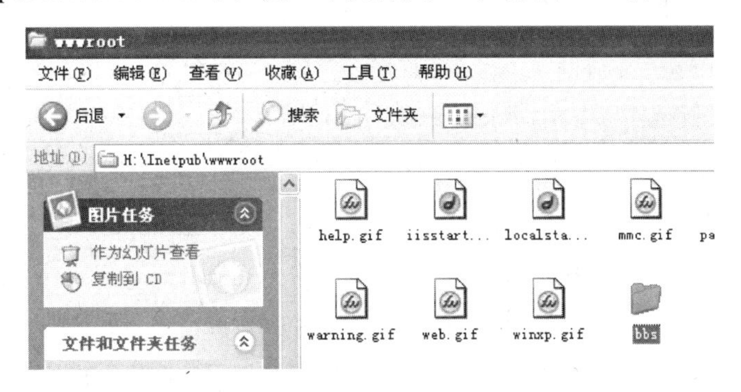

图 8-63 建立文件夹

⑤ 在网上下载动网论坛 Dvbbs8.0.0_Ac 版（也可以使用更高版本的动网论坛程序）。

⑥ 将下载的动网论坛的全部文件复制到 bbs 文件夹下面。

⑦ 测试论坛，可以从本地浏览测试输入 http://128.0.0.1/bbs/index.asp，如图 8-64 所示。

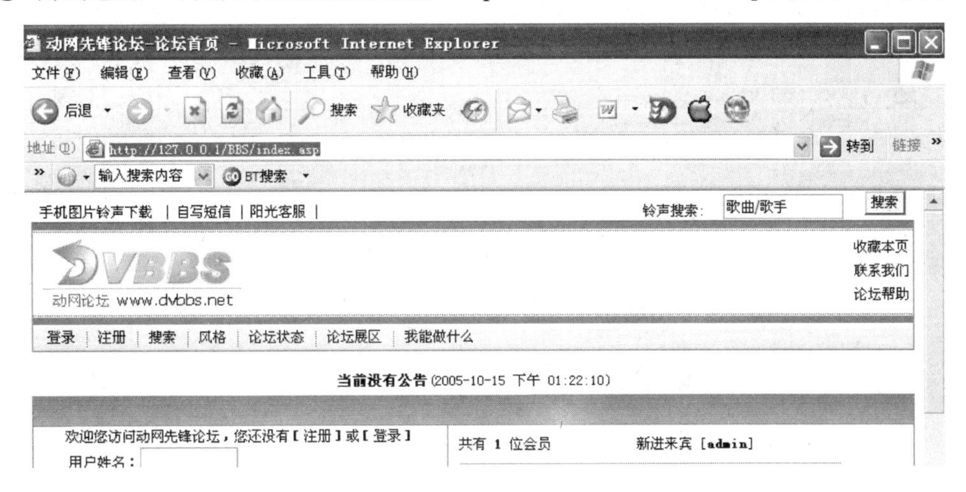

图 8-64 本地测试

⑧ 通过 Internet 测试，前提是已经申请了动态域名账号和密码，同时配置了 IIS 并安装了动态域名客户端软件，此处以 meibu 来实现。在 meibu 这个网站，申请账号和密码，然后下载 meibu 的客户端，并用已经申请的账号在本地计算机上登录，则可以动态解析本地 IP 地址，可以在浏览器中输入 http://cqhjw.meibu.com/bbs/ index.asp，该测试地址可以在 Internet 上访问，如图 8-65 所示。

注意：如果动态域名软件失效，则可以在互联网上申请一个域名和一个空间，然后进行域名绑定，同样可以输入域名来访问。如果不申请空间和域名，在局域网内，也可以通过自己建设的

DNS 服务器来解析动网论坛的访问网址，即域名。

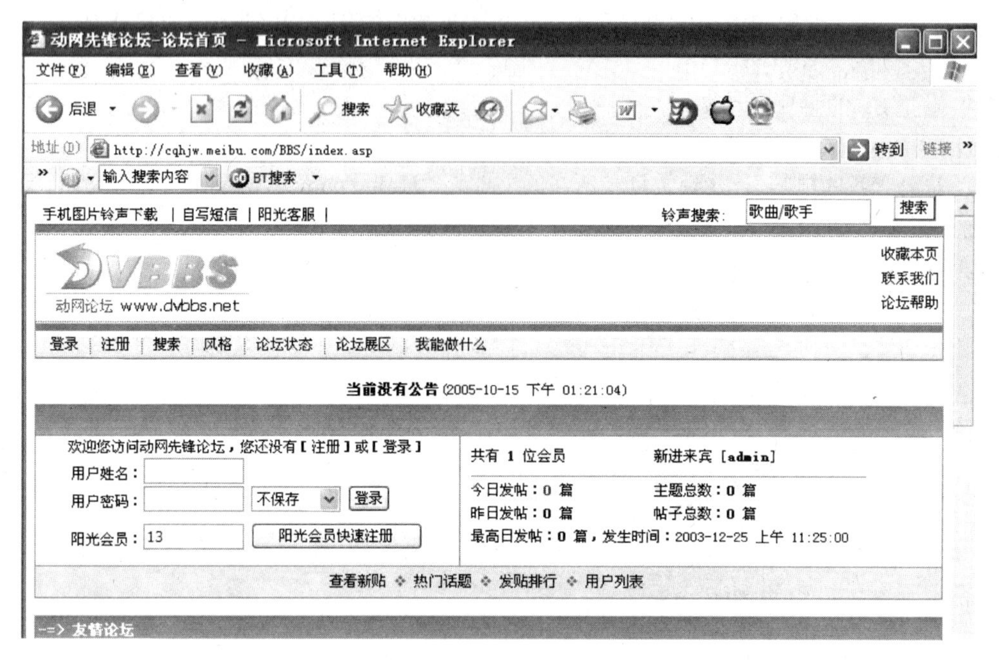

图 8-65 Internet 测试论坛

⑨ 管理论坛登录，如图 8-66 所示。

图 8-66 管理论坛登录

⑩ 登录后，可以选择管理项目进行后台管理，如图 8-67 所示。

5. 实训问题

① 如何配置 IIS?

② 如何设置默认文档?

③ 如何安装动网论坛?

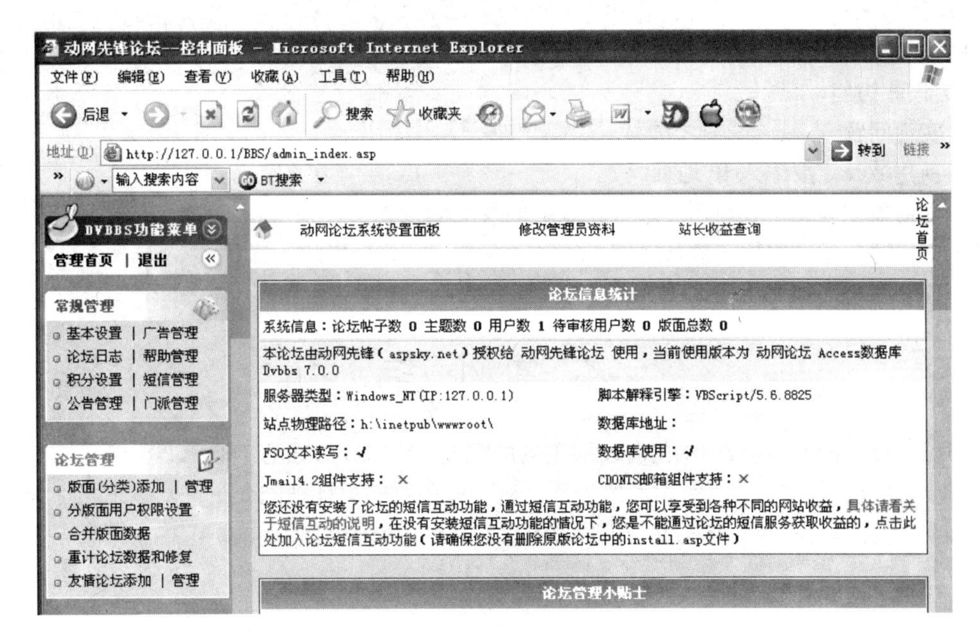

图 8-67　后台管理项目

实训 4　Serv-U FTP 的安装、配置及使用

1．实训目的

① 熟悉 Serv-U FTP 软件的功能。

② 熟练安装 Serv-U FTP 软件。

③ 熟练配置 Serv-U FTP 软件。

④ 熟练应用 Serv-U FTP 软件建立 FTP 服务器。

2．实训内容

① 安装 Serv-U FTP 软件。

② 配置 Serv-U FTP 软件。

③ 应用 Serv-U FTP 软件建立 FTP 服务器。

3．实训器材

① Serv-U FTP 软件安装盘。

② Windows 2003 计算机。

4．实训步骤

Serv-U 的具体操作步骤参见前面的 8.4 节，此处不再多述。

（1）安装 Serv-U FTP 软件。

（2）建立 FTP 服务器。

（3）配置 FTP 服务器。

① 添加用户

这里可以添加两种用户：一种是有匿名访问权限的 Anonymous；另一种是必须输入用户名称和密码才能访问 FTP 服务的。这两种用户都可以赋予不同的权限。

a. 添加权限约束用户。

b. 添加匿名用户。

② 设置用户权限。

③ 高级设置。

（4）FTP 访问。

5．实训问题

① 新建域一定要输入 IP 地址吗？

② 如何建立新用户并对用户进行目录访问及配额设置？

③ 如何建立组并将用户添加进组？

④ FTP 客户端如何访问 FTP 服务器？

本 章 小 结

本章详细地介绍了局域网中的各种服务器的配置，给出一些技巧，如 FTP 服务器中的虚拟路径的配置，这些都是需要读者练习和掌握的，对于服务器的更详细的介绍可以参见北京大学出版社出版、由笔者编写的服务器配置与应用教材。

思考与练习

1．上机操作：完成 DHCP 服务器的配置。

2．上机操作：完成 DNS 服务器的配置。

3．上机操作：完成 FTP 两种服务器的配置，一种是 IIS 自己带的服务器；另一种是 Serv-U 组建的服务器。

4．上机操作：完成 WWW 服务器的配置及测试。

第 9 章　虚拟计算机网络组建

教学目标

了解 VPN 的相关概念，熟练配置 Windows 2003 VPN 服务，了解虚拟局域网的概念，熟练组建虚拟局域网。

教学要求

知识要点	能力要求	关联知识
VPN 的相关概念	（1）VPN 的相关概念 （2）能够组建 VPN 专网	VPN 概念、VPN 技术特点、VPN 的实现方案
VLAN 的相关概念	（1）VLAN 的相关概念 （2）能够组建 VLAN	VLAN 的概念、VLAN 的组建

重点难点

- VPN 的组建方案
- VPN 的组建技巧
- VLAN 的相关概念
- VLAN 的组建

随着远程通信量的日益增大，企业全球运作广泛分布，很多时候需要远程办公，办事人员和经理正在出差，这时需要进入公司内部系统进行办公，不仅员工需要访问中央资源，企业相互之间也需进行及时、有效的通信，为了解决这个问题，采用 VPN 技术是解决的可行办法之一。同时，为了在一个局域网内进行安全资源共享，如一个单位的策划部、财务部的重要信息不需要外露，而又想连接上局域网，这就需要配置 VLAN 虚拟局域网。

本章简要讲述了虚拟专用网（VPN）的概念和虚拟局域网（VLAN）的相关知识，重点介绍了 VPN 的配置实例和 VLAN 的配置实例。

9.1　VPN 的介绍

随着远程通信量的日益增大，企业全球运作广泛分布，不仅员工需要访问中央资源，企业相互之间也需进行及时、有效的通信，为了解决这个问题，采用 VPN 技术是解决的可行办法之一。

9.1.1　VPN 的基本概念

虚拟专用网（VPN）是一个被加密或封装的通信过程，该过程把数据安全地由一端传到另一端，这里数据的安全性由可靠的加密技术来保障。VPN 实质上是许多功能聚集的综合体，它包含：信道（Tunneling）、加密（Encryption）、身份辨别（Authentication）、存取控制（Access Control）等。企业用户与网络骨干连接的方式则有不同的存取技术，包括 DDN、帧中继（Frame Relay）、综合数字网络（ISDN）、异步传输模式（ATM）以及拨号网络（Dialup）等。

传统广域网（WAN）要求公司采购和维护多种专线（包括设备和人员的投资），以传统 WAN 模式延伸与扩充网络，对公司而言是极高的成本。相对来说，VPN 建立在一个公共网络之上，可以减少企业用户的网络通信费用。

9.1.2 虚拟专用网的技术特点

1. VPN 的技术特点

（1）安全保障

虽然实现 VPN 的技术和方式很多，但所有的 VPN 均要求保证通过公用网络平台传输数据的专用性和安全性。在非面向连接的公用 IP 网络上建立一个逻辑的点对点的连接，称为建立一个隧道。可以利用加密技术对经过隧道传输的数据进行加密，以保证数据仅被指定的发送者和接收者了解，从而保证了数据的私有性和安全性。在安全性方面，由于 VPN 直接构建在公用网上，实现简单、方便、灵活，但同时其安全问题也尤为突出。企业必须确保 VPN 上传送的数据不被攻击者窥视和篡改，并且要防止非法用户对网络资源或私有信息的访问，Extranet 将企业网扩展到了合伙和客户，对安全性提出了更高的要求。

（2）服务质量

VPN 应当为企业数据提供不同等级的服务质量保证，不同的用户和业务对服务质量的要求差别较大，如对于移动办公用户，提供广泛的连接和覆盖性是保证 VPN 服务的一个主要因素；而对于拥有众多分支机构的专线 VPN 网络，交互式的内部企业网应用则要求网络能提供良好的稳定性；其他应用（如视频应用等）则对网络提出了更明确的要求，如网络时延及误码率等。所有网络应用均要求网络根据需要提供不同等级的服务质量。在网络优化方面，构建 VPN 的另一个重要需求是充分有效地利用有限的广域网资源，为重要数据提供可靠的带宽。广域网流量的不确定性使其带宽的利用率很低，在流量高峰时网络阻塞，产生网络瓶颈，使实际要求高的数据得不到及时发送，而在流量低谷时又造成大量的网络带宽空闲。

QoS 通过流量控制策略，可以按照优先级分配带宽资源，实现带宽管理，使得各类数据能够被合理地先后发送，并预防阻塞的发生。

（3）可扩充性和灵活性

VPN 必须能支持通过 Intranet 和 Extranet 的任何类型的数据流，能方便地增加新的节点，支持多种类型的传输媒介，可以满足同时传输语音、图像和数据等新应用对于高质量传输以及带宽增加的需求。MPLS 的研究有效地解决了这一问题。

（4）可管理性

从用户角度和运营商角度考虑，VPN 应可方便地进行管理和维护。在管理方面，VPN 要求企业将其网络管理功能从局域网无缝地延伸到公用网，甚至客户和合作伙伴。虽然可以将一些次要的网络管理任务交给服务提供商去完成，但企业自己仍需要完成许多网络管理任务。所以，一个完善的 VPN 管理系统是必不可少的。

2. Layer 2 隧道协议

（1）L2TP

第二层隧道协议（L2TP）是微软的 PPTP 和 CISCO 的 L2F 战略性结合的产物。此协议的持有者是 IETF，他们把两种协议已有的优点结合起来是推进 L2TP 发展的动力。L2TP 通过隧道第二层（或链路层）来提供拨号 VPN 服务，此协议通过点到点协议（PPP）在 Internet 上传输和实现。PPP 为企业局域网提供拨号连接。当在 Internet 上以隧道方式传输时，PPTP 把 PPP 包封装进 IP 包。正是由于这个原因，除了隧道化的 IP 外，标准的局域网协议如 IPX、NetBEUT 和 NetBIOS 也能隧道化。IPX、NetBEUT 和 NetBIOS 协议在一个局域网内传递共享文件和目录，支持外部设备和硬件。网络的作用是使一个远程用户可以像本地用户那样在一个标准的局域网或 Internet 环境下进行工作。

L2TP 通过 PPP 提供拨号 VPN 服务，然而，PPP 对拨号用户仅提供弱认证。除了支持 PPP 认证外，L2TP 还为每一 L2F 提供 RADIUS 的强认证。

L2TP 提供与 IPSec 安全服务相关的数据认证和专用性。于是，当 L2TP 隧道化 ATM、帧中继或 X.25 时，包头和内容将被认证和加密，此认证和加密将是 IPSec 保护 IP 包的全面行为。与 IPSec 不同，L2TP 不对数据私有性采取任何加密方案。

（2）IPSec

IPSec 是某种特殊的加密算法或认证算法，它只是以开放的结构定义在 IP 数据包格式中，为目前流行的数据加密或认证的实现提供了统一的体系结构，这有利于数据安全的进一步发展和标准化。同时，不同的加密算法都可以利用 IPSec 定义的体系结构在网络数据传输过程中得以实现。

IPSec 协议是一个应用广泛、开放的 VPN 安全协议。IPSec 适于向 IPv6 过渡，它提供所有在网络层上的数据保护，进行透明的安全通信。IPSec 提供了如何使敏感数据在开放的网络（如 Internet）中传输的安全机制。IPSec 工作在网络层，在参加 IPSec 的设备（路由器）之间为数据的传输提供保护，主要是对数据的加密和收发进行身份的认证。

9.1.3 虚拟专用网的实现方案

VPN 的实现有 3 种解决方案，用户可以根据自己的情况进行选择，这 3 种解决方案是远程访问虚拟网（Access VPN）、企业内部虚拟网（Intarnet VPN）和企业扩展虚拟网（Extranet VPN）。

1．Access VPN

如果企业内部有人员流动或远程办公的情况，或者商家要提供 B2C 的安全访问服务，就可以考虑使用 Access VPN。

Access VPN 通过一个拥有与专用网络相同策略的共享基础设施，提供对企业内部网或外部网的远程访问。Access VPN 能使用户随时随地以其所需的方式访问企业资源。Access VPN 包括模拟拨号、ISDN、数字用户线路（XDSL）、移动 IP 和电缆技术，能够安全地连接移动用户、远程工作者或分支机构。

使用 AccessVPN 具有如下优越性。

① AccessVPN 最适用于内部经常有流动人员远程办公的情况。出差员工利用当地 ISP 提供的 VPN 服务，就可以和公司的 VPN 网关建立私有的隧道连接。远端验证拨入用户服务（Remote Authentication Dial In User Service，RADIUS）通过服务器可对员工进行验证和授权，以保证连接的安全，同时负担的电话费用大大降低。

② 使用 AccessVPN 可减少用于相关的解调器和终端服务设备的资金费用，优化网络；用本地拨号接入的功能来取代远距离接入，能显著降低远距离通信的费用，同时具有极大的可扩展性。

③ 远端验证拨入用户服务（RADIUS）提供了基于策略的安全服务。

2．Intranet VPN

如果要进行企业内部各分支机构的互联，使用 Intranet VPN 是一种很好的选择。

越来越多的企业需要在全国乃至世界范围内建立各种办事机构、分公司、研究所等，各个分公司之间传统的网络连接方式一般是租用专线。显然，在分公司增多、业务开展越来越广泛的情况下，网络结构会越来越复杂，费用越来越高。利用 VPN 特性可以在 Internet 上组建世界范围内的 Intranet VPN。利用 Internet 的线路保证网络的互联性，而利用隧道、加密等 VPN 特性可以保证信息在整个 Intranet VPN 上的安全传输。Intranet VPN 通过一个使用专用连接的共享基础设施来连接企业总部、远程办事处和分支机构。企业拥有与专用网络的相同政策，包括安全、服务质量（QoS）、可管理性和可靠性。

3. Extranet VPN

如果是为了提供B2B之间的安全访问服务，则可以考虑采用Extranet VPN。

随着信息时代的到来，各个企业越来越重视各种信息的处理。通过信息处理希望能为客户提供最快捷、方便的信息服务，了解客户的各种需要，同时由于各个企业之间的合作关系越来越多，信息交换日益频繁，如何利用Internet进行有效的信息管理，是企业发展中的一个关键问题。利用VPN技术可以组建安全的Extranet既可以向客户、合作伙伴提供有效的信息服务，又可以保证自身的内部网络的安全。

Extranet VPN通过一个使用专用连接的共享基础设施，将客户、供应商、合作伙伴或兴趣群体连接到企业内部网。企业拥有与专用网络的相同政策，包括安全、服务质量（QoS）、可管理性和可靠性。

Extranet VPN对用户的吸引力在于：能容易地对外部网进行部署和管理，外部网的连接可以使用与部署内部网及远端访问VPN相同的架构和协议，主要的不同是接入许可，外部网的用户只有一次被许可的机会连接到其合作人的网络上。

对于企业来说，VPN提供了安全、可靠的Internet访问通道，为企业进一步发展提供了可靠的技术保障。而且VPN能提供专用线路类型服务，是一种方便、快捷的企业私有网络，企业甚至可以不必建立自己的广域网维护系统，而将这一繁重的任务交由专业的ISP来完成。

9.2 虚拟局域网

有关虚拟局域网（VLAN）的技术标准IEEE 802.1Q早在1999年6月就由IEEE委员会正式颁布实施了，而且最早的VLNA技术已于1996年由Cisco（思科）公司提出。通过近几年的发展，VLAN技术得到广泛的支持，在大大小小的企业网络中广泛应用，成为当前最为热门的一种以太局域网技术。本章要为大家介绍VLAN技术，并针对中、小局域网VLAN的网络配置以实例的方式简单介绍其配置方法。

9.2.1 VLAN基础

VLAN（Virtual Local Area Network）的中文名为虚拟局域网，注意不是VPN（虚拟专用网）。VLAN是一种将局域网设备从逻辑上划分（注意：不是从物理上划分）成一个个网段，从而实现虚拟工作组的新兴数据交换技术。这种新兴技术主要应用于交换机和路由器中，但主流应用还是在交换机之中。但又不是所有交换机都具有此功能，只有VLAN协议的第三层以上交换机才具有此功能，这一点可以查看相应交换机的说明书。

IEEE于1999年颁布了用以标准化VLAN实现方案的802.1Q协议标准草案。VLAN技术的出现，使得管理员根据实际应用需求，把同一物理局域网内的不同用户逻辑地划分成不同的广播域，每一个VLAN都包含一组有着相同需求的计算机工作站，与物理上形成的LAN有着相同的属性。由于是从逻辑上划分，而不从物理上划分，所以同一个VLAN内的各个工作站没有限制在同一个物理范围中，即这些工作站可以在不同物理LAN网段内。由VLAN的特点可知，一个VLAN内部的广播和单播流量都不会转发到其他VLAN中，从而有助于控制流量、减少设备投资、简化网络管理、提高网络的安全性。

交换技术的发展，也加快了新的交换技术VLAN的应用速度。通过将企业网络划分为虚拟网络VLAN网段，可以强化网络管理和网络安全，控制不必要的数据广播。在共享网络中，一个物理的网段就是一个广播域。而在交换网络中，广播域可以是由一组任意选定的第二层网络地址（MAC地址）组成的虚拟网段。这样，网络中工作组的划分可以突破共享网络中的地理位置限制，而完全根据管理功能来划分。这种基于工作流的分组模式，大大提高了网络规划和重组的管理功能。在同一个 VLAN 中的工作站，不论它们实际与哪个交换机连接，相互之间的通信就好像在独立的交换机上一样。同一个 VLAN 中的广播只有 VLAN 中的成员才能听到，而不会传输到其他的 VLAN 中去，这样可以很好地控制不必要的广播风暴的产生。同时，若没有路由，不同 VLAN 之间不能相互通信，这样就增加了企业网络中不同部门之间的安全性。网络管理员可以通过配置 VLAN 之间的路由来全面管理企业内部不同管理单元之间的信息互访。交换机是根据用户工作站的 MAC 地址来划分 VLAN 的。所以，用户可以自由地在企业网络中移动办公，不论在何处接入交换网络，都可以与 VLAN 内其他用户自如通信。

VLAN 网络可以由混合的网络类型设备组成，比如：10MB 以太网、100MB 以太网、令牌网、FDDI、CDDI 等，也可以是工作站、服务器、集线器、网络上行主干等。

VLAN 除了能将网络划分为多个广播域，从而有效地控制广播风暴的发生，以及使网络拓扑结构变得非常灵活的优点外，还可以用于控制网络中不同部门、不同站点之间的互相访问。VLAN 是为解决以太网的广播问题和安全性而提出的一种协议，它在以太网帧的基础上增加了 VLAN 头，用 VLAN ID 把用户划分为更小的工作组，限制不同工作组间的用户互访，每个工作组就是一个虚拟局域网。虚拟局域网的好处是可以限制广播范围，并能够形成虚拟工作组，动态管理网络。

9.2.2 VLAN 的划分方法

VLAN 在交换机上的实现方法，可以大致划分为以下 6 类。

1. 基于端口划分的 VLAN

这是最常应用的一种 VLAN 划分方法，应用也最为广泛、最有效，目前绝大多数 VLAN 协议的交换机都提供这种 VLAN 配置方法。这种划分 VLAN 的方法是根据以太网交换机的交换端口来划分的，它是将 VLAN 交换机上的物理端口和 VLAN 交换机内部的 PVC（永久虚电路）端口分成若干个组，每个组构成一个虚拟网，相当于一个独立的 VLAN 交换机。

不同部门需要互访时，可通过路由器转发，并配合基于 MAC 地址的端口过滤。对某站点的访问路径中最靠近该站点的交换机、路由交换机或路由器的相应端口上，设定可通过的 MAC 地址集，这样就可以防止非法入侵者从内部盗用 IP 地址从其他可接入点入侵的可能。

这种划分方法的优点是定义 VLAN 成员时非常简单，只要将所有的端口都定义为相应的 VLAN 组即可，适合于任何大小的网络。它的缺点是如果某用户离开了原来的端口，到了一个新的交换机的某个端口，必须重新定义。

2. 基于 MAC 地址划分 VLAN

这种划分 VLAN 的方法是根据每个主机的 MAC 地址来划分的，即将每个 MAC 地址的主机都配置为属于哪个组，它实现的机制就是每一块网卡都对应唯一的 MAC 地址，VLAN 交换机跟踪属于 VLAN MAC 的地址。以这种方式划分的 VLAN 允许网络用户从一个物理位置移动到另一个物理位置时，自动保留其所属 VLAN 的成员身份。

这种 VLAN 的划分方法的最大优点就是当用户物理位置移动时，即从一个交换机换到其他的交换机时，VLAN 不用重新配置，因为它是基于用户的，而不是基于交换机的端口。这种方法的缺点是初始化时，所有的用户都必须进行配置，如果有几百个甚至上千个用户，配置是非常累的，所以这种划分方法通常适用于小型局域网。而且这种划分方法也导致了交换机执行效率的降低，因为在每一个交换机的端口都可能存在很多个 VLAN 组的成员，保存了许多用户的 MAC 地址，查询起来相当不容易。另外，对于使用笔记本计算机的用户来说，他们的网卡可能经常更换，这样 VLAN 就必须经常配置。

3. 基于网络层协议划分VLAN

VLAN按网络层协议来划分，可分为IP、IPX、DECnet、AppleTalk、Banyan等VLAN网络。这种按网络层协议来组成的VLAN，可使广播域跨越多个VLAN交换机，这对于希望针对具体应用和服务来组织用户的网络管理员来说是非常具有吸引力的。而且，用户可以在网络内部自由移动，但其VLAN成员身份仍然保持不变。

这种方法的优点是虽然用户的物理位置改变了，但不需要重新配置所属的VLAN，而且可以根据协议类型来划分VLAN，这对网络管理者来说很重要。另外，这种方法不需要附加的帧标签来识别VLAN，这样可以减少网络的通信量。这种方法的缺点是效率低，因为检查每一个数据包的网络层地址是需要消耗处理时间的（相对于前面两种方法），一般的交换机芯片都可以自动检查网络上数据包的以太网帧头，但要让芯片检查IP帧头，需要更高的技术，同时也更费时。当然，这与各个厂商的实现方法有关。

4. 根据IP组播划分VLAN

IP组播实际上也是一种VLAN的定义，即认为一个IP组播组就是一个VLAN。这种划分的方法将VLAN扩大到了广域网，因此这种方法具有更大的灵活性，而且也很容易通过路由器进行扩展，主要适合于不在同一地理范围的局域网用户组成一个VLAN。

5. 按策略划分VLAN

基于策略组成的VLAN能实现多种分配方法，包括VLAN交换机端口、MAC地址、IP地址、网络层协议等。网络管理人员可根据自己的管理模式和本单位的需求来决定选择哪种类型的VLAN 。

6. 按用户定义、非用户授权划分VLAN

基于用户定义、非用户授权来划分VLAN是指为了适应特别的VLAN，根据具体的网络用户的特别要求来定义和设计VLAN，而且可以让非VLAN群体用户访问VLAN，但是需要提供用户密码，在得到VLAN管理的认证后才可以加入一个VLAN。

9.2.3 VLAN的优越性

任何新技术要得到广泛的支持和应用，肯定存在一些关键优势，VLAN技术也一样，它的优势主要体现在以下几个方面。

1. 增加了网络连接的灵活性

借助VLAN技术，能将不同地点、不同网络、不同用户组合在一起，形成一个虚拟的网络环境，就像使用本地LAN一样方便、灵活、有效。VLAN可以降低移动或变更工作站地理位置的管理费用，特别是一些业务情况有经常性变动的公司使用了VLAN后，这部分管理费用大大降低。

2. 控制网络上的广播

VLAN可以提供建立防火墙的机制，防止交换网络的过量广播。使用VLAN可以将某个交换端口或用户赋予某一个特定的VLAN组，该VLAN组可以在一个交换网络中跨接多个交换机，在一个VLAN中的广播不会送到VLAN之外。同样，相邻的端口不会收到其他VLAN产生的广播，这样可以减少广播流量，释放带宽给用户应用。

3. 增加网络的安全性

因为一个VLAN就是一个单独的广播域，VLAN之间相互隔离，这大大提高了网络的利用率，确保了网络的安全保密性。人们在LAN上经常传送一些保密的、关键性的数据，保密的数据应提供访问控制等安全手段。一个有效和容易实现的方法是将网络分成几个不同的广播组，网络管理员限制VLAN中用户的数量，禁止未经允许而访问VLAN中的应用。交换端口可以基于应用类型和访问特权来进行分组，被限制的应用程序和资源一般置于安全性VLAN中。

9.2.4 VLAN 网络的配置实例

为了给大家一个真实的配置实例的学习机会，下面就以典型的中型局域网 VLAN 配置为例，向读者介绍目前最常用的按端口划分 VLAN 的配置方法。

某公司约有 100 台计算机，使用网络的主要部门有：生产部（20）、财务部（15）、人事部（8）和信息中心（12）四大部分，如图 9-1 所示。

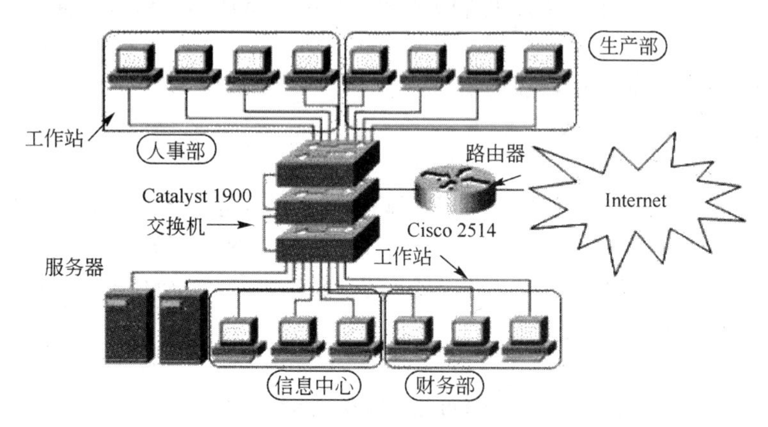

图 9-1　局域网拓扑图

网络基本结构为：整个网络中核心分采用 3 台 Catalyst 1900 网管型交换机（分别命名为：Switch1、Switch2 和 Switch3，各交换机根据需要下接若干个集线器，主要用于非 VLAN 用户，如行政文书、临时用户等），1 台 Cisco 2514 路由器，整个网络都通过路由器 Cisco 2514 与外部互联网进行连接。

为了公司相应部分网络资源的安全性需要，特别像财务部、人事部这样的敏感部门，其网络上的信息不想让太多人共享，于是公司采用了 VLAN 的方法来解决这个问题。通过 VLAN 的划分，可以把公司主要网络划分为：生产部、财务部、人事部和信息中心 4 个主要部分。对应的 VLAN 组名为：Prod、Fina、Huma、Info，各 VLAN 组所对应的网段见表 9-1。

表 9-1　VLAN 的划分

VLAN 号	VLAN 名	端　口　号
2	Prod	Switch1 2～21
3	Fina	Switch2 2～16
4	Huma	Switch3 2～9
5	Info	Switch3 10～21

【注】之所以把交换机的 VLAN 号从【2】开始，是因为交换机有一个默认的 VLAN，即【1】号 VLAN，它包括所有连在该交换机上的用户。

VLAN 的配置过程其实非常简单，只需完成两项任务：一是为各 VLAN 组命名；二是把相应的 VLAN 对应到相应的交换机端口上。

具体的配置过程如下。

第 1 步：设置好超级终端，连接上 Catalyst 1900 交换机，通过超级终端配置交换机的 VLAN，连接成功后出现如下所示的主配置界面（交换机在此之前已完成了基本信息的配置）。

user (s) now active on Management Console.

User Interface Menu

[M] Menus

[K] Command Line

[I] IP Configuration

Enter Selection:

【注】超级终端是利用Windows系统自带的【超级终端】(Hypertrm)程序进行的，具体参见有关资料。

第2步：单击【K】按键，选择主界面菜单中【[K] Command Line】选项 ，进入如下命令行配置界面。

CLI session with the switch is open.

To end the CLI session，enter [Exit].

>

此时进入了交换机的普通用户模式，就像路由器一样，这种模式只能查看现在的配置，不能更改配置，并且能够使用的命令很有限，所以必须进入【特权模式】。

第3步：在上一步【>】提示符下输入进入特权模式命令，命令格式为【>enable】，此时就显示了交换机配置的特权模式提示符。

config t

Enter configuration commands，one per line.End with CNTL/Z

(config) #

第4步：为了安全和方便起见，分别给这3个Catalyst 1900交换机起个名字，并且设置特权模式的登录密码。下面仅以Switch1为例进行介绍，配置代码如下。

(config) #hostname Switch1

Switch1（config）# enable password level 15 XXXXXX

Switch1（config）#

【注】特权模式密码必须是4~8位字符，要注意，这里所输入的密码是以明文形式直接显示的，要注意保密。交换机用level级别的大小来决定密码的权限。Level 1是进入命令行界面的密码，也就是说，设置了level 1的密码后，下次连上交换机，并输入K后，就会提示输入密码，这个密码就是level 1设置的密码。而level 15是输入了【enable】命令后输入的特权模式密码。

第5步：设置VLAN名称。因4个VLAN分属于不同的交换机，VLAN命名的命令为：VLAN VLAN号 name VLAN名称，在Switch1、Switch2、Switch3、交换机上配置2、3、4、5号VLAN的代码如下。

Switch1（config）#vlan 2 name Prod

Switch2（config）#vlan 3 name Fina

Switch3（config）#vlan 4 name Huma

Switch3（config）#vlan 5 name Info

【注】以上配置是按表9-1规则进行的。

第6步：上一步对各交换机配置了VLAN组，现在要把这些VLAN对应于表9-1所规定的交换机端口号。对应端口号的命令是【vlan-membership static/ dynamic VLAN号】，在这个命令中必须从【static】(静态）和【dynamic】(动态）两种分配方式中选择一个，通常选择【static】(静态）方式。具体的VLAN端口号应用配置如下。

(1) 名为【Switch1】的交换机的VLAN端口号配置如下。

Switch1（config）#int e0/2

Switch1（config-if）#vlan-membership static 2

```
Switch1（config-if）#int e0/3
Switch1（config-if）#vlan-membership static 2
Switch1（config-if）#int e0/4
Switch1（config-if）#vlan-membership static 2
...
Switch1（config-if）#int e0/20
Switch（config-if）#vlan-membership static 2
Switch1（config-if）#int e0/21
Switch1（config-if）#vlan-membership static
Switch1（config-if）#
```

【注】【int】是【interface】命令的缩写，是接口的意思。【e0/2】是【ethernet 0/2】的缩写，代表交换机的 0 号模块 2 号端口。

（2）名为【Switch2】的交换机的 VLAN 端口号配置如下。

```
Switch2（config）#int e0/2
Switch2（config-if）#vlan-membership static 3
Switch2（config-if）#int e0/3
Switch2（config-if）#vlan-membership static 3
Switch2（config-if）#int e0/4
Switch2（config-if）#vlan-membership static 3
…
Switch2（config-if）#int e0/15
Switch2（config-if）#vlan-membership static 3
Switch2（config-if）#int e0/16
Switch2（config-if）#vlan-membership static 3
Switch2（config-if）#
```

（3）名为【Switch3】的交换机的 VLAN 端口号配置包括 VLAN4 和 VLAN5 两个 VLAN 组的配置，VLAN4（Huma）的配置代码如下。

```
Switch3（config）#int e0/2
Switch3（config-if）#vlan-membership static 4
Switch3（config-if）#int e0/3
Switch3（config-if）#vlan-membership static 4
Switch3（config-if）#int e0/4
Switch3（config-if）#vlan-membership static 4
…
Switch3（config-if）#int e0/8
Switch3（config-if）#vlan-membership static 4
  Switch3（config-if）#int e0/9
  Switch3（config-if）#vlan-membership static 4
Switch3（config-if）#
```

VLAN5（Info）的配置代码如下。

```
Switch3（config）#int e0/10
Switch3（config-if）#vlan-membership static 5
```

```
Switch3（config-if）#int e0/11
Switch3（config-if）#vlan-membership static 5
Switch3（config-if）#int e0/12
Switch3（config-if）#vlan-membership static 5
…
Switch3（config-if）#int e0/20
Switch3（config-if）#vlan-membership static 5
Switch3（config-if）#int e0/21
Switch3（config-if）#vlan-membership static 5
Switch3（config-if）#
```

现在，已经按表 9-1 的要求把 VLAN 都定义到了相应交换机的端口上。为了验证配置，可以在特权模式下使用【show vlan】命令显示刚才所做的配置，检查其是否正确。

以上对 Cisco Catalyst 1900 交换机的 VLAN 配置进行了介绍，其他交换机的 VLAN 配置方法基本类似，参照有关交换机说明书即可。

9.3 本 章 实 训

实训 1 Windows Server 2003 VPN 的安装及配置

1．实训目的

① 了解 VPN 的基本概念。

② 掌握设计 VPN 的方案。

③ 掌握安装 VPN 的方法。

④ 掌握配置 VPN 的账号访问策略。

⑤ 掌握客户端 VPN 的配置。

⑥ 掌握拨入服务器的配置。

2．实训内容

① Windows Server 2003 安装 VPN。

② 配置账号访问策略。

③ 客户端的拨入设置。

④ 拨入服务器的设置。

3．实训器材

① 安装 Windows 2003 Werver、Windows XP 的计算机各一台。

② MODEM 调制解调器。

4．实训步骤

（1）安装 Windows 2003 VPN 服务器

服务器是 Windows 2003 系统，2003 中 VPN 服务叫做【路由和远程访问】，系统默认就安装了这个服务，但是没有启用。

① 在管理工具中打开【路由和远程访问】，在列出的本地服务器上单击右键，选择【配置并启用路由和远程访问】，如图 9-2 所示。

② 出现如图9-3所示的对话框，说明：由于服务器是公网上的一台一般的服务器，不是具有路由功能的服务器，是单网卡的，所以这里选择【自定义配置】。

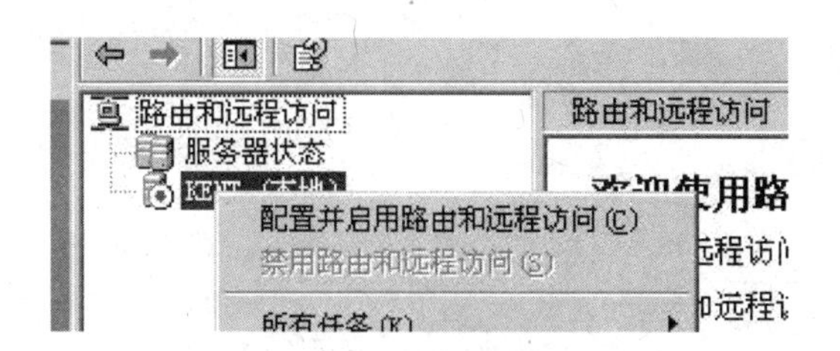

图 9-2 启用路由和远程访问

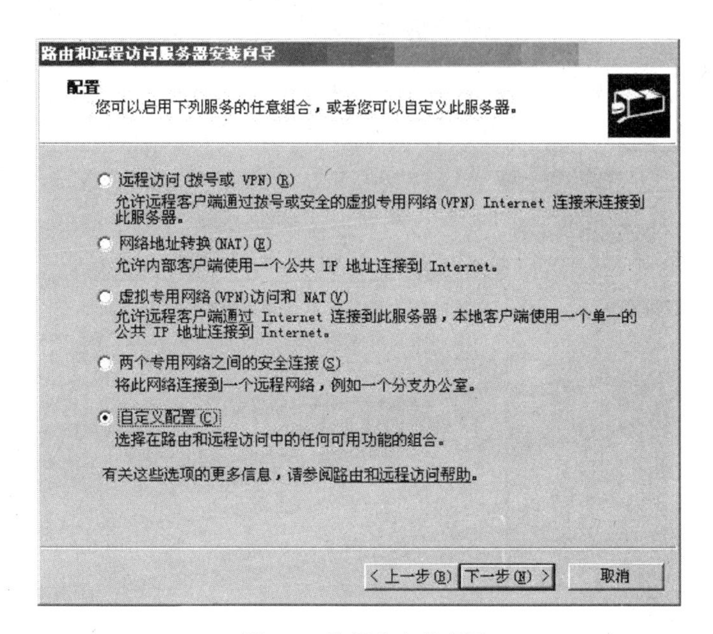

图 9-3 选择自定义配置

③ 出现一个自定义配置对话框，勾选 VPN 访问，如图 9-4 所示。

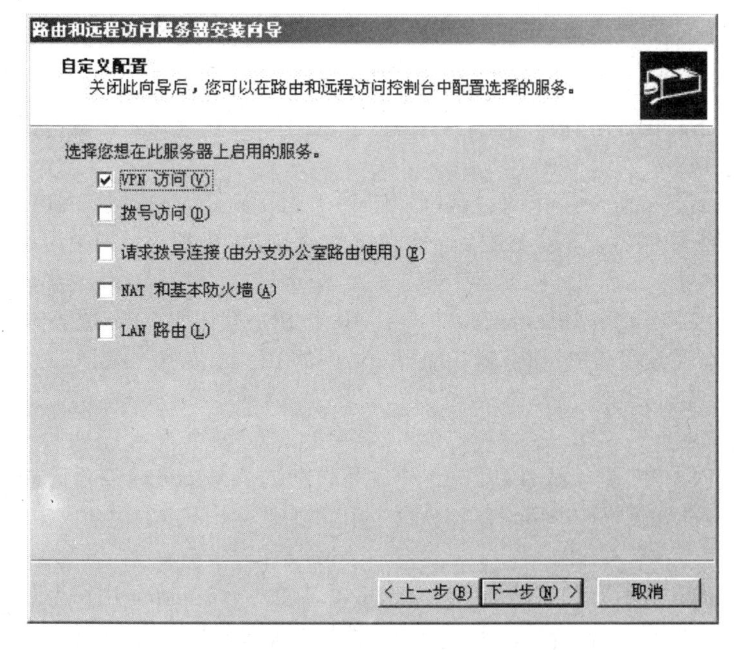

图 9-4 选【VPN 访问】

④ 单击【下一步】，配置向导完成，如图 9-5 所示。

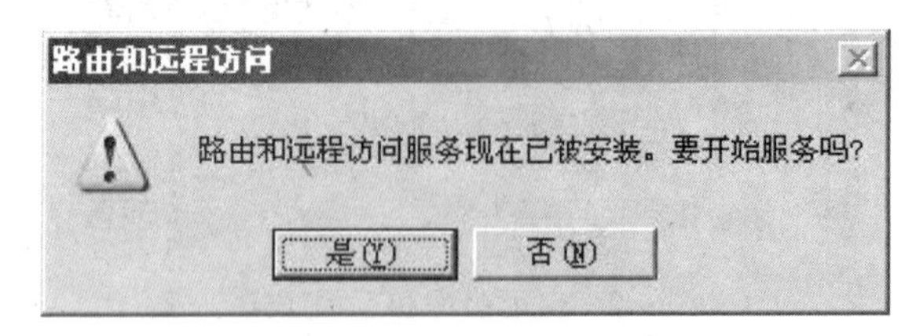

图 9-5 提示已经完成 VPN

⑤ 单击【是】，开始服务。

查看启动了 VPN 服务后，【路由和远程访问】的界面如图 9-6 所示。

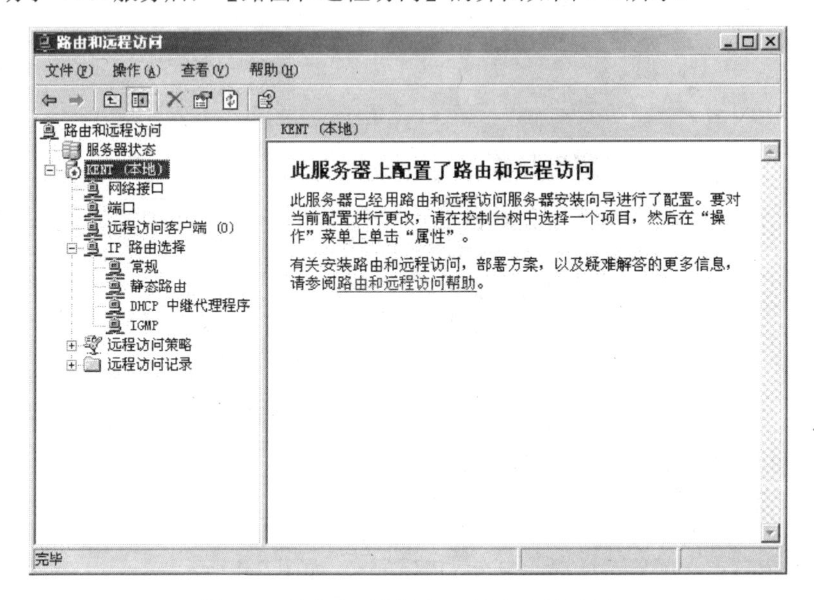

图 9-6 路由和远程访问已经启动的界面

（2）配置 VPN 服务器

在服务器上单击右键，选择【属性】，在弹出的窗口中选择【IP】标签，在【IP 地址指派】中选择【静态地址池】。

然后单击【添加】按钮设置 IP 地址范围，这个 IP 范围就是 VPN 局域网内部的虚拟 IP 地址范围，每个拨入 VPN 的服务器都会分配到一个范围内的 IP，在虚拟局域网中用这个 IP 相互访问，如图 9-7 所示。

这里设置为 10.240.60.1～10.240.60.10，一共 10 个 IP，默认的 VPN 服务器占用第一个 IP，10.240.60.1 实际上就是这个 VPN 服务器在虚拟局域网的 IP。

至此，VPN 服务部分配置完毕。

（3）添加 VPN 用户

每个客户端拨入 VPN 服务器都需要有一个账号，默认是 Windows 身份验证，所以要给每个需要拨入 VPN 的客户端设置一个用户，并为这个用户制定一个固定的内部虚拟 IP 以便客户端之间相互访问。

在管理工具中的计算机管理里添加用户，这里以添加一个 chnking 用户为例，先新建一个叫【chnking】的用户，创建好后，查看这个用户的属性，在【拨入】标签中做相应的设置，如图 9-8 所示。

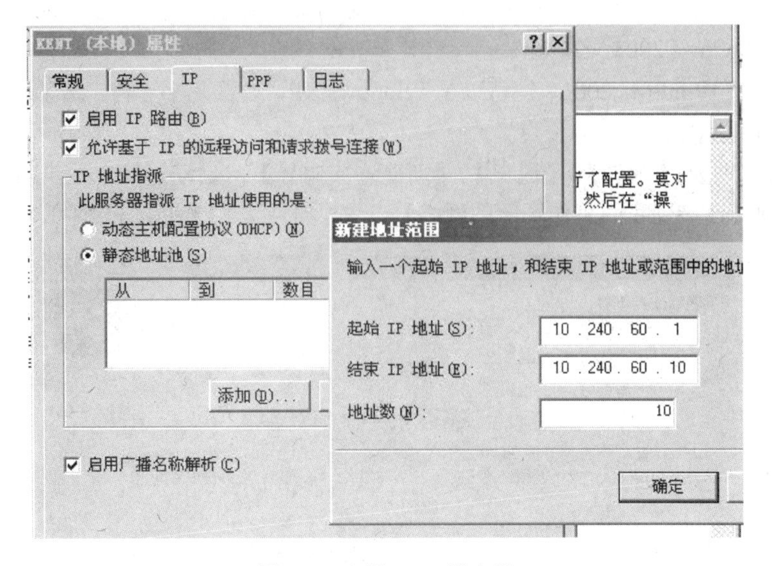

图 9-7 配置 VPN 服务器

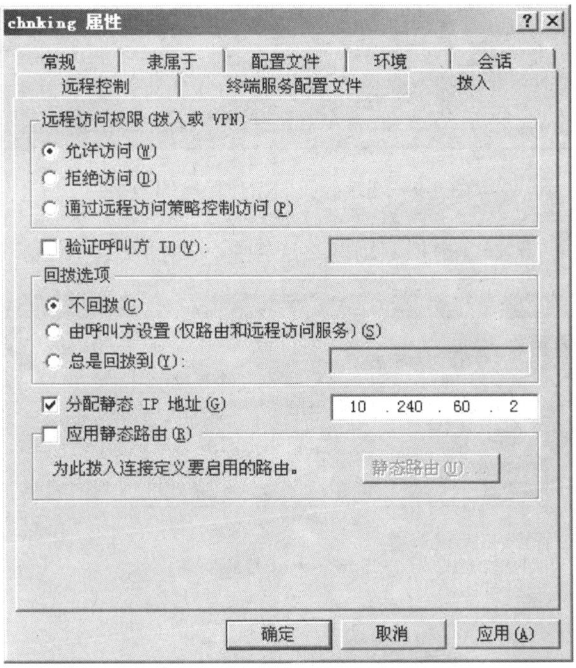

图 9-8 设置创建的用户属性

远程访问权限设置为【允许访问】，以允许这个用户通过 VPN 拨入服务器。

点选【分配静态 IP 地址】，并设置一个 VPN 服务器中静态 IP 池范围内的一个 IP 地址，这里设为 10.240.60.2。

如果有多个客户端机器要接入 VPN，请给每个客户端都新建一个用户，并设定一个虚拟 IP 地址，各个客户端都使用分配给自己的用户拨入 VPN，这样各个客户端每次拨入 VPN 后都会得到相同的 IP。如果用户没有设置为【分配静态 IP 地址】，客户端每次拨入到 VPN，VPN 服务器会随机给这个客户端分配一个范围内的 IP。

（4）配置 Windows 2003 客户端

客户端可以是 Windows 2003，也可以是 Windows XP，设置几乎一样，这里以 Windows 2003 客户端设置为例。

① 选择【程序】/【附件】/【通讯】/【新建连接向导】，启动连接向导，出现一个对话框，这里选择第二项【连接到我的工作场所的网络】，这个选项是用来连接 VPN 的，如图 9-9 所示。

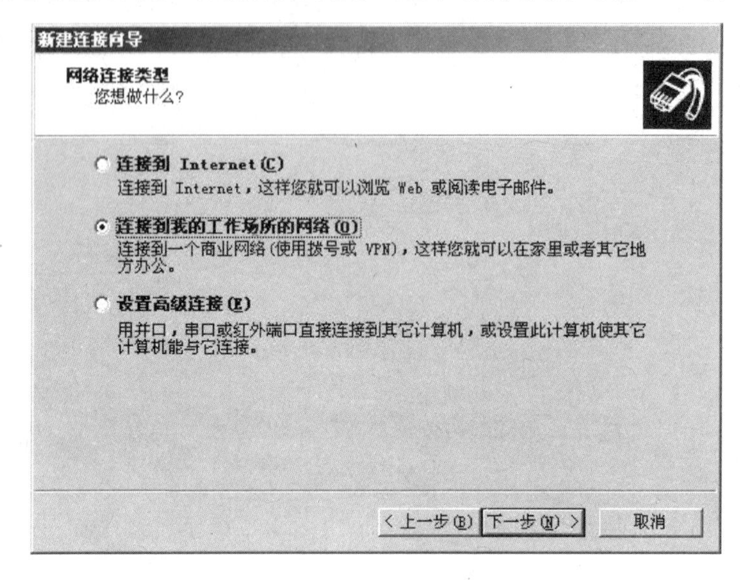

图 9-9 连接到我的工作场所的网络

② 单击【下一步】，选择【虚拟专用网络连接】，如图 9-10 所示，再单击【下一步】。

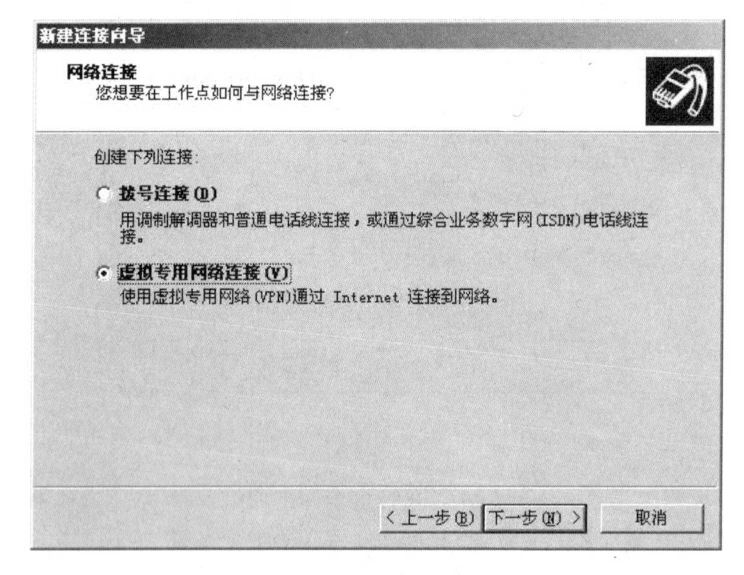

图 9-10 选择【虚拟专用网络连接】

③ 在【连接名】窗口，填入连接名称 szbti，单击【下一步】，出现图 9-11 所示的对话框，这里要填入 VPN 服务器的公网 IP 地址。

④ 单击【下一步】，完成新建连接。

完成后，在控制面板的网络连接中的虚拟专用网络下面可以看到刚才新建的 szbti 连接，如

图 9-12 所示。

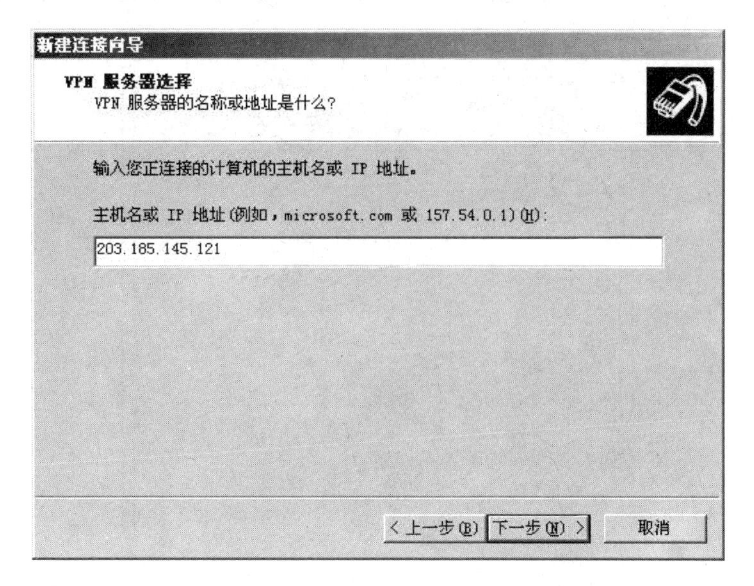

图 9-11 填入 VPN 服务器的公网 IP 地址

名称	类型
LAN 或高速 Internet	
本地连接 3	LAN 或高速 Internet
本地连接	LAN 或高速 Internet
向导	
新建连接向导	向导
虚拟专用网络	
szbti	虚拟专用网络

图 9-12 新建立的 VPN 连接

⑤ 在 szbti 连接上单击右键，选【属性】，在弹出的窗口中单击【网络】标签，然后选中【Internet 协议（TCP/IP）】，单击属性按钮，在弹出的窗口中再单击【高级】按钮，如图 9-13 所示，把【在远程网络上使用默认网关】前面的勾去掉。

说明：如果不去掉这个勾，客户端拨入 VPN 后，将使用远程的网络作为默认网关，导致的后果就是客户端只能连通虚拟局域网，上不了因特网。

下面就可以开始拨号进入 VPN 了，双击 szbti 连接，出现一个 VPN 连接的对话框，输入分配给这个客户端的用户名和密码，如果服务器账号及服务设置正确，就可以看到提示【正在网络上注册您的计算机】，完成之后，会在系统托盘中显示【虚拟专用连接】已经建立。拨通后在任务栏的右下角会出现一个网络连接的图标，表示已经拨入 VPN 服务器。

一旦进入虚拟局域网，客户端设置共享文件夹，别的客户端就可以通过其他客户端 IP 地址访问它的共享文件夹。VPN 建立成功之后，可以通过 ipconfig 命令查看网络配置，之后双方便可以通过 IP 地址或【网上邻居】来达到互访的目的，当然也就可以使用对方所共享的软硬件资源了。

说明：VPN 服务器就配置好后，如果用户处于局域网内，可以拨号进入 VPN 服务器；如果用户在网外（比如在远方），可以先拨号上 Internet ，再拨号进入 VPN 服务器。

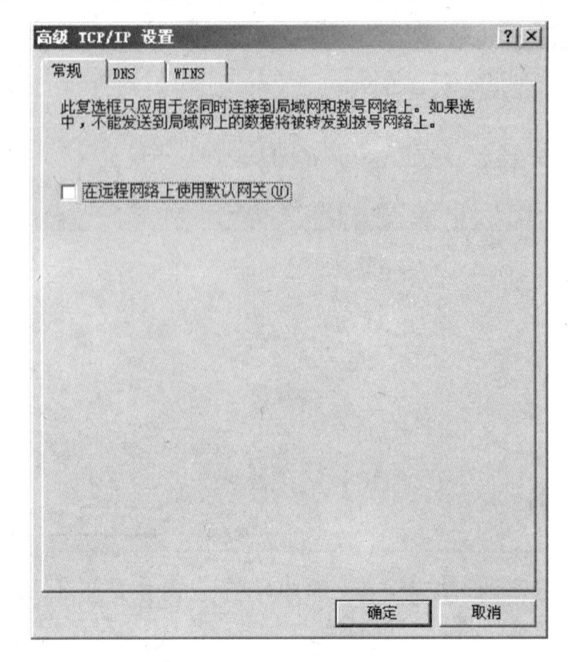

图 9-13 去掉【在远程网络上使用默认网关】前面的勾

5．实训问题

① VPN 的相关技术要点有哪些？

② VPN 的连接建立时需要在服务器端和客户端进行哪些设置？

③ VLAN 的种类是如何划分的？

④ 如何配置虚拟局域网？需要哪些设备？各网段如何设置 IP 地址？

实训 2 Windows XP 虚拟专网 VPN 的组建

1．实训目的

① 了解 VPN 的基本概念。

② 掌握 Windows XP 下 VPN 的配置。

2．实训内容

① Windows XP 安装 VPN。

② 配置账号访问策略。

③ 客户端的拨入设置。

④ 拨入服务器的设置。

3．实训器材

① 装有 Windows XP 操作系统的计算机两台。

② MODEM（调制解调器）。

4．实训步骤

（1）配置准备

首先说一下组网方式，建议使用两个网卡，当然单网卡也行，比如：一个网卡是 10.0.0.1；另一个网卡是 192.169.1.1，或者说一个网卡连着公网，一个网卡连着内网。其实单网卡也可理解成既连公网也连内网。

（2）建立用户账号

在开始建立 VNP 前要说一下注意建立账号，作为 VNP 拨入账号可以给这个账号具有管理员权限，但是也可以将 VNP 拨入账号不用给任何权限，只需单纯地给一个密码的账号即可。具体操作：打开【控制面板】/【管理工具】/【计算机管理】，创建一个用户账号，账号名为【我的电脑】，如图 9-14 所示。

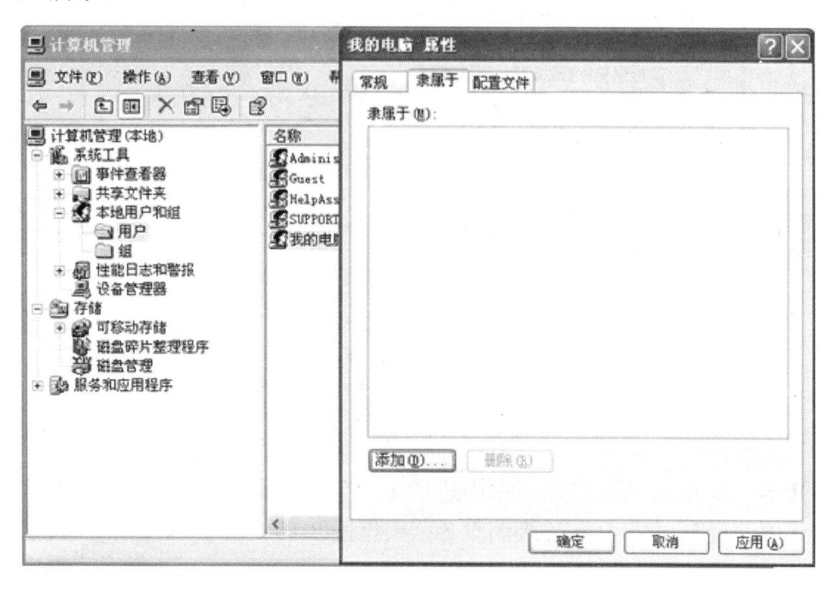

图 9-14 创建一个账号

（3）建立 VPN 传入的连接

① 下面开始建立 VNP 传入的连接，点击【开始】/【所有程序】/【附件】/【通讯】/【新建连接向导】，如图 9-15 所示。

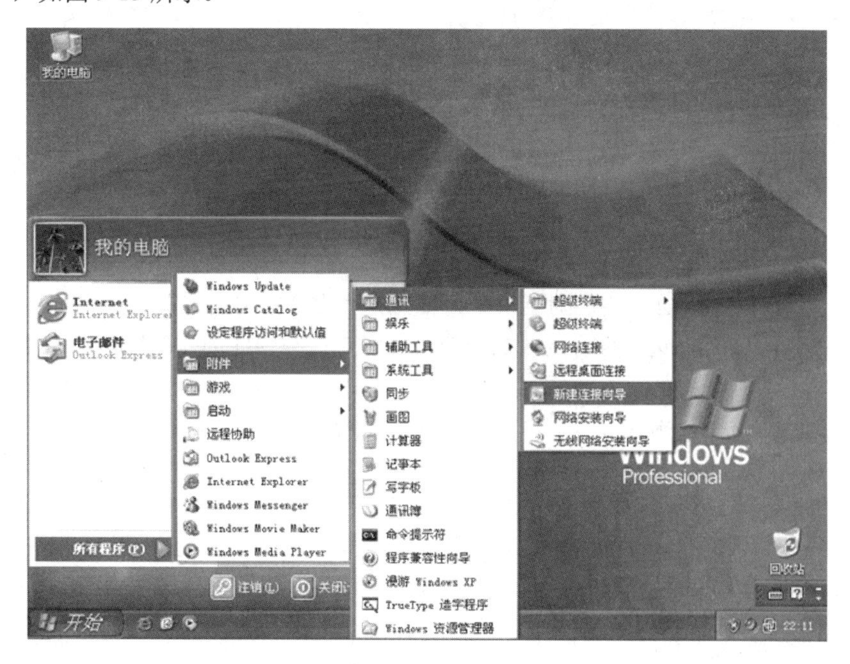

图 9-15 新建连接向导

② 在弹出的对话框中，选择【设置高级连接】，如图 9-16 所示。

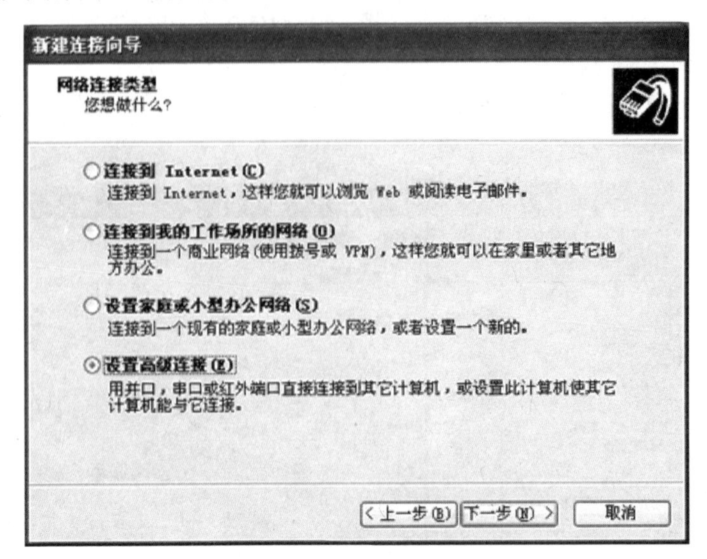

图 9-16　设置高级连接

③ 单击【下一步】，在出现的对话框中选择【接受传入的连接】，如图 9-17 所示。

④ 单击【下一步】，选择拨入连接的设备，根据图 9-18 中的提示进行选择。

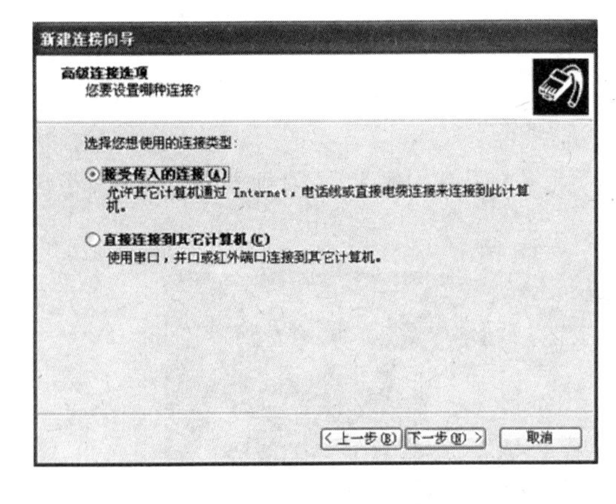

图 9-17　接受传入的连接

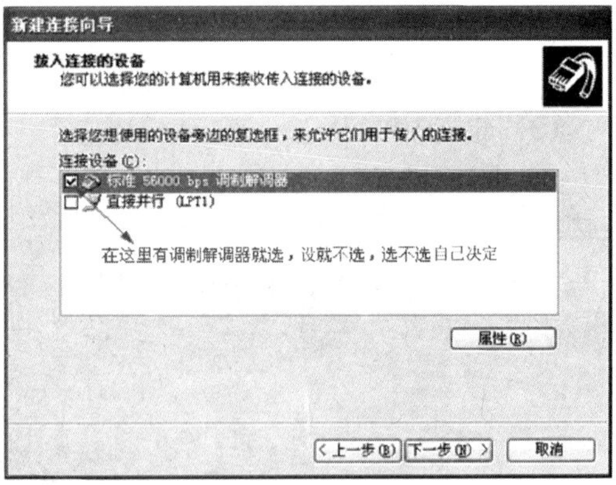

图 9-18　选择拨入连接的设备

⑤ 单击【下一步】，在出现的对话框中选择【允许虚拟专用连接】，如图 9-19 所示。

⑥ 单击【下一步】，选择允许连接的用户，可以选择在前面创建的用户名为【我的电脑】，如图 9-20 所示。

⑦ 单击【下一步】，出现一个对话框，切换到【回拨】选项卡，按照图 9-21 中的提示进行设置。

⑧ 单【确定】，在出现的对话框中选择 ICP/IP 属性，并单击【属性】，如图 9-22 所示。

⑨ 按照如图 9-23 所示的内容进行 TCP/IP 属性设置，主要是指定 IP 范围。

⑩ 单击【确定】，出现正在完成新建连接向导的对话框，如图 9-24 所示。

⑪ 单击【确定】按钮，完成了 VNP 传入的连接建立，打开网络连接可见，如图 9-25 所示。

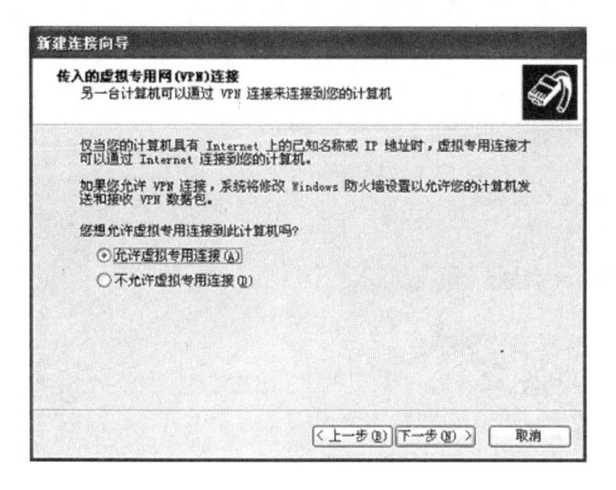

图 9-19　选择允许虚拟专用连接

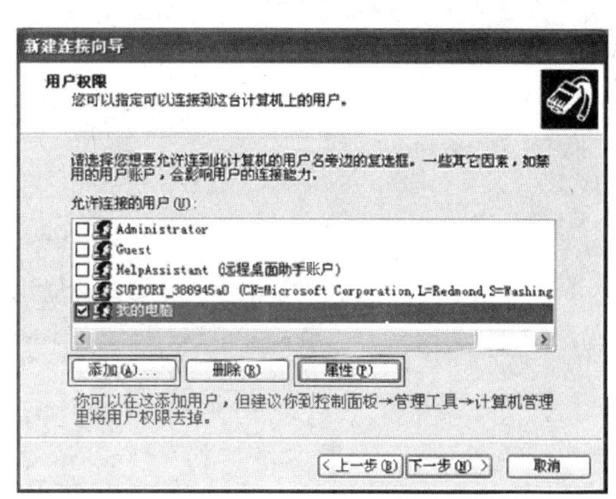

图 9-20　选择允许连接的用户

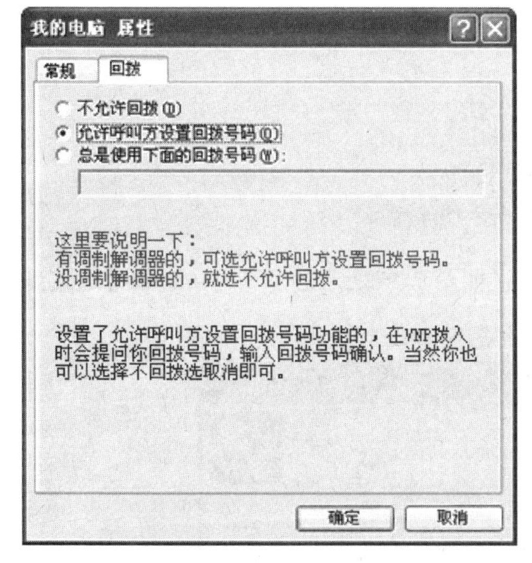

图 9-21　设置是否允许回拨

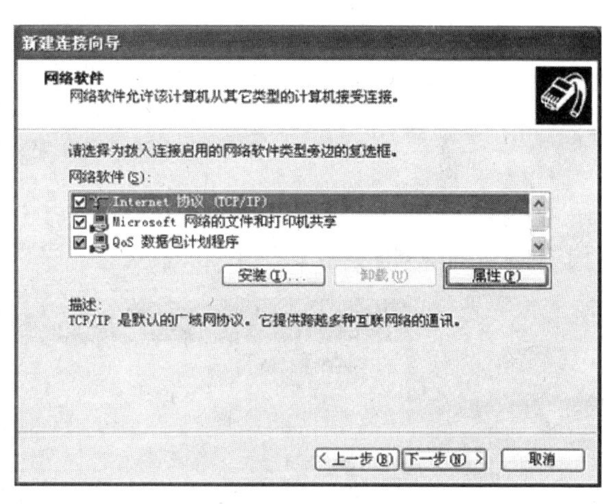

图 9-22　选择 TCP/IP 属性

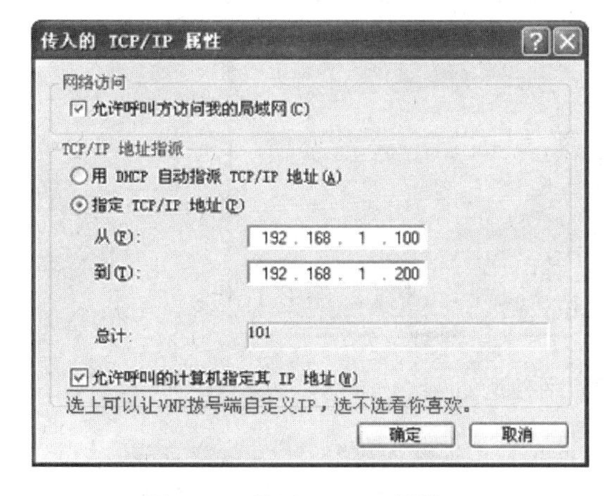

图 9-23　设置 TCP/IP 属性

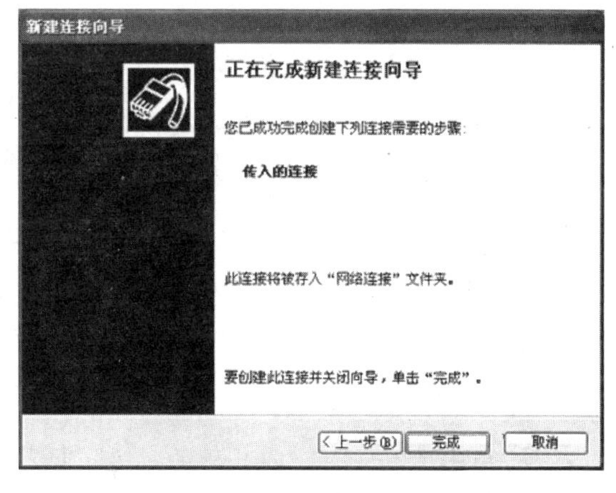

图 9-24　正在完成新建连接向导对话框

（4）建立 VPN 拨号连接

现在您在家里或在公司，那您就可以通过在另一台电脑建立VPN拨号连接访问这台已经建立

VNP 传入的连接的电脑。

图 9-25　已经建立的传入的连接

① 打开【网络连接】/【创建一个新的连接】，在如图 9-26 所示的对话框中选择【连接到我的工作场所的网络】。

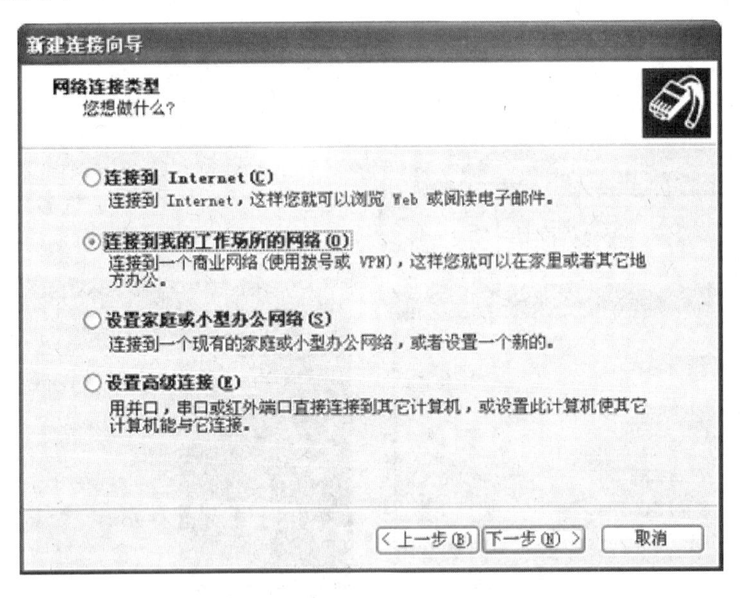

图 9-26　连接到我的工件场所的网络

② 单击【下一步】，在出现的对话框中选择【虚拟专用网络连接】，如图 9-27 所示。

③ 单击【下一步】，在出现的对话框中输入公司名，如输入 VPN，如图 9-28 所示。

④ 单击【下一步】，在出现的 VPN 服务器选择对话框中填入 VPN 服务器的连接地址，如图 9-29 所示。

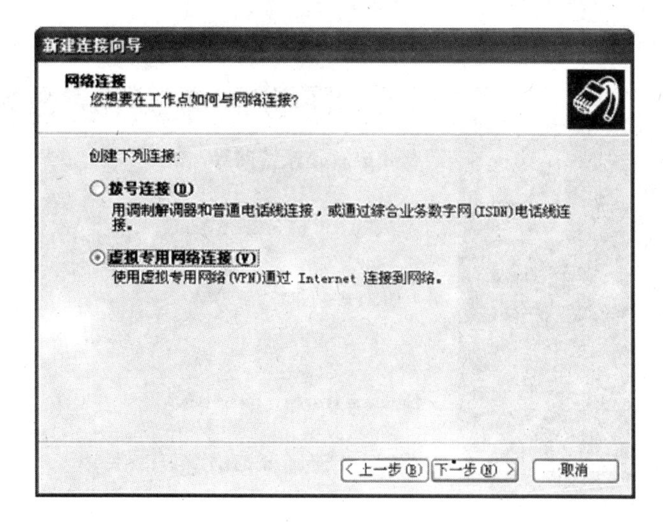

图 9-27　选择虚拟专用网络连接

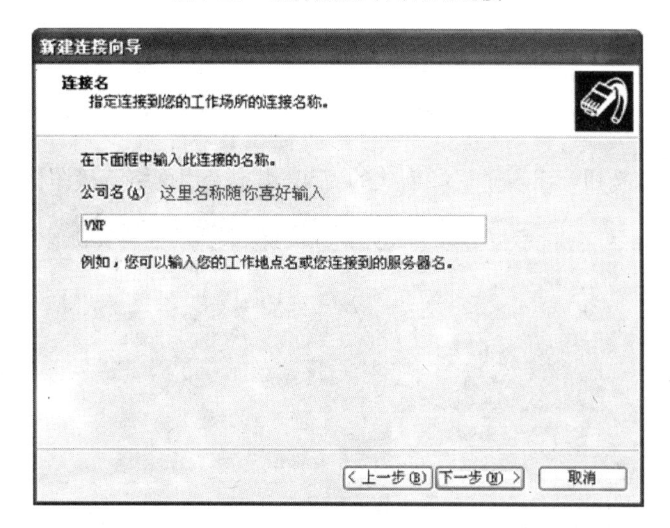

图 9-28　输入公司名

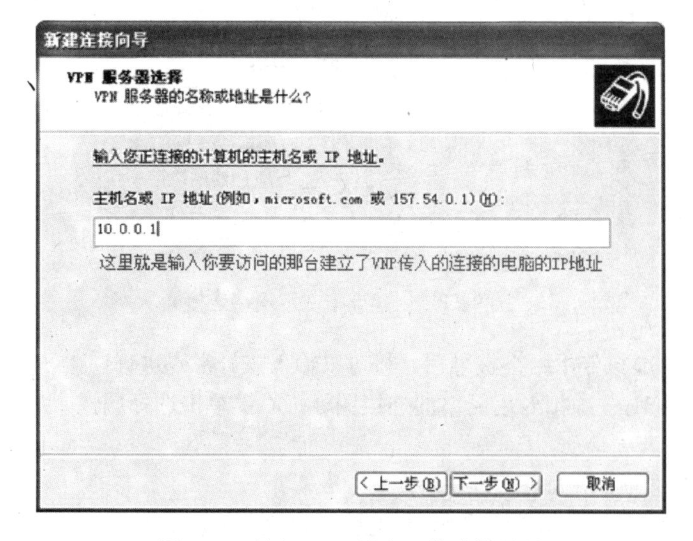

图 9-29　填入 VPN 服务器的连接地址

⑤ 单击【下一步】，出现正在完成新建连接向导的对话框，如图 9-30 所示。

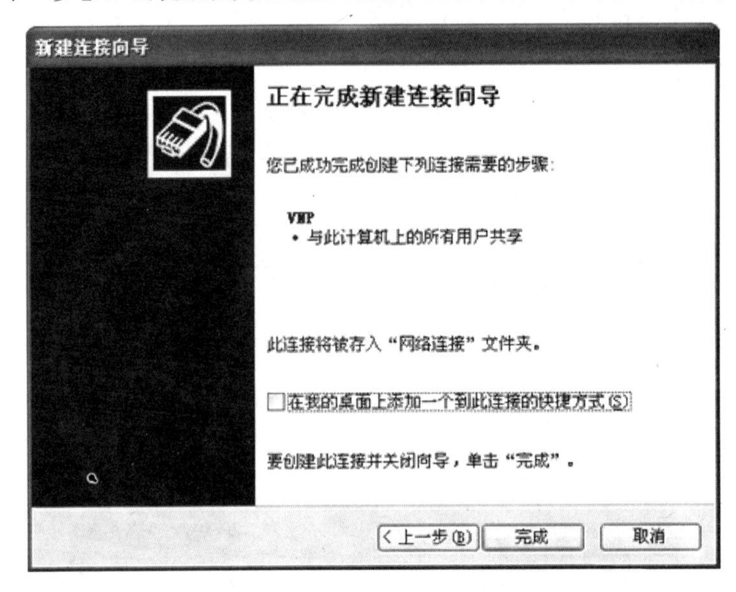

图 9-30 正在完成新建连接向导的对话框.

⑥ 单击【完成】按钮，出现了已经创建的 VNP 虚拟专用网络连接图标，如图 9-31 所示。

图 9-31 创建虚拟专用网络连接

⑦ 创建完 VNP 虚拟专用网络拨号后，就可以输入账号密码进行连接了，在连接前建议修改一下属性，选择图 9-31 中虚拟专用网络的连接图标，右键单击选择属性，出现如图 9-32 所示的对话框。

⑧ 切换到网络选项卡，如图 9-33 所示。

⑨ 单击 ICP/IP 属性，设置自动获得 IP 地址，当然也可以手工指定 IP，如图 9-34 所示。

⑩ 单击图 9-34 中的【高级】按钮，在弹出的对话框中按照图中提示进行设置，即去掉【在

远程网络上使用默认网关】这个勾，如图 9-35 所示。

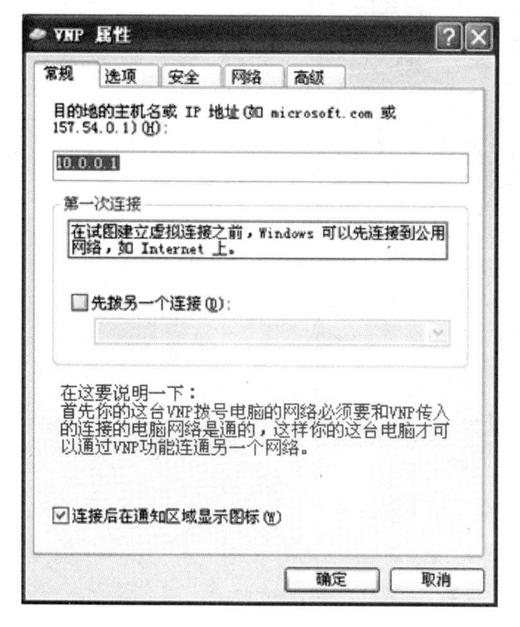

图 9-32　VNP 属性常规对话框

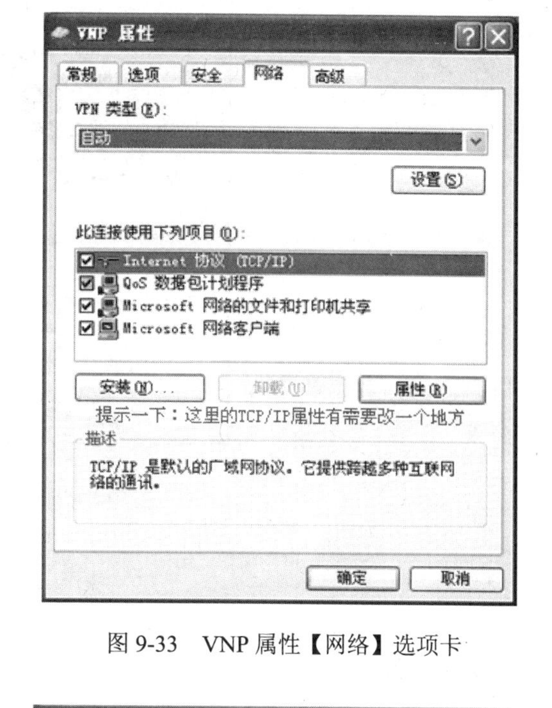

图 9-33　VNP 属性【网络】选项卡

Internet 协议 (TCP/IP) 属性
常规
如果网络支持此功能，则可以获取自动指派的 IP 设置。否则，您需要从网络系统管理员处获得适当的 IP 设置。
自动获得 IP 地址(O)
使用下面的 IP 地址(S):
IP 地址(I):
自动获得 DNS 服务器地址(B)
使用下面的 DNS 服务器地址(E):
首选 DNS 服务器(P):
备用 DNS 服务器(A):
高级(V)...
这里是给你自定义IP和DNS的，当然要VNP传入的连接的电脑设置了允许才可以，默认自动就行了。
提示一下：
高级里有个需要改动的地方。
确定 取消

图 9-34　设置 TCP/IP 属性

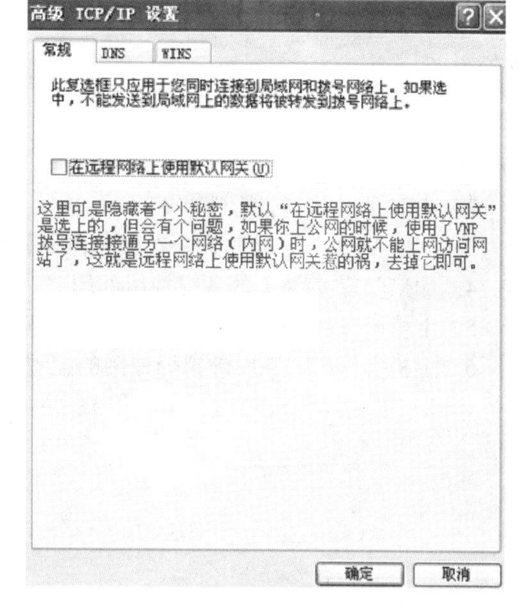

图 9-35　去掉【在远程网络上使用默认网关】这个勾

⑪ 选择 VNP 连接图标，进行连接，如图 9-36 所示。输入 VPN 服务器创建的允许传入连接的账号和密码，只要账号和密码正确即可连接到 VPN 服务器。

5. 实训问题

① Windows XP VPN 的传入连接如何建立？

② Windows XP VPN 的拨号连接如何建立？

③ 上机操作：完成本实训。

图 9-36　输入账号和密码

本 章 小 结

本章主要介绍了 VPN 和 VLAN 的相关概念及技术特点，重点介绍了 VPN 连接的创建和 VLAN 局域网的组建，要求读者能够上机操作练习。

思考与练习

1. 什么是 VPN？
2. VPN 的技术特点有哪些？
3. 创建 VPN 的连接时需要在服务器端和客户端如何配置？
4. 如何配置 VLAN 的各交换机的端口？
5. 上机操作：Windows 2003 VPN 服务器的配置。
6. 上机操作：VLAN 虚拟局域网的配置。

第 10 章　网络管理及维护

教学目标

了解组策略的有关知识，了解一键备份恢复工具软件的使用。掌握常见的网络维护命令。

教学要求

知识要点	能力要求	关联知识
组策略管理	了解组策略的定义	组用户
网络维护	（1）掌握 ping 命令 （2）掌握测试 TCP/IP 协议配置工具 Ipconfig/winipcfg	Ping Ipconfig

重点难点

- 组策略
- 网络维护命令

随着计算机的广泛应用和网络的日趋流行，企业和政府部门开始大规模地建立网络来推动电子商务和政务的发展，随着网络业务的应用，对计算机网络的管理与维护也就变得至关重要。

网络管理就是指监督、组织和控制网络通信服务以及信息处理所必需的各种活动的总称。其目标是确保计算机网络的持续正常运行，并在计算机网络运行出现异常时能及时响应和排除故障。

10.1　组策略管理

组策略是 Windows 2000 中新增加的功能，它给出了 Windows NT 从来没有提供过的功能，即对用户计算机进行集中而详尽的控制，可以把组策略看作是 NT 4.0 中系统策略的改进。组策略设置定义了系统管理员需要管理的用户桌面环境的多种组件，例如用户登陆网络后可以使用的程序，用户桌面上出现的程序快捷方式以及“开始”菜单的内容等，使用组策略管理单元，可以为特定用户创建特定的桌面配置。

组策略包括两部分内容，分别是“用户配置”和“计算机配置”。“用户配置”中包含有影响用户环境的相关配置，而“计算机配置”中则包括网络中计算机的相关设定参数。

组策略可以保存在站点、域、组织单位中，不同的组策略可以同时应用于一个对象中，在这些组策略中，同时只会有一个生效。缺省情况下，组策略能够从站点、域、组织单位继承下来。如果存在冲突，以最后的组织单位的组策略为准。

组策略影响站点、域、组织单位中所有的用户和计算机，而不影响站点、域或组织单位中的其他对象。

10.1.1　活动目录和组策略

组策略的基本单位是组策略对象。组策略对象（GPO）是基于活动目录（AD）的对象，用户可以通过它集中地对 Windows 2000 台式机和服务器系统进行配置，它的功能包括从

NT 4.0台式机的锁定到安全性配置和软件安装等。

组策略对象存储在系统的域中，为了能让组策略在域的不同范围内生效，需要将包含有组策略的组策略对象与域中的不同容器相链接，这个链接也叫做组策略对象链接。

如果将一个组策略对象链接到一个活动目录的站点上，那么这个组策略对象就能应用于站点中的所有域。将组策略对象应用到域，那么组策略对象将直接应用到域中的所有计算机和用户，而将组策略对象应用到组织单位，组织单位中的所有用户和计算机将会被应用这个组策略对象。不能将一个组策略对象链接到普通的活动目录容器中。普通的活动目录容器，可以由它在活动目录用户与计算机控制台上的文件夹图标区分。

用户可以自己定制针对自己环境中的组策略对象。那些设定当前计算机环境并保存在当前计算机中，而不是保留在域中的组策略对象。称为本地组策略对象，当多个组策略对象同时应用到用户环境中的时候，组策略的继承关系会影响用户自己定制的组策略对象，本地组策略对象首先被应用，然后是网络管理员创建并定制的链接到站点的组策略对象，再后是链接到域的组策略对象，最后是链接到组织单元的组策略对象。其顺序是开始于最高层（活动目录）的组织单元（包含用户和计算机账号），终止于最低层（最接近用户和计算机）的组织单元（包含用户和计算机）。

注意：缺省情况下，对每种设置而言，后来被应用的策略覆盖前面的策略，而不管后来被应用的策略的状态是“开启”或“关闭”。组策略的应用顺序是本地、站点、域、组织单元。

10.1.2 组策略的建立

本小节在讲解创建组策略之前，先介绍组策略对象（GPO）和对象链接（GPOLink）。

1．组策略对象

组策略的设置项存储在组策略对象（GPO）中，一个 GPO 由两部分组成：组策略容器（GPC）和组策略模板（GPT）。组策略容器存储在活动目录中，并提供版本信息。组策略模板存储在域控制器的 SYSVOL 文件夹中。

（1）组策略容器（GPC）

组策略容器(GPC)是组策略对象（GPO）在活动目录（AD）中的一个实例,在“活动用户目录用户和计算机”插件中选择“浏览”，从 MMC 菜单中选择“高级属性”，就可以看到“系统”容器。

GPC 是包含组策略对象属性和版本信息的活动目录对象。由于 GPC 在活动目录中，所以计算机能通过访问它来查找组策略模板，域控制器能通过访问它来获取版本信息，识别它是否是最新版本的组策略对象。如果域控制器没有最新版本，就会从拥有最新版本组策略对象的域控制器上进行复制。

组策略对象（GPO）的创建的最大容器是域，最小容器是组织单位（OU），当然可以为各级 OU 创建不同的 GPO。不能为特定的计算机或用户创建单独的 GPO。

（2）组策略模板（GPT）

GPT 存在于域控制器的共享系统卷文件夹里，是一个文件夹的层次结构。当创建一个 GPO 的时候，Windows 相应地创建 GPT 文件夹的层次结构。GPT 包含所有的组策略信息，包含管理模板、安全性、软件安装、脚本和文件夹重定向设置。计算机和 SYSVOL 文件夹连接以获得这些设置。

2．组策略对象的创建

如果组策略对象中没有管理员需要的设置，系统将为网络管理创建一个新的组策略对象的多种选择，在创建过程中，可以创建一个已经连接的组策略对象，也可以创建一个没有连接的组策略对象。创建组策略对象时，默认情况下没有任何设置。

可以通过使用“Active Directory 用户和计算机”为域和组织单元创建组策略对象。具体步骤为：打开“Active Directory 用户和计算机”，选取将要创建组策略对象的组织，单击右键，选择“属性”，在打开的对话框中选择“组策略”，选中“新建”按向导一步步操作，就可以创建一个新的组策略对象，同时这个组策略对象会自动地与活动目录中的相关容器自动连接起来。

3．组策略对象的连接

组策略对象创建后不会立即生效，实际上它需要使组策略对象连接到站点、域或组织单位等容器上后才能发生作用。

网络管理员可以选择活动目录中的相应容器，创建一个新的组策略，这样这个组策略就会自动和这个容器连接。新创建的这个组策略还没有设置任何值，网络管理员也可以创建一个不连接到任何活动目录的组策略对象，然后再通过手工方法将这个创建的组策略对象连接到指定的活动目录容器上。

如果网络用户只是 Group Policy Creator Owners 组的成员，那么他将只能创建一个组策略对象，但是他不能将这个组策略对象连接到活动目录中的任何容器上。只有 Domain Admin 组和 Enterprise Admin 组的成员才有权限可以将组策略对象连接到域组织单位，同时只有 Enterprise Adminis 组的成员才有权限将组策略对象连接到活动目录站点的容器上。

10.1.3 使用组策略管理用户环境

用户环境意味着在用户登陆网络的时候将会给用户哪些权利。可以通过控制用户的桌面环境、网络连接能力和用户界面来控制用户的权利。控制用户环境可以确保用户有执行他们工作所需要的权利，但不能破坏或不恰当地配置他们的环境。

用来管理用户环境的四种典型的组策略设置类型分别是管理模板设置、脚本设置、定向文件夹和用户界面。如果控制用户的组策略设置是连接到某个组织单元的，那么当管理员在组织单元中增加新用户或计算机的时候，组策略就可以发挥作用了。

点击【开始】/【运行】，输入 gpedit.msc，点击【确定】，就可以进入到如图 10-1 所示组策略的操作界面。组策略包括计算机配置和用户配置两大配置。

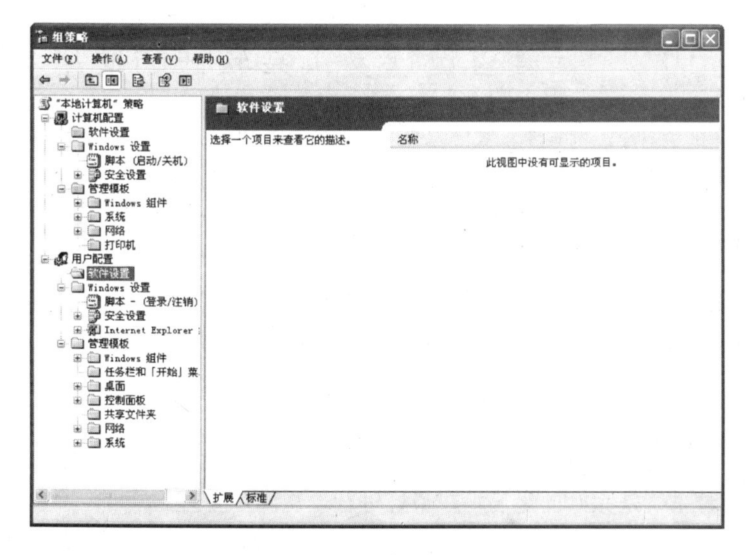

图 10-1 组策略界面

管理员可以设定组策略相关值来制定能够影响到用户和计算机环境的策略。

1. 管理模板

管理模板主要是关于注册表的设置，包括用户可以使用的操作系统中的程序和后来安装的应用程序，以及对“控制面板”选项的访问权限，还有用户对脱机文件夹的控制等。例如，用户是否可以使用控制面板中的“添加/删除程序”。

2. 安全性

安全性主要用于配置本地计算机、域及网络安全性的相关设置，包括控制用户访问网络，建立统计和审核的制度，以及控制用户的权限等。例如，可以设定用户在锁定账户前允许错误登陆尝试的最多次数。

3. 软件安装

可以集中化管理软件安装、升级和卸载等。可以让应用程序自动在客户机上安装、自动升级或自动卸载。也可以发布应用程序，使得它们出现在“控制面板”的“添加/删除程序”中，用户可以在需要的时候从“控制面板”根据自己的需要，有选择地安装程序。

4. 脚本

使用脚本可以运行特定的命令，当计算机开机、关机或当用户登陆、注销时，可以指定运行特定的脚本。

5. 文件夹重定向

所谓的文件重定向功能，就是将用户本机上的某些特殊文件夹存储位置转移到域控制器上或者网络上的其他主机上，从而保护文件安全，实现对数据的统一备份与管理。

假如要将某个域内的所有用户的桌面都重定向到一台服务器中。具体的配置步骤如下。

首先，在服务器上新建一个属于域的文件夹。把这个文件夹设置为共享文件夹，共享的权限是每个人都有完全控制的共享权限。

其次，在域控制器上，利用组策略实现文件夹重定向，而不是给每个域账户设置文件重定向。在域控制器上，依次打开“活动目录用户和计算机”，找到组策略中的文件夹重定向进行编辑，其默认有“桌面”、“我的文档”等。选择桌面，然后选择需要重定向的位置。

当这个组策略应用到每个用户中去后，每个账户登陆一次，就会在这个共享文件夹下建立一个文件夹，文件夹的名字是以用户的账户名命名的。

10.2 一键备份恢复工具软件的使用

如果系统崩溃或者中毒，就会进不了系统，或者遭受病毒的惨痛经历。如果学会如何备份恢复系统，就会解决以上的遭遇。

10.2.1 一键备份恢复系统简介

一键备份恢复系统版本有很多，其中一键 GHOST 是比较典型的一键备份恢复软件。一键 GHOST 是“DOS 之家”首创的硬盘备份/恢复启动工具盘，可以对任意分区一键备份/恢复。GHOST 本来只能在 DOS 环境下运行，之后出现了硬盘版，可以在 Windows 下备份恢复。

注意：

① 一键备份恢复所针对的是 C 盘，因此重要的文件放在 C 盘。

② 确保备份时系统是完好的无病毒，最好进行一次碎片整理。

③ 确保最后一个盘符容量大小在 2G 以上，备份的文件默认是放在最后一个盘符下。

10.2.2 一键备份恢复 GHOST 的使用

1．安装

从网上下载安装软件，解压，并双击【一键 GHOST 硬盘版.exe】，如图 10-2 所示。一直单击【下一步】，直到最后点击【完成】，如图 10-3 所示。

图 10-2　一键 GHOST 安装向导

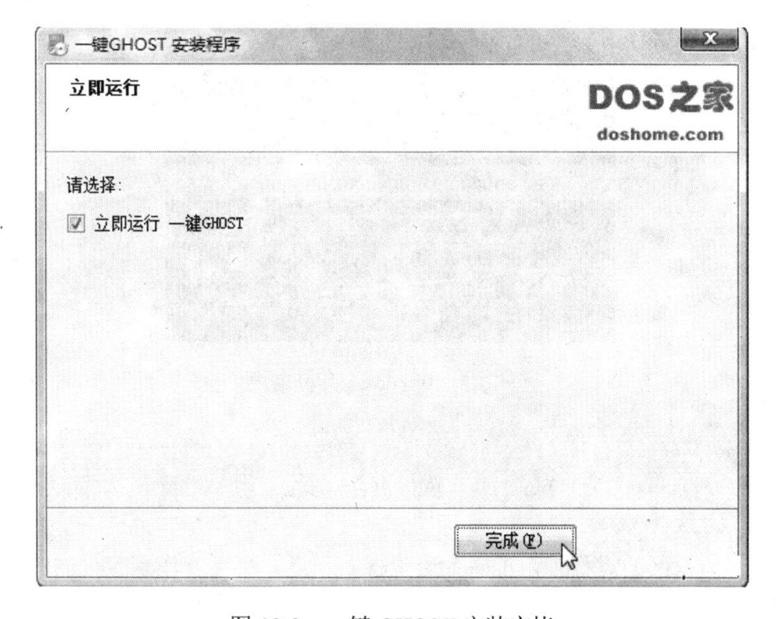

图 10-3　一键 GHOST 安装完毕

2．运行

【开始】/【程序】→【一键 GHOST】→【一键 GHOST】，将打开一键 GHOST 主界面，如图 10-4 所示。

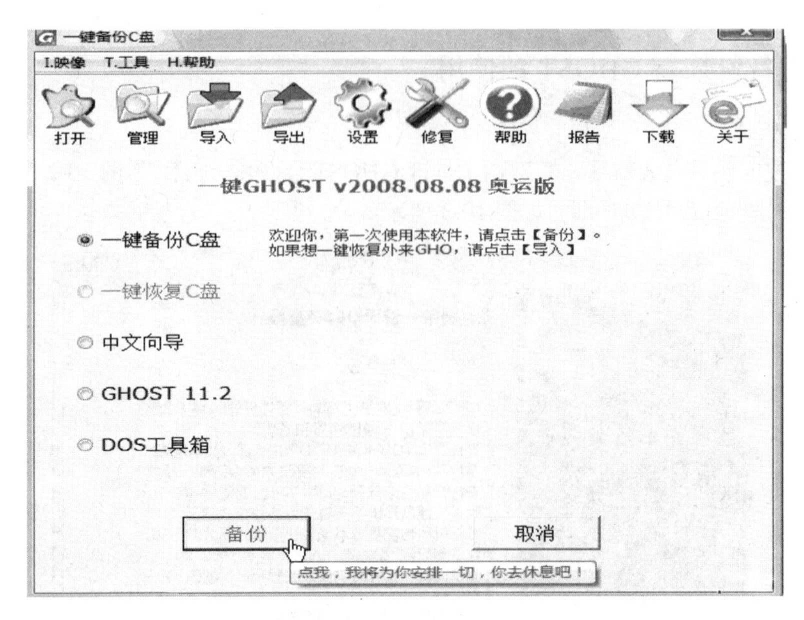

图 10-4 一键 GHOST 主界面

3．备份和恢复

图 10-4 中，点击【一键备份 C 盘】就可以备份了，备份文件将保存在计算机的最后一个盘符下。图 10-4 中，点击【一键恢复 C 盘】按钮就可以将自己计算机上原先已经备份好的系统文件恢复。也可以根据图 10-4 中的【中文向导】来备份与恢复系统。

此外在开机菜单中运行一键 GHOST，如图 10-5 所示。

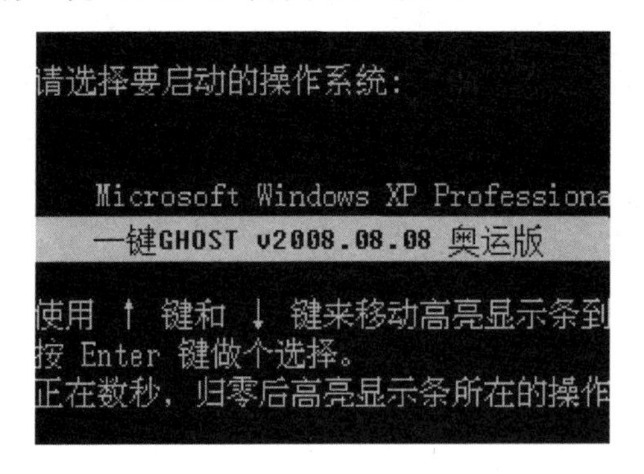

图 10-5 Windows 开机菜单

10.3 网 络 维 护

在组建和使用局域网的过程中，可能会出现很多问题，利用操作系统提供的一些网络管理和诊断命令，可以找出问题的症结所在。

10.3.1 IP 测试工具 ping

ping 命令的主要功能是测试网络连通性。确定本地主机是否与另一台主机成功交换数据包。根据返回的信息，可以推断 TCP/IP 参数是否设置正确、运行是否正常和网络是否通畅等。

ping 命令的主要格式是：ping IP 地址或域名。具体使用方法为， 单击【开始】，选择【运行】，输入 ping 空格 IP 地址或域名，单击【确定】按钮，就可以查看 ping 命令的运行结果。也可以在系统的 MS-DOS 方式下，输入 ping 空格 IP 地址或域名。如果网络是连通的，则会出现如下信息：返回了 4 个测试包，测试包的大小为 32B，对方主机往返一次所用的时间小于 10ms。TTL=128，表示当前测试使用的 TTL（存活时间）值为 128。发送数据包的个数是 4 个，对方接收数据包的个数也是 4 个，如图 10-6 所示。如果网络不通则会显示如下所示信息：返回 4 个超时信息，发送数据包的个数是 4 个，对方接收数据包的个数是 0 个，丢失率为 100%，如图 10-7 所示。

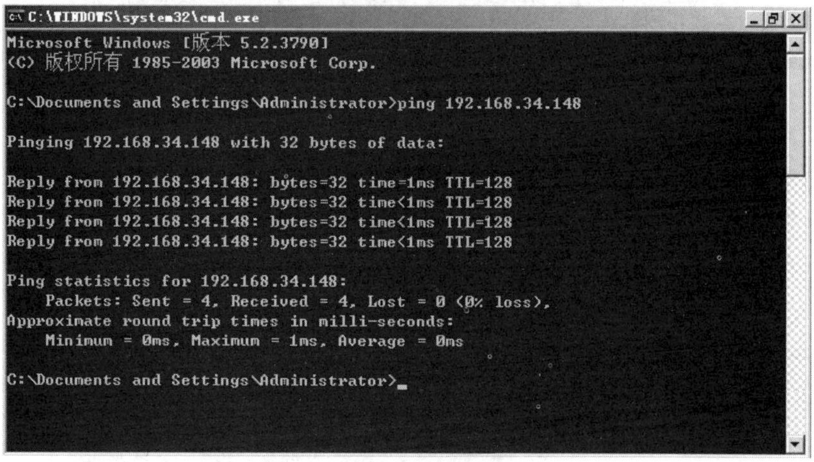

```
C:\WINDOWS\system32\cmd.exe
Microsoft Windows [版本 5.2.3790]
(C) 版权所有 1985-2003 Microsoft Corp.

C:\Documents and Settings\Administrator>ping 192.168.34.148

Pinging 192.168.34.148 with 32 bytes of data:

Reply from 192.168.34.148: bytes=32 time=1ms TTL=128
Reply from 192.168.34.148: bytes=32 time<1ms TTL=128
Reply from 192.168.34.148: bytes=32 time<1ms TTL=128
Reply from 192.168.34.148: bytes=32 time<1ms TTL=128

Ping statistics for 192.168.34.148:
    Packets: Sent = 4, Received = 4, Lost = 0 (0% loss),
Approximate round trip times in milli-seconds:
    Minimum = 0ms, Maximum = 1ms, Average = 0ms

C:\Documents and Settings\Administrator>_
```

图 10-6　网络连通状态下显示的信息

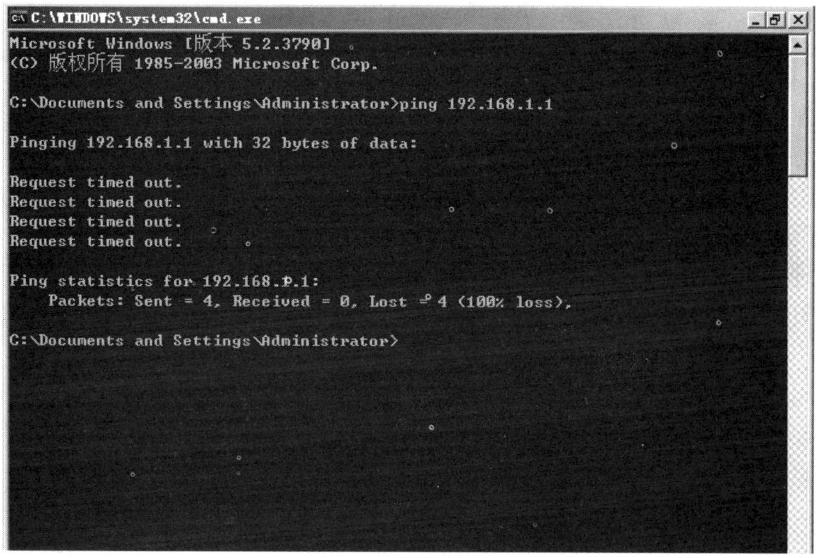

```
C:\WINDOWS\system32\cmd.exe
Microsoft Windows [版本 5.2.3790]
(C) 版权所有 1985-2003 Microsoft Corp.

C:\Documents and Settings\Administrator>ping 192.168.1.1

Pinging 192.168.1.1 with 32 bytes of data:

Request timed out.
Request timed out.
Request timed out.
Request timed out.

Ping statistics for 192.168.1.1:
    Packets: Sent = 4, Received = 0, Lost = 4 (100% loss),

C:\Documents and Settings\Administrator>
```

图 10-7　网络不连通状态下显示的信息

10.3.2　测试 TCP/IP 协议配置工具 ipconfig/winipcfg

ipconfig 主要用于显示当前的 TCP/IP 配置的设置值。这些信息一般用来检验人工配置的 TCP/IP 设置是否正确。如果计算机和所在的局域网使用了动态主机配置协议时，ipconfig 可以让您了解您的计算机是否成功地租用到一个 IP 地址，如果租用到则可以了解它目前分配到的是什么地址。了解计算机当前的 IP 地址、子网掩码和缺省网关实际上是进行测试和故障分析的必要项目，如图 10-8 所示。

图 10-8 ipconfig 命令显示结果

ipconfig 命令的常用格式是 ipconfig</参数>，可以不要参数，当使用 ipconfig 时不带任何参数选项，那么它为每个已经配置了的接口显示 IP 地址、子网掩码和缺省网关值。

当参数选用 all 时，即 ipconfig /all，显示它已配置且所要使用的附加信息，并且显示内置于本地网卡中的物理地址（MAC）。如果 IP 地址是从 DHCP 服务器租用的，ipconfig 将显示 DHCP 服务器的 IP 地址和租用地址预计失效的日期。

当参数选用 release 和 renew 时，即 ipconfig /release 和 ipconfig /renew 只能在向 DHCP 服务器租用其 IP 地址的计算机上起作用。Ipconfig /release，所有接口的租用 IP 地址便重新交付给 DHCP 服务器（归还 IP 地址）。Ipconfig /renew，本地计算机便设法与 DHCP 服务器取得联系，并租用一个 IP 地址。

在 Windows 95/98 系统中，常用 winipcfg 命令而不是 ipconfig，它是一个图形用户界面，所显示的信息与 ipconfig 相同，并且也提供发布和更新动态 IP 地址的选项。

10.3.3 Tracert 使用

网络路由跟踪程序 Tracert 是基于 TCP/IP 协议的网络测试工具，利用该工具可以查看从本地计算机到目标主机所经过的全部路由。无论在局域网还是广域网或因特网，通过 Tracert 所显示的信息，既可以掌握一个数据包信息从本地计算机到达目标计算机所经过的路由，还可以了解网络堵塞发生在哪一个环节，为网络管理和系统性能分析及优化提供了非常有价值的依据。

该诊断实用程序将包含不同生存时间（TTL）值的 Internet 控制消息协议（ICMP）回显数据包发送到目标，以决定到达目标采用的路由。要在转发数据包上的 TTL 之前至少递减 1，所以 TTL 是有效的跃点计数。数据包上的 TTL 到达 0 时，路由器应该将“ICMP 已超时”的消息发送回源系统。先发送 TTL 为 1 的回显数据包,并在随后的每次发送过程将 TTL 递增 1，直到目标响应或 TTL 达到最大值，从而确定路由。通过检查中级路由器发送回的“ICMP 已超时”的消息来确定路由。不过，有些路由器悄悄地下传包含过期 TTL 值的数据包，而 Tracert 看不到。

Tracert 命令的格式是 tracert [-d] [-h maximum_hops] [-j computer-list] [-w timeout] target_name

参数说明：

-d 指定不将地址解析为计算机名；

-h maximum_hops 指定搜索目标的最大跃点数；

-j computer-list 指定沿 computer-list 的稀疏源路由；

-w timeout 每次应答等待 timeout 指定的微秒数；

target_name 目标计算机的名称。

例如要跟踪本机到 172.16.0.99 网络之间所经过的路由，可以：

```
C:\>tracert 172.16.0.99 -d
        Tracing route to 172.16.0.99 over a maximum of 30 hops
        1 2s 3s 2s 10,0.0,1
        2 75 ms 83 ms 88 ms 192.168.0.1
        3 73 ms 79 ms 93 ms 172.16.0.99
          Trace complete.
```

10.4 本 章 实 训

实训 网络常用命令工具的使用

1．实训目的

学会使用 ipconfig 命令查看本机标识信息（IP 地址、网卡地址和主机名等）；掌握常用的几种 ping 命令的用法，学会使用 ping 命令判断网络的稳定性和故障的位置。

2．实训环境

① 硬件：普通微机机房网络。

② 软件：Windows 2003 系统平台。

3．实验内容

先打开 Windows 命令提示符窗，从开始-运行输入【cmd.exe】启动 Windows 命令提示符窗。

（1）ping 命令

输入【ping】，查看 ping 参数帮助。

输入【ping 自己的 IP 地址】，查看并分析结果。

输入【ping 默认网关的 IP 地址】，查看并分析结果。

输入【ping 网络中其他计算机的 IP】，查看并分析结果。

（2）ipconfig 命令

输入【ipconfig】查看本机 IP 地址/子网掩码/默认网关。

输入【ipconfig/all】查看本机主机名/网卡型号/网卡物理地址/DNS 服务器地址各是多少。

本章小结

本章主要介绍了网络管理和维护的一些基本知识，首先介绍了组策略的建立、连接和使用，然后介绍了系统的备份和恢复工具的安装与使用方法，最后说明了常见的网络测试命令的在网络中的应用。

思考与练习

1．填空题

（1）组策略由两部分组成，分别为__________、_________。

（2）ping 命令的主要作用是___________ 。

（3）ipconfig 命令的主要格式是__________。

2．选择题

（1）下列命令中，（　　）用于获取当前主机的 IP 地址。

A. Telnet　　B. ftp

C. ipconfig　　D. ping

（2）下列命令中，（　　）用于测试网络连通性。

A. Telnet　　B. FTP

C. ipconfig　　D. ping

3．简答题

（1）组策略作用的对象有哪些？

（2）重定向文件夹有什么作用？

4．思考题

（1）ping 命令默认发送的数据包是几个？每个数据包大小是多少字节？

（2）ping 命令发送的数据包大小是否可以更改？

（3）如何判断目标主机与本机网络是连通的还是断开的？

参 考 文 献

[1] 陈学平. 计算机网络工程与实训. 北京：电子工业出版社，2006.

[2] 许斌辉. Windows Server 2003 网络管理员完全手册. 北京：清华大学出版社，2007.

[3] 武新华. 计算机网络组建培训教程. 北京：化学工业出版社，2009.

[4] 贺全荣，车世安. 局域网组建、管理及维护实用教程. 北京：清华大学出版社，2009.